建筑结构

主　编　许瑞萍
副主编　胡敏萍　刘　玮
　　　　张世民　毛金萍

浙江大學出版社

内容提要

本书是根据建筑学专业“建筑结构”课程的教学要求，按最新颁布的相关规范编写的教材。全书共十二章，主要内容包括：钢筋和混凝土材料的力学性能、建筑结构设计基本原则、受弯构件正截面承载力、受弯构件斜截面承载力、受压构件承载力、预应力混凝土结构的基本概念、钢筋混凝土现浇楼盖设计、钢筋混凝土多高层建筑结构、砌体结构、钢结构和建筑抗震设计基础知识。本书除可作为建筑学专业的教材外，还可作为建筑类其他专业的教学参考书以及土建工程技术人员的参考书。

图书在版编目（CIP）数据

建筑结构／许瑞萍主编. —杭州：浙江大学出版社，2008.10
ISBN 978-7-308-06282-4

Ⅰ.建… Ⅱ.许… Ⅲ.建筑结构－高等学校－教材
Ⅳ.TU3

中国版本图书馆 CIP 数据核字（2008）第 157762 号

建筑结构

许瑞萍 主编

丛书策划 樊晓燕
责任编辑 宋纪浔
封面设计 刘依群
出版发行 浙江大学出版社
（杭州市天目山路148号 邮政编码310028）
（E-mail：zupress@mail.hz.zj.cn）
（网址：http://www.zjupress.com
http://www.press.zju.edu.cn）
电话：0571—88925592，88273066（传真）
排　　版 杭州中大图文设计有限公司
印　　刷 临安市曙光印务有限公司
开　　本 787mm×1092mm 1/16
印　　张 21
字　　数 490千
版 印 次 2008年12月第1版 2008年12月第1次印刷
印　　数 0001—3000
书　　号 ISBN 978-7-308-06282-4
定　　价 34.00元

应用型本科院校建筑学专业规划教材

编 委 会

总序

近年来我国高等教育事业得到了空前的发展，高等院校的招生规模有了很大的扩展，在全国范围内发展了一大批以独立学院为代表的应用型本科院校，这对我国高等教育的持续、健康发展具有重要的意义。

应用型本科院校以培养应用型人才为主要目标，目前，应用型本科院校开设的大多是一些针对性较强、应用特色明确的本科专业，但与此不相适应的是，当前，对于应用型本科院校来说作为知识传承载体的教材建设远远滞后于应用型人才培养的步伐。应用型本科院校所采用的教材大多是直接选用普通高校的那些适用研究型人才培养的教材。这些教材往往过分强调系统性和完整性，偏重基础理论知识，而对应用知识的传授却不足，难以充分体现应用类本科人才的培养特点，无法直接有效地满足应用型本科院校的实际教学需要。对于正在迅速发展的应用型本科院校来说，抓住教材建设这一重要环节，是实现其长期稳步发展的基本保证，也是体现其办学特色的基本措施。

浙江大学出版社认识到，高校教育层次化与多样化的发展趋势对出版社提出了更高的要求，即无论在选题策划，还是在出版模式上都要进一步细化，以满足不同层次的高校的教学需求。应用型本科院校是介于普通本科与高职之间的一个新兴办学群体，它有别于普通的本科教育，但又不能偏离本科生教学的基本要求，因此，教材编写必须围绕本科生所要掌握的基本知识与概念展开。但是，培养应用型与技术型人才又是应用型本科院校的教学宗旨，这就要求教材改革必须淡化学术研究成分，在章节的编排上先易后难，既要低起点，又要有坡度、上水平，更要进一步强化应用能力的培养。

为了满足当今社会对建筑学专业应用型人才的需要，许多应用型本科院校都设置了相关的专业。建筑学专业是以培养注册建筑师为目标，国家建筑学专业教育评估委员会对建筑学专业教育有具体的指导意见。针对这些情况，浙江大学出版社组织了十几所应用型本科院校建筑学类专业的教师共同开展了“应用型本科建筑学专业教材建设”项目的研究，探讨如何编写既能满足注册建筑师知识结构要求、又能真正做到应用型本科院校“因材施教”、适合应用型本科层次建筑学类专业人才培养的系列教材。在此基础上，组建了编委会，确定共同编写“应用型本科院校建筑学专业规划教材”系列。

本套规划教材具有以下特色：

在编写的指导思想上，以“应用型本科”学生为主要授课对象，以培养应用型人才为基本目的，以“实用、适用、够用”为基本原则。“实用”是对本课程涉及的基本原理、基本性质、基本方法要讲全、讲透，概念准确清晰。“适用”是适用于授课对象，即应用型本科层次的学生。“够用”就是以注册建筑师知识结构为导向，以应用型人才为培养目的，达到理论够用，不追求理论深度和内容的广度。

在教材的编写上重在基本概念、基本方法和基本原理的表述。编写内容在保证教材结构体系完整的前提下，追求过程简明、清晰和准确，做到重点突出、叙述简洁、易教易学。

在作者的遴选上强调作者应具有应用型本科教学的丰富教学经验，有较高的学术水平并具有教材编写经验。为了既实现“因材施教”的目的，又保证教材的编写质量，我们组织了两支队伍，一支是了解应用型本科层次的教学特点、就业方向的一线教师队伍，由他们通过研讨决定教材的整体框架、内容选取与案例设计，并完成编写；另一支是由本专业的资深教授组成的专家队伍，负责教材的审稿和把关，以确保教材质量。

相信这套精心策划、认真组织、精心编写和出版的系列教材会得到相关院校的认可，对于应用型本科院校建筑学类专业的教学改革和教材建设起到积极的推动作用。

系列教材编委会主任

浙江大学建筑工程学院常务副院长

教育部长江学者特聘教授　陈云敏

2007 年 3 月

前　言

本《建筑结构》教材是根据建筑学专业的教学大纲要求和最新颁布的相关规范《建筑结构荷载规范》(GB50009—2001)、《混凝土结构设计规范》(GB50010—2002)、《建筑抗震设计规范》(GB50011—2001)、《砌体结构设计规范》(GB50003—2001)、《钢结构设计规范》(GB50017—2003)和《建筑地基基础设计规范》(GB50007—2002)等编写的。

本书的编写力求讲清概念和介绍实用的计算方法，并配有典型的例题和习题。书中以 * 排印的章节属于选学的内容，可根据具体教学情况进行增减或安排学生自学。

参加本书编写的有：浙江大学宁波理工学院许瑞萍(第 3、9 章，10.2 和附表)、浙江大学宁波理工学院刘玮(第 2、8 章)、浙江树人大学胡敏萍(第 1、6、12 章)；浙江大学城市学院张世民(第 10.1、10.3、10.4、10.5、11 章)；浙江理工大学毛金萍(第 4、5、7 章)。

本书在编写过程中参阅、借鉴和引用了许多优秀教材、专著和文献资料，在此一并向相关作者致谢。

由于编者的水平有限，加之成书时间仓促，书中定有不妥甚至谬误之处，我们诚恳地希望使用本书的读者多提宝贵意见和建议，以便修改完善。

编　者

2008 年 6 月

目　录

第1章 建筑结构概论

1.1 建筑结构与建筑的关系

建筑物具有两方面特质，一个良好的建筑，不论大小，除应满足建筑功能与建筑艺术要求外，必须坚固耐久、施工先进可行，并以最小的代价获得最大的经济效果。前者取决于建筑，后者取决于结构。建筑结构不仅直接关系着建筑的坚固耐久，同时，也关系到是否施工先进可行、是否经济、是否满足功能要求。

结构是建筑物赖以存在的物质基础。建筑物首先必须抵抗（或承受）各种外界的作用（如重力、风力、地震……），合理地选择结构材料和结构型式，既可满足建筑物的美学原则，又可以带来经济效益。一个成功的设计必然以经济合理的结构方案为基础。在决定建筑设计的平面、立面和剖面时，就应当考虑结构方案的选择，使之既满足建筑的使用和美学要求，又照顾到结构的可能和施工的难易。

建筑设计是按照建筑功能要求，运用力学原理、材料性能、结构造型、设备配置、施工方法、建筑经济等专业知识，并与人文理念、艺术感观相融合，经过不断加工，精心雕琢的创作过程。这个过程是建筑技术与建筑艺术的统一，其核心为建筑结构与建筑艺术的统一。在此过程中，建筑师应是协调各专业共同建成现代化建筑的统领。学习建筑结构，除为设计合理的房屋结构所必需外，也是了解其他与建筑有关专业需要具备的基础，因为建筑结构学科本身是力学原理在建筑设计中的具体应用。作为一个建筑师，不懂或缺乏建筑结构知识，就很难作出受力合理、性能可靠、具有创造性的建筑设计。所以，建筑结构知识应该是建筑师必须具备的知识之一。

美观对结构的影响是不容否认的。建筑师除了在建筑方面有较高的修养外，还应当在结构方面有一定的造诣。作为一名建筑师，懂得建筑结构知识，还可以从材料性能和结构的造型能力中得到启迪与构思，创造出新型的、壮观的建筑。古代的建筑师在创造结构时从来就是把满足功能要求和满足审美要求联系在一起考虑的。例如古代罗马建筑如图1.1、图1.2所示，所采用的拱券和穹窿结构，不仅覆盖了巨大的空间从而成功地建造了规模巨大的浴场、法庭、斗兽场以适应当时社会的要求，而且还凭借着它创造出光彩夺目的艺术形象。高直建筑也是这样，它所采用的尖拱拱肋和飞扶壁结构体系，既满足了教堂建筑的功能要求，又极为成功地发挥了建筑艺术的巨大感染力。近代科学技术的伟大成就为我们提供的手段，不仅对于满足功能要求要经济、有效并强有力得多，而且其艺术表现力也为我们提供了极其宽广的可能性。巧妙地利用这种可能性必将能创造出丰富多采的建筑艺术形象。

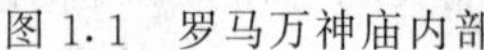

图1.1 罗马万神庙内部

图1.2 罗马大斗兽场

我国正在全面进入小康社会。社会建设的大好机遇要求我国未来的建筑师在努力掌握一般建筑结构设计原理的基础上，同时学会一般建筑的结构设计方法，不断提高具有独特建筑风格的别墅住宅、高层建筑和大跨建筑的结构造型能力。

1.2 建筑结构的分类

1.2.1 按材料分类

根据结构所用材料的不同，建筑结构可分为以下几类：

1. 混凝土结构

混凝土结构包括素混凝土结构、钢筋混凝土结构和预应力混凝土结构。钢筋混凝土和预应力混凝土结构，都由混凝土和钢筋两种材料组成。钢筋混凝土结构是应用最广泛的结构。除一般工业与民用建筑外，许多特种结构（如水塔、水池、高烟囱等）也用钢筋混凝土建造。钢筋混凝土是由钢筋和混凝土这两种性质截然不同的材料所组成。混凝土的抗压强度较高，而抗拉强度很低，尤其不宜直接用来受拉和受弯，钢筋的抗拉和抗压强度都很高，但单独用来受压时容易失稳，且钢材易锈蚀。二者结合在一起工作，混凝土主要承受压力，钢筋主要承受拉力，这样就可以有效地利用各自材料性能的长处，更合理地满足工程结构的要求。在钢筋混凝土结构中，有时也用钢筋来帮助混凝土承受压力，这在一定程度上可以起到提高构件的承载能力、适当减小截面、增强延性以及减少变形等作用。

钢筋和混凝土之所以能够共同工作，是由于混凝土硬结后与钢筋之间形成很强的粘结力，在外荷载作用下，能够保证共同变形，不产生或很少产生相对滑移。这种粘结力又由于钢筋和混凝土的热线膨胀系数十分接近（钢筋的线膨胀系数为$1.2\times10^{-5}/℃$，混凝土的线膨胀系数为$1.0\times10^{-5}\sim1.5\times10^{-5}/℃$，而不会遭到破坏。

此外，混凝土作为钢筋的保护层，可使钢筋在长期使用过程中不致锈蚀。

混凝土结构具有节省钢材、就地取材（指占比例很大的砂、石料）、耐火耐久、可模性好（可按需要浇捣成任何形状）、整体性好的优点。缺点是自重较大、抗裂性较差等。

随着预应力混凝土的运用，较成功地解决了混凝土抗裂性能差的缺点，从而在 20 世纪，钢筋混凝土结构迅速地在各个领域中得到广泛应用。近些年来，采用型钢和混凝土浇注而成的型钢混凝土结构，不仅在国外已有较多应用，在我国也已逐渐取用。它吸收了钢结构和混凝土结构的长处，还可以利用型钢骨架承受施工荷载。在用于超高层建筑结构中，既省钢、省模板，又具有相当大的抗侧刚度和延性。

2. 砌体结构

砌体结构是由块体（如砖、石和混凝土砌块）及砂浆经砌筑而成的结构，目前大量用于居住建筑和多层民用房屋（如办公楼、教学楼、商店、旅馆等）中，并以砖砌体的应用最为广泛。这些砌体除强度有所不同外，其主要计算原理和计算方法基本相同。无筋砌体抗压强度较高，抗拉、抗剪、抗弯强度很低，故多用于受压构件，少数用于受拉、受剪或受弯构件。因为砌体是由砌块和砂浆砌筑而成，所以无筋砌体的强度要比砖、石、砌块本身的强度低得多。当构件截面受到限制或偏心较大时，也可采用配筋砌体或组合砌体。

砖、石、砂等材料具有就地取材、成本低等优点，结构的耐久性和耐腐蚀性也很好。缺点是材料强度较低、结构自重大、施工砌筑速度慢、现场作业量大等，且烧砖要占用大量土地。随着硅酸盐砌块、工业废料（炉渣、矿渣、粉煤灰等）砌块、轻质混凝土砌块、以及配筋砌体、组合砌体的发展与应用，使砌体结构进一步展示其广阔的发展前途和不断创新的光明前景。

3. 钢结构

钢结构是以钢材为主制作的结构，主要用于大跨度的建筑屋盖（如体育馆、剧院等）、吊车吨位很大或跨度很大的工业厂房骨架和吊车梁以及超高层建筑的房屋骨架等。

钢结构材料质量均匀、强度高，构件截面小、重量轻，可焊性好. 制造工艺比较简单，便于工业化施工。缺点是钢材易锈蚀，耐火性较差，价格较贵。

钢结构大量用于房屋建筑，是在 19 世纪末、20 世纪初。由于炼钢和轧钢技术的改进，铆钉和焊接连接的相继出现，特别是近些年来高强度螺栓的应用，使钢结构的适用范围产生巨大的突破，并以其日益创新的建筑功能与建筑造型，为现代化建筑结构开创了更加宏伟的前景。

我国近年来，钢铁工业生产虽有惊人的发展，但还远远不能满足各方面对钢材的需求。因此，目前在建筑结构中还不能大量地使用钢材，在结构造型时还应注意节省钢材，非用不可的也应尽量合理节约，在很多地方还应尽量采用钢筋混凝土或预应力混凝土结构。

4. 木结构

木结构是以木材为主制作的结构。木材是天然生成的建筑材料，它有下列一些缺点：各向异性、天然缺陷（木节、裂缝、斜纹等）、天然尺寸受限制，易腐、易蛀、易燃、易裂和易翘曲。这给设计、制造和使用木结构带来一些问题。但只要应用范围得当，采用合理的结构型式和节点连接方式，施工尺寸严格保证质量，采取合理的构造措施，必要时用药剂处理，并在使用中经常注意维护，就可以保证具有较高的可靠性和耐久性。

由于受自然条件的限制，我国木材相当缺乏，木材资源远远不能满足人们的需要，加之木材本身的缺点，所以木结构在建筑上渐渐被其他结构所代替，目前仅在山区、林区和农村以及古建筑恢复工程有一定的采用。

1.2.2 按结构体系分类

按结构体系主要可以分为墙体承重结构体系、骨架结构体系和空间结构体系。

1. 墙体承重结构体系

墙体承重结构支承系统是指以部分或全部建筑外墙以及若干固定不变的建筑内墙作为垂直支承系统的一种体系。根据建筑物的建造材料及高度、荷载等要求，主要分为砌体墙承重的混合结构系统和钢筋混凝土墙（剪力墙）承重系统。前者主要用于低层和多层的建筑，而后者则适用于各种高度的建筑，特别是高层建筑。因为在钢筋混凝土承重墙系统中适当布置剪力墙，则剪力墙不仅能够承受垂直荷载，还能够承受水平力，为建筑物提供较大的抗侧力刚度，这对于抵抗侧向风力和地震水平分布力的影响都是十分重要的。

2. 骨架结构体系

骨架承重结构体系与墙承重结构体系对于建筑空间布置的不同在构思上主要在于用两根柱子和一根横梁来取代一片承重墙。这样原来在墙承重结构体系中被承重墙体占据的空间就尽可能地给释放了出来，使得建筑结构构件所占据的空间大大减少，而且在骨架结构承重系统中，内、外墙均不承重，可以灵活布置和移动，因此较适用于那些需要灵活分隔空间的建筑物，或是内部空旷的建筑物，而且建筑立面处理也较为灵活。骨架结构体系主要又框架结构体系、以及框剪、框筒结构体系和用于单层建筑的刚架、拱及排架体系等。

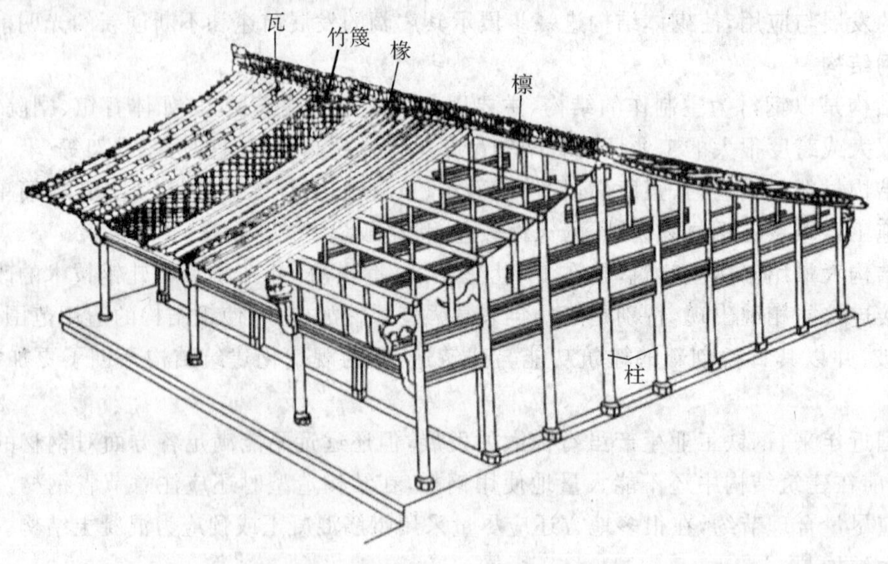

图 1.3 穿斗式木构架

框架结构也是一种古老的结构形式，它的历史一直可以追溯到原始社会。当原始人类由穴居而转入地面居住时，就逐渐学会了用树干、树枝、兽皮等材料搭成类似于后来北美印地安人式的帐篷，这实际上就是一种原始形式的框架结构。我国古代建筑所运用的木构架也是一种框架结构，它具有悠久的历史如图 1.3 所示，由于梁架承担着屋顶的全部荷重，而墙仅起围护空间的作用，因而可以做到“墙倒屋不塌”。框架结构的最大特点是把承重的骨架和用来围护或分隔空间的帘幕式的墙面明确地分开。采用框架结构的近现代建筑，由于荷重的传递完全集中在立柱上，这就为内部空间的自由灵活分隔创造了十分有利的条件，现代西方建筑正是利用这一有利条件，打破了传统六面体空间观念的束缚，以各种方法对空间进行灵活的分隔，不仅适应了复杂多变的近代功能要求，同时还极大地丰富了空间的变化，所谓“流动空间”正是对于传统空间观念的一种突破。钢筋混凝土框架结构的荷重分别由板传递给梁，再由梁传递给柱，因此，它的重力传递分别集中在若干个点上，工程中要重视节点的设计如图 1.4 所示。

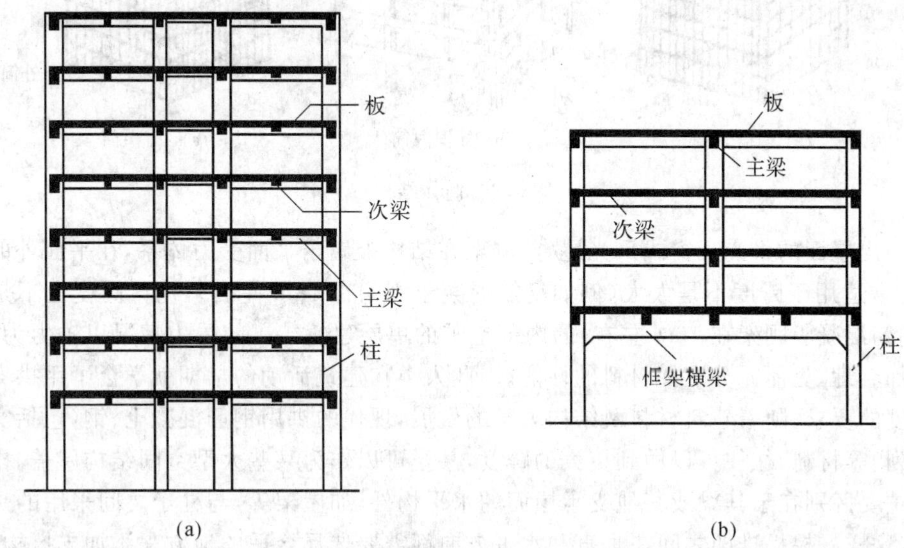

图 1.4　钢筋混凝土框架结构

全框架的结构体系在建筑物的空间刚度方面较为薄弱，用于高层建筑时往往需要增加抗侧向力的构件。如果是平面呈条形的建筑物，一般可以通过适当布置剪力墙来解决，通常称之为框剪体系。如果是平面为点状的建筑物，则可以通过周边加密柱距使其成为框筒，或将垂直交通枢纽如楼梯、电梯等组合布置为刚性的核芯筒，在其四周用梁、柱形成外围结构，以在得到大面积的灵活使用空间的基础上取得更加良好的通风和采光条件。建造超高层建筑则往往采用纯剪力墙结构体系或筒体及筒中筒结构体系如图 1.5 所示。

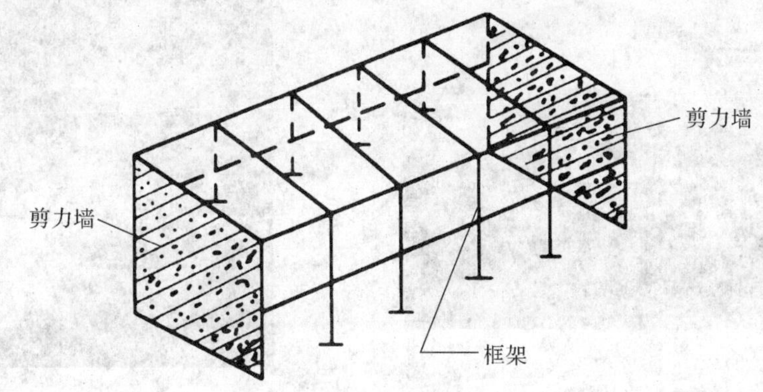

图 1.5　框架—剪力墙结构

建造单层厂房、体育馆等建筑时，往往采用刚架、拱及排架体系。单层骨架结构梁柱之间为刚性连接的是刚架，但在梁跨中间可以断开成为铰接，这样就比较容易根据建筑需要布置

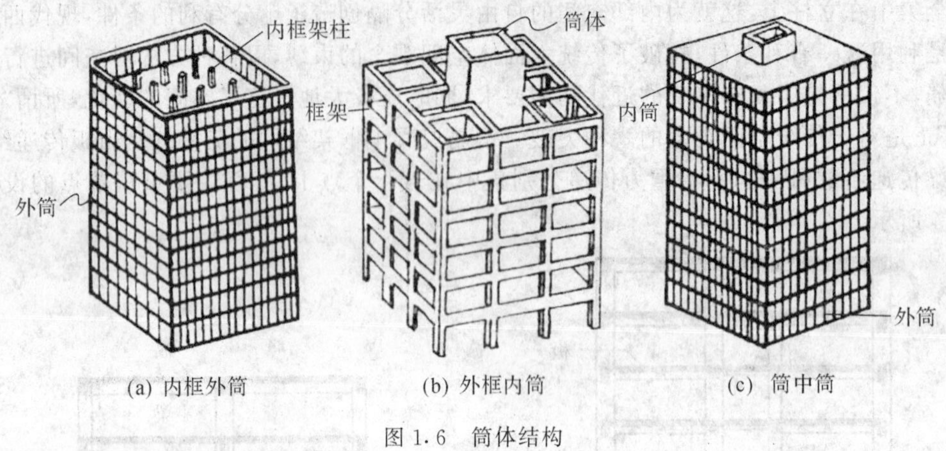

(a) 内框外筒　(b) 外框内筒　(c) 筒中筒

图 1.6　筒体结构

通长的高出屋面的采光天窗或采光屋脊。刚架在结构上属于平面受力体系，在平面外的刚度较小，通常适用于跨度不是太大（例如钢筋混凝土刚架在 18m 左右），檐口高度也不是太高（例如钢筋混凝土刚架在 10m 左右）的内部空旷的单层建筑。拱的受力情况以轴力为主，比刚架更加合理，更能充分发挥材料的性能。因此人类在建筑活动的早期就学会了用拱券来实现对跨度的要求。随着建筑材料及结构力学的发展，现代的拱用钢筋混凝土、钢（包括实腹及格构系列）等材料，往往可以做到更大的跨度，甚至可以作为某些大型空间结构屋盖。排架与刚架的主要区别在于其梁或其他支承屋面的水平构件，如屋架等，与柱子之间采用的是铰接的方式。这样一榀榀排架之间在垂直和水平方向都需要选择合适的地方来添加支撑构件，以增加其水平刚度，而且在建筑物两端的山墙部位，还应该添加抗风柱，这使得排架建筑物的轴线定位与一般建筑物都不同。但排架能够承受大型的起重设备运行时所产生的动荷载，因此排架结构常用于重型的单层厂房。

图 1.7　拱建筑

图 1.8　网架结构

3. 空间结构体系

空间结构各向受力，可以较为充分地发挥材料的性能，因而结构自重小，是大跨度建筑的理想结构形式。常用的空间结构体系有薄壳、网架、悬索、膜等等，以及它们的混合形式。各种空间结构类型比起其他平面类型的结构形式来，除了在发挥材料性能、减少结构自重、增加覆盖面积方面的优势外，其形状的富于变化以及支座形式的灵活选用及灵活布置，对建筑空间以及建筑形态的构成无疑都有着积极的意义。因此，空间结构体系不但适用于各种民用和工业建筑的单体，而且可以应用于建筑物的局部，特别是建筑物体型变化的关节点、各部分交接的连接处以及局部需要大空间的地方。这些部分要么是垂直承重构件的布置需兼顾被连接部分的结构特征，或者需要局部减少垂直构件的数量以得到较大的使用空间；要么是在建筑方面需要形成较为活跃的元素，希望能够在这个位置上有较为活泼的建筑体型。

图 1.9　悬索结构

图 1.10　膜结构

1.2.3　按建筑层数分类

1. 住宅建筑的 1～3 层为低层；4～6 层为多层；7～9 层为中高层；10 层及以上为高层。
2. 公共建筑及综合性建筑总高度超过 24m 为高层，低于 24m 为多层。
3. 建筑总高度超过 100m 时，不论其是住宅或公共建筑均为超高层。
4. 联合国经济事务部 1974 年针对当时世界高层建筑的发展情况划分的类型如下。

(1)低高层建筑层数为 9～16 层、建筑总高为 50m 以下。

(2)中高层建筑层数为 17～25 层，建筑总高为 50～75m。

(3)高高层建筑层数为 26～40 层，建筑总高可达 100m。

(4)超高层建筑层数为 40 层以上，建筑总高达 100m 以上。

1.3　本课程的任务和学习方法

学习建筑结构课程的任务，就是使建筑类专业学生在掌握一般建筑结构基本原理的基础上，具备进行一般建筑的结构设计能力，以及具备对于功能复杂、技术先进的大型建筑的结构造型能力。

建筑结构课程涉及多门学科，理论性和实践性都很强，在学习中，建议应注意以下几个问题：

(1)材料的特殊性

除钢材外，其余结构材料(如混凝土、砌体等)的力学性能都不同于材料力学中所学的匀质弹性材料的性能。

(2)公式的实验性

由于混凝土和砌体材料的特殊性,故其计算公式一般是在试验分析的基础上建立的,因此应注意相关公式的适用范围。

(3)设计的规范性

建筑结构构件的设计计算依据是现行的各种有关国家标准和规范。本书涉及的主要有:《GB 50009—2001 建筑结构荷载规范》、《GB 50010—2002 混凝土结构设计规范》、《GB 50003—2001 砌体结构设计规范》、《GB 50017—2003 钢结构设计规范》、《GB 50011—2001 建筑抗震设计规范》、《GB 50007—2002 建筑地基基础设计规范》等。书中的有关内容,是其相应规范的具体表现。

(4)解答的多样性

无论是进行结构布置还是结构构件设计,同一问题往往有多种方案或解答,故需综合考虑多方面因素,以选择较合理的解答。

第2章　建筑结构的设计基本原则

工程结构的设计，既需要保证工程结构安全可靠，又要做到经济合理。如何使结构设计符合“技术先进、经济合理、安全适用、确保质量”的要求，需要统一的设计标准和设计方法。

2.1　设计基准期和设计使用年限

1. 设计基准期

结构设计需要许多参数，其中有许多是变量。如楼板所受到的荷载，除了自重，还有人流、桌椅等引起的荷载。自重可以认为不变，对人流、桌椅这一部分荷载，它并非恒值，而是可变的。这些基本变量大多是随时间变化的，因此，在确定这些参数时，就要选一个时间范围，即时间参数，这就是设计基准期。

设计基准期是为确定可变作用及与时间有关的材料性能等取值而选用的时间参数。我国所采用的设计基准期为50年。

2. 设计使用年限

设计使用年限是设计规定的一个时期，在这一规定的时期内，结构或结构构件只需进行正常的维护(包括必要的检测、维护和维修)而不需进行大修就能按预期目的使用，完成预定的功能。即结构在正常设计、正常施工、正常使用和维护下所应达到的使用年限。结构的设计使用年限应按表2-1确定，若建设单位提出更高要求，也可按建设单位的要求确定。

表2-1　设计使用年限分类

类别	设计使用年限(年)	示　例
1	5	临时性结构
2	25	易于替换的结构构件
3	50	普通房屋和构筑物
4	100	纪念性建筑和特别重要的建筑结构

2.2　结构上的荷载

工程结构在施工期间和相当长的使用期内，需要安全可靠地承受设备、人群、车辆等使用荷载，经受风、雪、冰、雨、日照、地震等自然环境影响。这些因素会使结构产生内力、变形等。结构设计的目标就是确保结构的承载能力足以抵抗内力,而变形控制在结构能正常使用的范围内。因此在分析或设计一个结构时,必须对施加在结构上荷载的性质和大小有一个清晰的了解。

2.2.1 结构的作用、作用效应、抗力及其随机性

1.结构的作用、作用效应和结构抗力的概念

(1)结构的作用

施加在结构上的荷载是个广义的概念,既包括直接施加在结构上的集中力和分布力,又包括温度变化、基础不均匀沉降、地震、结构材料的收缩和徐变等影响。为了统一,将能使结构产生内力和变形的各种影响因素称为作用。习惯上,我们将前者称为直接作用,将后者称为间接作用。

结构上的作用可按下列三种方法分类:

1)按时间的变异分类

可分为永久作用、可变作用和偶然作用,见图2.1。

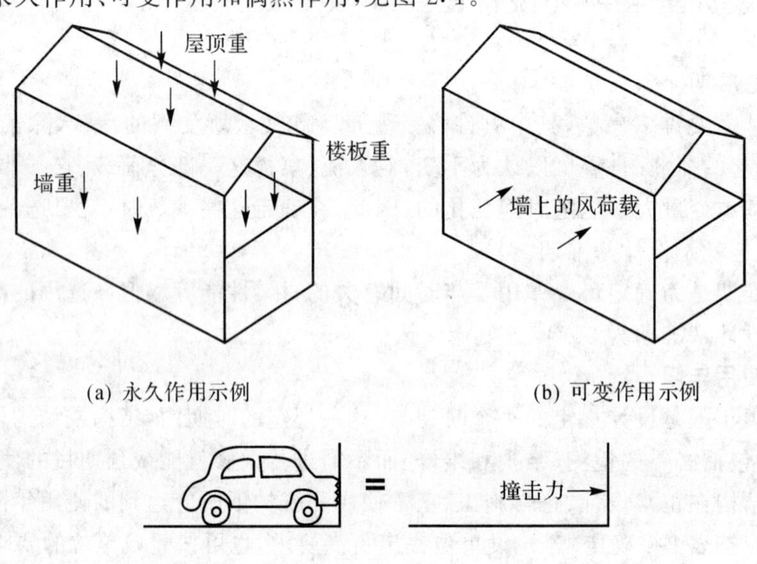

(a) 永久作用示例　　(b) 可变作用示例

(c) 偶然作用示例

图2.1 按时间变异分类的各类作用示例

①永久作用:在设计基准期内,其值不随时间变化、或其变化与平均值相比可忽略不计的作用。如:结构自重、土压力、水压力、预加压力、地基沉降、焊接等。

②可变作用:在设计基准期内,其值随时间变化、且其变化与平均值相比不可忽略的作用。如:人员设备重力、风荷载、雪荷载、温度变化等。

③偶然作用:在设计基准期内不一定出现,而一旦出现,其量值则很大且持续时间短的作用。如:地震、爆炸、撞击等。

各类作用随时间的变化见图2.2。

2)按随空间位置的变异分类

①固定作用:在结构上具有固定分布的作用。如:结构自重等。可变作用也可以是固定

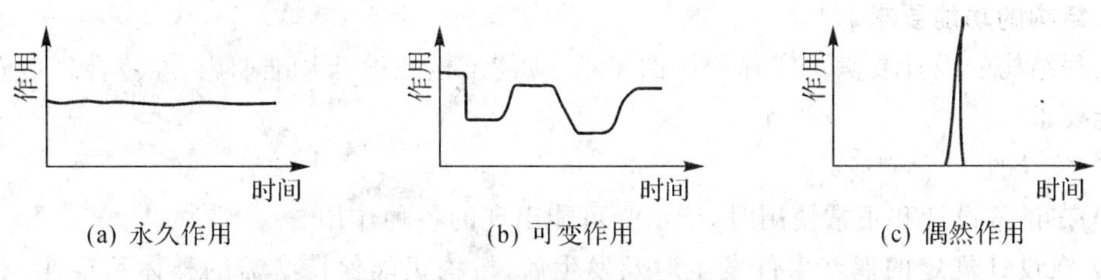

(a) 永久作用　(b) 可变作用　(c) 偶然作用

图 2.2　各类作用随时间的变化

作用，只是其数值随时间变化，如固定设备、水箱等。

②可动作用：在结构空间位置上的一定范围内可任意分布的作用。如：楼面人群荷载、吊车荷载等。

3)按结构的反应分类

①静态作用：对结构或结构构件不产生加速度或其加速度可忽略不计的作用。如：结构自重、楼面人群荷载、土压力、温度变化等。

②动态作用：是结构或结构构件产生的加速度不可忽略的作用。如地震、吊车荷载、设备振动、作用在高耸结构上的风荷载、车辆刹车、撞击力和爆炸力等。

(2)作用效应

直接作用和间接作用都将使结构产生内力(弯矩、剪力、轴向力、扭矩等)和变形(挠度、转角、裂缝、侧移等)。这种由作用引起的内力和变形称为作用效应，是结构对作用的反应。

以图 2.3 所示简支梁为例，在均布荷载 q 的作用下，梁的跨中弯矩、A 端剪力和跨中挠度等作用效应分别为：

跨中弯矩　$M=\frac{1}{8}ql^2$

A 端剪力　$V_A=\frac{1}{2}ql$

跨中挠度　$f=\frac{5ql^4}{384EI}$

式中：EI——梁的截面抗弯刚度；

l——梁的计算跨度。

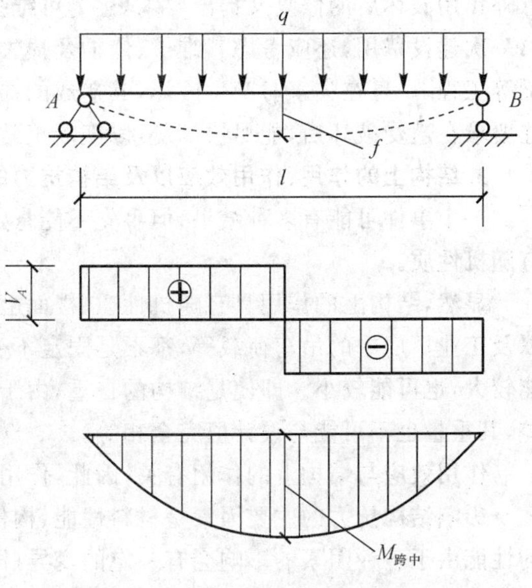

图 2.3　简支梁在均布荷载作用下的弯矩、剪力和挠度效应

(3)结构抗力

结构抵抗作用效应的能力称为结构抗力，即结构具有的最大强度或最大的变形能力，它与结构材料、截面尺寸、配筋情况等有关。

用一个非结构工程的实例来说明这个概念。例如一个门洞，若高为 2m，则 2m 以下的人都能直立通过，而姚明(身高 2.26m)则无法直立通过。我们可以说这个门洞的直立过人能力是 2m，结构抗力类似于门洞的直立过人能力。

门洞的高度必须要适合人群的高度。对结构的最基本要求，可以简单地理解为结构抗力必须要满足作用(或作用效应)的要求，这是结构设计中必须要解决的两个问题。

2. 结构的功能要求

工程结构的设计要满足实际使用的要求，应使结构在设计基准期内，经济合理地满足下列功能要求。

(1)安全性

1) 在正常设计和正常使用时，能承受可能出现的各种作用。

2) 在设计规定的偶然事件发生时及发生后，机构仍能保持必需的整体稳定性，不应发生倒塌或连续破坏而造成生命财产的严重损失。

(2)适用性

结构在正常使用期间应具有良好的工作性能。如不发生影响正常使用的过大变形或振幅，不产生过宽的裂缝等。

(3)耐久性

结构在正常使用和正常维护条件下，应具有足够的耐久性。所谓足够的耐久性能，系指结构在规定的工作环境中，在预定时期内，其材料性能的恶化(如混凝土风化、脱落、钢筋锈蚀等)不导致结构出现不可接受的实效概率。换句话说，足够的耐久性就是指在正常维护条件下结构能正常使用到规定的设计使用年限。

对于混凝土结构，其耐久性应根据环境类别和设计使用年限进行设计。环境类别见3.1.3表3-1。

除上述安全性、适用性和耐久性外，近年来对结构在使用期间的维护、维修，以及在遭受意外作用破坏后的修复又提出要求，称为**可维护修复性**。因为经济的概念不仅包括工程项目第一次建设费用，还应考虑其维护、修护及损失的费用。如对于救灾指挥中心、医院、通信、桥梁等工程，一旦在灾害时产生破坏，其造成的损失将不仅仅是工程本身。而对一般工程，则往往要求在遭受破坏后，能尽快修复，以恢复正常的生活和生产活动。

3. 结构上的作用、作用效应以及结构抗力的随机性质

一个事件可能有多种结果，但事先不能肯定哪一种结果一定发生时，我们说这一事件具有随机性质。

显然，结构上的作用具有随机性质。楼面上的人群荷载、墙上的风荷载、屋面上的雪荷载以及工业厂房中的吊车荷载等，都不是固定不变的，它们可能出现，也可能不出现；其数值可能较大，也可能较小。即使是结构的自重，由于所用材料的不同或制作过程中不可避免的误差，其重量也不可能与设计值完全相等。

作用效应与结构上的作用有关，因此，作用效应也具有随机性质。

影响结构抗力的主要因素是材料性能、构件的几何参数以及计算模式的精确性等。材料的性能由于各种因素的影响会有一定的变异(即使是同一钢厂生产的同一种钢材，其强度和变形性能也不会完全相同)，结构的制作和安装误差以及结构抗力计算所采用的假设和计算公式的精确性会引起结构计算结果的不定性。因此，结构的抗力也具有随机性质。

2.2.2 荷载的代表值及标准值

如前所述，结构上的作用分为直接作用和间接作用。直接作用，通常称为荷载，在结构设计中必须要确定。而间接作用因情况复杂，除地震作用外，其他间接作用的计算目前尚无统一规定。

下面讨论如何确定施加在结构上的荷载。

1. 荷载代表值

荷载具有随机性质，随时间具有变异性，尤其是可变荷载，但在结构设计中很难直接考虑荷载的变异性。为设计方便，对荷载采用具体的数值。考虑时间的参数和不同的设计要求，荷载在不同的设计情况采取不同的具体数值，这样确定的荷载值可理解为荷载的各种代表值。我国《建筑结构荷载规范》GB 50009—2001(以下简称《荷载规范》)给出了四种荷载代表值:标准值、组合值、频遇值和准永久值。荷载标准值是荷载的基本代表值，其他代表值都可在标准值的基础上乘以相应的系数后得出。

对永久荷载而言，只有一个代表值，这就是它的荷载标准值。对可变荷载应根据设计要求采用标准值、组合值、频遇值或准永久值作为代表值。

(1)荷载标准值

荷载标准值是指其在结构的使用期间可能出现的最大值。

(2)永久荷载标准值 G_k

对于结构自重，可按结构构件的设计尺寸与材料单位体积的自重计算确定。

(3)可变荷载标准值 Q_k

对于有足够统计资料的可变荷载，可根据其最大荷载的统计分布按一定保证率取其上限分位值。但实际上荷载的统计工作十分困难，因此一般根据长期工程经验确定一协议值作为荷载标准值。《荷载规范》对于楼面和屋面活荷载、吊车荷载、雪荷载和风荷载等可变荷载的标准值，规定了具体数值或计算方法，设计时可以查用。

(4)可变荷载的组合值 Q_c

对于有两种和两种以上可变荷载同时作用时，由于各可变荷载不可能同时达到各自的最大值，所以此时的荷载代表值(可变荷载组合值)应小于可变荷载标准值。可变荷载的组合值可表示为 $Q_c=\psi_c Q_k$，其中 ψ_c 为可变荷载组合系数，见表 2-2。

(5)可变荷载的频遇值 Q_f 和准永久值 Q_q

由于荷载的标准值是在规定设计基准期内的最大荷载的意义上确定的，相对于整个设计基准期，可变荷载标准值的持续时间很短，因此当结构需要进行变形、裂缝、振动等计算时，如果仍取荷载标准值显然过于保守。此时，可变荷载的代表值可选用频遇值或准永久值。

可变荷载的频遇值 Q_f，是指在设计基准期内，其超越的总时间仅为设计基准期一小部分的荷载值，可表示为 $Q_f=\psi_f Q_k$，其中 ψ_f 为可变荷载频遇值系数，见表 2-2。

可变荷载的准永久值 Q_q，是指在设计基准期内，其超越的总时间约为设计基准期一半的荷载值。该值出现的时间较长，对结构的影响相似于永久荷载，因此称为准永久值，可表示为 $Q_q=\psi_q Q_k$，其中 ψ_q 为可变荷载准永久值系数，见表 2-3。

如图 2.4 所示，可变荷载的频遇值和准永久值的区别只是超过某一荷载水平的累积总持续时间有所差别。频遇值总持续时间较短，一般与永久荷载组合用于结构振动变形计算；准永久值总持续时间较长，一般与永久荷载组合用于结构长期变形和裂缝宽度计算。

2. 荷载标准值的确定

(1)恒荷载

恒荷载包括结构自重和附加于结构上的各种永久荷载，如承重构件的自重、填充墙自重、门窗自重、各种外饰面自重、楼屋面找平层自重等。对于各类结构自重，可按结构构件的

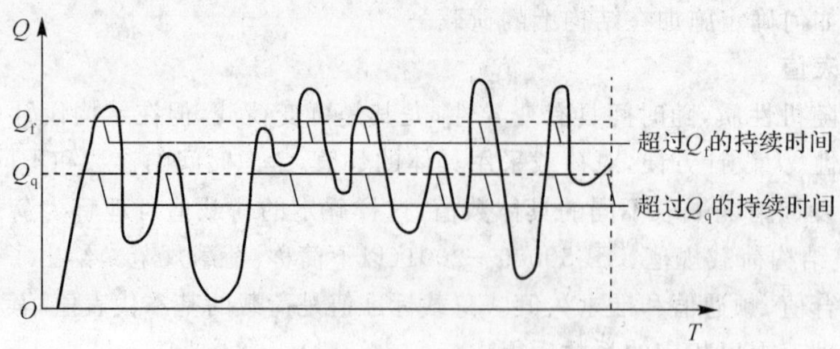

图 2.4 频遇荷载值和准永久荷载值

设计尺寸与材料单位体积的自重计算确定。

对于常用材料的构件,单位体积的自重可参考附表 5。例如,几种常见材料单位体积的自重为:

普通砖(机器制) 19kN/m³

石灰砂浆、混合砂浆 17kN/m³

水泥砂浆 20kN/m³

素混凝土 22~24kN/m³

钢筋混凝土 24~25kN/m³

对于自重变异较大的材料构件(如现场制作的保温材料、混凝土薄壁构件等),自重的标准值应根据对结构的不利状态,取上限值或下限值。

(2)楼面、屋面活荷载

建筑物楼屋面上实际的使用荷载,是一种随时间和使用情况不同有较大变化的可变荷载,通称活荷载。楼面活荷载是指人群、家具、物品(民用建筑)和机器、设备、堆料(工业建筑)等产生的分布重力;屋面活荷载是指检修人员及维修工具等产生的分布重力荷载;有大量排灰的工业建筑及其附近的建筑物,其屋面还有积灰荷载;有些建筑物的屋面还设置屋顶花园或直升机停机坪。

实际结构中楼面及屋面上的活荷载分布是不均匀或不连续的(如人群、家具等都是分散的集中荷载),为简化起见,在结构设计时,一般采用等效均布荷载代替。等效均布荷载是指其在结构上所产生的荷载效应与实际荷载产生的荷载效应保持一致的均布荷载。

1) 民用建筑楼面均布活荷载

民用建筑的楼面均布活荷载标准值及其有关荷载代表值系数见表 2-2。

作用在楼面上的活荷载,不可能以标准值的大小同时布满在所有的楼面上,因此在设计梁、墙、柱和基础时,还要考虑这些构件实际所承担的楼面范围内的荷载的分布变异情况予以折减。如计算分析住宅楼面梁时,若梁的从属面积超过 25m² 时,楼面活荷载标准值应乘以 0.9 的折减系数。这里的从属面积是指楼面梁所承担楼面荷载范围的面积。各种情况下活荷载的折减系数见《荷载规范》。

表 2-2 民用建筑楼面均布活荷载标准值及其组合值、频遇值和准永久值系数

项次	类 别	标准值 (kN/m²)	组合值系数 ψ_c	频遇值系数 ψ_f	准永久值系数 ψ_q
1	(1)住宅、宿舍、旅馆、办公楼、医院病房、托儿所、幼儿园 (2)教室、试验室、阅览室、会议室、医院门诊室	2.0	0.7	0.5 0.6	0.4 0.5
2	食堂、餐厅、一般性资料档案室	2.5	0.7	0.6	0.5
3	(1)礼堂、剧场、影院、有固定座位的看台 (2)公共洗衣房	3.0 3.0	0.7 0.7	0.5 0.6	0.3 0.5
4	(1)商场、展览厅、车站、港口、机场大厅及其旅客等候室 (2)无固定座位的看台	3.5 3.5	0.7 0.7	0.6 0.5	0.5 0.3
5	(1)健身房、演出舞台 (2)舞厅	4.0 4.0	0.7 0.7	0.6 0.6	0.5 0.3
6	(1)书库、档案库、贮藏室 (2)密集柜书库	5.0 12.0	0.9	0.9	0.8
7	通风机房、电梯机房	7.0	0.9	0.9	0.8
8	汽车通道及停车库： (1)单向板楼盖(板跨不小于 2m) 客车 消防车 (2)双向板楼盖和无梁楼盖(柱网尺寸不小于 6m×6m) 客车 消防车	 4.0 35.0 2.5 20.0	 0.7 0.7 0.7 0.7	 0.7 0.7 0.7 0.7	 0.6 0.6 0.6 0.6
9	厨房(1)一般的 (2)餐厅的	2.0 4.0	0.7 0.7	0.6 0.7	0.5 0.7
10	浴室、厕所、盥洗室： (1)第 1 项中的民用建筑 (2)其他民用建筑	 2.0 2.5	 0.7 0.7	 0.5 0.6	 0.4 0.5
11	走廊、门厅、楼梯： (1)宿舍、旅馆、医院病房托儿所、幼儿园、住宅 (2)办公楼、教室、餐厅，医院门诊部 (3)消防疏散楼梯，其他民用建筑	 2.0 2.5 3.5	 0.7 0.7 0.7	 0.5 0.6 0.5	 0.4 0.5 0.3
12	阳台： 一般情况 当人群有可能密集时	 2.5 3.5	 0.7	 0.6	 0.5

注：1. 本表所给各项活荷载适用于一般使用条件，当使用荷载较大或情况特殊时，应按实际情况采用。

2. 第 6 项书库活荷载当书架高度大于 2m 时，书库活荷载尚应按每米书架高度不小于 2.5kN/m² 确定。

3. 第 8 项中的客车活荷载只适用于停放载人少于 9 人的客车；消防车活荷载是适用于满载总量为 300kN 的大型车辆；当不符合本表的要求时，应将车轮的局部荷载按结构效应的等效原则，换算为等效均布荷载。

4. 第 11 项楼梯活荷载，对预制楼梯踏步平板，尚应按 1.5kN 集中荷载验算。

5. 本表各项荷载不包括隔墙自重和二次装修荷载。对固定隔墙的自重应按恒荷载考虑，当隔墙位置可灵活自由布置时，非固定隔墙的自重应取每延米长墙重(kN/m²)的 1/3 作为楼面活荷载的附加值(kN/m²)计入，附加值不小于 1.0kN/m²。

2)工业建筑楼面均布活荷载

工业建筑楼面在生产使用或安装检修时,由设备、管道、运输工具及可能拆移的隔墙产生的局部荷载,均应按实际情况考虑,也可采用等效均布活荷载代替。在设计多层工业建筑结构时,楼面活荷载的标准值大多由工艺提供,或由土建设计人员根据有关资料自行计算确定。但由于计算方法不一,计算工作量又大,因此《荷载规范》在大量调查统计的基础上,对于一般金工车间、仪器仪表车间、电子元器车间、棉纺织品车间、轮胎厂准备车间和粮食加工车间,提出了当设计人员缺乏资料时楼面楼荷载的参考值。

一般无设备区域的操作荷载,包括操作人员、一般工具、零星原料和成品的自重,可按均布活荷载考虑,采用 $2.0kN/m^2$。生产车间的楼梯活荷载,可按实际情况采用,但不宜小于 $3.5kN/m^2$。

3)屋面活荷载

房屋建筑的屋面,其水平投影面上的屋面均布活荷载应按表 2-3 采用。

屋面均布活荷载,不应与雪荷载同时组合。

表 2-3 屋面均布活荷载

项 次	类别	标准值(kN/m^2)	组合值系数 ψ_c	频遇值系数 ψ_f	准永久值系数 ψ_q
1	不上人的屋面	0.5	0.7	0.5	0
2	上人的屋面	2.0	0.7	0.5	0.4
3	屋顶花园	3.0	0.7	0.6	0.5

注:1.上人屋面,当施工或维修荷载较大时,应按实际情况采用;对不同结构应按有关设计规范的规定,将标准值作 $0.2kN/m^2$ 的增减。

2.上人的屋面,当兼作其他用途时,应按相应楼面活荷载采用。

3.对于因屋面排水不畅、堵塞等引起的积水荷载,应采取构造措施加以防止;必要时,应按积水的可能深度确定屋面活荷载。

4.屋顶花园活荷载不包括花圃土石等材料自重。

4)屋面积灰荷载

设计生产中有大量排灰的厂房及其邻近建筑时,对于具有一定除尘设施和保证清灰制度的机械、冶金、水泥等的厂房屋面,其水平投影面上的屋面积灰荷载,按《荷载规范》采用。

积灰荷载应与雪荷载或不上人的屋面均布活荷载两者中的较大值同时考虑。

5)施工和检修荷载及栏杆水平荷载

设计屋面板、檩条、钢筋混凝土挑檐、雨篷和预制小梁时,应考虑施工或检修集中荷载,可按 1.0kN 取值,并应在最不利位置处进行验算。

楼梯、看台、阳台和上人屋面等的栏杆顶部水平荷载,应按房屋类型分别采用 $0.5kN/m^2$(住宅、办公楼等)和 $1.0kN/m^2$(学校、影剧院、车站等)。

(3)雪荷载

雪荷载是房屋屋面的主要荷载之一。在我国寒冷地区及其它大雪地区,因雪荷载导致屋面结构以及整个结构破坏的事例时有发生。尤其是大跨度结构,对雪荷载更为敏感。因此在有雪地区,在结构设计中必须考虑雪荷载。

雪荷载也是一种重力荷载。屋面水平投影面上的雪荷载标准值 s_k,应按下式计算:

$$s_k = \mu_r s_0 \tag{2-1}$$

式中：μ_r——屋面积雪分布系数；

s_0——基本雪压(kN/m²)。

基本雪压是以一般空旷平坦地面上统计得 50 年一遇的最大积雪自重给出的。《荷载规范》规定了各地区的基本雪压。例如，北京的基本雪压为 0.4kN/m²，上海为 0.2kN/m²，哈尔滨为 0.45kN/m²。

屋面积雪分布系数应根据不同类别的屋面形式确定，具体见《荷载规范》。其中单跨单坡屋面的屋面积雪分布系数见表 2-4。

表 2-4　屋面积雪分布系数

类　别	屋面形式及积雪分布系数 μ_r
单跨单坡屋面	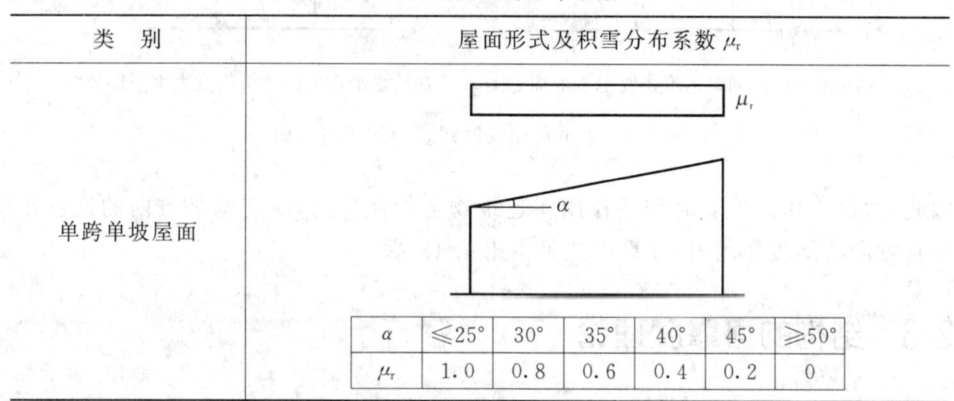

α	≤25°	30°	35°	40°	45°	≥50°
μ_r	1.0	0.8	0.6	0.4	0.2	0

(4)风荷载

风是空气在大气层中的运动。空气从气压大的地方向气压小的地方流动，遇到结构阻挡时，将对结构产生压力，即风压。风压作用在建筑物表面，称为风荷载(图 2.5)。

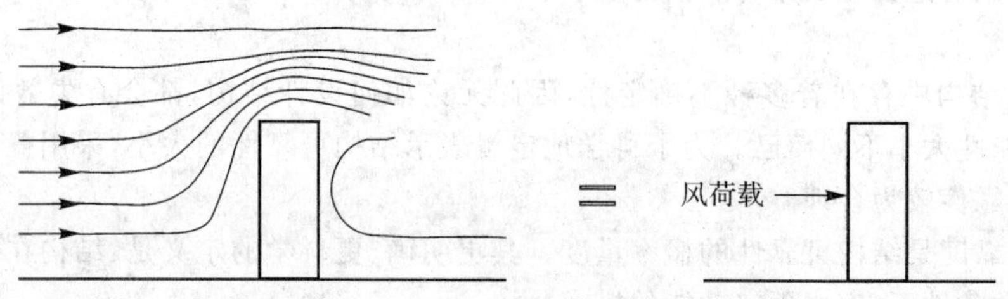

图 2.5　建筑物表面的风荷载

(5)地震作用

地震是一种自然现象，由地壳运动引起。地震波传到地面时，地面发生既上下又水平的晃动，见图 2.6。

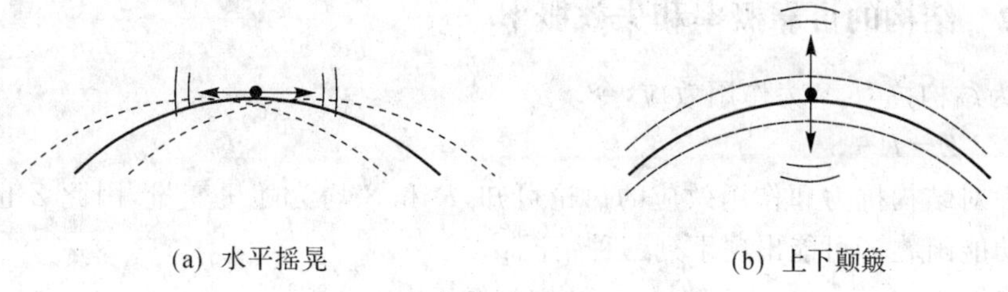

(a) 水平摇晃　　(b) 上下颠簸

图 2.6　地震引起的地面运动

当地震使地面反复晃动(或颠簸)时,地面产生加速度运动并强迫建筑物发生相应的加速度反应,建筑物也既上下颠簸又水平摇晃。这种效果如同地表不动而建筑物在水平方向和竖直方向受到往复作用力被推动一样,见图 2.7。

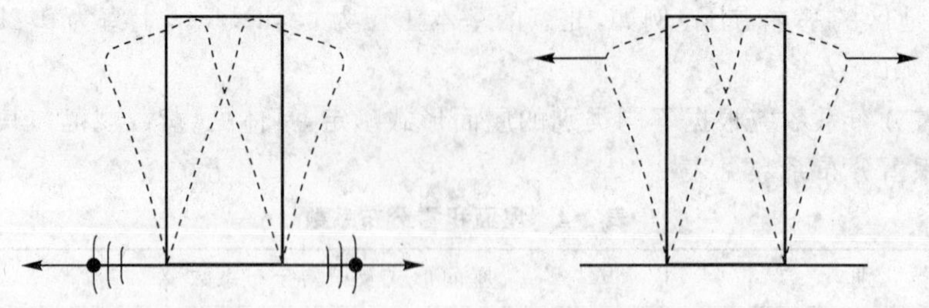

(a) 水平地面动时建筑物发生水平摇晃　(b) 水平推力使建筑物发生水平摇晃

图 2.7 水平地面动时建筑物的相应反应

因此,地震作用是地震时作用作用在建筑物上的惯性力,既有水平方向的地震作用力,也有竖直方向的地震作用力,计算方法见本书第 12 章。

2.3 结构的可靠度理论

2.3.1 结构可靠度的概念

前面讲述了设计任何建筑物或构筑物时,都必须满足安全、适用和耐久三项功能要求。结构若同时满足这三项要求,则称该结构可靠,即结构的可靠性是结构安全性、适用性和耐久性的总称。

但实际结构中存在着多种不确定性,因此无论如何设计结构,都会有失效的可能性存在,只是可能性大小不同而已。为了科学地定量表示结构可靠性的大小,采用概率方法来定义结构的可靠性较为合理。

结构可靠度是结构可靠性的概率量度。其更明确、更科学的定义是:结构在规定的时间内,在规定的条件下,完成预定功能的概率。

规定的时间,指的是结构设计基准期。规定的条件,指正常设计、正常施工、正常使用条件,不考虑人为错误或过失因素。人为错误或过失所造成的结构失效为结构事故,应通过质量监督和加强管理予以克服。预定功能即安全性、适用性和耐久性。

2.3.2 结构的可靠概率和失效概率

设 R 为结构抗力,S 为作用效应,令

$$Z=R-S \tag{2-2}$$

由前面对结构抗力和作用效应的讨论可知,R 和 S 均为随机变量,因此 Z 也是一个随机变量。功能函数 Z 可能出现下列三种情况:

$Z>0$　结构可靠

$Z<0$　结构失效

$Z=0$　结构处于极限状态

由于根据 Z 值的大小，可以判断结构是否满足某一确定功能要求，因此称 Z 为结构的功能函数。

假定 R 和 S 是相互独立的，且分布已知。图 2.8 中所示为 R 和 S 的分布曲线，两者有重合部分，说明结构抗力 R 可能会小于作用效应 S，导致结构可能失效。

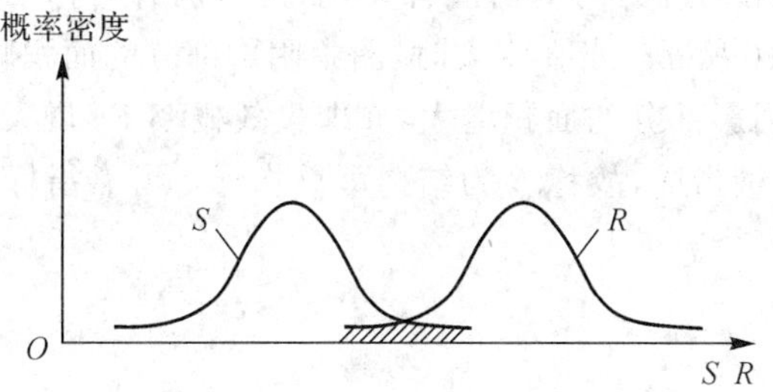

图 2.8　R、S 的概率密度分布曲线

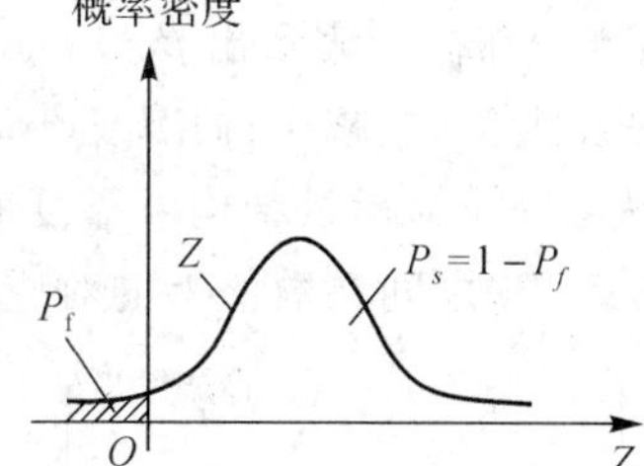

图 2.9　Z 的概率密度分布曲线

由 R、S 的分布曲线，可作功能函数 Z 的分布曲线如图 2.9 所示。若将结构处于失效状态的概率称为失效概率，以 P_f 表示，则

$$P_f = \int_{-\infty}^{0} f(Z)\mathrm{d}Z \tag{2-3}$$

而结构的可靠度（可靠概率）可按下式计算

$$P_s = \int_{0}^{+\infty} f(Z)\mathrm{d}Z \tag{2-4}$$

由公式(2-3)可知，结构失效概率和结构可靠概率的关系为

$$P_s + P_f = 1 \tag{2-5}$$

或

$$P_s = 1 - P_f \tag{2-6}$$

即由结构失效概率 P_f 可确定结构可靠度 P_s。当失效概率 P_f 小于某个限值时，人们因结构失效的可能性很小而不再担心，即可认为结构设计是可靠的。从概率的观点，结构设计的目标就是保障结构可靠度 P_s 足够大或失效概率 P_f 足够小，达到人们可以接受的程度。

我国《建筑结构可靠度设计统一标准》GB 50068—2001 在大量统计的基础上，对于一般性工业与民用建筑的失效概率规定不得超过以下限值：

延性破坏的结构　$[P_f]=6.9\times10^{-4}$

脆性破坏的结构　$[P_f]=1.1\times10^{-4}$

2.3.3　可靠指标

用失效概率 P_f 来度量结构的可靠性具有明确的物理意义，能够较好地反映问题的实质。但由于 P_f 的计算在数学上比较复杂以及目前对于 S 和 R 的统计规律研究深度还不够，要按上述方法求得失效概率是有困难的。因而对于面广量大的工程结构而言，应寻找计算精度满足工程要求而计算量不大的计算方法。

1. 可靠指标的概念

假设在结构功能函数 $Z=R-S$ 中，R 和 S 为两个相互独立的正态分布随即变量，它们的均值和方差分别为 μ_R、μ_S 及 σ_R、σ_S。由概率论知识，此时 Z 也为正态分布随机变量，其均值 μ_Z 和方差 σ_Z 可按下式计算

$$\mu_Z = \mu_R - \mu_S \tag{2-7}$$

$$\sigma_Z=\sqrt{\sigma_R^2+\sigma_S^2} \tag{2-8}$$

令
$$\beta=\frac{\mu_Z}{\sigma_Z}=\frac{(\mu_R-\mu_S)}{\sqrt{\sigma_R^2+\sigma_S^2}} \tag{2-9}$$

由公式(2-9)可看出，β 不仅与作用效应及结构抗力的平均值有关，而且与两者的标准差有关。可在分布图上表示出 β 和 P_f，如图 2.10 所示。当 β 变大时，图中阴影部分的面积减小，亦即失效概率 P_f 减小；而 β 变小时，图中阴影部分的面积增大，亦即失效概率 P_f 增大。这说明 β 可以作为衡量结构可靠度的一个数量指标，故称 β 为结构可靠指标。可靠指标 β 与失效概率 P_f 之间在数值上的对应关系见表 2-5。

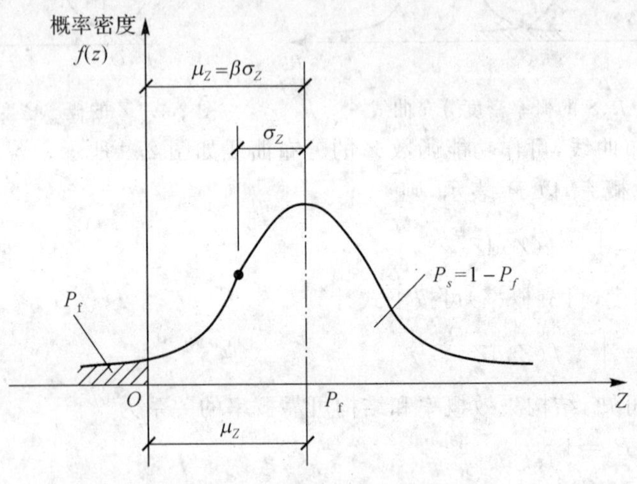

图 2.10　β 与 P_f 的关系

表 2-5　β 与 P_f 的对应关系

β	2.0	2.5	2.7	3.0	3.2	3.7	4.0	4.2
P_f	2.28×10^{-2}	6.21×10^{-3}	3.5×10^{-3}	1.35×10^{-3}	6.9×10^{-4}	1.1×10^{-4}	3.17×10^{-5}	1.3×10^{-6}

2. 按可靠指标的设计准则

建筑结构设计的目的，就是要使结构能以适应的可靠度满足各项预定的功能，也就要使所设计结构的失效概率 P_f 值小到或可靠指标 β 大到可以接受的程度。

我国《建筑结构可靠度设计统一标准》GB 50068—2001 根据建筑结构的破坏后果，即危及人的生命、造成经济损失、产生社会影响等的严重程度，将结构的安全等级分为三级。同时规定，结构构件承载能力极限状态的可靠指标不应小于表 2-6 的规定。由表 2-6 可见，不同安全等级之间的 β 值相差 0.5，这大体上相当于结构失效概率相差一个数量级。

表 2-6　建筑结构的安全等级及结构构件承载能力极限状态的可靠指标

建筑结构的安全等级	破坏后果	建筑物类型	结构构件承载力极限状态的可靠指标	
			延性破坏	脆性破坏
一级	很严重	重要的建筑	3.7	4.2
二级	严　重	一般的建筑	3.2	3.7
三级	不严重	次要的建筑	2.7	3.2

注：1. 延性破坏是指结构构件在破坏前有明显的变形或其它预兆；脆性破坏是指结构构件在破坏前无明显变形或其他预兆。

2. 当承受偶然作用时，结构构件的可靠指标应符合专门规范的规定。

3. 当有特殊要求时，结构构件的可靠指标不受本表限制。

建筑物中各类结构构件的安全等级宜与整个结构的安全等级相同，对其中部分结构构件的安全等级，可根据其重要程度适当调整，但不得低于三级。

2.4　概率极限状态设计法

根据上述规定的可靠指标，即可采用近似概率分析方法进行结构设计，但这种方法仍然过于繁琐，计算工作量很大。为了使用上简便，并考虑到工程技术人员的习惯，我国规范采用以可靠度理论作为基础的概率极限状态设计法。

2.4.1　极限状态的分类

当整个结构或结构的一部分，超过某一特定状态就不能满足设计规定的某一功能（安全、适用、耐久）要求，则此特定状态称为该功能的极限状态。

我国规范将极限状态分为以下两类：

1. 承载能力极限状态

结构或结构构件达到最大承载能力或不适于继续承载的变形，为承载能力极限状态。

当结构或结构构件出现下列状态之一时，即认为超过了承载能力极限状态：

1）整个结构或结构的一部分作为刚体失去平衡（如倾覆等）；

2）结构构件或连接因超过材料强度而破坏（包括疲劳破坏），或因过度变形而不适于继续承载；

3）结构转变为机动体系；

4）结构或结构构件丧失稳定（如压屈等）；

5）地基丧失承载能力而破坏（如失稳等）。

2. 正常使用极限状态

结构或结构构件达到正常使用或耐久性的某项规定限值，为正常使用极限状态。

当结构或结构构件出现下列状态之一时，即认为超过了正常使用极限状态：

1）影响正常使用或外观的变形；

2）影响正常使用或耐久性能的局部损坏（包括裂缝）；

3）影响正常使用的振动；

4）影响正常使用的其他特定状态。

进行结构和构件设计时，既要保证它们不超过承载能力极限状态，又要保证它们不超过正常使用极限状态。因此，要对承载力和正常使用情况都进行设计计算。

2.4.2 按承载能力极限状态设计的方法

前面按照各种结构的特点和使用要求，规定了明确的极限状态标志。利用结构的失效概率（或可靠指标）度量结构可靠度，在结构极限状态和结构可靠度之间以概率理论建立关系，这种设计方法即为基于概率的极限状态设计法，又称为概率极限状态设计法。这种方法实用简便，符合工程技术人员的习惯。

1. 极限状态设计法的建立原则和方法

1）对荷载和材料强度采用具体的数值

前面已经讲述，为设计方便，对荷载采用具体的数值，并确定了各种荷载的标准值。恒荷载的标准值很容易确定；对于活荷载的标准值，前面抽象地定义为可能出现的最大荷载，确切地说，它是设计基准期内荷载分布曲线上的某一分位值（一般取其概率分布的 0.95 分位值确定，此时具有 95%以上的保证率，即荷载的实际值小于或等于荷载标准值的概率为 95%或以上），如图 2.11 所示。

同样，对材料强度也采用具体的数值。材料强度的标准值一般取其分布曲线上的 0.05 分位值确定，如图 2.12 所示。此时，材料强度的实际值大于或等于材料强度标准值的概率为 95%或以上，也具有 95%以上的保证率。

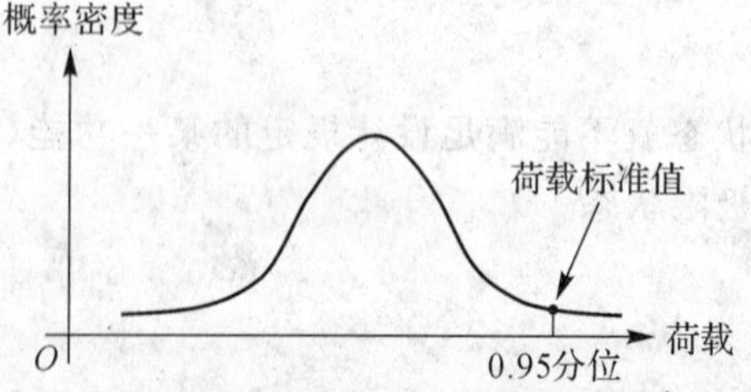

图 2.11 荷载标准值的确定

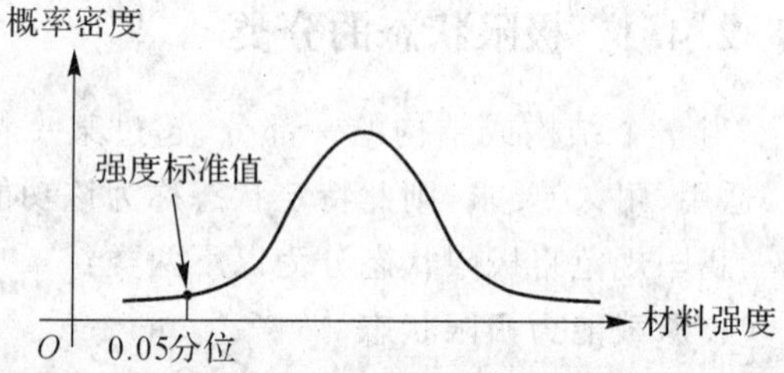

图 2.12 强度标准值的确定

现以一简支工字钢梁的设计过程来说明概率极限状态设计法。为简单起见，假定该梁仅承受一项竖向均布活荷载，材料已选定某钢号的钢材，要求选择梁的型号。

简支钢梁的计算简图如图 2.13 所示，其中 q_k 为荷载标准值，则可求得梁需承受的最大弯矩值为 $M_k=\frac{1}{8}q_kl^2$。材料的强度确定，为标准值 f_k，试选定工字钢的某一型号，则通过一定的计算方法可求得钢梁所能承受的最大弯矩值 M_{uk}。实际上，M_k 应是弯矩作用效应 S_M 分布曲线上的一点，而 M_u 是结构弯矩抗力 R_M 分布曲线上的一点，见图 2.14 所示。

2）极限状态时的可靠度等于规定的限值

一个能被人们所接受的建筑结构应是 $M_{uk}>M_k$，两者的差值大小反映了结构的安全程度。差值越大，结构越安全，失效概率越小，因此 M_{uk} 与 M_k 的差值与结构的失效概率存在着对应关系。

由图 2.14 中的 R_M、S_M 分布曲线，可求得结构功能函数 $Z_M=R_M-S_M$ 的失效概率 P_f，若 P_f 刚好等于规定的限值 $[P_f]$，则该梁处于抵抗弯矩的承载能力极限状态。

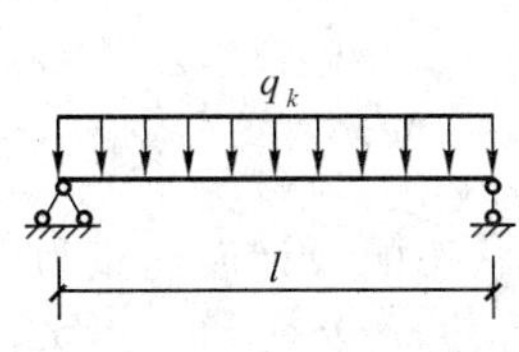

图 2.13　梁的计算简图

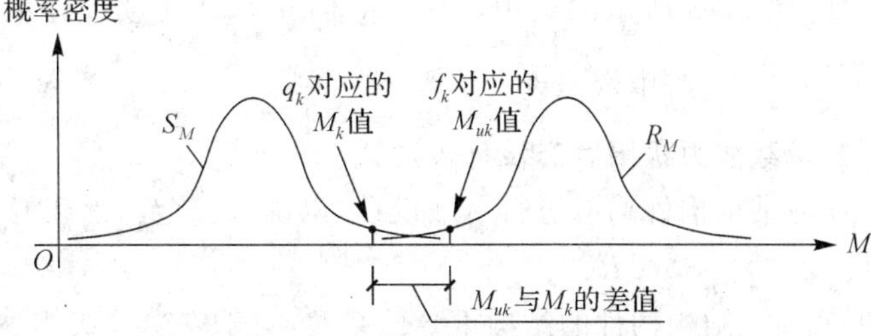

图 2.14　S_M、R_M 分布曲线

3）极限状态设计的方法

当结构处于承载能力极限状态时，$P_f=[P_f]$，M_{uk}、M_k 之间有一个与$[P_f]$相对应的差值，如图 2.15 所示。将图 2.15 中的 S_M 分布曲线向右移动，R_M 分布曲线向左移动，即将 M_k 乘以 γ_S，M_{uk}除以 γ_R，得到

$$M_k^*=\gamma_S M_k, M_{uk}^*=M_{uk}/\gamma_R$$

且 $$M_k^*=M_{uk}^*$$

式中：γ_S——作用效应分项系数；

γ_R——结构抗力分项系数。

从而通过分项系数将用失效概率 $P_f=[P_f]$来确定的极限状态，转换成用一个交点 $M_k^*=M_{uk}^*$来表示。并将 M_k^* 称为弯矩设计值，M_{uk}^*称为抗弯承载能力设计值。

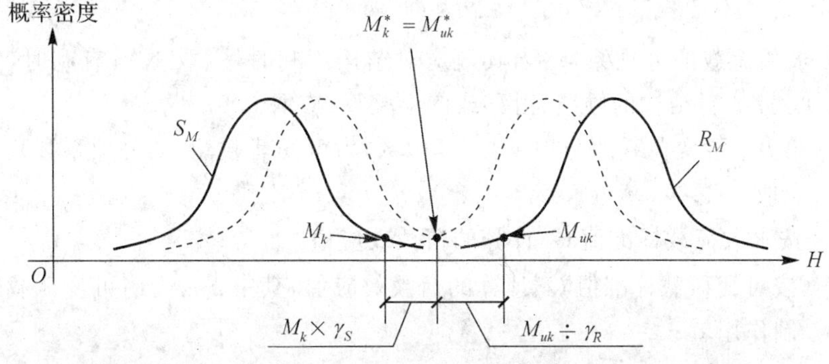

图 2.15　分项系数的意义

以上通过一个简支梁的设计来阐述了极限状态设计法的方法。一般情况下，作用在结构上的荷载不止一种，组成结构的材料也不止一种，因此，作用效应分项系数可分解为各项荷载分项系数(如恒荷载分项系数、楼面活荷载等)，结构抗力分项系数 γ_R 可分解为各项结构抗力分项系数(如钢筋材料分项系数、混凝土材料分项系数等)。

综上所述，概率极限状态设计法是采用基本变量(荷载和材料强度)标准值和相应的分项系数建立了实用的设计表达式(如：$M_k^*=M_{uk}^*$)，其中，分项系数是按照失效概率限值$[P_f]$，并考虑工程经验，经优选确定的，从而使实用设计表达式的计算结构近似地满足可靠度的要求。

要特别注意的是标准值与设计值的概念。荷载标准值乘以其相应的分项系数得到荷载设计值，而将与荷载标准值、荷载设计值相对应的作用效应分别称为作用效应标准值、作用效应设计值；材料强度标准值除以其相应的分项系数得到材料强度设计值，而将与材料强度标准值、材料强度设计值相对应的结构抗力分别称为结构抗力标准值、结构抗力设计值。

如：图 2-13 所示的梁中，荷载标准值为 q_k，荷载设计值为 $q=\gamma_S q_k$；跨中弯矩标准值为 $M_k=\frac{1}{8}q_k l^2$ 以，跨中弯矩设计值为 $M=\frac{1}{8}ql^2$。

2. 承载能力极限状态设计表达式

任何结构构件均应进行承载设计，以确保安全。承载能力极限状态的设计表达式为

$$\gamma_0 S \leqslant R \tag{2-10}$$

式中：γ_0——结构构件的结构重要性系数：对于安全等级为一级或设计使用年限为 100 年及以上的结构构件，γ_0 不应小于 1.1；对于安全等级为二级或设计使用年限为 50 年的结构构件，γ_0 不应小于 1.0；对于安全等级为三级或设计使用年限为 5 年及以下的结构构件，γ_0 不应小于 0.9；在抗震设计中，不考虑结构构件的重要性系数。

S——承载能力极限状态的荷载效应组合的设计值，荷载组合按基本组合进行；

R——结构构件的承载力设计值；在抗震设计时，应除以承载力抗震调整系数 γ_{RE}。

对设计值 S 所采用的荷载组合，应按基本组合进行，也可采用简化的基本组合。

1）基本组合

对于基本组合，荷载效应组合的设计值 S 应从下列组合值中取最不利值确定：

(1) 由可变荷载效应控制的组合：

$$S=\gamma_G S_{Gk}+\gamma_{Q1}S_{Q1k}+\sum_{i=2}^{n}\gamma_{Qi}\psi_{ci}S_{Qik} \tag{2-11a}$$

式中：γ_G——永久荷载的分项系数：当其效应对结构不利时，应取 1.2；有利时，一般情况下取 1.0，对结构的倾覆、滑移或漂浮验算，应取 0.9；

γ_{Qi}——第 i 个可变荷载的分项系数(其中 γ_{Q1} 为可变荷载 Q_1 的分项系数)：一般情况下应取 1.4；

S_{Gk}——按永久荷载标准值 G_k 计算的荷载效应值；

S_{Qik}——按可变荷载标准值 Q_{ik} 计算的荷载效应值，其中 S_{Q1k} 为诸可变荷载效应中起控制作用者；

ψ_{ci}——可变荷载 Q_i 的组合值系数，对民用建筑楼屋面均布活荷载，一般取 0.7(书库、贮藏室、通风机房及电梯机房取 0.9)，风荷载取 0.6，屋面积灰荷载取 0.9，其余情况不应大于 1.0；

n——参与组合的可变荷载数，注意当可变荷载的效应对结构构件的承载能力有利时，该可变荷载不参与组合。

(2) 由永久荷载效应控制的组合：

$$S=\gamma_G S_{Gk}+\sum_{i=1}^{n}\gamma_{Qi}\psi_{ci}S_{Qik} \tag{2-11b}$$

式中：γ_G——永久荷载的分项系数：当其效应对结构不利时，应取 1.35；有利时，同前。

n——参与组合的可变荷载数，注意参与组合的可变荷载仅限于竖向荷载；有利时，同前。

其余符号同式(2-11a)。

2）简化的基本组合

对于一般排架、框架结构，基本组合可采用简化规则，并应按下列组合值中取最不利值确定：

（1）由可变荷载效应控制的组合：

$$S=\gamma_G S_{Gk}+\gamma_{Q1} S_{Q1k}$$

$$S=\gamma_G S_{Gk}+0.9\sum_{i=1}^{n}\gamma_{Qi} S_{Qik} \tag{2-12}$$

（2）由永久荷载效应控制的组合，仍按公式（2-11b）采用。

【例 2-1】 某办公楼顶层柱，经计算，在永久荷载标准值、屋面活荷载标准值、风荷载标准值及雪荷载标准值分别作用下引起的该柱轴向压力为 $N_{Gk}=40\text{kN}$、$N_{Qk}=12\text{kN}$、$N_{wk}=4\text{kN}$ 和 $N_{sk}=1\text{kN}$。屋面活荷载、风荷载和雪荷载的组合值系数分别为 0.7、0.6 和 0.7。

要求：确定该柱在按承载能力极限状态基本组合时的轴向压力设计值 N。

［解］ 该柱的轴向压力设计值 N 应按基本组合确定，从下列组合值中取最不利值：

若可变荷载效应起控制作用，

$$N_1=1.2\times 40+1.4\times 12+1.4\times 0.6\times 4=68.16\text{kN}$$

若永久荷载效应起控制作用，参与组合的可变荷载中仅限于竖向荷载而风荷载不参与组合。此外，与前面一样，屋面活荷载不与雪荷载同时组合。因此，

$$N_2=1.35\times 40+1.4\times 0.7\times 12=65.76\text{kN}$$

由于 $N_1>N_2$，该柱的轴向压力设计值是可变荷载效应起控制作用，取 $N=68.16\text{kN}$。

2.4.3　按正常使用极限状态设计的方法

按正常使用极限状态设计的方法，与按承载能力极限状态设计方法的原理相同。但由于结构构件达到或超过正常使用极限状态时的危害程度不如承载力不足引起结构破坏时大，故对其可靠度的要求可适当降低，或说失效概率可以提高，这一不同可以通过分项系数的改变来实现。

1. 正常使用极限状态设计表达式

按正常使用极限状态设计时，对于荷载组合值，不再乘以荷载分项系数，也不再考虑结构的重要性系数 γ_0。但由于荷载短期作用和长期作用对于结构构件正常使用性能的影响不同，应根据不同的设计要求，采用荷载的标准组合、频遇组合或准永久组合，并应按下列设计表达式进行：

$$S\leqslant C \tag{2-13}$$

式中：C——结构或结构构件达到正常使用要求的规定限值，例如变形、裂缝、振幅等的限值。

1）标准组合

对于标准组合，荷载效应组合的设计值 S 应按下式采用：

$$S=S_{Gk}+S_{Q1k}+\sum_{i=2}^{n}\psi_{ci} S_{Qik} \tag{2-14}$$

显然，荷载效应标准值组合的设计值代表了设计基准期内最大荷载效应组合。从正常使用的要求来看，取这样的最大值，一般情况下显然是过分偏于安全的，但目前在我国的建筑结构设计规范中大多都采用此种组合。

2）对于频遇组合，荷载效应组合的设计值 S 应按下式采用：

$$S = S_{Gk} + \psi_{f1} S_{Q1k} + \sum_{i=2}^{n} \psi_{qi} S_{Qik} \tag{2-15}$$

式中：ψ_{f1}——可变荷载 Q_1 的频遇值系数；

ψ_{qi}——可变荷载 Q_1 的准永久值系数。

频遇组合考虑了可变荷载与时间的关系，它意味着允许某些极限状态在一个较短的持续时间内被超过，或在总体上不长的时间内被超过，相当于在结构上时而出现的较大荷载值，但它总是小于荷载的标准值。频遇组合目前在房屋结构的设计实践中还没有得到采用，今后会逐渐代替现行的标准组合。桥梁结构就采用了频遇组合。

3）准永久组合

对于准永久组合，荷载效应组合的设计值 S 应按下式采用：

$$S = S_{Gk} + \sum_{i=1}^{n} \psi_{qi} S_{Qik} \tag{2-16}$$

准永久组合则考虑了可变荷载与时间的关系，相当于可变荷载在整个变化过程中的中间值。此组合设计值表征的是可变荷载在整个设计使用年限内经常出现的荷载水平的效应组合值，因此它代表的是结构上长期作用的荷载。

对一些要求可以放松的正常使用功能控制，有时可采用荷载效应准永久组合，例如对二级裂缝控制等级的预应力混凝土构件，按荷载效应准永久组合控制其正截面受拉边缘的混凝土应力≤0；而对一级裂缝控制等级的预应力混凝土构件，则仍要求按荷载效应标准组合来作为相应控制。

2. 验算内容

正常使用极限状态的验算有如下几项：

1）变形验算

对钢筋混凝土结构构件的变形验算主要是对受弯构件的挠度验算。受弯构件的最大挠度应按荷载效应的标准组合并考虑荷载长期作用影响进行计算，其计算值不应超过表 2-7 规定的挠度限值。

其他对钢结构和木结构构件变形限值的规定可参考相应的设计规范。

表 2-7 受弯构件的挠度限值

构件类型	楼盖、屋盖及楼梯构件			吊车梁	
	$l_0<7$m	7m$\leqslant l_0 \leqslant$9m	$l_0>9$m	手吊车	电动吊车
挠度限值	$l_0/200(l_0/250)$	$l_0/250(l_0/300)$	$l_0/300(l_0/400)$	$l_0/500$	$l_0/600$

注：1. 表中 l_0 为构件的计算跨度；

2. 表中括号内的数值适用于使用上对挠度有较高要求的构件；

3. 如果构件计算时预先起拱，且使用上也允许，则在验算挠度时，可将计算所得的挠度值减去起拱值；对预应力混凝土构件，尚可减去预加力所产生的反拱值；

4. 计算悬臂构件的挠度限值时，其计算跨度 l_0 按实际悬臂长臂的 2 倍取用。

2）裂缝控制验算

对钢筋混凝土结构构件的裂缝控制验算，包括抗裂验算和裂缝宽度验算。

结构构件正截面的裂缝控制等级分为三级。裂缝控制等级的划分应符合下列规定：

一级——严格要求不出现裂缝的构件，按荷载效应标准组合计算时，构件受拉边缘混凝土不产生拉应力；

二级——一般要求不出现裂缝的构件，按荷载效应标准组合计算时，构件受拉边缘混凝土拉应力不应大于混凝土轴心抗压强度标准值；按荷载效应准永久组合计算时，构件受拉边缘混凝土不宜产生拉应力，当有可靠经验时可适当放松；

三级——允许出现裂缝的构件，按荷载效应标准组合并考虑长期作用影响计算时，构件的最大裂缝宽度不应超过表 2-8 规定的最大裂缝宽度限值。

表 2-8　结构构件的裂缝控制等级及最大裂缝宽度限值

环境类别	钢筋混凝土结构		预应力混凝土结构	
	裂缝控制等级	$w_{\lim}$(mm)	裂缝控制等级	$w_{\lim}$(mm)
一	三	0.3(0.4)	三	0.2
二	三	0.2	二	—
三	三	0.2	一	—

注：1. 对处于年平均相对湿度小于 60％地区一类环境下的受弯构件，其最大裂缝宽度限值可取括号内的数值；

2. 在一类环境下，对钢筋混凝土屋架、托架及需作疲劳验算的吊车梁，其最大裂缝宽度限值应取为 0.2mm；对钢筋混凝土屋面梁和托梁，其最大裂缝宽度限值应取为 0.3mm；

3. 如果构件计算时预先起拱，且使用上也允许，则在验算挠度时，可将计算所得的挠度值减去起拱值；对预应力混凝土构件，尚可减去预加力所产生的反拱值；

4. 对预应力构件的裂缝控制一般应满足本表的要求，规范还有更具体的规定；

5. 对于处于四、五类环境下的结构构件，其裂缝控制要求应符合专门标准的有关规定；

6. 表中的最大裂缝宽度限值用于验算荷载作用引起的最大裂缝宽度。

【例 2-2】　条件同例 2-1，屋面为上人屋面。

要求：求该柱作正常使用极限状态设计时，标准组合和准永久组合的轴向压力设计值 N。

［**解**］　(1) 标准组合时的轴向压力设计值 N

屋面活荷载不与雪荷载同时组合。屋面活荷载、风荷载组合值系数分别为 0.7、0.6，故该柱的轴向压力设计值为

$$N=40+12+0.6\times4=54.4\text{kN}$$

(2) 标准组合时的轴向压力设计值 N

查《荷载规范》，风荷载的准永久系数 $\psi_q=0$，上人屋面均布活荷载的准永久系数 $\psi_q=0.4$。屋面均布活荷载不与雪荷载同时考虑，故该柱的轴向压力设计值为

$$N=40+0.4\times12+0\times4=44.8\text{kN}$$

2.5　结构构件设计的一般内容

设计一个具体的建筑物，首先应进行结构选型，确定适当的结构型式(如采用框架结构还是剪力墙结构或其他形式的结构)，并决定所采用的材料种类(如采用混凝土还是钢材或其他种类的材料)；然后进行结构平面布置，即布置组成结构的各基本构件(板、梁、柱、墙

等)。接下来,就可以对结构构件进行设计,主要有如下内容:

1.确定计算简图

(1)选取计算模型

确定结构构件的边界条件,正确地用计算模型将它们表示出来。有些构件的计算模型很简单,如两端嵌入砖墙内的单跨梁,可视为简支梁计算;但有些构件的计算模型则比较复杂,如框架结构中有着刚性接头的梁,需要一个较为复杂的分析过程。

(2)估算构件的截面尺寸,选择构件材料的强度等级。

(3)按照荷载类别(恒荷载、活荷载、风载等),分别计算作用在结构上的各项荷载。

2.用力学方法分别计算结构在各项荷载作用下的荷载效应。

3.利用荷载效应组合公式进行荷载效应组合设计值 S 的计算。

4.根据 S 确定结构抗力 R,进行构件的设计(如确定钢筋混凝土构件的配筋等),这是本课程学习的主要内容。

思考题

2.1　什么是结构的功能要求?

2.2　结构极限状态的定义是什么?结构的极限状态分哪几类?

2.3　什么是结构上的作用?什么是直接作用?什么是间接作用?

2.4　什么是结构的可靠度?什么是可靠指标?

2.5　为什么说我国现行《规范》采用的设计方法是近似概率极限状态设计法?

第 3 章　钢筋和混凝土的力学性能

3.1　混凝土

混凝土是以胶凝材料、水、细骨料、粗骨料，需要时掺入外加剂和矿物混合材料，按适当比例配合，经过均匀拌制、密实成型及养护硬化而成的人工石材。

受不同的成型方法、硬化养护条件、龄期、试件的形状尺寸、试验方法、加载速度等外部因素的影响，混凝土所表现出的力学性能非常复杂。

3.1.1　混凝土的强度

1. 混凝土的立方体抗压强度和强度等级

混凝土的立方体抗压强度(用符号 f_{cu}表示)是衡量混凝土强度的基本指标。我国《混凝土结构设计规范》(以下简称《规范》)规定：以边长为 150mm 的立方体试件，按标准方法制作，在标准条件下(20±3℃，相对湿度≥90％)养护 28d，用标准试验方法进行加压，取具有 95％保证率的抗压强度称为混凝土立方体抗压强度标准值，用符号 $f_{cu,k}$表示，其单位为 N/mm^2。我国《规范》规定根据混凝土立方体抗压强度标准值，把混凝土强度分为 14 个强度等级，分别以符号 C15、C20、C25、C30、C35、C40、C45、C50、C55、C60、C65、C70、C75、C80表示。其中C 表示混凝土，C 后的数字为立方体抗压强度标准值。例如C25 表示混凝土立方体抗压强度的标准值 $f_{cu,k}=25\ N/mm^2$。

试验方法对立方体抗压强度也有影响，如试件表面是否涂油。不涂油时强度高，涂油后强度低，其主要原因是由于“套箍”作用，且破坏形态不一样(图 3.1)。试验时试件的加载面不涂润滑剂。加载速度也有影响，速度快强度高，速度慢强度低。

试块的尺寸不同，试验时试块上下表面的摩擦力产生箍的作用亦将不同。实际工程中如采用边长 200mm 或 100mm 的立方体试块，测得的立方体抗压强度分别乘以换算系数 1.05 和 0.95。

2. 混凝土轴心抗压强度(棱柱体抗压强度) f_c

在实际工程中，钢筋混凝土构件的长度常比其横截面尺寸大得多。为更好地反映混凝土在实际构件中的受力情况，可采用混凝土的棱柱体试件测定其轴心抗压能力，所对应的强度称为混凝土轴心抗压强度，也称棱柱体抗压强度。

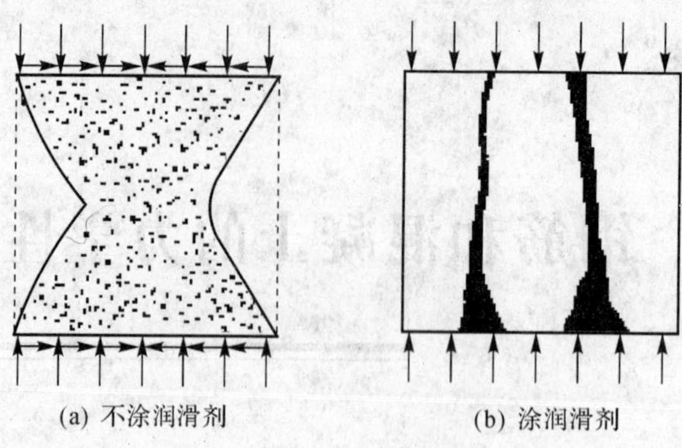

图 3.1 混凝土立方体石块的破坏情况

我国《普通混凝土力学性能试验方法》规定，混凝土轴心抗压强度测试的方法与立方体抗压强度的测试方法相同，为消除试验机上下承压板摩擦的影响，同时也避免试件的长细比太大出现附加偏心而影响轴心受压测试的结果，规定试件为 150mm×150mm×300mm 的棱柱体，经 28 天龄期，用标准试验方法测得的强度，以符号 f_c 表示。大量的试验数据表明，混凝土的棱柱体抗压强度与其立方体抗压强度之间存在一定的相关关系。根据试验结果分析，混凝土的棱柱体抗压强度标准值与其立方体抗压强度标准值的关系可按下式确定：

$$f_{ck}=0.88\alpha_{c1}\alpha_{c2}f_{cu,k} \tag{3-1}$$

式中：α_{c1}——棱柱体抗压强度与立方体抗压强度之比，对于 C50 及以下强度等级的混凝土取 $\alpha_{c1}=0.76$，C80 取 $\alpha_{c1}=0.82$，C50 与 C80 之间按线性规律变化；

α_{c2}——混凝土脆性折减系数，仅对 C40 以上混凝土考虑脆性折减系数，对于 C40 混凝土取 $\alpha_{c2}=1.00$，C80 时取 $\alpha_{c2}=0.87$，C40 与 C80 之间按线性规律变化；

0.88——考虑结构构件中的混凝土强度与试件混凝土强度之间的差异等因素而确定的试件混凝土强度修正系数。

3. 混凝土轴心抗拉强度 f_t

混凝土轴心抗拉强度也是混凝土的一个基本强度，用符号 f_t 表示。它是在计算钢筋混凝土及预应力混凝土构件的抗裂度和裂缝宽度以及构件斜截面强度时的主要强度指标。通过对比试验，混凝土轴心抗拉强度与立方体抗压强度的折算关系如下：

$$f_{tk}=0.88\times0.395f_{cu,k}^{0.55}(1-1.645\delta)^{0.45}\times\alpha_{c2} \tag{3-2}$$

式中：δ——混凝土强度变异系数。

混凝土轴心抗拉强度可采用如图 3.2(a)所示的方法直接测试：在混凝土试件(100mm×100mm×500mm)的两端对心埋设 150mm 的变形钢筋(d=16mm)，试验机夹住两端伸出的钢筋进行拉伸，直到试件中部产生横向裂缝破坏，其平均拉应力即为混凝土的轴心抗拉强度。但由于直接测试法的对中比较困难，加之混凝土内部的不均匀性，使得所测结果的离散程度较大。目前混凝土轴心抗拉强度常用如图 3.2(b)所示的间接测试法——劈裂法测试：给立方体或平放的圆柱体试件通过垫条施加压力线荷载，由弹性力学知识得知在试件中间垂直面的很大范围(除垫条附近极小部分以外)将产生均匀的水平向拉应力，当此拉应力达到混凝土的抗拉强度时，试件便会对半劈裂。混凝土的劈拉强度试验值 $f_{t,s}$ 可以用下式计算：

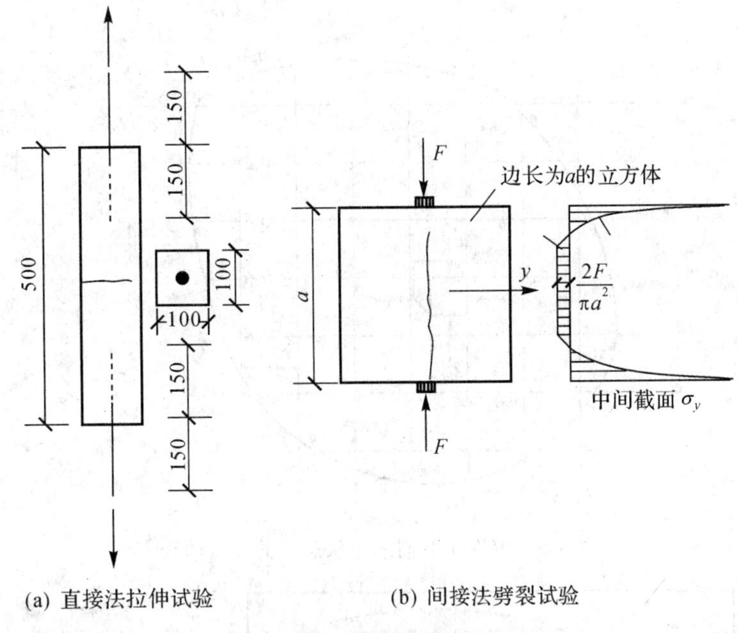

(a) 直接法拉伸试验　　(b) 间接法劈裂试验

图 3.2　混凝土抗拉强度试验

$$f_{t,s}=\frac{2F}{\pi dl} \tag{3-3}$$

式中：F——破坏荷载；

d——圆柱体试件的直径或立方体试件的边长；

l——圆柱体试件的长度或立方体试件的边长。

各种强度等级的混凝土标准值、设计值见附表 1。

4. 混凝土在复合应力状态下的强度

上述的混凝土抗压强度和抗拉强度，都是指混凝土在单向受力条件下所得到的强度，但在实际的钢筋混凝土结构构件中，混凝土是很少处于单向受拉或受压状态的，而大都是处于双向或三向的复合应力状态。

1）双向应力状态下的强度　是在两个互相垂直的平面上作用着法向应力 σ_1 和 σ_2，第三个平面上应力为零时，混凝土强度的变化曲线如图 3.3 所示。

双向受压（两个方向的应力为压应力，第三方向的应力为零）时，即在图中第一象限，混凝土的强度比单向受压时的强度有所提高；双向受拉（两个方向的应力为拉应力，第三方向的应力为零）时，即在图中第三象限，混凝土一向的抗拉强度基本与另一向拉应力的大小无关，即双向受拉的强度与单向受拉的强度基本相同；图中第二、四象限为一拉一压作用区，由图可见，混凝土的抗压强度随另一向的拉应力的增加而降低。另一方面，混凝土的抗拉强度随另一向的压应力的增加而降低。

2）三向应力状态下的强度　在三向受压时，混凝土一向的抗压强度随另两向应力的增加而提高，同时混凝土的极限应变也得以大大提高。这是由于侧向压应力的存在，约束了混凝土的侧向变形，从而延缓了混凝土内部裂缝的产生和发展，这也使混凝土的延性有明显提高。如图 3.4 所示为一组混凝土三向受压试验曲线。

利用三向受压可以使混凝土强度得以提高的这一特性，在工程中可将受压构件做成“约

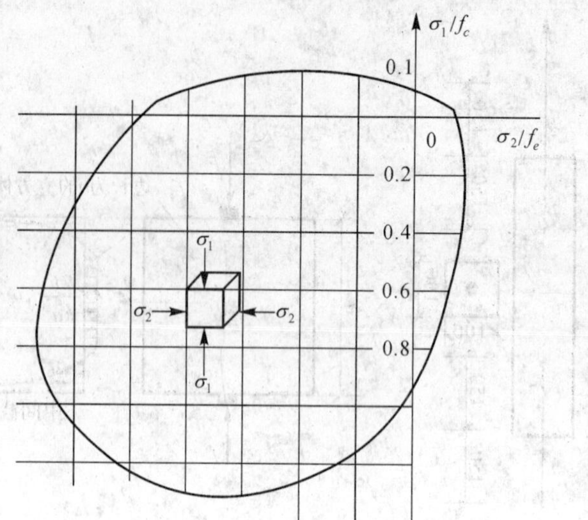

图 3.3 混凝土双向应力状态下的强度曲线

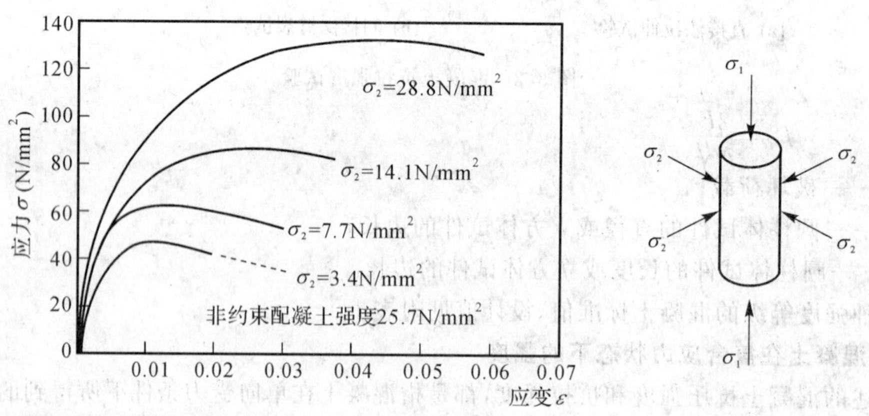

图 3.4 混凝土三向受压试验曲线

束混凝土”，如螺旋箍筋柱、钢管混凝土柱等。

如果一个单元体在同一平面内有剪应力和法向应力作用，则形成剪压或剪拉复合应力状态，强度相互影响，抗剪强度随拉应力的增加而减小，随压应力的增加而增大，但当压应力超过 $0.6f_c$ 时，抗剪强度将会降低。

3.1.2 混凝土的变形

混凝土的变形可分为两类，一类为荷载（包括一次短期荷载、长期荷载和重复荷载）作用下的变形，另一类为体积变形，主要为混凝土的收缩、膨胀。

1. 混凝土在一次短期荷载作用下的应力—应变关系

混凝土在单轴一次短期单调加载过程中的应力—应变关系，表现了混凝土的最基本的力学性能，是研究钢筋混凝土构件截面应力，建立强度和变形计算理论不可缺少的依据。

如图 3.5 所示为混凝土棱柱体标准试件受压时典型的应力—应变关系曲线。由图可见，曲线在 OA 段，应力较低（$\sigma \leqslant 0.3f_c^0$）时，曲线近似于直线，可将混凝土视为理想的弹性体，其内部的微裂缝尚未发展，水泥凝胶体的黏性流动很小，主要是骨料和水泥石受压后的弹性变形；当应力增大（$0.3f_c^0<\sigma<0.8f_c^0$）时，混凝土的非弹性性质逐渐显现，曲线弯曲，应变增长比应力增长速度快，内部的微裂缝开始发展但仍处于稳定状态；当荷载进一步增加（$0.8f_c^0<\sigma<1.0f_c^0$）时，应变增长速度进一步加快，曲线斜率急剧减小，微裂缝进入非稳定发展阶段；当应力达到 C 点时，混凝土发挥出其受压时的最大承载能力，即轴心抗压强度 f_c^0，此时混凝土内部的微裂缝已发展贯通。所对应的应变 ε_0 称为峰值应变，该值与混凝土的强度等级有关。$\varepsilon_0=(1.5\sim2.5)\times10^{-3}$，常取 $\varepsilon_0=2.0\times10^{-3}$。

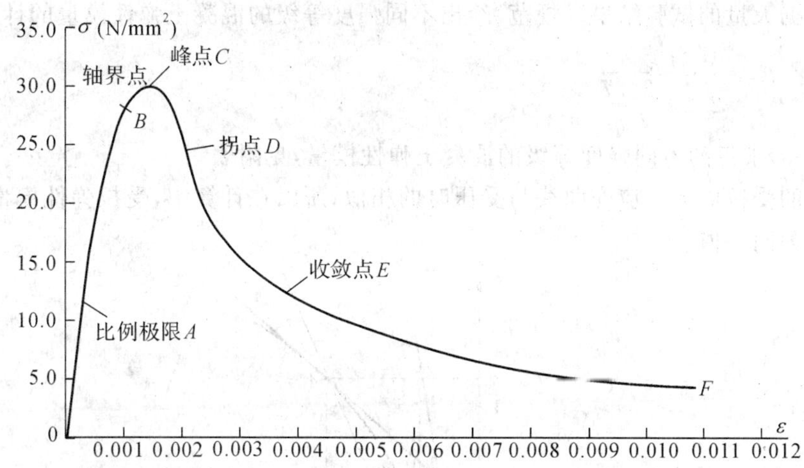

图3.5 混凝土受压时的应力—应变关系曲线

曲线超过 C 点以后，试件的承载力随应变的增加而降低，曲线呈下降趋势，试件表面出现纵向裂缝；在应变达到 $(4\sim6)\times10^{-3}$ 时，应力下降减缓，之后趋向于稳定的残余应力。由图可见，混凝土的应力—应变关系不是直线，这说明它不是弹性材料，只有在应力很低时才可将它视为弹性体；曲线的上升和下降，表明混凝土在破坏过程中，其承载力有一个从增加到减少的过程。尤其需要注意的是，应力最大对应的应变不是最大，最大应变对应的应力也不是最大，而且应力达到最大并不意味立即破坏。

混凝土应力—应变关系曲线的形状受诸如混凝土的强度、组成材料、试验加载方式、有无约束等的影响，不同强度等级混凝土曲线的峰值应力 f_c 所对应的应变 ε_0 大致都在 0.002 左右，但随着混凝土强度等级的提高，混凝土的极限应压变 ε_{cu} 却明显减少，说明混凝土强度越高，其脆性越明显。《规范》规定：混凝土的受压极限应变 ε_{cu} 可按 $\varepsilon_{cu}=0.003-(f_{cu,k}-50)\times10^{-5}$ 计算；如算得的 ε_{cu} 值大于 0.003，则取 $\varepsilon_{cu}=0.003$。

混凝土的受拉应力—应变关系曲线的形状与受压时的相似，只是极限受拉应变较小，约为极限压应变的 1/20，$\varepsilon_{cu,t}=0.00015$。由于混凝土的极限拉应变太小，所以处于受拉区的混凝土极易开裂，钢筋混凝土构件通常都是带裂缝工作的。

2. 混凝土的弹性模量和变形模量

在计算钢筋混凝土构件变形和混凝土的预应力时，需要用到混凝土的弹性模量。从图 3.5 可以看到，在应力较小（$\sigma<0.3f_c$）时，应力—应变关系可视为直线；而在一般情况下，应力与应变不是直线关系，故混凝土的弹性模量就不为常量。那么如何定义弹性模量呢？

1）混凝土弹性模量

通过一次加载的混凝土棱柱体的应力—应变曲线，如图 3.6 所示，取原点切线的斜率为混凝土的原点切线模量，简称为弹性模量 E_c。

$$E_c=\tan\alpha_0 \tag{3-4}$$

但是，由于利用一次加载的应力—应变关系曲线不易准确测得混凝土的弹性模量，我国《规范》规定，混凝土的弹性模量利用混凝土在重复荷载作用下的性质，以 $\sigma=(0.4\sim0.5)f_c$ 重复加卸载 5～10 次后，应力—应变关系曲线近似为直线，并平行于第一次加载时曲线的原点切线。因此可取 $\sigma=(0.4\sim0.5)f_c$ 重复 5～10 次后的 $\sigma-\varepsilon$ 直线的斜率作为混凝土弹性模量 E_c。并根据大量的试验结果，《规范》给出不同强度等级的混凝土弹性模量的计算公式为：

$$E_c=\frac{10^5}{2.2+\dfrac{34.7}{f_{cu,k}}} \tag{3-5}$$

根据(3-5)求得的不同强度等级的混凝土弹性模量，见附表 1。

混凝土的受拉应力—应变曲线与受压时的相似，所以在计算中，受拉弹性模量与受压弹性模量可取为同一值。

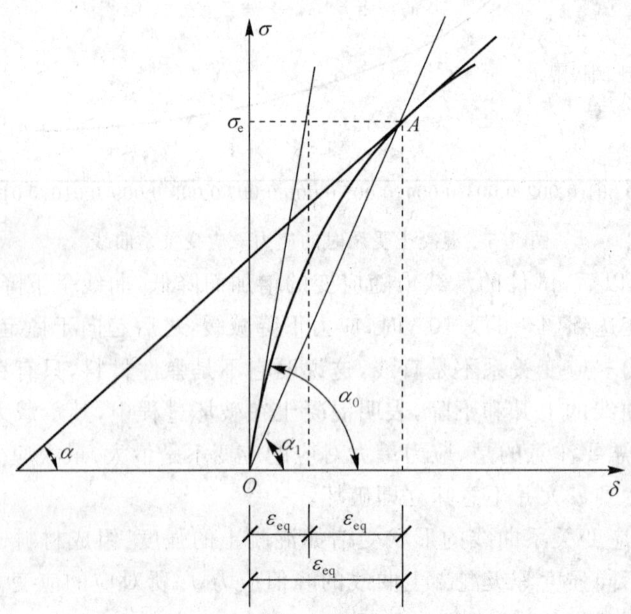

图 3.6 混凝土的弹性模量及变形模量

2）混凝土割线模量

当应力 σ 较大，超过 $0.5f_c$ 时，弹性模量 E_c 已不能反映这时的 σ 和 ε 的关系，为此，要用到变形模量的概念。

连接原点 O 与 $\sigma-\varepsilon$ 曲线上任一点 C 的连线的斜率，称为混凝土的变形模量 E_c'。

$$E_c'=\tan\alpha_1=\frac{\sigma_c}{\varepsilon_c} \tag{3-6}$$

混凝土的割线模量是个变值，它随应力的大小而不同。

3. 混凝土在重复荷载作用下的应力—应变关系

将混凝土试件加载到一定数值后，再予卸载，并多次循环这一过程，便可得到混凝土在重复荷载作用下的应力—应变关系曲线，如图 3.7 所示。由图可见，混凝土在经过一次加卸载循环后，其变形中有一部分是恢复了，而有一部分则不能恢复。这些不能恢复的塑性变形，在多次的循环过程中逐渐积累。

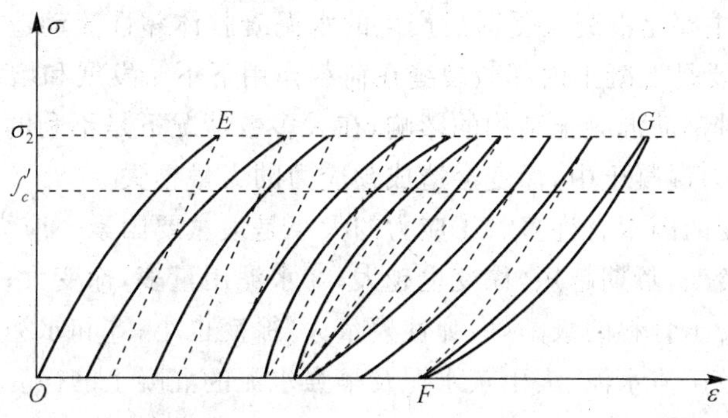

图 3.7　混凝土在重复荷载作用下的应力—应变关系

在上述试验中，如所加的应力较小时即予卸载，则在多次循环后，累积的塑性变形就不再增加。加卸载的应力—应变关系曲线渐变为直线—呈弹性工作状态。如果所加的应力虽低于混凝土的抗压强度，但超过某一限值后，在经过多次循环以后混凝土就将会破坏，这一限值就称为混凝土的疲劳强度，这种现象称为疲劳破坏。通常将使试件在循环 200 万次时发生破坏的压应力称为混凝土的疲劳强度，以 f_c^f 表示。在工程中，诸如吊车梁、汽锤基础等承受重复荷载的构件是需要进行疲劳验算的。

4. 混凝土在长期荷载作用下的变形——徐变

混凝土在荷载长期作用下，应力不变，其应变随时间的增长而继续增长的现象称为混凝土的徐变。如图 3.8 所示为混凝土的徐变与时间的关系曲线。图中 ε_{ce}是在加荷瞬间所产生的变形，称为瞬时应变，ε_{cr}即为混凝土的徐变。由图可见，徐变的发展规律是先快后慢，在前几个月，徐变增长很快，在第一年内约完成 90%左右，2～3 年后基本趋于稳定。如经长期荷载作用后于某时卸载，则在卸载瞬间，混凝土将发生瞬时的弹性恢复应变 ε_{ce}'，其数值小于加载时的瞬时应变 ε_{ce}''，之后还有一段恢复的变形 ε_{ce}''，是徐变应变恢复的弹性后效，也称“徐回”，而剩下的 ε_{cr}'则是不可恢复的残余应变。

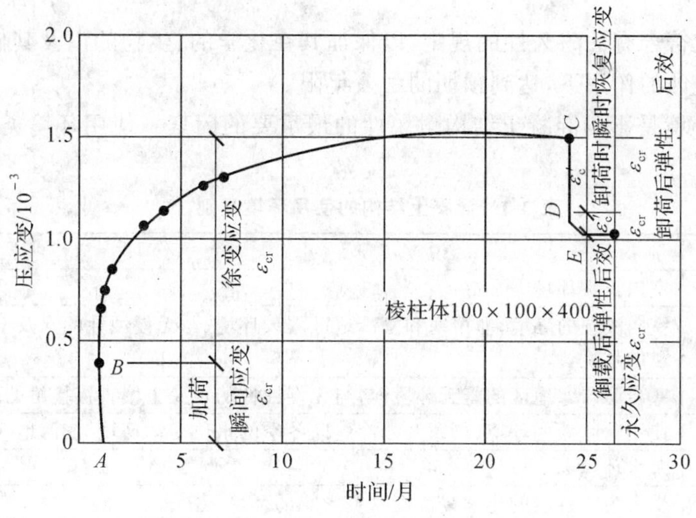

图 3.8　混凝土的徐变—时间关系曲线

产生徐变的原因，目前研究得尚不够充分。一般认为，产生的原因有两个，一是在应力不太大时($\sigma<0.5f_c$)，主要是混凝土受荷后产生的水泥凝胶体黏性流动造成的；二是在应力较大时($\sigma\geqslant0.5f_c$)，主要是混凝土内部微裂缝在荷载作用下不断发展和增加造成的。

混凝土的徐变对钢筋混凝土结构的影响，在大多数情况下是不利的，徐变会使构件的变形大大增加；在预应力混凝土中，徐变会造成预应力的大量损失。

影响混凝土徐变的因素有许多。①应力的大小是最主要因素。应力越大，徐变就越大；②加载时混凝土的龄期，龄期越短，徐变也越大；③水泥用量多，徐变大；④养护温度高、时间长，则徐变小；⑤混凝土骨料的级配好、弹性模量大，徐变也小；⑥和水泥的品种有关，普通硅酸盐水泥的混凝土较矿渣水泥、火山灰水泥及早强水泥的混凝土的徐变相对要大等。

5. 混凝土的体积变形

体积变形主要是指混凝土的收缩与膨胀。混凝土在空气结硬过程中体积减小的现象称为收缩。产生收缩的主要原因是由于混凝土在硬化过程中化学反应产生的凝结收缩和混凝土内的自由水蒸发产生的收缩。另一方面，混凝土在水中硬化时，体积会有轻微膨胀，这是由于凝胶体粒子的吸附水膜增厚，使胶体粒子之间的距离增大所致。一般湿胀的变形量很小，不会对工程造成破坏；而收缩对钢筋混凝土和预应力混凝土构件会产生十分不利的影响。例如，混凝土构件受到约束时，混凝土的收缩就会使构件中产生收缩应力，收缩应力过大，就会使构件产生裂缝，影响混凝土的耐久性。在预应力混凝土构件中，混凝土收缩将应引起钢筋预应力值损失。因此，应当设法减小混凝土的收缩，避免对结构产生不利影响。

试验表明，混凝土的收缩与下列因素有关：

水泥用量越多，水灰比愈大，收缩愈大。骨料的弹性模量大，收缩就小；在结硬过程中，养护条件好，收缩小；使用环境湿度大，收缩小。

3.1.3 混凝土结构的耐久性规定

混凝土结构的耐久性是指在设计使用年限内，在正常维护下，必须保持适合于使用而不需进行维修加固。

混凝土结构应符合有关耐久性的规定，以保证其在化学的、生物的以及其他使结构材料性能恶化的各种侵蚀的作用下，达到预期的耐久年限。

结构的使用环境是影响混凝土结构耐久性的最重要的因素。使用环境类别共五类，见表 3-1。

表 3-1 混凝土结构的使用环境类别

环境类别		说明
一		室内正常环境
二	a	室内潮湿的环境；非严寒和寒冷地区露天环境、与无侵蚀性的水及土壤直接接触的环境
	b	寒冷和严寒地区的露天环境；与与无侵蚀性的水及土壤直接接触的环境
三		使用除冰盐的环境、严寒及寒冷地区冬季的水位变动环境、滨海地区室外环境
四		海水环境
五		受人为或自然的化学侵蚀性物资影响的环境

注：严寒地区是指最冷月平均温度不高于－10℃，日平均温度不高于 5℃的天数不少于 145d 的地区；寒冷地区指最冷月平均温度－10℃～0℃，日平均温度不高于 5℃的天数为 90～145d 的地区。

影响混凝土结构耐久性的另一重要因素是混凝土的质量。控制水灰比，减小渗透性，提高混凝土的强度等级，增加混凝土的密实性，以及控制混凝土中氯离子和碱的含量等，对于混凝土的耐久性都有非常重要的作用。耐久性对混凝土质量的主要要求如下：

对于设计使用年限为 50 年的一般结构，混凝土质量应符合表 3-2 的规定。

表 3-2　结构混凝土耐久性的基本规定

环境类别		最大水灰比	最小水泥用量/(kg·m^{-3})	混凝土强度等级不小于	氯离子含量不大于/%	碱含量不大于(kg·m^{-3})
一		0.65	225	C20	1.0	
二	a	0.60	250	C25	0.3	3.0
	b	0.55	275	C30	0.2	3.0
三		0.50	300	C30	0.1	3.0

注：①氯离子含量按水泥总量的百分氯计。

②预应力混凝土构件的氯离子含量不得超过 0.06%；最小水泥用量为 300Kg/m^3；最低混凝土强度等级应按表中规定提高两个等级。

③素混凝土构件的最小水泥用量不应少于表中数值减 25kg/m^3。

④当混凝土中加入活性掺合料或能提高耐久性的外加剂时，可适当降低最小水泥用量。

⑤当有可靠工程经验时，处于一类合二类环境中的最低混凝土强度等级可降低一个等级。

⑥当使用非碱活性集料时，可不对混凝土中的碱性含量进行控制。

3.2 钢　筋

3.2.1　钢筋的种类

在混凝土结构中使用的钢材，按外形可分为光面钢筋和变形钢筋两大类。光面钢筋俗称“圆钢”，光面钢筋的截面呈圆形，其表面光滑无凸起的花纹。变形钢筋也称带肋钢筋，是在钢筋表面轧成花纹如月牙纹或人字纹（如图 3.9 所示）。

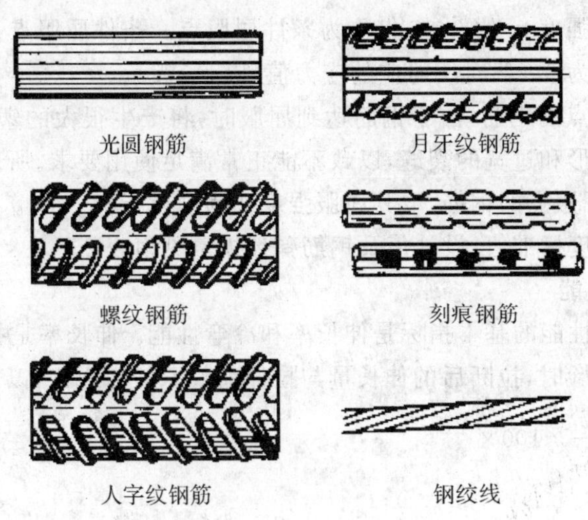

图 3.9　钢筋的形式

建筑用钢按化学成分可分为碳素钢和普通低合金钢两类。含碳量少于 0.25%为低碳钢，0.25%～0.6%的为中碳钢，0.6%～1.4%的为高碳钢。含碳量越高强度越高，但是塑性和可焊性降低。普通低合金钢则是在冶炼过程中加入了少量的合金元素，如锰、硅、钒、钛等，可以有效地提高钢材的强度，或改善钢材的塑性、可焊性等。

我国《规范》规定，在钢筋混凝土结构中使用的钢筋为热轧钢筋。热轧钢筋是低碳钢、普通低合金钢在高温状态下扎制而成，按强度不同可分为以下几种级别：① HPB235（Ⅰ）级：用代号表示。②HRB335（Ⅱ）级：用代号表示。③HRB400（Ⅲ）级：用代号表示。④RRB400（Ⅳ）级：余热处理钢筋，用代号表示。预应力钢筋宜采用钢绞线、钢丝，也可采用热处理钢筋。

3.2.2 钢筋的力学性能

1. 钢筋的应力—应变关系

钢筋按其力学性能的不同，可分为有明显屈服点的钢筋和没有明显屈服点的钢筋两大类，有明显屈服点的钢筋常称为软钢，在工程中常用的热轧钢筋就属于这类；没有明显屈服点的钢筋则称为硬钢，消除应力钢丝、刻痕钢丝、钢绞线就属于这类。

图 3.10 所示分别为有明显屈服点的钢筋典型的应力—应变关系曲线和无明显屈服点的钢筋应力—应变关系曲线。由图 3.10 可见，在曲线到达 a 点之前，应力 σ 与应变 ε 的比值为常数，其关系符合虎克定律，a 点所对应的应力称为比例极限。曲线到达 b 点后，钢筋开始进入屈服阶段，该点称为屈服上限，c 点称为屈服下限，屈服上限为开始进入屈服阶段时的应力，呈不稳定状态；到达屈服下限时，应变增长，应力基本不变，比较稳定。此后曲线大致呈水平状态到 d 点，所对应的钢筋应力则称为“屈服强度”。过 d 点以后，曲线又开始上升，即应力又随应变的增加而增加，直至达到最高点 e，此阶段称为强化阶段，e 点所对应的应力称为钢筋的极限抗拉强度 σ_b。过 e 点后，钢筋的薄弱环节断面显著缩小，试件出现颈缩现象，当达到 f 点时，试件被拉断。

无明显屈服点的硬钢（预应力钢丝、钢绞线和热处理钢筋）的典型应力—应变曲线见图 3.11，硬钢没有明显的屈服台阶，钢筋的强度很高，但变形很小，脆性也大。这类钢筋在计算时《规范》取极限抗拉强度 σ_b 的 0.85 倍作为条件屈服点。条件屈服点是指钢筋经过加载和卸载后永久残余应变为 0.2%时所对应的应力值，以 $\sigma_{0.2}$ 表示。

对于有明显屈服点的钢筋，由于钢筋达到屈服时，将产生很大的塑性变形，钢筋混凝土构件会出现很大的变形和过宽的裂缝，以致不能正常满足使用要求。所以在钢筋混凝土构件计算时，对于有明显屈服点的钢筋，取其屈服强度作为强度指标。

各种级别钢筋强度标准值、设计值及钢筋弹性模量见附表 2。

2. 钢筋的塑性性能

反映钢筋的塑性性能的基本指标是伸长率和冷弯性能。伸长率是指规定标距（如 $5d$ 或 $10d$）的试件作拉伸试验时，拉断后的伸长量与拉伸前的原长度之比，以 δ_5、δ_{10} 表示。

$$\delta=\frac{l_2-l_1}{l_1}\times 100\% \tag{3-7}$$

式中：δ——伸长率（%）；

l_2——试件受力前的标距长度；

l_2——试件拉断后的标距长度。

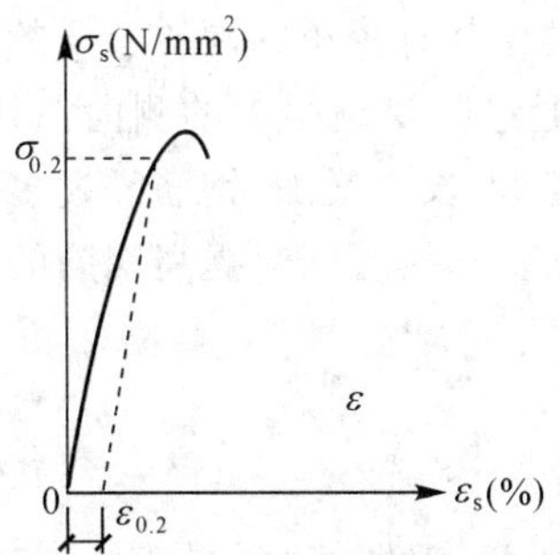

图 3.11　无明显流幅的钢筋的应力—应变曲线

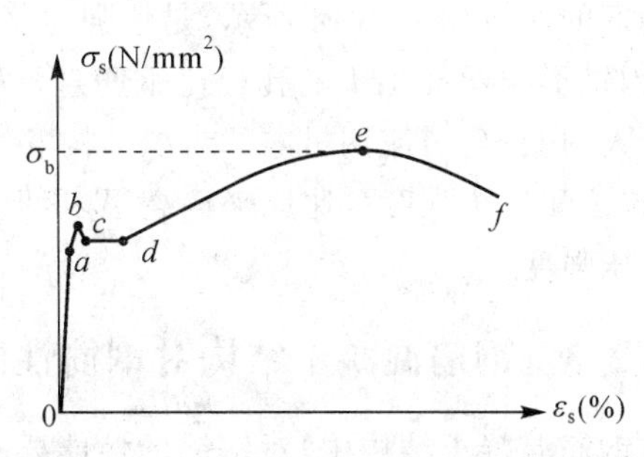

图 3.10　有明显流幅的钢筋的应力—应变曲线

伸长率越大，钢筋的塑性性能越好，拉断前有明显的预兆。伸长率小的钢筋塑性差，其破坏突然发生，呈脆性性质。软钢的伸长率较大，而硬钢的伸长率很小。

钢筋的冷弯是将钢筋围绕规定直径（$D=1d$ 或 $D=3d$，d 为钢筋直径）的辊轴进行弯转，如图 3.12 所示，要求达到规定的冷弯角度 α（180°或 90°）时，钢筋的表面不出现裂缝、起皮或断裂。冷弯试验是检验钢筋韧性和材质均匀性的有效手段，间接反映钢筋的塑性性能和内在质量。

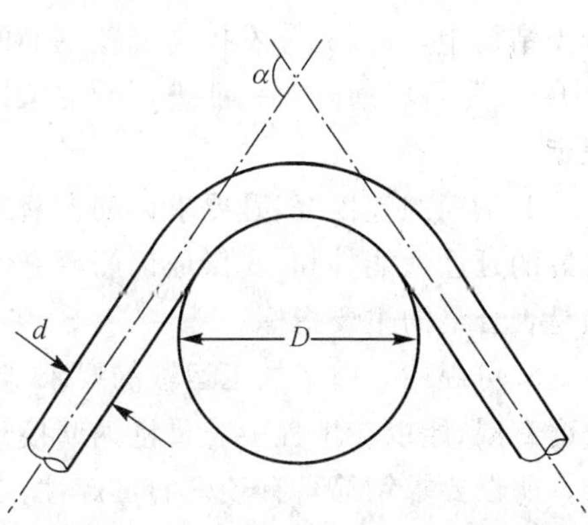

图 3.12　钢筋的冷弯试验

α—冷弯角度；D—辊轴直径；d—钢筋直径

3. 钢筋的冷加工

钢筋的冷加工是指钢筋在常温的情况下，对钢筋进行冷拉、冷拔或冷轧加工。钢筋通过冷加工，可提高钢筋的强度。

所谓冷拉是将有屈服点的钢筋在常温下进行拉伸，使其应力超过其原有的屈服点，进入强化阶段的某一应力，然后卸掉荷载。将钢筋放置一段时间后，再次张拉钢筋时，其屈服点就会明显高于原有的屈服点，如图 3.13 所示。这一现象称为“时效硬化”或“冷拉时效”。冷拉能提高钢筋的抗拉强度，但塑性降低。冷拉只能提高钢筋的抗拉强度。

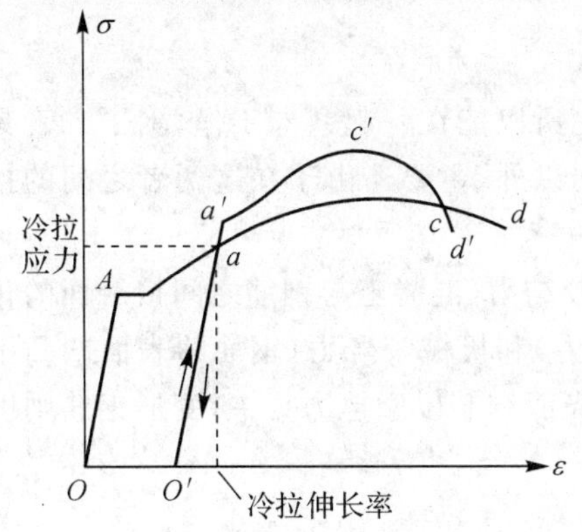

图 3.13　钢筋冷拉前后的应力—应变曲线

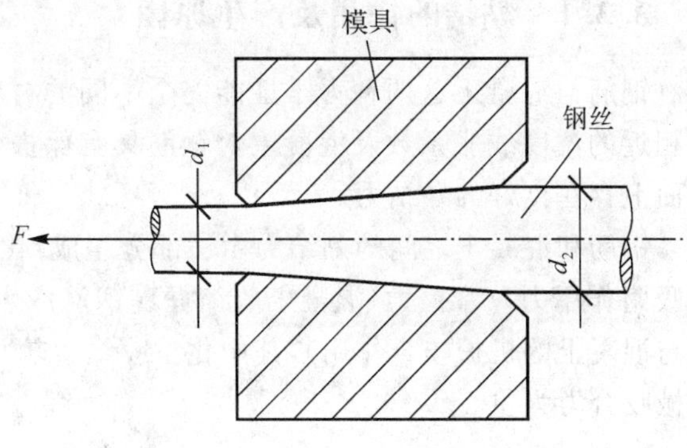

图 3.14　钢筋的冷拔

钢筋的冷拔如图 3.14 所示，是用强力将光圆钢筋拔过比其直径小的硬质合金的锥形拔丝孔，因锥形拔丝孔小头的孔径比钢筋直径稍小，故钢筋通过时受到很大的侧向挤压，从而产生较大的变形，迫使钢材内部组织结构发生变化，直径变细，长度增加。钢筋经过多次冷拔后，其抗拉和抗压强度可比原来提高很多，但塑性显著降低。冷拔可同时提高钢筋的抗拉强度和抗压强度。

3.2.3 钢筋混凝土结构对钢筋性能的要求

在钢筋混凝土结构中，对钢筋的性能要求主要是：强度高、塑性好、可焊性好、与混凝土的黏结锚固性能好。

1. 钢筋的强度高，则钢筋的用量就少，可节省钢材，取得好的经济效益。尤其在预应力混凝土结构中，可以充分发挥高强度钢筋的优势。提高钢筋的强度，一是通过改变钢材的化学成分；二是可以通过对钢筋进行冷加工。但使用冷拔和冷拉钢筋时应注意要符合专门规程的规定。

2. 钢筋的塑性好，是要求钢筋在断裂前能有适当的变形，使得钢筋混凝土构件能表现出良好的延性性能。同时要保证钢筋冷弯的要求，钢筋的伸长率和冷弯性能是施工单位验收钢筋是否合格的主要指标。

3. 可焊性。由于加工运输的要求，除直径较细的钢筋外，一般钢筋都是直条供应的。因长度有限，所以在工程中需要将钢筋接长以满足需要。目前钢筋接长的最常用的办法就是焊接。所以要求钢筋具有较好的可焊性，以保证钢筋焊接接头的质量。可焊性好，即要求在一定的工艺条件下钢筋焊接后不产生裂纹及过大的变形。

4. 钢筋与混凝土之间的黏结力

钢筋与混凝土之间的黏结力是二者共同工作的基础，钢筋的表面形状是影响黏结力的重要因素。为了加强钢筋和混凝土的黏结锚固，除了强度较低的 HPB235 级钢筋做成光面钢筋以外，HRB335 级、HRB400 级和 RRB400 级钢筋的表面都轧成带肋的变形钢筋。

3.3 钢筋与混凝土的黏结

3.3.1 黏结的作用及产生原因

钢筋与混凝土这两种力学性能完全不同的材料之所以能在一起共同工作，除了二者具有相近的温度线胀系数及混凝土对钢筋具有保护作用以外，主要还由于在这两者之间的接触面上存在良好的黏结力。

钢筋和混凝土之间的黏结力由三部分组成：化学胶结力（混凝土与钢筋之间接触面的化学吸附作用力）、摩擦力（混凝土收缩握裹钢筋产生的力）和机械咬合力（钢筋的表面凹凸不平与混凝土的机械咬合作用），其中化学胶结力较小，光面钢筋以摩擦力为主，变形钢筋则以机械咬合力为主。

3.3.2 黏结强度及影响因素

黏结强度通常采用拔出试验来测定。如图 3.15 所示，将钢筋埋入混凝土中长度为 l，然后用力拔出。可以看出,最大黏结力产生在离端头某一距离处,越靠近钢筋头,黏结力越小。如果埋入长度太长,则埋入端端头处黏结应力很小,甚至为零。为保证钢筋受力后不滑移,钢筋在混凝土中应有足够的锚固长度,即保证有足够的长度来传递钢筋的应力。

影响钢筋与混凝土之间黏结强度的因素主要有:

1)混凝土的强度。强度等级越高,黏结强度越大,但不成正比。

2)钢筋的表面形状。变形钢筋由于表面凸凹不平,其黏结强度高于光面钢筋。

3)保护层厚度及钢筋的净距。钢筋与混凝土的黏结力是需要在钢筋周围有一定厚度的混凝土才能实现和保证的。尤其是变形钢筋,如果周围的混凝土层厚度不足,就会产生劈裂裂缝,破坏黏结,导致钢筋被拔出。所以在构造上必须保证一定的混凝土保护层厚度和钢筋间距。

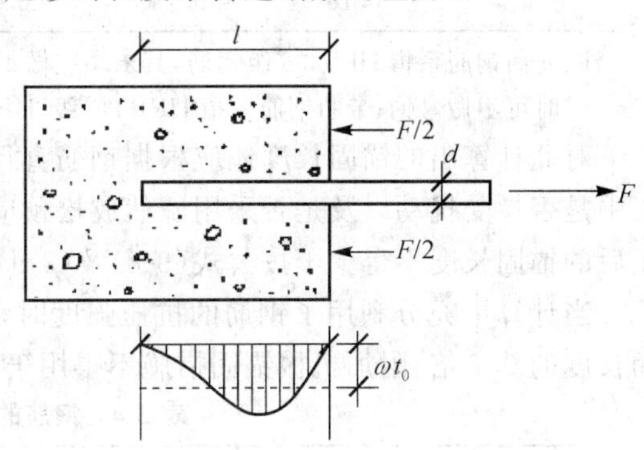

图 3.15　钢筋拔出试验

4)浇注位置。混凝土浇注深度超过 300mm 时,由于混凝土的泌水下沉,气泡逸出,与顶部的水平钢筋之间产生空隙层,从而削弱了钢筋与混凝土之间的黏结作用。

5)黏结力还和钢筋周围有无侧向压力有关。有侧向压力(如在梁的支承区的下部),则黏结力增大。

3.3.3　保证钢筋与混凝土黏结的措施

为使钢筋与混凝土之间有足够的黏结作用,我国设计规范是采用规定的混凝土保护层厚度、钢筋的净距、锚固长度和钢筋的搭接长度等构造措施来保证的,在设计和施工时必须严格遵守相应的规定。

1. 钢筋的锚固长度 l_a

为使钢筋和混凝土之间产生足够的黏结力,钢筋在混凝土中必须有可靠的锚固,一般用规定的锚固长度来保证。

当在计算中充分利用钢筋的抗拉强度时,受拉钢筋的锚固长度按下式计算:

普通钢筋　$$l_a=\alpha\frac{f_y}{f_t}d \tag{3-8}$$

预应力钢筋　$$l_a=\alpha\frac{f_{py}}{f_t}d \tag{3-9}$$

式中:l_a——受拉钢筋的锚固长度;

f_y、f_{py}——普通钢筋、预应力钢筋的抗拉强度设计值;

f_t——混凝土轴心抗拉强度设计值;

d——钢筋的公称直径;

α——钢筋的外形系数,按表 3-3 取用。

表 3-3 钢筋的外形系数 α

钢筋类型	光面钢筋	带肋钢筋	刻痕钢丝	螺旋肋钢丝	三股钢绞线	七股钢绞线
α	0.16	0.14	0.19	0.13	0.16	0.17

注：光面钢筋系指 HPB235 级钢筋，其末端应做 180°弯钩，弯后平直段长度不应小于 $3d$，但作受压钢筋时可不做弯钩；带肋钢筋系指 HRB335 级、HRB400 级钢筋和 RRB400 余热处理钢筋。

对此计算出的锚固长度还应根据钢筋直径是否大于 25mm、钢筋表面有无环氧涂层、施工中是否易受扰动以及是否采用骤然放松预应力钢筋等，按规范根据不同情况应予修正。修正后的锚固长度不得少于按公式(3-8)及(3-9)计算长度的 0.7 倍，且不小于 250mm。

当计算中充分利用了钢筋的抗压强度时，受压钢筋的锚固长度不应小于受拉钢筋的锚固长度的 0.7 倍；附加机械锚固措施不得用于受压钢筋。钢筋的最小锚固长度见表 3-4。

表 3-4 钢筋的最小锚固长度

序号	混凝土强度等级		C15		C20		C25		C30		C35		≥C40	
	钢筋直径 d(mm)		≤25	>25	≤25	>25	≤25	>25	≤25	>25	≤25	>25	≤25	>25
1	钢筋种类	HPB235	$\frac{37d}{26d}$		$\frac{31d}{22d}$		$\frac{27d}{19d}$		$\frac{24d}{17d}$		$\frac{22d}{15d}$		$\frac{20d}{14d}$	
2		HRB335	—		$\frac{38d}{27d}$	$\frac{42d}{30d}$	$\frac{33d}{23d}$	$\frac{37d}{26d}$	$\frac{30d}{21d}$	$\frac{32d}{23d}$	$\frac{27d}{19d}$	$\frac{30d}{21d}$	$\frac{25d}{17d}$	$\frac{27d}{19d}$
3		HRB400 RRB400	—		$\frac{46d}{32d}$	$\frac{51d}{36d}$	$\frac{40d}{28d}$	$\frac{44d}{31d}$	$\frac{36d}{25d}$	$\frac{39d}{27d}$	$\frac{32d}{23d}$	$\frac{36d}{25d}$	$\frac{30d}{21d}$	$\frac{33d}{23d}$

注：①表中横线以下的数值为当计算中充分利用钢筋的抗压强度时，受压钢筋的锚固长度；

②纵向受拉钢筋的锚固长度在任何情况下不应小于 250mm。

2. 钢筋的搭接长度

钢筋在构件中往往因长度不够需进行连接，钢筋接头的形式可为焊接、绑扎搭接连接和机械连接(锥螺纹套筒、钢套筒挤压连接等)。钢筋的焊接和机械连接接头应由相关的工艺规程和试验保证其接头质量。对于绑扎搭接连接接头，则应做到：同一构件中的绑扎搭接连接接头宜相互错开，在同一绑扎搭接接头区段(1.3 倍搭接长度)内的受拉搭接钢筋接头面积百分率，对梁类、板类及墙类构件，不宜大于 25%；对于柱类构件，不宜大于 50%，当工程中确有必要增大时，梁类构件不应大于 50%，板、墙类及柱类构件，可根据实际情况放宽。同一连接区段内搭接钢筋接头面积百分率为该区段内有搭接接头的钢筋截面面积与全部纵向钢筋面积之比，搭接钢筋接头面积百分率为 50%。纵向受拉钢筋绑扎搭接接头的搭接长度，应根据位于同一连接区段的搭接钢筋面积百分率按下式计算：

$$l_l = l_a \zeta \tag{3-10}$$

式中：l_l——受拉钢筋的搭接长度；

l_a——受拉钢筋的锚固长度，由公式(3-8)或公式(3-9)计算；

ζ——纵向受拉钢筋搭接长度修正系数，按表 3-5 取用。

表 3-5 纵向受拉钢筋搭接长度修正系数 ζ

纵向钢筋搭接接头面积百分率(%)	≤25	50	100
ζ	1.2	1.4	1.6

受压钢筋采用搭接连接时，搭接长度不应小于受拉钢筋锚固长度 0.7 倍，且任何情况下不小于 200mm。

直径大于 28mm 的受拉钢筋和直径大于 32mm 的受压钢筋宜采用机械连接接头，且接头位置宜互相错开，并设在结构受力较小处，当钢筋机械连接接头位于不大于 $35d$ 的范围内时，应视为处于同一连接区段内。在受力最大处，处于同一连接区段内的受力钢筋接头面积不应大于 50%。

受力钢筋也可采用焊接接头，但焊接接头也应相互错开。当钢筋的焊接接头位于不大于 $35d$ 且不大于 500mm 的长度范围内时，应视为位于同一连接区段内。

位于同一连接区段内受力钢筋的焊接接头面积百分率应符合下列要求：受拉钢筋接头不应大于 50%；受压钢筋的接头面积百分率可不做限制。

3. 钢筋的弯钩

光面钢筋的黏结性能较差，故除直径 12mm 以下的受压钢筋及焊接网或焊接骨架中的光面钢筋外，其余光面钢筋的末端均应设置弯钩，见图 3.16。

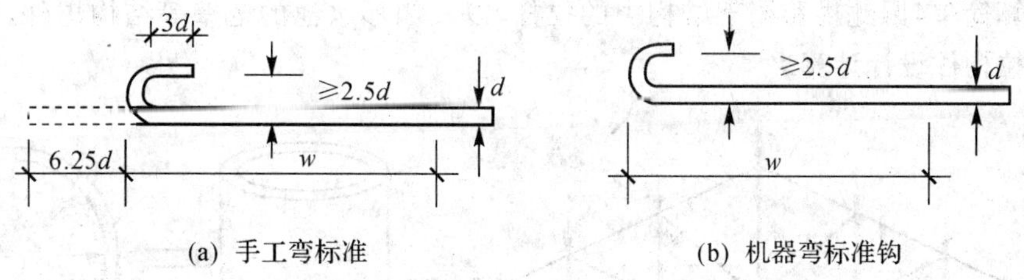

(a) 手工弯标准　　(b) 机器弯标准钩

图 3.16　光面钢筋弯钩

思考题

3.1　混凝土有哪几个强度指标？各用什么符号表示？相互关系如何？

3.2　绘制混凝土棱柱体试件在一次短期荷载作用下的应力—应变关系曲线，并指出 f_c、ε_0、ε_{cu} 等特征值点。

3.3　什么是混凝土的弹性模量？如何确定？

3.4　什么是混凝土的徐变？影响徐变的主要因素有哪些？徐变对钢筋混凝土结构有哪些影响？

3.5　建筑用钢有哪些种类？常用钢筋的级别？

3.6　有屈服点和没有屈服点的钢筋的应力—应变关系曲线有何不同？为什么取屈服强度作为钢筋的设计强度？

3.7　钢筋与混凝土之间的黏结力由哪几部分组成？影响黏结强度的主要因素有哪些？

3.8　钢筋冷加工有几种方法？冷加工后力学性能有什么变化？

3.9　钢筋混凝土结构对钢筋的性能有哪些要求？

3.10　钢筋的锚固长度和搭接长度应如何确定？

第 4 章　钢筋混凝土轴心受拉构件

轴心受拉构件是指纵向拉力作用线与构件截面形心轴线重合的构件(图 4.1)。在钢筋混凝土结构中,由于荷载不可避免的偏心、构件制作过程中的不均匀性包括混凝土材料的非匀质性以及钢筋位置的偏离,理想的轴心受拉构件几乎是不存在的。然而,由于轴心受拉构件设计计算简单,因此拱和桁架结构中的拉杆,以及圆形水池的池壁等结构构件,可近似地按轴心受拉构件设计计算。

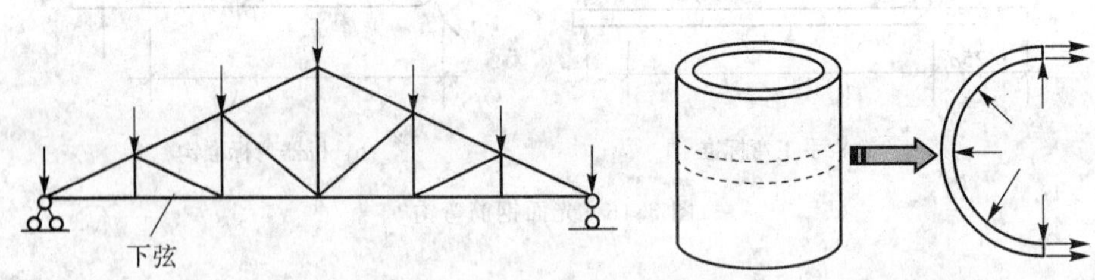

图 4.1　轴心受拉构件示例

4.1　轴心受拉构件的受力特性

采用逐级加荷方式对钢筋混凝土轴心受拉构件进行试验。试验结果表明:构件从开始加载到最终破坏可分为三个阶段:

1. 第Ⅰ阶段

从开始加载到混凝土开裂前,属于第Ⅰ阶段。此时,纵向钢筋和混凝土共同承受拉力,应力与应变大致成正比,拉力 N 与截面平均拉应变 ε_t 之间基本上呈线性关系,如图 4.2(a)中的 OA 段。

2. 第Ⅱ阶段

混凝土开裂后至纵向钢筋屈服前,属于第Ⅱ阶段。首先在截面最薄弱处产生第一条裂缝,随着荷载的增加,先后在一些截面上出现裂缝,逐渐形成图 4.2(b)中(Ⅱ)所示的裂缝分布形式。此时,在裂缝处的混凝土不再承受拉力,所有拉力均由纵向钢筋来承担。拉力增加时,纵向钢筋的应变显著增大,反映在图 4.2(a)中的 AB 段斜率比第Ⅰ阶段的 OA 段的斜率更小。

3. 第Ⅲ阶段

纵向钢筋屈服后,拉力 N 保持不变的情况下,构件的变形继续增大,裂缝不断加宽,直至构件破坏。此为构件受力的第Ⅲ阶段,如图 4.2(a)中的 BC 段。

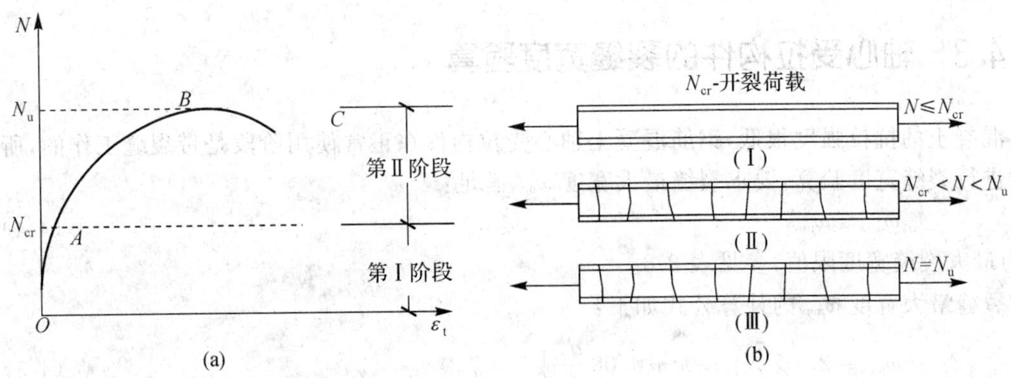

图 4.2　轴心受拉构件破坏的三个阶段

4.2　轴心受拉构件的承载力计算

轴心受拉构件最后沿与构件的纵轴线垂直的截面发生破坏，与构件纵轴线垂直的截面称为正截面，因此轴心受力构件的承载力计算是正截面承载力计算。

钢筋混凝土构件承载力计算的一般公式为

$$\gamma_0 S \leqslant R \tag{4-1}$$

对应轴心受拉构件就是要求满足：

$$N \leqslant N_u \tag{4-2}$$

轴心受拉构件正截面承载力以构件第Ⅲ阶段的受力情况为基础，构件破坏时，混凝土已经早已被拉裂，全部拉力由钢筋来承当，直到钢筋全部屈服。故由截面内力与截面抗力的平衡条件可得(图 4.3)：

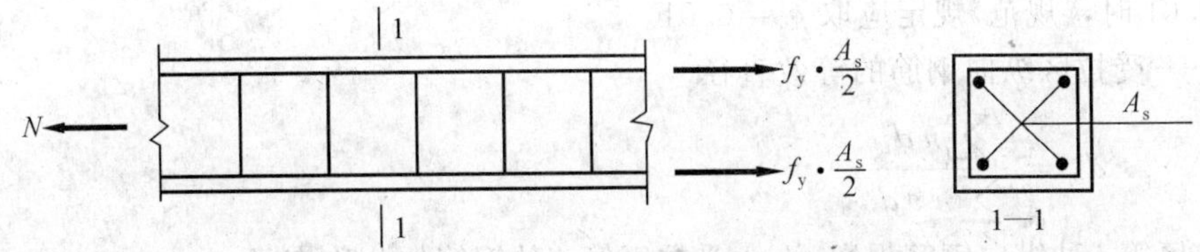

图 4.3　轴心受拉构件计算简图

$$N \leqslant f_y A_s \tag{4-3}$$

式中：N——轴向拉力组合设计值；

f_y——钢筋抗拉强度设计值，按附表 2 取用，不大于 300N/mm^2；

A_s——纵向钢筋的全部截面面积。

【例题 4-1】　已知某钢筋混凝土屋架下弦，截面尺寸 $b \times h = 200\text{mm} \times 150\text{mm}$，其所承受的轴心拉力设计值为 270kN，混凝土强度等级为 C30，钢筋为 HRB335。求截面配筋。

［解］　HRB335，$f_y = 300\text{N/mm}^2$，代入公式(4-3)得

$$A_s = N/f_y = 270000/300 = 900\text{mm}^2$$

所以选用 6 Φ 14HRB335，$A_s = 923\text{mm}^2$。

4.3 轴心受拉构件的裂缝宽度验算

混凝土的抗拉强度很低，钢筋混凝土轴心受拉构件在正常使用阶段是带裂缝工作的，所以应进行裂缝宽度验算，要求裂缝最大宽度 $\omega_{\max}$满足：

$$\omega_{\max} \leqslant \omega_{\lim} \tag{4-4}$$

$\omega_{\lim}$为最大裂缝宽度限值，参见表 2-8。

裂缝最大宽度 $\omega_{\max}$的计算公式如下：

$$\omega_{\max} = 2.7\psi \frac{\sigma_{sk}}{E_s}\left(1.9c + 0.08\frac{d_{eq}}{\rho_{te}}\right) \tag{4-5}$$

ψ——钢筋应变不均匀系数：

$$\psi = 1.1 - \frac{0.65 f_{tk}}{\rho_{te}\sigma_{sk}} \tag{4-6}$$

注意当 $\psi < 0.2$ 时，取 $\psi = 0.2$；当 $\psi > 1.0$ 时，取 $\psi = 1.0$。对直接承受重复荷载的构件，$\psi = 1.0$。

σ_{sk}——在荷载效应标准组合作用下，构件裂缝截面处纵向受拉钢筋的应力：

$$\sigma_{sk} = \frac{N_k}{A_s} \tag{4-7}$$

c——最外层纵向受拉钢筋外边缘至受拉区底边的距离（附表 6），当 $c < 20$ 时，取 $c = 20$；当 $c > 65$ 时，取 $c = 65$；

ρ_{te}——有效配筋率，是指按有效受拉混凝土截面面积 A_{te}计算的纵向受拉钢筋的配筋率，即

$$\rho_{te} = A_s / A_{te}$$

有效受拉混凝土截面面积 A_{te}按下列规定取用：对轴心受拉构件，A_{te}取构件截面面积；当 $\rho_{te} < 0.01$ 时，《规范》规定应取 $\rho_{te} = 0.01$。

d_{eq}——受拉区纵向钢筋的等效直径

$$d_{eq} = \frac{\sum n_i d_i^2}{\sum n_i v_i d_i} \tag{4-8}$$

n_i 为受拉区第 i 种纵向钢筋根数，d_i 为受拉区第 i 种钢筋的公称直径；

v——纵向受拉钢筋相对黏结特征系数，对变形钢筋，取 $v = 1.0$；对光面钢筋，取 $v = 0.7$。

4.4 一般构造要求

前面计算配筋面积只是钢筋混凝土构件设计的一个方面，钢筋混凝土构件设计还必须满足一定的构造要求，具体指构件截面的选择以及钢筋如何配置。对于轴心受拉构件，其主要构造要求有以下几个方面：

1. 纵向受力钢筋

(1)轴心受拉构件的受力钢筋不得采用绑扎的搭接接头；

(2)为避免配筋过少引起的脆性破坏，轴心受拉构件一侧的受拉钢筋不小于 2%和 $45f_t/f_y$ 中的较大值；

(3)受力钢筋沿截面周边均匀对称布置，并宜优先选择直径较小的钢筋。

2. 箍筋

轴心受拉构件中要求设置箍筋，其作用是固定纵向受拉钢筋的位置，并与纵向钢筋组成钢筋骨架。要求箍筋直径不小于 6mm，间距一般不宜大于 200mm(屋架的腹杆不宜超过 150mm)。

思考题

4.1　在实际工程中，哪些构件可以按轴心受拉构件进行设计？

4.2　轴心受拉构件的受力过程可以分为哪三个阶段？正截面受拉承载力计算以第几阶段为基础？

习　题

4.1　某钢筋混凝土屋架下弦，其截面尺寸为 $b\times h=200\text{mm}\times 160\text{mm}$，混凝土强度等级为 C30，钢筋为 HRB335 级，承受轴向拉力设计值为 $N=200\text{kN}$，试求纵向钢筋截面面积 A_s。

第 5 章　钢筋混凝土受弯构件

受弯构件主要是指截面内力只有弯矩和剪力的构件，结构中各种类型的梁、板就是典型的受弯构件。有前面章节所述，结构与构件应该满足承载能力极限状态和正常使用极限状态的要求。

受弯构件在荷载作用下可能发生两种破坏。当受弯构件沿弯矩最大的截面发生破坏，破坏截面与构件的纵轴线垂直，称为沿正截面破坏，如图 5.1(a)；当受弯构件沿剪力最大或弯矩和剪力都较大的截面发生破坏，破坏截面与构件的纵轴线斜交，称为沿斜截面破坏，如图 5.1(b)所示。对应地，受弯构件承载能力极限状态设计包括正截面承载力和斜截面承载力计算两个部分的内容，即要求满足

$$M \leqslant M_u \tag{5-1}$$

$$V \leqslant V_u \tag{5-2}$$

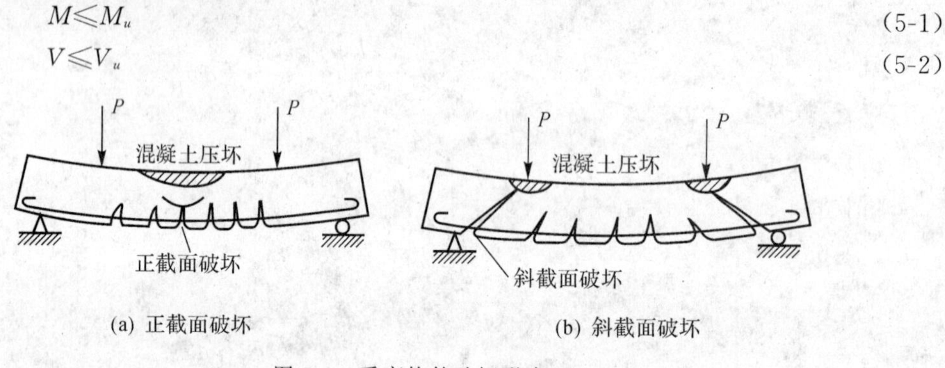

(a) 正截面破坏　　(b) 斜截面破坏

图 5.1　受弯构件破坏形式

5.1　受弯构件正截面的受力特性

5.1.1　受弯构件正截面受弯性能

以一钢筋混凝土简支梁为试验研究对象，采用两点对称加载(图 5.2a)，外荷载通过荷载分配梁加在梁的三分点处，由该荷载作用下梁的内力图可知，梁的中部承受弯矩没有剪力，属于纯弯区段。在纯弯段沿截面高度两侧布置应变仪，量测沿截面高度混凝土各纤维层的平均应变，在梁跨中的受拉钢筋表面用电阻应变片，量测钢筋的受拉应变；同时，在梁的跨中和支座上分别设百(千)分表，用以量测梁的挠度变形。荷载逐级施加，由零开始直至梁正截面受弯破坏。

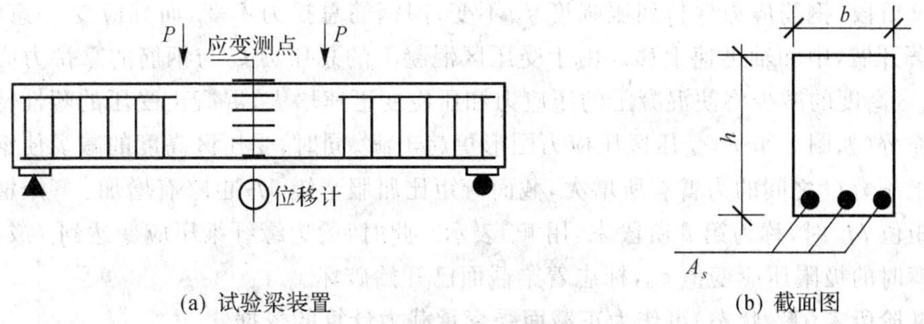

(a) 试验梁装置　　(b) 截面图

图 5.2　钢筋混凝土梁受弯试验

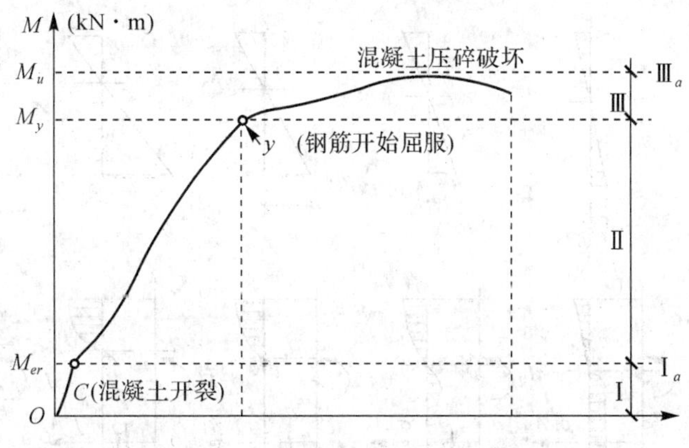

图 5.3　适筋梁弯矩—挠度关系试验曲线

图 5.3 为中国建筑科学研究院做的钢筋混凝土梁弯矩与截面曲率关系实测结果。可以看出，从加载开始至梁最后破坏，正截面受弯的全过程可以划分为三个阶段。

第Ⅰ阶段：混凝土开裂前的未裂阶段

从开始加荷到受拉区混凝土开裂前，荷载较小，混凝土处于弹性工作阶段，截面应变分布符合平截面假定，故截面应力分布为直线变化（图 5.4(a)）。

当荷载逐渐增加，截面弯矩增加，截面受拉边缘混凝土的拉应变达到极限拉应变（图 5.4(a)），截面达到即将开裂的临界状态（Ⅰ$_a$ 状态），此时相应的弯矩值称为开裂弯矩 M_{cr}。截面受拉区混凝土出现明显的受拉塑性，应力呈曲线分布，但受压区压应力较小，仍处于弹性状态，应力为直线分布。

第Ⅰ阶段末（Ⅰ$_a$ 状态）可作为受弯构件抗裂度的计算依据。

第Ⅱ阶段（带裂缝工作阶段）：混凝土开裂后至钢筋屈服前的裂缝阶段

受拉区混凝土一旦开裂，正截面的受力过程便进入第Ⅱ阶段。裂缝截面中，已经开裂的受拉区混凝土退出工作，拉力转由钢筋承担，钢筋应力增大很多。随着荷载的增加，钢筋的应力和应变不断增长，裂缝逐渐开展，中性轴随之上升。同时受压区混凝土的应力和应变也不断加大，受压区混凝土出现明显的塑性变形，应力图形逐渐呈曲线分布（如图 5.4(b)）。第Ⅱ阶段相当于梁使用时的应力状态，可作为使用阶段验算变形和裂缝开展宽度的依据。

当钢筋应力达到屈服强度时，标志着第二阶段结束，此时梁承担的弯矩记为 M_y，称为屈服弯矩。

第Ⅲ阶段（破坏阶段）：钢筋开始屈服至截面破坏的破坏阶段

在该阶段，钢筋应力保持屈服强度 f_y 不变，即钢筋总拉力不变，而其应变 ε_s 急剧增大，裂缝显著开展，中和轴迅速上移。由于受压区混凝土的总压力 C 与钢筋的总拉力应保持平衡，受压区高度的减少将使混凝土的压应力和压应变迅速增大，混凝土受压的塑性特征表现得更为充分（如图 5.4c），受压区压应力图形更趋丰满。同时，受压区高度的减少使钢筋拉力与混凝土压力 C 之间的力臂有所增大，截面弯矩比屈服弯矩 M_y 也略有增加。弯矩增大直至极限弯矩值 M_u 时，称为第Ⅲ阶段末，用Ⅲ$_a$ 表示。此时，梁边缘纤维压应变达到（或接近）混凝土受弯时的极限压应变值 ε_{cu}，标志着梁截面已开始破坏。

第Ⅲ阶段末（Ⅲ$_a$ 状态）可作为正截面受弯承载力计算的依据。

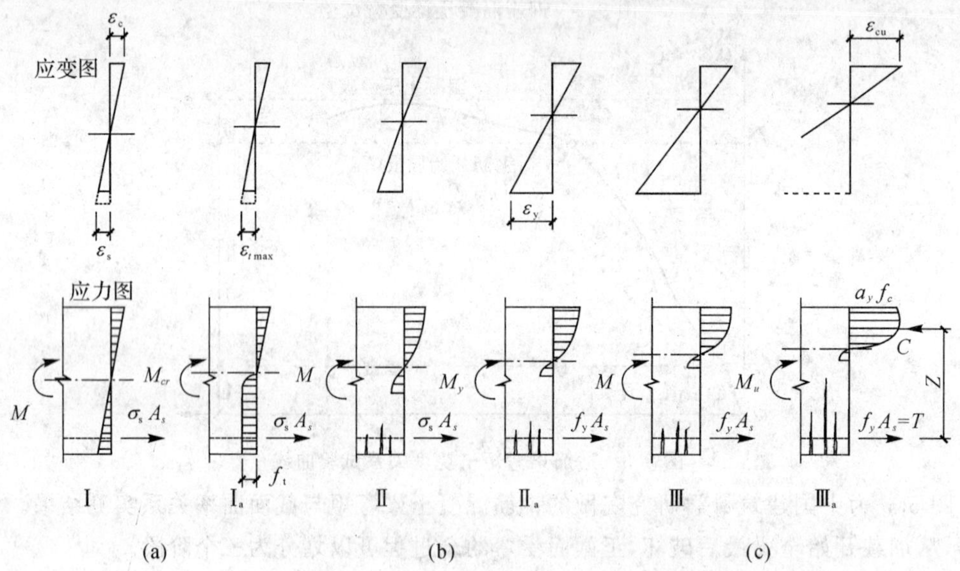

图 5.4 梁在各受力阶段的应力、应变图

C—受压合力；T—受拉区合力

表 5-1 适筋梁受弯正截面工作三个阶段的主要特征

受力阶段		第Ⅰ阶段	第Ⅱ阶段	第Ⅲ阶段
习　称		未裂阶段	带裂缝工作阶段	破坏阶段
外观表象		没裂缝、挠度很小	开裂、挠度和裂缝发展	钢筋屈服、混凝土压碎
混凝土应力图形	压区	呈直线分布	应力呈曲线分布，最大值在受压区边缘处	受压区高度更为减小，曲线丰满，最大值不在压区边缘
	拉区	前期为直线，后期呈近似矩形的曲线	大部分混凝土退出工作	混凝土全部退出工作
纵向受拉钢筋应力		$\sigma_s \leqslant 20 \sim 30\text{N/mm}^2$	$20 \sim 30\text{N/mm}^2 \leqslant \sigma_s \leqslant f_y$	$\sigma_s = f_y$
计算依据		抗　裂	裂缝宽度和挠度	正截面受弯承载力

5.1.2 受弯构件正截面的破坏形态

1. 纵向受拉钢筋的配筋率 ρ

上述正截面三个受力阶段的应力—应变分布规律和破坏特征是根据具有正常配筋率的“适筋梁”的实验结果得到的。

对矩形截面受弯构件，配筋率 ρ 是指纵向受拉钢筋的截面面积 A_s 与梁截面有效面积 bh_0 的比值，即：

$$\rho=\frac{A_s}{bh_0} \tag{5-3}$$

式中：A_s——纵向受拉钢筋的面积；

b——梁截面宽度；

h_0——截面有效高度，为受拉钢筋合力作用点到截面受压边缘的距离。

2. 受弯构件正截面的破坏形态

根据配筋率的不同，受弯构件正截面的破坏形态有适筋破坏、少筋破坏和超筋破坏三种。

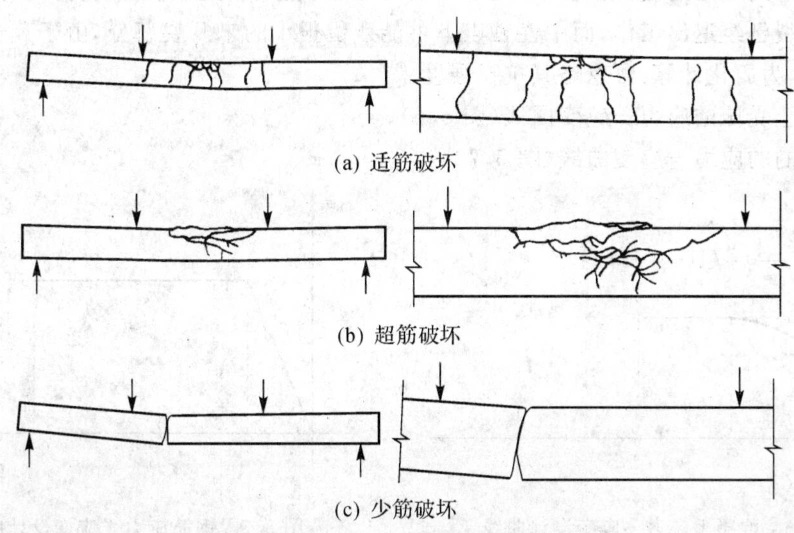

图5.5 梁的三种破坏形态

(1)适筋破坏

当构件受拉区配筋适量时发生这种破坏。破坏特征为：受拉钢筋首先屈服，之后随着荷载继续增加，最后受压区混凝土边缘纤维达到极限压应变，混凝土被压碎，截面即告破坏。其间受拉钢筋经历了较大的塑性变形，裂缝急剧开展，梁挠度激增，梁有明显的破坏征兆，属于延性破坏(图5.5(a))。

(2)超筋破坏

配筋率过大的梁为“超筋梁”。实验表明，由于超筋梁内钢筋配置过多，抗拉能力过强，荷载加到一定程度后，在钢筋尚未屈服之前，受压区混凝土已先压碎，致使构件破坏。破坏时裂缝开展不宽，延伸不高，梁的挠度不大，是在没有明显征兆的情况下突然破坏的，属于脆性破坏。另外钢筋没有充分发挥作用，还造成钢材的浪费。设计中不允许采用超筋梁(图5.5(b))。

(3)少筋梁

当构件受拉区配筋量很小时,破坏特征为:受拉区混凝土一旦开裂,裂缝处的受拉钢筋拉应力迅速达到屈服强度,并进入强化段,甚至钢筋被拉断;受拉区裂缝往往只有一条,裂缝宽度很宽,而受压区混凝土并未达到其极限压应变,属于脆性破坏。设计中不允许采用少筋梁(图 5.5(c))。

5.2 单筋矩形截面受弯构件正截面承载力计算

5.2.1 受弯构件正截面承载力计算的基本原则

1. 基本假定

根据上述适筋受弯构件正截面的受力性能及破坏特征,在正截面承载力计算中采用下面四个假定:

1)平截面假定,即变形前的平面变形后仍保持平面。

2)不考虑混凝土的抗拉强度。对处于承载力极限状态下的正截面,其受拉区混凝土的绝大部分因开裂已经退出工作,而中性轴以下可能残留很小的未开裂部分,由于其合力小且离中和轴较近,为简化计算,可忽略其抗拉强度。

3)混凝土受压的应力—应变曲线(图 5.6)。

4)钢筋的的应力—应变曲线(图 5.7)。

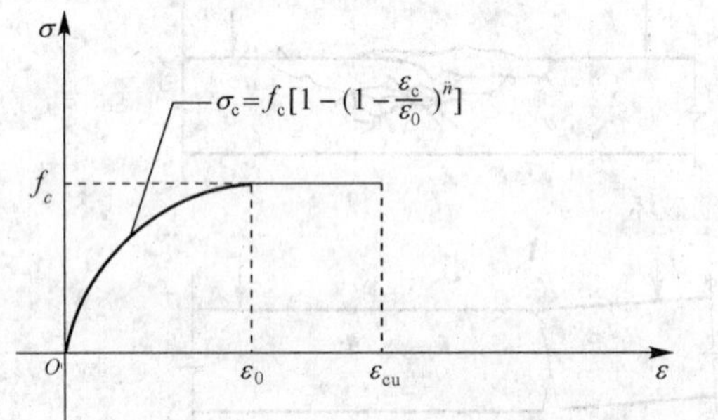

图 5.6 混凝土应力—应变设计曲线

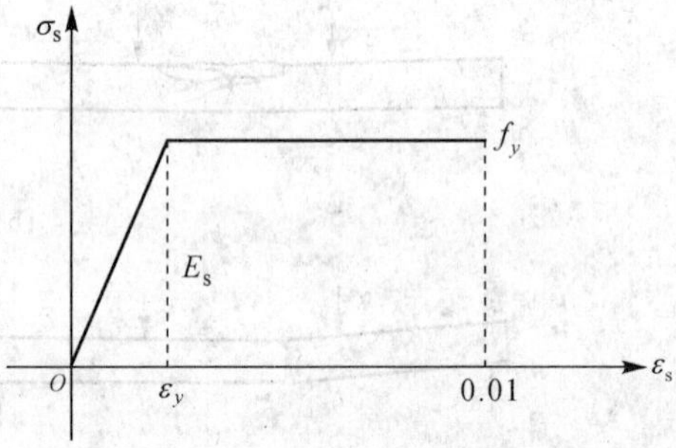

图 5.7 钢筋应力—应变设计曲线

2. 受压区混凝土等效应力图形

如前所述,钢筋混凝土受弯构件的正截面承载力应该以适筋梁的第 $Ⅲ_a$ 阶段的应力图形为依据进行计算。但图中混凝土的应力是曲线分布的,即使根据混凝土的应力应变关系的理想化曲线简化后的理论应力图形,欲求压区混凝土的压力合力也很困难。为简化计算,《规范》规定可以将受压混凝土的应力图形简化为等效的矩形应力图形,如图 5.8 所示。进行等效代换的条件是:等效应力图形的压力合力与理论应力图形的压力合力大小相等,且合力作用点位置不变。图中,α_1 为矩形应力图形中混凝土的抗压强度与混凝土轴心抗压强度的比值,β_1 为等效受压区高度 x 与实际受压区高度 x_0 的比值。根据等效代换的条件以及利用基本假设,理论上可以得出等效应力图形中的参数 α_1 和 β_1。为简化,《规范》规定:混凝土强度在 C50 及以下时,取 $\alpha_1=1.0$ 和 $\beta_1=0.8$。其他强度等级混凝土则按表 5-2 中数值取用。

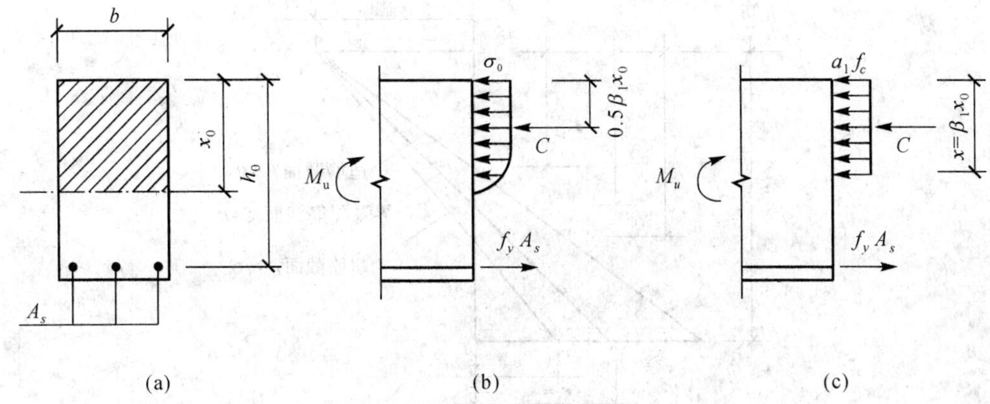

图 5.8　受弯构件理论应力图与等效应力图

表 5-2　等效矩形应力图形系数 α_1、β_1 取值

	≤C50	C55	C60	C65	C70	C75	C80
α_1	1.00	0.99	0.98	0.97	0.96	0.95	0.94
β_1	0.80	0.79	0.78	0.77	0.76	0.75	0.74

3. 界限相对受压区高度与最小配筋率

(1)界限相对受压区高度 ξ_b(适筋与超筋的界限)

受弯构件发生适筋破坏时纵向受力钢筋首先屈服,然后受压区混凝土被压碎;发生超筋破坏时纵向受力钢筋并不屈服,破坏由混凝土被压碎导致。因此,当梁的钢筋等级和混凝土强度等级确定以后,可以找到某个特定的配筋率,使配有这个特定配筋率的梁发生介于适筋梁和超筋梁之间的破坏,即在钢筋屈服的同时混凝土被压碎,称为"界限破坏"。通过图 5.9 来求界限受压区高度。设界限破坏时中和轴高度为 x_b,显然有 $x<x_b$ 时为适筋破坏,$x>x_b$ 时为超筋破坏。定义相对界限受压区高度为 ξ_b,由图 5.9 有:

$$\xi_b=\frac{x_b}{h_0}=\frac{\beta_1 x_{cb}}{h_0}=\frac{\beta_1\varepsilon_{cu}}{\varepsilon_{cu}+\varepsilon_y}=\frac{\beta_1}{1+\dfrac{\varepsilon_y}{\varepsilon_{cu}}} \tag{5-4}$$

故

$$\xi_b=\frac{\beta_1}{1+\dfrac{f_y}{\varepsilon_{cu}E_s}} \tag{5-5}$$

为了防止将构件设计成超筋构件,要求构件截面的相对受压区高度 ξ 不得超过其相对界限受压区高度 ξ_b,即

$$\xi\leqslant\xi_b \tag{5-6}$$

ξ_b 的取值见表 5-3。

表 5-3　相对界限受压区高度 ξ_b 取值

	≤C50	C55	C60	C65	C70	C75	C80
HPB235	0.614	0.606	0.594	0.584	0.575	0.565	0.555
HRB335	0.550	0.541	0.531	0.522	0512	0.503	0.493
HRB400 RRB400	0.518	0.508	0.499	0.490	0.481	0.472	0.463

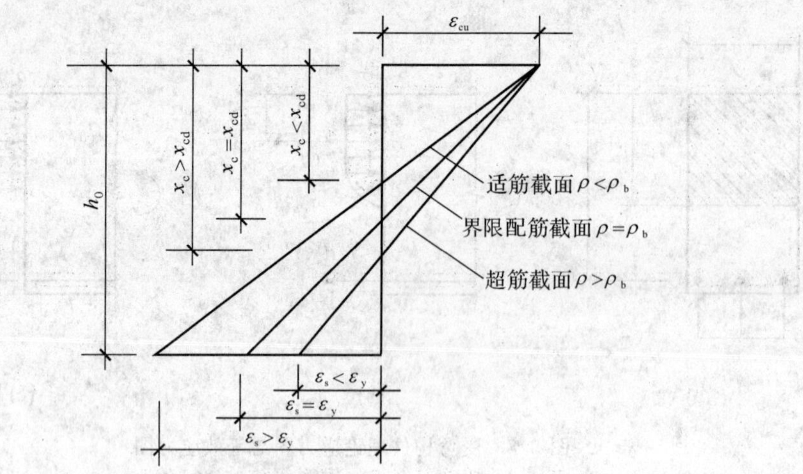

图 5.9 界限破坏截面平均应变图示

(2)适筋与少筋的界限及最小配筋率

为了防止发生少筋破坏,要求构件的受拉钢筋面积不小于按最小配筋率 $\rho_{\min}$ 计算出的钢筋面积。即

(5-7)

$$A_s \geqslant A_{\min}=\rho_{\min}bh$$

(5-8)

《规范》规定:对梁类受弯构件,$\rho_{\min}$ 取 0.2% 和 $45f_t/f_y$(%)中的较大值,其他参见附表 7。

5.2.2 单筋矩形截面正截面受弯承载力计算

1. 基本计算公式

单筋矩形截面受弯构件正截面承载力计算简图如图 5.10 所示。

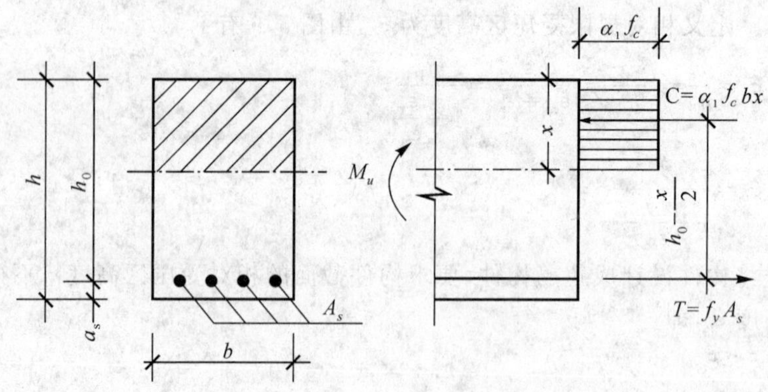

图 5.10 单筋矩形截面受弯构件正截面承载力计算简图

$$\sum X=0 \qquad f_y A_s=\alpha_1 f_c bx \tag{5-9}$$

$$\sum M=0 \qquad M\leqslant M_u=\alpha_1 f_c bx\left(h_0-\frac{x}{2}\right) \tag{5-10}$$

或

$$M\leqslant M_u=f_y A_s\left(h_0-\frac{x}{2}\right) \tag{5-11}$$

式中:M——弯矩设计值;

M_u——正截面受弯承载力设计值。

将 $\xi=x/h_0$ 代入以上各式，上述三式可写成：

$$f_yA_s=\alpha_1f_cbh_0\xi \tag{5-12}$$

$$M\leqslant M_u=\alpha_1f_cbh_0^2\xi(1-0.5\xi) \tag{5-13}$$

或

$$M\leqslant M_u=f_yA_sh_0(1-0.5\xi) \tag{5-14}$$

2. 适用条件

(1)$\xi\leqslant\xi_b(x\leqslant\xi_bh_0)$——防止发生超筋脆性破坏

(2) $A_s\geqslant A_{\min}=\rho_{\min}bh$——防止发生少筋脆性破坏

当 $\xi=\xi_b$ 时，由式(5-13)可得单筋矩形截面的最大受弯承载力 $M_{u,\max}$ 为：

$$M_{u,\max}=\alpha_1f_cbh_0^2\xi_b(1-0.5\xi_b) \tag{5-15}$$

所以当 $M\leqslant M_{u,\max}$ 时，可按单筋截面设计。

单筋矩形截面受弯构件正截面承载力计算内容包括截面设计和截面复核。

3. 截面设计

截面设计是指根据截面所承受的弯矩设计值 M 选定材料(混凝土强度等级、钢筋级别)、确定截面尺寸，计算配筋量。设计时，应满足 $M\leqslant M_u$，一般按 $M=M_u$ 进行计算。已知：弯矩设计值 M、截面尺寸 $b\times h$、混凝土和钢筋的强度等级，求受拉钢筋截面面积 A_s。一般步骤：

①按构造规定确定截面尺寸 $b\times h$。

②选择混凝土强度等级和钢筋级别。

③由公式(5-13)或直接利用下式求解相对受压区高度 ξ：

$$\xi=1-\sqrt{1-\frac{M}{0.5\alpha_1f_cbh_0^2}} \tag{5-16}$$

④验算不会发生超筋破坏的条件，即 $\xi\leqslant\xi_b$ 是否成立。不满足，应加大截面尺寸或提高混凝土强度等级。

⑤由公式(5-12)计算配筋量 A_s。

⑥验算不会发生少筋破坏的条件，即 $A_s\geqslant\rho_{\min}bh$ 是否满足，不满足，按照 $A_s=\rho_{\min}bh$ 配置钢筋。

【例题 5-1】 已知：钢筋混凝土矩形截面梁，$b=200$mm，$h=500$mm，一类环境，弯矩设计值 $M=120$kN・m，选用混凝土强度等级 C25，钢筋 HRB335，求纵向受拉钢筋面积 A_s 并选择钢筋。

［**解**］ 查附表 1 得到：C25 混凝土 $f_c=11.9\text{N/mm}^2$，$f_t=1.27\text{N/mm}^2$；

HRB335 级钢筋 $f_y=300\text{N/mm}^2$。

$$a_s=35\text{mm},h_0=h-a_s=500-35=465\text{mm}$$

(1)计算 ξ 并校核适用条件

$$\xi=1-\sqrt{1-\frac{M}{0.5f_cbh_0^2}}=1-\sqrt{1-\frac{120\times10^6}{0.5\times11.9\times200\times465\times465}}$$

$$=0.2695<\xi_b=0.55$$

不会发生超筋破坏。

(2)计算钢筋面积并校核配筋率

$$A_s=\frac{\xi f_c bh_0}{f_y}=\frac{0.2695\times11.9\times200\times465}{300}=994.18\text{mm}^2$$

$$>0.2\%bh=200\text{mm}^2$$

$$>\left(\frac{45f_t}{f_y}\right)\%bh=\left(\frac{45\times1.27}{300}\right)\%\times200\times500=190.5\text{mm}^2$$

所以选 2 Φ 22+1 Φ 18，$A_s=1014.5\text{mm}^2$。

【例题 5-2】 某矩形截面钢筋混凝土简支梁，一类环境，计算跨度 $l_0=6.0$mm，板传来的永久荷载及梁的自重标准值为 $g_k=7.86$kN/m，板传来的楼面活荷载标准值 $q_k=9.3$kN/m，混凝土的强度等级为C25，钢筋为HRB335钢筋。试求纵向受力钢筋所需面积。

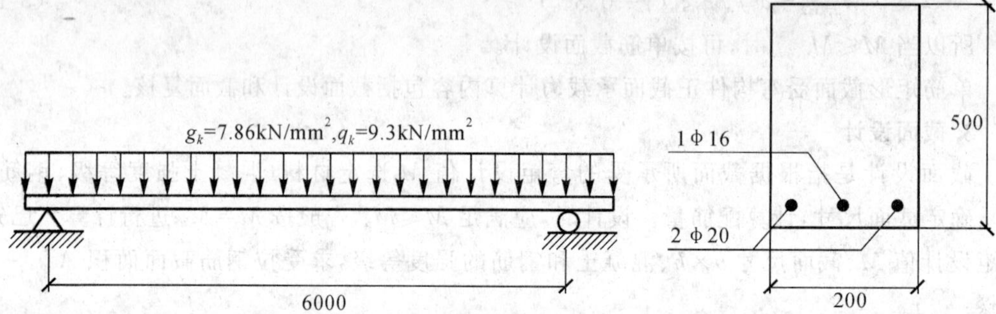

图 5.11 例题 5-2

［**解**］ 查表得到：C25 混凝土 $f_c=11.9\text{N/mm}^2$，$f_t=1.27\text{N/mm}^2$；HRB335 级钢筋 $f_y=300\text{N/mm}^2$。

(1)截面尺寸设计

$h=l_0/12=500$mm

$b=(1/2\sim1/3)h=250\sim167$mm，选 $b=200$mm

所以截面尺寸为 200mm×500mm。

(2)截面最大弯矩计算

荷载设计值 $g+q=1.2g_k+1.4q_k=1.2\times7.86+1.4\times9.3=22.5\text{kN/m}$

截面最大弯矩 $M=\frac{1}{8}(g+q)l_0^2=\frac{1}{8}\times22.5\times6^2=101.3\text{kN}\cdot\text{m}$

(3)配筋计算

$a_s=35\text{mm}, h_0=h-a_s=500-35=465\text{mm}$

$$\xi=1-\sqrt{1-\frac{M}{0.5f_cbh_0^2}}=1-\sqrt{1-\frac{101.3\times10^6}{0.5\times11.9\times200\times465\times465}}$$

$$=0.2213<\xi_b=0.55$$

满足不会发生超筋破坏的条件。

$$A_s=\frac{\xi f_c bh_0}{f_y}=\frac{0.2213\times11.9\times200\times465}{300}=816.5\text{mm}^2$$

$$>0.2\%bh=200\text{mm}^2$$

$$>\left(\frac{45f_t}{f_y}\right)\%bh=\left(\frac{45\times1.27}{300}\right)\%\times200\times500=190.5\text{mm}^2$$

所以选 2 Φ 20+1 Φ 16，$A_s=829.1\text{mm}^2$。配筋剖面见图 5.11。

4. 截面复核

截面复核是在截面尺寸、截面配筋以及材料强度已给定的情况下，要求确定该截面的受弯承载力 M_u，并验算是否满足 $M \leqslant M_u$ 的要求。若不满足承载力要求，应修改设计或进行加固处理。这种计算一般在设计审核或结构检验鉴定时进行。

已知：弯矩设计值 M、截面尺寸 $b \times h$、混凝土和钢筋的强度等级、受拉钢筋的面积 A_s，求受弯承载力 M_u。

①验算是否满足最小配筋率条件。如 $A_s < \rho_{\min} bh$ 则不安全的，应修改设计或进行加固。

②由公式(5-12)计算 ξ；

③检验 $\xi \leqslant \xi_b$ 是否满足，不满足，取 $\xi = \xi_b$；

④由公式(5-13)计算 M_u；

⑤验算是否满足 $M \leqslant M_u$。是，满足正截面承载力要求；否则，截面不安全。

【例题 5-3】 已知矩形截面梁 $b \times h = 250\text{mm} \times 500\text{mm}$，混凝土强度等级为 C20，钢筋采用 HRB400 级，一类环境类别。试求：(1)若此梁承受弯矩设计值 $M = 160\text{kN} \cdot \text{m}$，截面配置受拉配筋为 4 Ф 20，试复核该截面是否安全？(2)若截面受拉配筋为 6 Ф 20，则梁所能承受的最大弯矩设计值为多少？

［解］

问题一：

(1)设计参数

查表得：C20 混凝土，$f_c = 9.6\text{N/mm}^2$，$f_t = 1.1\text{N/mm}^2$；HRB400 级钢筋 $f_y = 360\text{N/mm}^2$。受拉钢筋选用 4 Ф 20 ($A_s = 1257\text{mm}^2$)。

$a_s = 40\text{mm}, h_0 = h - a_s = 500 - 35 = 460(\text{mm})$

(2)验算最小配筋率

$$\rho_1 = \frac{A_s}{bh} = \frac{1256}{250 \times 500} = 1\% > \rho_{\min} = 0.45\frac{f_t}{f_y} = 0.45\frac{1.1}{360} = 0.1375\%$$

同时 $\rho > 0.2\%$ 满足要求。

(3)计算受压区高度 x

$$x = \frac{f_y A_s}{f_c b} = \frac{360 \times 1256}{9.6 \times 250} = 188.4\text{mm} < \xi_b h_0 = 0.518 \times 460 = 238.28\text{mm}$$

满足适筋要求。

(4)计算受弯承载力 M_u

$$M_u = f_y A_s\left(h_0 - \frac{x}{2}\right) = 360 \times 1256 \times (460 - 0.5 \times 188.4) \times 10^{-6}$$

$$= 165.4\text{kN} \cdot \text{m} > M = 160\text{kN} \cdot \text{m}$$

因此配筋满足正截面承载力要求。

问题二：

截面受拉配筋为 6 Ф 20，则 $A_s = 1885\text{mm}^2$

$a_s = 70\text{mm}, h_0 = h - a_s = 500 - 70 = 430\text{mm}$

由问题一，配筋量显然满足最小配筋率要求，即

$$A_s > \rho_{\min} bh$$

$$\xi=\frac{f_yA_s}{f_cbh_0}=\frac{360\times1885}{9.6\times250\times430}=0.658>\xi_b=0.518$$

所以取 $\xi=\xi_b=0.518$

梁所能承受的最大弯矩设计值为

$$M_{u,\max}=\alpha_1 f_c bh_0^2\xi_b(1-0.5\xi_b)$$
$$=9.6\times250\times430^2\times0.518\times(1-0.5\times0.518)=170.33\text{kN}\cdot\text{m}$$

因此,梁所能承受的最大弯矩设计值为 170.33kN·m。

5.3 双筋矩形截面受弯构件正截面承载力计算

双筋截面是指同时配置受拉和受压钢筋的截面(图 5.12),压力由混凝土和受压钢筋共同承担,拉力由受拉钢筋承担。

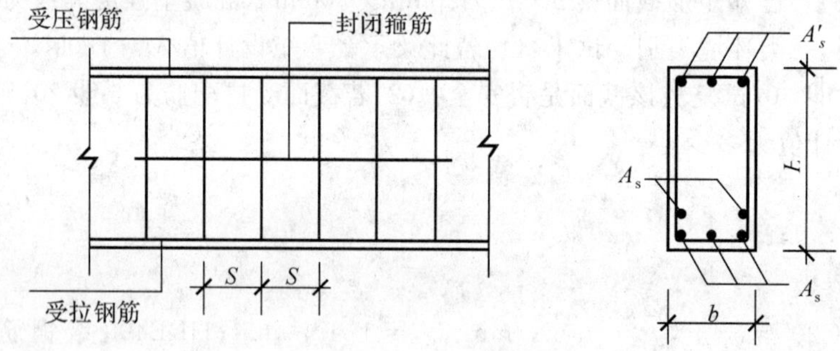

图 5.12 双筋矩形截面示意

一般来说,采用受压钢筋协助混凝土承受压力是不经济的,但当属于下列情况时需采用双筋截面(1)弯矩很大,而梁截面尺寸受到限制,并且混凝土强度等级不能提高,按单筋矩形截面计算 $\xi>\xi_b$ 时;(2)在不同荷载组合情况下,梁截面承受正、反号弯矩。(3)配置受压钢筋可以提高截面的延性,在抗震结构中要求框架梁必须配置一定比例的受压钢筋。

1. 计算公式

双筋矩形截面受弯构件正截面承载力计算中,单筋矩形截面受弯构件承载力计算中的各项假定适用。由于受压纵筋一般都可以充分利用,因此还假定当 $x\leqslant 2a'_s$ 时受压钢筋的应力等于其抗压强度设计值 f_y(图 5.13)。

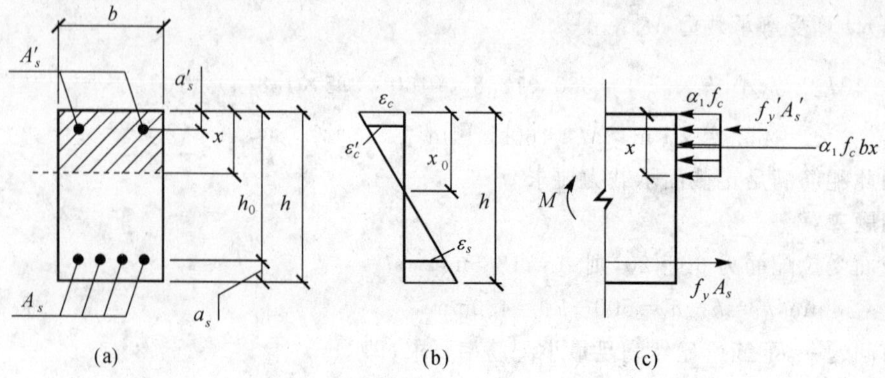

图 5.13 双筋矩形截面受弯构件正截面承载力计算简图

$$\sum x=0 \qquad \alpha_1 f_c bx+f_y' A_s'=f_y A_s \tag{5-17}$$

$$\sum M=0 \qquad M \leqslant M_u=\alpha_1 f_c bx\left(h_0-\frac{x}{2}\right)+f_y' A_s'(h_0-a_s') \tag{5-18}$$

式中：A_s'——受压区纵向受力钢筋的截面面积；

a_s'——从受压区边缘到受拉区纵向受力钢筋合力作用之间的距离。对于梁，当受压钢筋按一排布置时，可取 $a_s'=35\text{mm}$；当受拉钢筋按两排布置时，可取 $a_s'=60\text{mm}$。

2. 适用条件

(1)$\xi \leqslant \xi_b$——防止发生超筋脆性破坏

(2)$x \geqslant 2a_s'$——保证受压钢筋达到抗压强度设计值。当不满足 $x<2a_s'$ 时，取 $x=2a_s'$，即假定受压区混凝土的合理通过受压钢筋 A_s' 的重心。这时可以直接对 A_s' 取矩确定受拉钢筋 A_s，即：

$$A_s=\frac{M}{f_y(h_0-a_s')} \tag{5-19}$$

双筋截面一般不会出现少筋破坏情况，故不必验算满足最小配筋率条件。

双筋矩形截面受弯构件正截面承载力计算内容也包括截面设计和截面复核。

3. 截面设计

在双筋截面的配筋计算中，可能遇到下列两种情况。

(1)已知：弯矩设计值 M、截面尺寸 $b\times h$、混凝土和钢筋的强度等级，求受压钢筋面积 A_s' 和受拉钢筋面积 A_s。

在计算公式中，有 A_s、A_s' 及 x 三个未知数，还需增加一个条件才能求解。为取得较经济的设计，应使总的钢筋截面面积(A_s+A_s')为最小的原则来确定配筋，则应充分利用混凝土的强度。所以增加附加条件：$\xi=\xi_b$。

计算的一般步骤如下：

①判断是否需要采用受压钢筋。

若 $M>\alpha_1 f_c \xi_b(1-0.5\xi_b)bh_0^2$，需要采用双筋，否则单筋即可。

②令：$\xi=\xi_b$，则有：

$$A_s'=\frac{M-\alpha_1 f_c bx\left(h_0-\dfrac{x}{2}\right)}{f_y(h_0-a_s')}=\frac{M-\alpha_1 f_c b\xi_b h_0\left(h_0-\dfrac{\xi_b h_0}{2}\right)}{f_y(h_0-a_s')} \tag{5-20}$$

③求 A_s。

$$A_s=\frac{f_y A_s'+\alpha_1 f_c bh_0\xi_b}{f_y} \tag{5-21}$$

(2)已知：弯矩设计值 M、截面尺寸 $b\times h$、混凝土和钢筋的强度等级、受压钢筋面积 A_s'，求受拉钢筋面积 A_s。在计算公式中，有 A_s 及 x 两个未知数，该问题可直接用计算公式求解。计算步骤如下：

①由公式(5-18)可以求得

$$x=h_0-\sqrt{h_0^2-2\,\frac{M-f_y A_s'(h_0-a_s')}{\alpha_1 f_c b}} \tag{5-22}$$

②当 $2a_s' \leqslant x \leqslant \xi_b h_0$ 时

$$A_s=\frac{f_y A_s'+\alpha_1 f_c bx}{f_y} \tag{5-23}$$

③当 $x<2a_s'$ 时，则取 $x=2a_s'$

$$A_s=\frac{M}{f_y(h_0-a_s')} \tag{5-24}$$

④当 $x>\xi_b h_0$ 时，则说明给定的受压钢筋面积 A_s' 太少，此时按 A_s 和 A_s' 未知计算。

【例题 5-4】 已知矩形梁的截面尺寸 $b\times h=200\text{mm}\times 400\text{mm}$，环境类别为一类。承受弯矩设计值 $M=150\text{kN}\cdot\text{m}$，混凝土强度等级为 C25，钢筋采 HRB335 级。试确定该梁截面的纵向受力钢筋。

［解］ 查表得到：C25 混凝土 $f_c=11.9\text{N/mm}^2$，$f_t=1.27\text{N/mm}^2$；HRB335 级钢筋 $f_y=300\text{N/mm}^2$。$a_s=35\text{mm}$，$h_0=h-a_s=400-35=365\text{mm}$

$$\alpha_1 f_c\xi_b(1-0.5\xi_b)bh_0^2=11.9\times 0.55\times(1-0.55/2)\times 200\times 365^2$$
$$=126.4\text{kN}\cdot\text{m}<M=150\text{kN}\cdot\text{m}$$

在不允许加大截面的情况下，应该采用双筋截面梁。

假设双排布置受拉钢筋，$a_s=60\text{mm}$，$h_0=340\text{mm}$

$$A_s'=\frac{M-\alpha_1 f_c b\xi_b h_0^2(1-\frac{\xi_b}{2})}{f_y(h_0-a_s')}=\frac{150\times 10^6-109.7\times 10^6}{300(340-35)}=440.4(\text{mm}^2)$$

$$A_s=\frac{f_yA_s'+\alpha_1 f_c bh_0\xi_b}{f_y}=\frac{11.9\times 200\times 340\times 0.55}{300}+440.4=1923.9(\text{mm}^2)$$

所以选用受拉钢筋 4 Φ 25(1963mm²，两排布置)；受压钢筋 2 Φ 18(509mm²)

【例题 5-5】 某梁截面尺寸 $b\times h=250\text{mm}\times 500\text{mm}$，$M=250\text{kN}\cdot\text{m}$，受压区预先已经配好 HRB335 级受压钢筋 3Φ20($A_s'=942\text{mm}^2$)，若受拉钢筋也采用 HRB335 级钢筋配筋，混凝土的强度等级为 C25，求截面所需配置的受拉钢筋截面面积 A_s。

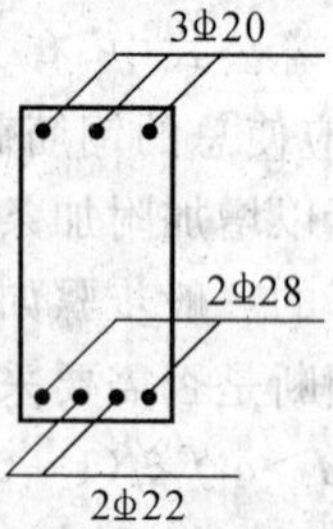

图 5.14 例题 5-5 配筋图

［解］ (1)求受压区高度 x

假定受拉钢筋和受压钢筋按一排布置，则 $a_s=a_s'=35\text{mm}$，$h_0=h-a_s=500-35=465\text{mm}$。

C25 混凝土：$f_c=11.9\text{N/mm}^2$

HRB335 级钢筋：$f_y=300\text{N/mm}^2$

$$\xi=1-\sqrt{1-2\left[\frac{M-f_yA_s'(h_0-a_s')}{\alpha_1 f_c bh_0^2}\right]}$$
$$=1-\sqrt{1-2\left[\frac{250\times 10^6-300\times 942\times(465-35)}{11.9\times 250\times 465^2}\right]}=0.225$$

$x=\xi h_0=0.225\times 465104.7>2a_s=70\text{mm}$

(2)计算截面需配置的受拉钢筋截面面积

求得受拉钢筋的截面面积 A_s 为：

$$A_s=\frac{f_yA_s'+\alpha_1 f_c bx}{f_y}$$
$$=\frac{300\times 942+11.9\times 250\times 0.225\times 465}{300}$$
$$=1979.5\text{mm}^2$$

选用 2 Φ 28+2 Φ 22(A_s=1992mm^2)，截面配筋情况如图 5.14 所示。

4. 截面复核

已知：弯矩设计值 M、截面尺寸 $b\times h$、混凝土和钢筋的强度等级、受压钢筋面积 A_s' 和受拉钢筋面积 A_s，要求确定截面能否抵抗给定的弯矩设计值。

计算的一般步骤如下：

①由式(5-17)得

$$x=\frac{f_yA_s-f_yA_s'}{\alpha_1 f_c b} \tag{5-25}$$

②当 $2a'\leqslant x\leqslant\xi_b h_0$ 时，

$$M_u=f_yA_s'(h_0-a_s')+\alpha_1 f_c bx(h_0-\frac{x}{2}) \tag{5-26}$$

③当 $x<2a_s'$ 时，取 $x=2a_s'$，有

$$M_u=A_sf_y(h_0-a_s') \tag{5-27}$$

④当 $x>\xi_b h_0$ 时，则说明双筋梁的破坏始自受压区，取 $x=\xi_b h_0$，有

$$\begin{aligned}M_u&=f_yA_s'(h_0-a_s')+\alpha_1 f_c b\xi_b h_0(h_0-\frac{\xi_b h_0}{2})\\&=f_y'A_s'(h_0-a_s')+\alpha_{sb}bh_0^2\alpha_1 f_c\end{aligned} \tag{5-28}$$

⑤当 $M\leqslant M_u$ 时，构件截面安全，否则为不安全。

5.4　T 形截面正截面承载力计算

5.4.1　概　述

受弯构件在破坏时，大部分受拉区混凝土早已退出工作，故可挖去部分受拉区混凝土，并将钢筋集中放置，形成 T 形截面，对受弯承载力没有影响。这样既可节省混凝土，也可减轻结构自重。若受拉钢筋较多，为便于布置钢筋，可将截面底部适当增大，形成I形截面。工程结构中，T 形截面受弯构件的应用是很多的，如现浇肋形楼盖中的主、次梁的跨中截面 b_f' 就是 T 形截面。

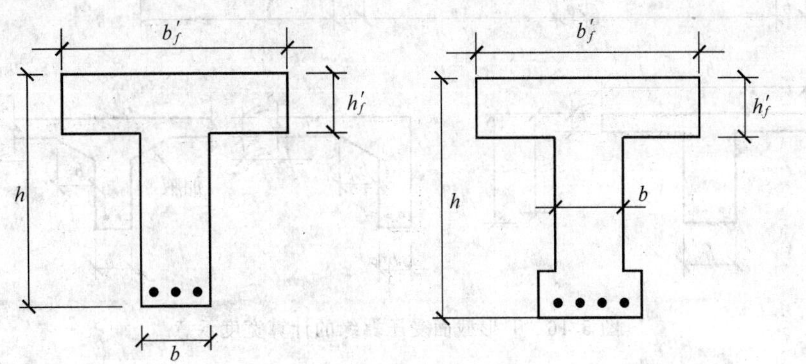

图 5.15　T 形、I 形截面示意

T形截面伸出部分称为翼缘，中间部分称为肋或梁腹。肋的宽度为b，位于截面受压区的翼缘宽度为b'_f，厚度为h'_f，截面总高为h。I形截面位于受拉区的翼缘不参与受力，因此也按T形截面计算。

T形截面梁受力后，翼缘上的纵向压应力是不均匀分布的，离梁肋越远压应力越小。故b在设计中把翼缘限制在一定范围内，称为翼缘的计算宽度b'_f，并假定在b'_f范围内压应力是均匀分布的，且在达到正截面承载力时，大小等于$\alpha_1 f_c$。

《规范》对翼缘计算宽度的取值规定见表5-4，计算时应取表中有关各项中的最小值。

表5-4 T形、I形及倒L形截面受弯构件翼缘的计算宽度b'_f

考虑情况		T形截面		倒L形截面
		肋形梁(板)	独立梁	肋形梁(板)
按计算跨度l_0考虑		$l_0/3$	$l_0/3$	$l_0/6$
按梁(肋)净距s_n考虑		$b+s_n$	—	$b+s_n/2$
按翼缘高度h'_f考虑	当$h'_f/h_0 \geqslant 0.1$	—	$b+12h'_f$	—
	当$0.1 > h'_f/h_0 \geqslant 0.05$	$b+12h'_f$	$b+6h'_f$	$b+5h'_f$
	当$h'_f/h_0 < 0.05$	$b+12h'_f$	b	$b+5h'_f$

注：1. 表中b为梁的腹板宽度；

2. 如肋形梁在梁跨内设有间距小于纵肋间距的横肋时，则可不遵守表列第三种情况的规定；

3. 对有加腋的T形和L形截面，当受压区加腋的高度$h_h \geqslant h'_f$且加腋的宽度$b_h \leqslant 3h_h$时，则其翼缘计算宽度可按表列第三种情况规定分别增加$2b_h$(T形截面和I形截面)和b_h(倒L形截面)；

4. 独立梁受压区的翼缘板在荷载作用下经验算沿纵肋方向可能产生裂缝时，其计算宽度应取用腹板宽度b。

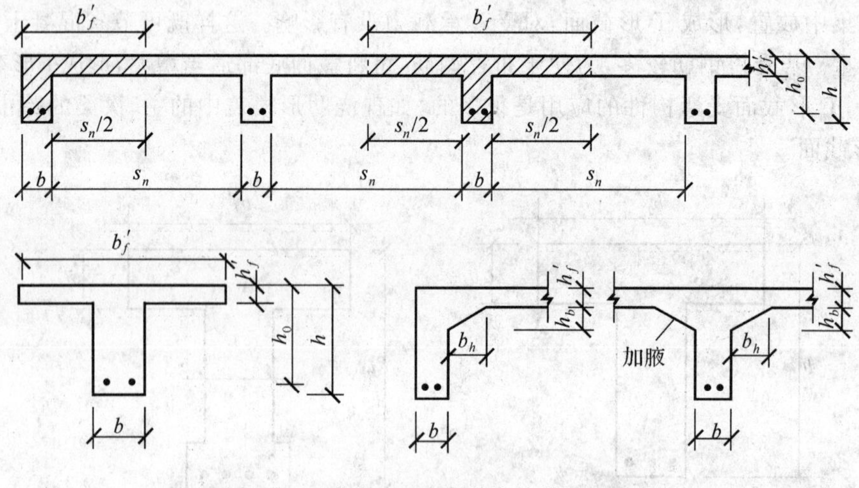

图5.16 T形截面受压翼缘的计算宽度示意

5.4.2　计算公式和适用条件

1. T 形截面的两种类型

采用翼缘计算宽度 b_f'，T 形截面受压区混凝土仍可按等效矩形应力图考虑。按照构件破坏时，中和轴位置的不同，T 形截面可分为两种类型：

第一类 T 形截面：中和轴在翼缘内，即 $x \leqslant h_f'$；

第二类 T 形截面：中和轴在梁肋内，即 $x > h_f'$。

为了判别 T 形截面属于哪一种类型，首先分析 $x=h_f'$ 的特殊情况，图 5.17 为两类 T 形截面的界限情况。

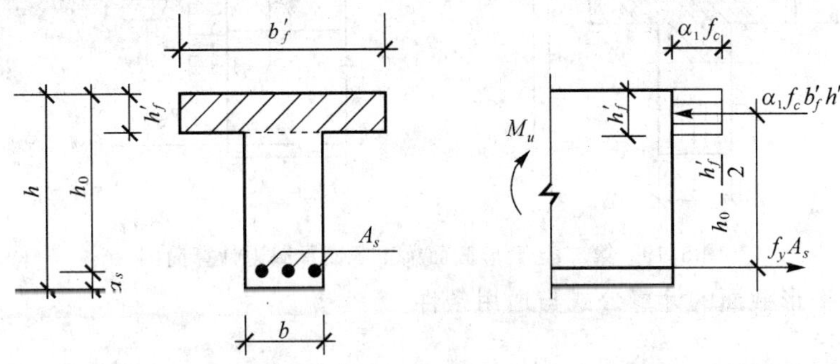

图 5.17　$x=h_f'$时的 T 形截面梁 h_f

$$\sum X = 0 \qquad f_y A_s = \alpha_1 f_c b_f' h_f' \tag{5-29}$$

$$\sum M = 0 \qquad M = \alpha_1 f_c b_f' h_f' (h_0 - \frac{h_f'}{2}) \tag{5-30}$$

当 $f_y A_s \leqslant \alpha_1 f_c b_f' h_f'$ 或 $M \leqslant \alpha_1 f_c b_f' h_f' (h_0 - \frac{h_f'}{2})$ 时，则 $x \leqslant h_f'$，属于第一类 T 形截面；反之，当 $f_y A_s > \alpha_1 f_c b_f' h_f'$ 或 $M > \alpha_1 f_c b_f' h_f' (h_0 - \frac{h_f'}{2})$ 时，则 $x > h_f'$，属于第二类 T 形截面。

2. 第一类 T 形截面的计算公式与适用条件

①计算公式

第一类 T 形截面受弯构件正截面承载力计算简图如图 5.18 所示，这种类型与梁宽为 b 的矩形梁完全相同，可用 b_f' 代替 b 按矩形截面的公式计算。

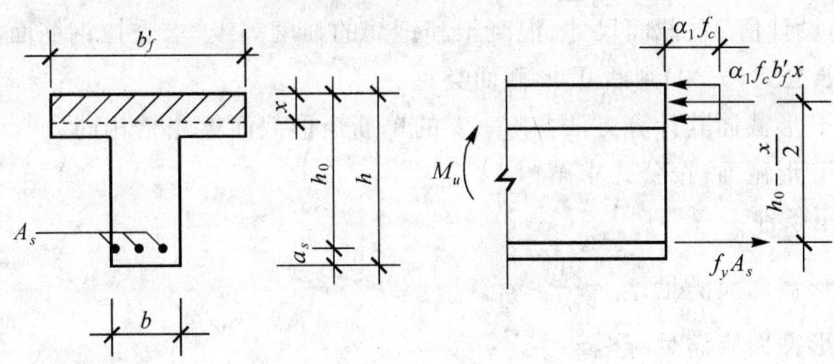

图 5.18　第一类 T 形截面梁正截面承载力计算简图

$$\sum X = 0 \qquad f_y A_s = \alpha_1 f_c b_f' x \tag{5-31}$$

$$\sum M = 0 \qquad M \leqslant M_u = \alpha_1 f_c b'_f x(h_0 - \frac{x}{2}) \tag{5-32}$$

②适用条件

$\xi \leqslant \xi_b$——防止发生超筋脆性破坏，此项条件通常均可满足，不必验算。

$\rho_1 = \dfrac{A_s}{bh} \geqslant \rho_{\min}$——防止发生少筋脆性破坏必须注意，受弯承载力按 $b'_f \times h$ 的矩形截面计算，但最小配筋面积 $A_{s,\min}$ 按 $\rho_{\min} bh$ 计算，而不是 $\rho_{\min} b'_f h$。

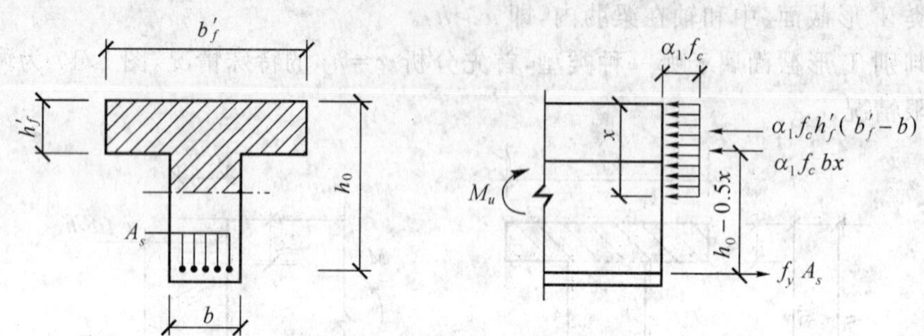

图 5.19 第二类 T 形截面梁正截面承载力计算简图

3. 第二类 T 形截面的计算公式与适用条件

①计算公式

第二类 T 形截面受弯构件正截面承载力计算简图如图 5.19 所示。

$$f_y A_s = \alpha_1 f_c bx + \alpha_1 f_c (b'_f - b) h'_f \tag{5-33}$$

$$M \leqslant M_u = \alpha_1 f_c bx(h_0 - \frac{x}{2}) + \alpha_1 f_c (b'_f - b) h'_f \left(h_0 - \frac{h'_f}{2}\right) \tag{5-34}$$

②适用条件

$\xi \leqslant \xi_b$——防止发生超筋脆性破坏；

$\rho_1 = \dfrac{A_s}{bh} \geqslant \rho_{\min}$——防止发生少筋脆性破坏，此项条件通常均可满足，不必验算。

5.4.3 设计计算方法

T 形截面计算内容也同样包括截面设计和截面校核。

1. 截面设计

已知：弯矩设计值 M、截面尺寸、混凝土和钢筋的强度等级，求受拉钢筋面积 A_s。

①首先按照公式(5-30)判断 T 形截面类型。

②第一类 T 形截面其计算方法与 $b'_f \times h$ 的单筋矩形截面梁完全相同。

③第二类 T 形截面，按公式求解。

④验算适用条件：

第一类 T 形截面应满足：$\rho_1 = \dfrac{A_s}{bh} \geqslant \rho_{\min}$

第二类 T 形截面应满足：$\xi \leqslant \xi_b$

2. 截面复核

已知：弯矩设计值 M、截面尺寸、混凝土和钢筋的强度等级、受拉钢筋面积 A_s，求受弯承载力 M_u。

①首先按照公式(5-29)判断 T 形截面类型。

②求解受压区高度 x，并判别适用条件 $\xi \leqslant \xi_b$ 是否满足。

③如 x 满足适用条件，则计算 M_u

第一类 T 形截面可按 $b'_f \times h$ 的单筋矩形截面梁的计算方法求 M_u

第二类 T 形截面，按下式计算 M_u

$$M_u=\alpha_1 f_c bx\left(h_0-\frac{x}{2}\right)+\alpha_1 f_c(b'_f-b)h'_f\left(h_0-\frac{h'_f}{2}\right) \tag{5-35}$$

④如 x 不满足适用条件，则应取 $x=\xi_b h_0$ 代入相应公式求解 M_u

⑤当 $M \leqslant M_u$ 时，构件截面安全，否则为不安全。

【例题 5-6】　已知某 T 形截面梁，$b'_f=550\text{mm}$，$b\times h=250\text{mm}\times 750\text{mm}$，$h'_f=100\text{mm}$ 承受弯矩设计值 $M=550\text{kN}\cdot\text{m}$，选用 C40 混凝土，选用 HRB400 钢筋。求：纵向受力钢筋面积 A_s 并选择钢筋。

［解］　查表得 C40 混凝土 $f_c=19.1\text{N/mm}^2$，$f_t=1.71\text{N/mm}^2$；HRB400 钢筋 $f_y=360\text{N/mm}^2$

(1)类型判断

取 $a_s=60\text{mm}$，$h_0=h-a_s=750-60=590\text{mm}$

$$\alpha_1 f_c b'_f h'_f\left(h_0-\frac{h'_f}{2}\right)=1.0\times 19.1\times 550\times 100\times\left(590-\frac{100}{2}\right)$$

$$=567.3\text{kN}\cdot\text{m}>M=550\text{kN}\cdot\text{m}$$

因此属于第一类 T 形截面。

(2)配筋计算

$$\xi=1-\sqrt{1-\frac{M}{0.5 f_c b'_f h_0^2}}=1-\sqrt{1-\frac{550\times 10^6}{0.5\times 19.1\times 550\times 590^2}}$$

$$=0.164<\xi_b=0.517$$

$$A_s=\frac{\xi f_c b'_f h_0}{f_y}=\frac{0.164\times 19.1\times 550\times 590}{360}=2823.5\text{mm}^2$$

$$>0.2\%bh=375\text{mm}^2$$

所以选用 3 Φ 28+2 Φ 25($A_s=2829\text{mm}^2$)。

【例题 5-7】　已知某 T 形截面梁截面尺寸 $b'_f=600\text{mm}$、$h'_f=120\text{mm}$、$b=250\text{mm}$、$h=650\text{mm}$，混凝土强度等级 C25，采用 HRB335 钢筋，梁所承受的弯矩设计值 $M=480\text{kN}\cdot\text{m}$。试求所需受拉钢筋截面面积 A_s。

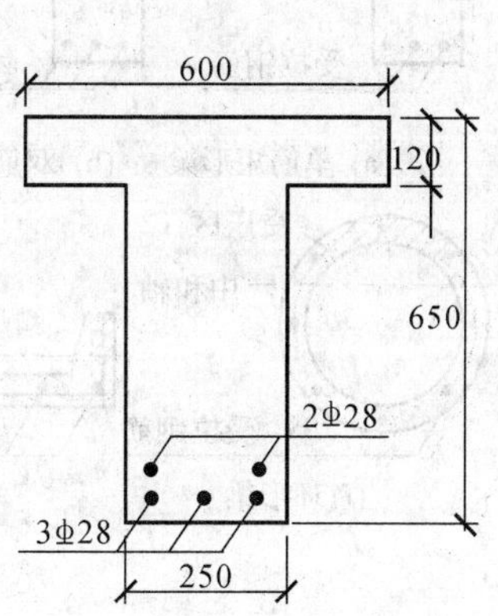

图 5.20　例题 5-7T 形截面配筋

［解］　(1)已知条件

查表得到：C25 混凝土 $f_c=11.9\text{N/mm}^2$，$f_t=1.27\text{N/mm}^2$；HRB335 级钢筋 $f_y=300\text{N/mm}^2$，$\xi_b=0.550$

布置两排钢筋，$a_s=60\text{mm}$，$h_0=h-a_s=650-60=590\text{mm}$

(2)判别截面类型

$$\alpha_1 f_c b'_f h'_f\left(h_0-\frac{h'_f}{2}\right)=11.9\times 600\times 120\times\left(590-\frac{120}{2}\right)$$

$$=454.1\text{kN}\cdot\text{m}<M=480\text{kN}\cdot\text{m}$$

因此属于第二类 T 形截面。

(3)计算 ξ

由式(5-34)得

$$\xi=1-\sqrt{1-\frac{M-\alpha_1 f_c(b_f'-b)h_f'(h_0-h_f'/2)}{0.5\alpha_1 f_c bh_0^2}}$$

$$=1-\sqrt{1-\frac{480\times10^6-11.9\times(600-250)\times120\times(590-120/2)}{0.5\times11.9\times250\times590^2}}=0.235<\xi_b$$

$$=0.550$$

(4)计算 A_s

将 x 代入式(5-33)得

$$A_s=\frac{\alpha_1 f_c(b_f'-b)h_f'+\alpha_1 f_c bx}{f_y}$$

$$=\frac{11.9\times(600-250)\times120+11.9\times250\times0.235\times590}{300}$$

$$=3040.9\text{mm}^2$$

所以选用 5 Φ 28($A_s=3079\text{mm}^2$),配筋见例图 5.20。

5.5 一般构造要求 I

5.5.1 截面形式

受弯构件包括梁与板。梁的截面形状常用矩形、T 形、I 字形、倒 L 形等;板的截面形状有矩形、槽形板、空心板等。

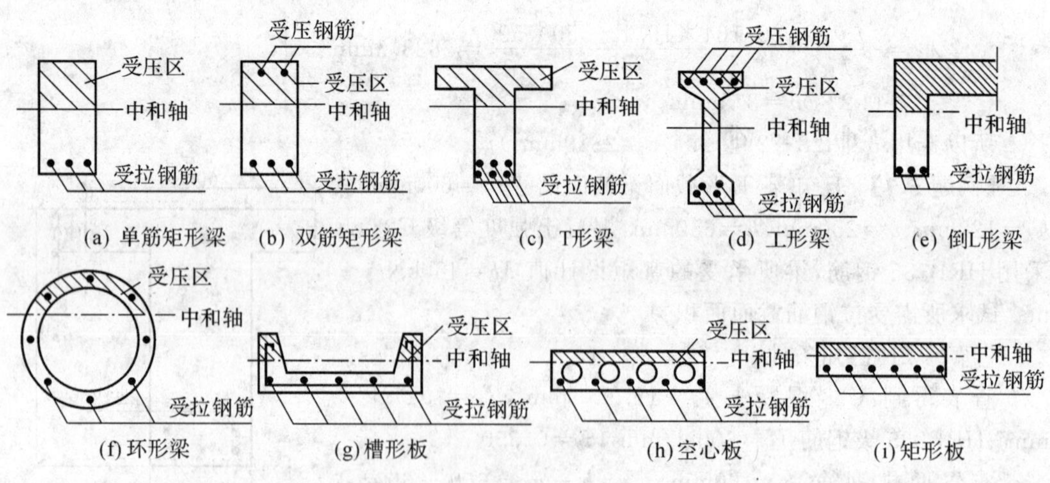

图 5.21 受弯构件常见截面形式

5.5.2　板的构造要求

1. 板的最小厚度

现浇板的宽度一般较大，设计计算时可取单位宽度（b=1000mm）进行计算。其厚度应满足各项功能要求并满足表 5-5 和表 5-6 的要求。

表 5-5　板的高跨比（h/l_0）

支承情况 \ 板类型	单向板	双向板	悬臂板
简支	$\geqslant\frac{1}{35}$	$\geqslant\frac{1}{45}$	—
连续	$\geqslant\frac{1}{40}$	$\geqslant\frac{1}{50}$	$\geqslant\frac{1}{12}$

表 5-6　现浇钢筋混凝土板的最小厚度　　mm

板的类别		厚　度
单向板	屋面板	60
	民用建筑楼板	60
	工业建筑楼板	70
	行车道下的楼板	80
双向板		80
密肋板	肋间距小于或等于 700mm	40
	肋间距大于 700mm	50
悬臂板	板的悬臂长度小于或等于 500mm	60
	板的悬臂长度大于 500mm	80
无梁楼板		150

注：悬臂板的厚度指悬臂根部的厚度；板厚度以 10mm 为模数。

2. 板的受力钢筋

受力钢筋的直径通常采用 6mm，8mm，10mm，板厚度 $h\leqslant$40mm 时，可采用 4mm，5mm。为了便于浇注混凝土，保证钢筋周围混凝土的密实性，板内钢筋间距不宜太密；为了使板能正常的承受外荷载，也不宜过稀；钢筋的间距一般为 70～200mm。当板厚 $h\leqslant$150mm 时，不宜大于 200mm；当板厚 $h>$150mm，不宜大于 1.5h，且不宜大于 250mm。

板内钢筋的保护层厚度取决于周围环境和混凝土的强度等级。当环境类别为一类时，即处于室内正常环境时，混凝土保护层最小层厚度为 15mm。

3. 板的分布钢筋

板的分布钢筋是指垂直于受力钢筋方向上布置的构造钢筋。分布钢筋与受力钢筋绑扎或焊接在一起，形成钢筋骨架。分布钢筋的作用是：将板面的荷载更均匀地传递给受力钢筋；施工过程中固定受力钢筋的位置；抵抗温度和混凝土的收缩应力等。分布钢筋的截面面积不宜小于单位长度上受力钢筋截面面积的 15%，不宜小于该方向板截面面积的 0.15%，且每米长度内不宜少于 4 根。对处于经常温度变化较大或荷载较大处的板，其分布钢筋应适当增加。

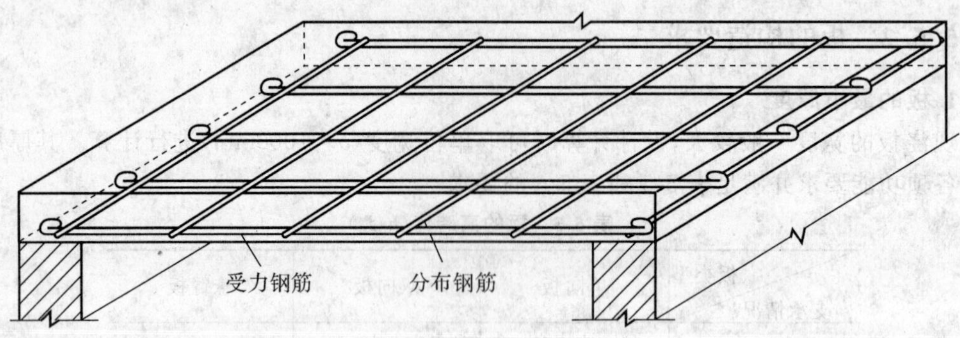

图 5.22 板的配筋示意

5.5.3 梁的构造要求

1. 梁的截面尺寸

梁高与跨度之比 h/l 称为高跨比。对于肋形楼盖的主梁为 1/8～1/14，次梁为 1/12～1/18；独立梁不小于 1/15(简支)和 1/20(连续)。

矩形截面梁的高宽比 h/b 一般取 2.0～3.0；T 形截面梁的 h/b 一般取 2.5～4.0(此处 b 为梁肋宽)。为便于统一模板尺寸，通常采用矩形截面梁的宽度或 T 形截面梁的肋宽 b= 100、120、150、(180)、200、(220)、250 和 300mm，300mm 以上的级差为 50mm。括号中的数值仅用于木模；梁的高度 h=250、300、750、800、900、1000mm 等尺寸。当 h<800mm 时，级差为 50mm，当 $h \geqslant$800mm 时，级差为 100mm。

2. 混凝土强度等级和保护层厚度

梁常用的混凝土强度等级是 C20、C25、C30、C35、C40 等。

纵向受力钢筋的外边缘至混凝土表面的垂直距离，称为混凝土保护层厚度，用 c 表示，如图 5.23 所示。梁、板、柱的混凝土保护层厚度与环境类别和混凝土强度等级有关，并且混凝土保护层厚度不应小于钢筋的公称直径，且应符合附表 6 的规定。

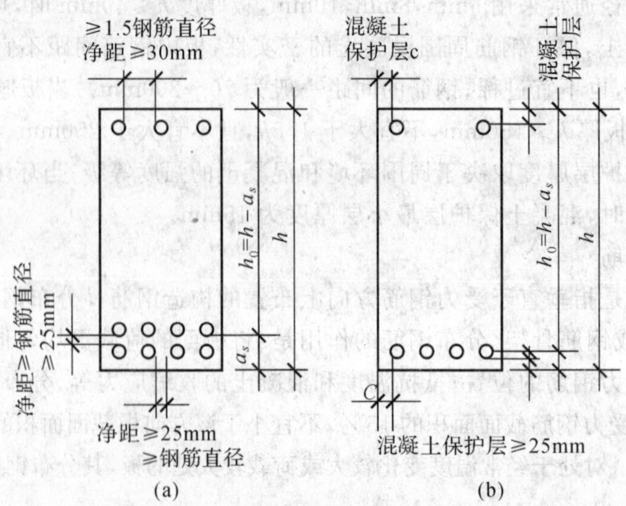

图 5.23 钢筋净距、保护层及有效高度

梁中一般配置纵向受力钢筋、弯起钢筋、箍筋和架立钢筋，如图 5.24 所示。

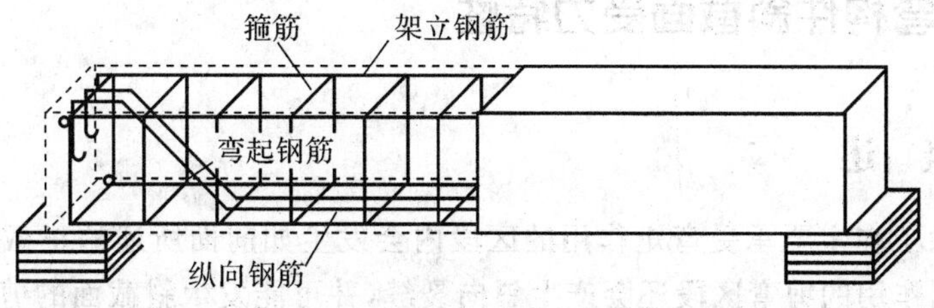

图 5.24　梁的配置钢筋类型

3. 纵向受力钢筋

梁中纵向受力钢筋宜采用 HRB400（Ⅲ级）或 RRB400（Ⅲ级）和 HRB335（Ⅱ级），常用钢筋直径为 10mm～32mm，根数不得少于 2 根。梁内受力钢筋的直径宜尽可能相同。设计中若采用两种不同直径的钢筋，钢筋直径相差至少 2mm，以便于在施工中能用肉眼识别，但相差也不宜超过 6mm。

钢筋混凝土梁纵向受力钢筋的直径，当梁高 $h \geqslant 300$mm 时，不应小于 10mm；当梁高 $h < 300$mm 时，不应小于 8mm。

为了便于浇注混凝土，保证钢筋周围混凝土的密实性，以及保证钢筋能与混凝土黏结在一起，纵筋的净间距应满足图 5.23 所示的要求。

4. 纵向构造钢筋

①架立钢筋

为了固定箍筋并与纵向受力钢筋形成骨架，在梁的受压区应设置架立钢筋。梁内架立钢筋的直径，当梁的跨度 $l < 4$m 时，不宜小于 8mm；当梁的跨度 $l = 4 \sim 6$m 时，不宜小于 10mm；当梁的跨度 $l > 6$m 时，不宜小于 12mm。

②梁侧腰筋

为改善由于混凝土收缩产生的梁侧收缩裂缝，《规范》规定，当梁的腹板高度 $h_w \geqslant 450$mm 时，在梁的两个侧面沿高度配置纵向构造钢筋（称为腰筋），如图 5.25 所示。每侧纵向构造钢筋（不包括梁上、下部受力钢筋及架立钢筋）的截面面积不应小于腹板截面面积 bh_w 的 0.1%，且其间距不宜大于 200mm。

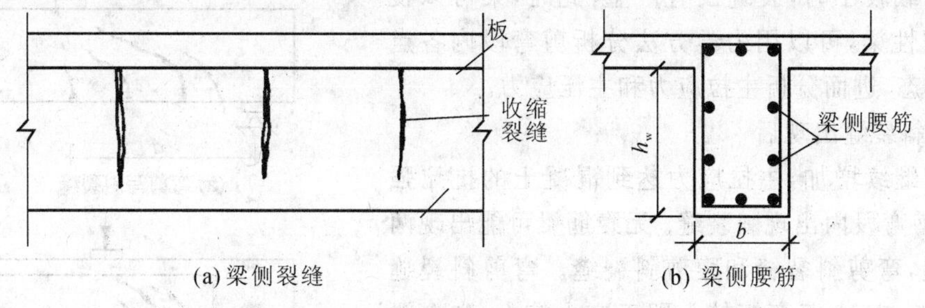

图 5.25　梁侧防裂的纵向构造钢筋

③箍筋

梁的箍筋宜采用 HPB235（Ⅰ级）、HRB335（Ⅱ级），常用直径是 6mm、8mm 和 10mm。

5.6 受弯构件斜截面受力特性

5.6.1 概 述

受弯构件除了在主要承受弯矩作用的区段内会发生如前面所述的正截面破坏以外，在剪力和弯矩共同作用的剪弯区段还会产生斜向裂缝，并可能发生斜截面的剪切或弯曲破坏。此时剪力 V 将成为控制构件的性能和设计的主要因素。斜截面破坏往往带有脆性破坏的性质，缺乏明显的预兆，因此在实际工程中应当避免，在设计时必须进行斜截面承载力的计算。

为了防止构件发生斜截面强度破坏，通常需要在梁内设置与梁轴线垂直的箍筋，也可同时设置与主拉应力方向平行的斜向钢筋来共同承担剪力。斜向钢筋通常由正截面强度不需要的纵向钢筋弯起而成，称为弯起钢筋。箍筋和弯起钢筋统称为腹筋。腹筋、纵向钢筋和架立钢筋构成钢筋骨架，如图 5.26 所示。有腹筋和纵向钢筋的梁称为有腹筋梁；仅配纵向钢筋的梁称为无腹筋梁。

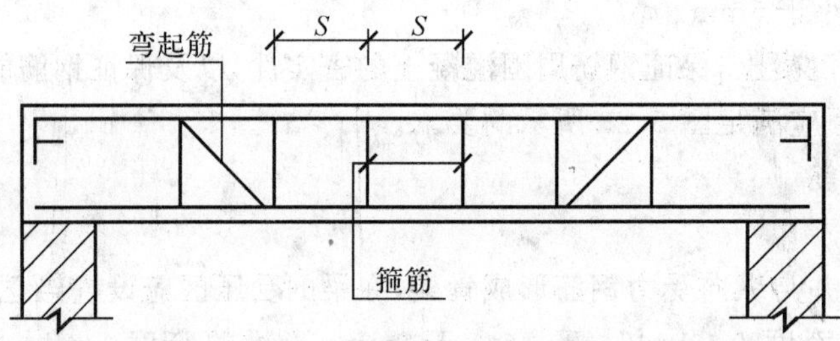

图 5-26 有腹筋梁配筋图

5.6.2 受弯构件斜截面受力特性

1. 无腹筋梁斜截面受力特性

无腹筋梁是指不配腹筋的梁。

(1) 斜裂缝出现前

当荷载较小时，裂缝没有产生，此时，梁可以视为匀质弹性梁，可以用力学方法分析剪弯段内各点的应力状态，进而分析主拉应力和主压应力。

(2) 斜裂缝出现后

荷载继续增加，主拉应力达到混凝土的抗拉强度时，在剪弯段内出现斜裂缝。无腹筋梁可能出现两种斜裂缝，弯剪斜裂缝和腹剪斜裂缝。弯剪斜裂缝(图 5.27(a))：由于弯矩较大即正应力较大，先在梁底出现垂直裂缝，然后向上逐渐发展变弯，随着荷载的增加，斜裂缝向上发展到受压区。特点为裂缝下宽上窄。腹剪斜裂缝(图 5.27(b))：当梁腹部剪应力较大时，如当梁的腹板很薄或集中荷载到支座距离很

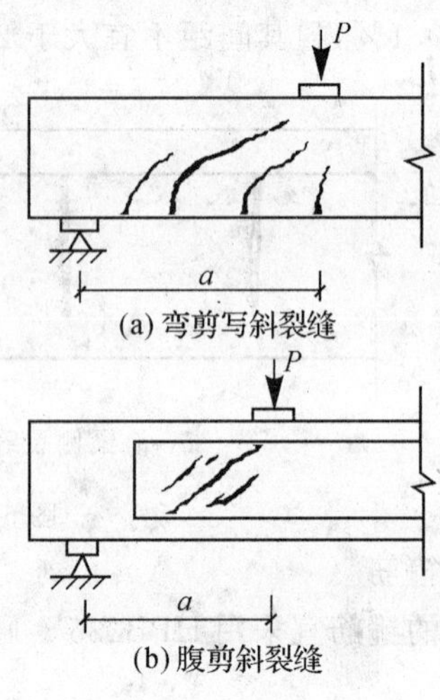

图 5.27 斜裂缝形态

小时，因梁腹主拉应力达到抗拉强度而先在中和轴附近出现大致与中和轴成 45°倾角的斜裂缝。随着荷载的曾加，斜裂缝分别向支座和集中荷载作用点延伸。特点为裂缝中间宽两头细。出现斜裂缝后，引起剪弯段内的应力重分布，这时已不可能将梁视为均质弹性体，截面上的应力不能用一般的材料力学公式计算。

由于斜裂缝的出现，梁在剪弯段内的应力状态发生很大变化，主要表现有：

① 在斜裂缝出现前，剪力主要由梁全截面承担，开裂后则主要由剪压区承担，受剪面积的减小，使剪应力和压应力明显增大。

②与斜裂缝相交处的纵向钢筋应力，由于斜裂缝的出现而突然增大。

(3) 破坏阶段

随着荷载的继续增加，靠近支座的一条斜裂缝很快发展延伸到加载点，形成临界斜裂缝。斜裂缝不断开展，使骨料咬合作用和纵筋的销栓作用减小。此时，无腹筋梁如同拉杆——拱结构，纵向钢筋成为拱的拉杆如图 5.28。最终，斜裂缝顶上混凝土在剪应力和正应力作用下，达到混凝土的极限强度时，梁沿斜截面发生破坏。

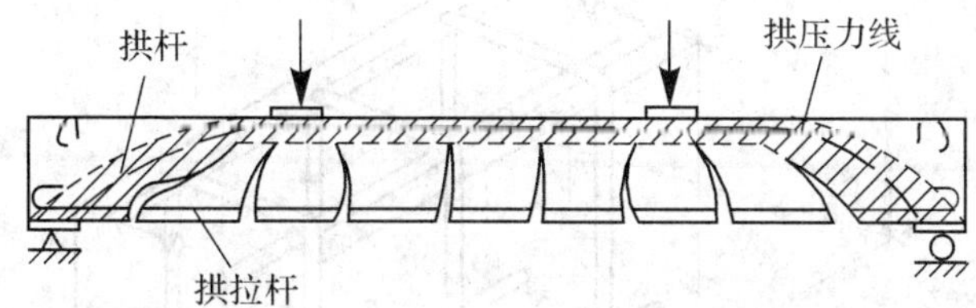

图 5.28　无腹筋梁拉杆——拱体受力机理

2. 有腹筋梁斜截面受力特性

有腹筋梁是指配有腹筋(箍筋或弯起钢筋)的梁。

有腹筋梁受力性能与无腹筋梁相比，主要是在斜裂缝出现后，有显著的不同。在有腹筋梁中，当斜裂缝出现以后，如图 5.29 所示形成了一种"桁架"的受力模型，斜裂缝间的混凝土相当于压杆，梁底纵筋相当于拉杆，箍筋则相当于垂直受拉腹杆。箍筋可以将压杆的内力通过"悬吊"作用传递到上部压杆的部分。

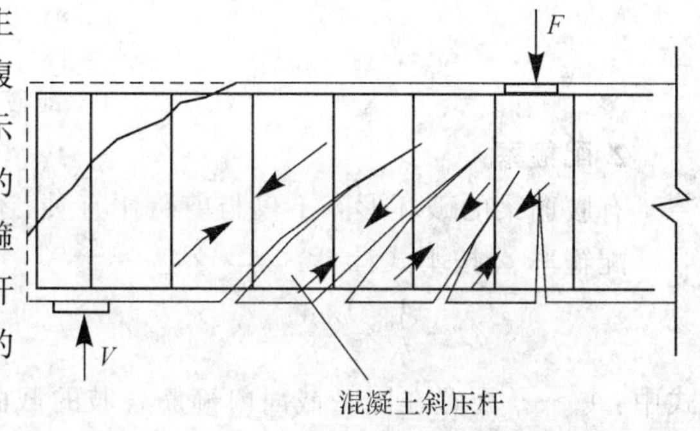

图 5.29　腹筋梁桁架受力机理

腹筋的作用如下：

(1)腹筋可以直接承担部分剪力；

(2)腹筋能限制斜裂缝的开展和延伸，增大混凝土剪压区的截面面积，提高混凝土剪压区的抗剪能力；

(3)箍筋还将提高斜裂缝交界面骨料的咬合和摩擦作用，延缓沿纵筋的粘结劈裂裂缝的发展，防止混凝土保护层的突然撕裂，提高纵向钢筋的销栓作用。

因此腹筋将使梁的受剪承载力有较大的提高。

5.6.3 斜截面破坏的主要形态

1. 剪跨比 λ 的概念

试验证明集中荷载距离支座的位置对剪弯段内梁的受力影响很大，通常把集中荷载位置至支座之间的距离 a 称为剪跨，定义其与截面有效高度 h_0 的比值为剪跨比 λ，即

$$\lambda=\frac{a}{h_0} \tag{5-36}$$

显然，集中荷载作用处梁截面的剪跨比等于该截面的弯矩值与截面的剪力值和有效高度乘积之比，即

$$\lambda=\frac{M}{v\cdot h_0} \tag{5-37}$$

因此进行推广，任一截面的剪跨比可以定义为该截面的弯矩值与截面的剪力值和有效高度乘积之比。

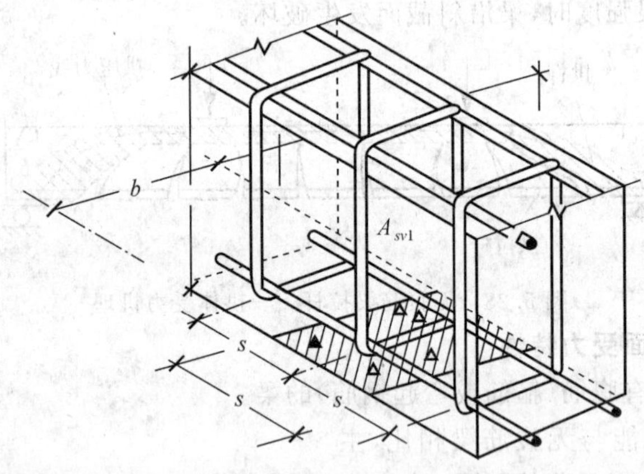

图 5.30　配箍率计算图示

2. 配箍率

有腹筋梁的破坏形态不仅与剪跨比有关，还与配箍率 ρ_{sv} 有关。

配箍率 ρ_{sv} 按下式计算：

$$\rho_{sv}=\frac{A_{sv}}{bs}=\frac{nA_{sv1}}{bs} \tag{5-38}$$

式中：A_{sv}——配置在同一截面内箍筋各肢的截面面积总和，$A_{sv}=nA_{sv1}$，这里 n 为同一截面内箍筋的肢数，如图 5.30 中箍筋为双肢箍，$n=2$；

A_{sv1}——为单肢箍筋的截面面积；

s——箍筋的间距；

b——梁宽。

3. 斜截面破坏形态

斜截面主要有三种破坏形态：斜压、剪压和斜拉破坏。

(1)斜拉破坏(图 5.31(a))

当剪跨比 λ 较大时(一般 $\lambda>3$)且箍筋配置较少、间距过大时，斜裂缝一旦出现，便迅速向集中荷载作用点延伸，并很快形成临界斜裂缝，梁随即破坏。斜拉破坏是拱体混凝土被拉坏。

整个破坏过程急速而突然，破坏荷载与出现斜裂缝时的荷载相当接近，破坏前梁的变形很小，并且往往只有一条斜裂缝，这种破坏具有明显的脆性。

(2)剪压破坏(图 5.31(b))

当剪跨比适中(一般 $1<\lambda\leqslant 3$)或箍筋配置数量、间距合适时，常发生剪压破坏。其特征是当加载到一定阶段时，斜裂缝中的某一条发展成为临界斜裂缝；临界斜裂缝向荷载作用点缓慢发展，剪压区高度逐渐减小，最后剪压区混凝土被压碎，梁丧失承载能力。

这种破坏有一定的预兆，破坏荷载较出现斜裂缝时的荷载为高，破坏时箍筋屈服。但与适筋梁的正截面破坏相比，剪压破坏仍属于脆性破坏。

(3)斜压破坏(图 5.31(c))

这种破坏发生在剪跨比很小(一般 $\lambda\leqslant 1$)或腹板宽度较窄的 T 形和工字形截面梁上。其破坏过程是：首先在荷载作用点与支座间梁的腹部出现若干条平行的斜裂缝(即腹剪型斜裂缝)；随着荷载的增加，梁腹被这些斜裂缝分割为若干斜向“短柱”，最后因混凝土短柱被压碎而破坏。这实际上是拱体混凝土被压坏。

斜压破坏的破坏荷载很高，但变形很小，钢筋不会屈服，亦属于脆性破坏。

除上述主要的斜截面剪切破坏形态外，还有可能发生纵向钢筋在梁端锚固不足而引起的锚固破坏(即拱拉杆破坏)或混凝土局部受压破坏；也有可能发生斜截面弯曲破坏。进行受弯构件设计时，应使斜截面破坏呈剪压破坏，避免斜拉、斜压和其它形式的破坏。

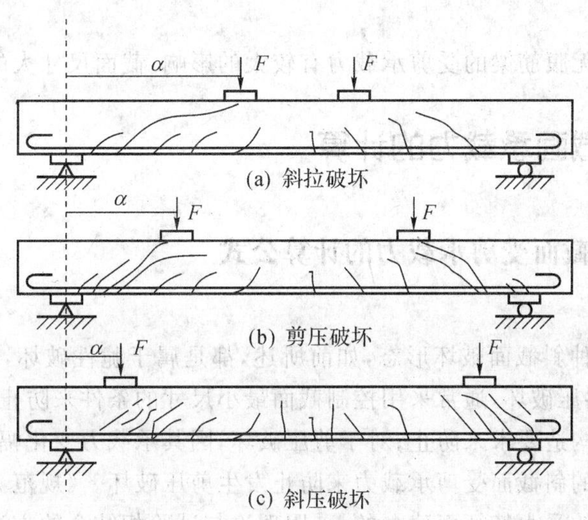

图 5.31　斜截面的破坏形态

5.6.4　影响斜截面受剪承载力的主要因素

1. 剪跨比和跨高比

对于承受集中荷载作用的梁而言，剪跨比是影响其斜截面受力性能的主要因素之一。试验表明，对于承受集中荷载的梁，随着剪跨比的增大，抗剪承载力降低。对于承受均布荷载作用的梁而言，构件跨度与截面高度之比(简称跨高比)l_0/h 是影响受剪承载力的主要因素。随着跨高比的增大，抗剪承载力降低。

2. 腹筋的数量

如前所述，箍筋和弯起钢筋可以有效地提高斜截面的承载力。试验证明，配有适量箍筋的梁，其斜截面抗剪承载力随配箍率和箍筋强度的增大而提高。

3. 混凝土强度等级

斜截面剪切破坏的几种主要形态都与混凝土强度有关。斜拉破坏主要取决于混凝土的抗拉强度，剪压破坏和斜压破坏则主要取决于混凝土的抗压强度。因此，在剪跨比和其他条件相同时，斜截面抗剪承载力随混凝土强度的提高而增大。试验表明，二者大致呈线性关系。

4. 纵筋配筋率

在其他条件相同时，纵向钢筋率越大，斜截面抗剪承载力也越大。这是因为，纵筋配筋率越大，则破坏时的剪压区高度越大，从而提高了混凝土的抗剪能力；并且，穿越斜裂缝的纵筋可以抑制斜裂缝的开展，增大斜裂面间的骨料咬合作用，纵筋本身的横截面也能承受少量剪力。

5. 截面形状与尺寸

(1)截面形状

试验表明，受压区翼缘的存在对提高斜截面承载力有一定的作用。因此，T形和I形截面梁的抗剪承载力与矩形截面梁相比，斜截面承载能力要高一些。但得注意，对梁腹混凝土的斜压破坏，翼缘的存在不能提高其抗剪强度。

(2)截面尺寸

截面尺寸对无腹筋梁的受剪承载力有较大的影响。截面尺寸大的梁相对抗剪强度较低。

5.7 斜截面承载力的计算

5.7.1 斜截面受剪承载力的计算公式

1. 基本假设

对于梁的三种斜截面破坏形态，如前所述，都是属于脆性破坏，因此在工程设计时都应设法避免。对于斜压破坏，通常采用控制截面最小尺寸的条件来防止；对于斜拉破坏，则用满足最小配箍率及构造要求来防止；对于剪压破坏，因其承载力变化幅度较大，必须通过计算，使构件满足一定的斜截面受剪承载力来防止发生剪压破坏。《规范》的基本计算公式就是根据剪压破坏形态的受力特征而建立的。采用理论与试验相结合的方法，同时引入一些试验参数，得到半理论半经验的实用计算公式。

假设梁的斜截面受剪承载力 V_u 由斜裂缝上端剪压区混凝土的抗剪能力 V_c、与斜裂缝相交的箍筋的抗剪能力 V_{sv} 以及和斜裂缝相交的弯起钢筋的抗剪能力 V_{sb} 三部分所组成(图5.32)，由隔离体平衡条件 $\sum Y=0$ 得：

$$V_u=V_{cs}+V_{sb}=V_c+V_{sv}+V_{sb} \tag{5-38}$$

2. 计算公式

(1)当仅配有箍筋时，斜截面受剪承载力计算公式：

$$V_u=V_c+V_{sv}=V_{cs} \tag{5-39}$$

①对矩形、T形和I形截面的一般受弯构件(指除下面情况2以外的受弯构件)，斜截面

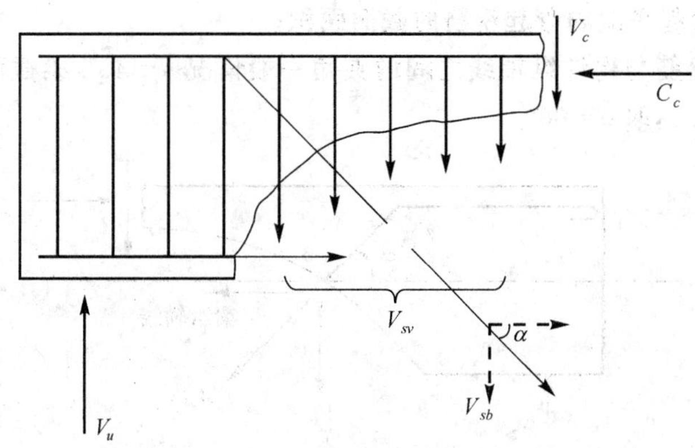

图 5.32　斜截面受剪承载力的组成

受剪承载力计算公式：

$$V \leqslant V_{cs} = 0.7 f_t b h_0 + 1.25 f_{yv} \frac{A_{sv}}{s} h_0 \tag{5-40}$$

式中：V——构件斜截面上的最大剪力设计值；

V_{cs}——构件斜截面上混凝土和箍筋的受剪承载力设计值；

A_{sv}——配置在同一截面内箍筋各肢的全部截面面积，$A_{sv}=nA_{sv1}$；

n——在同一截面内箍筋肢数；

A_{sv1}——单肢箍筋的截面面积；

s——沿构件长度方向的箍筋间距；

f_t——混凝土轴心抗拉强度设计值；

f_{yv}——箍筋抗拉强度设计值；

b——矩形截面的宽度或 T 形截面和工形截面的腹板宽度。

②对集中荷载作用下(包括作用有多种荷载，其中集中荷载对支座截面或节点边缘所产生的剪力值占总剪力值的 75％以上的情况)的矩形、T 形和 I 形截面的独立梁，斜截面受剪承载力计算公式：

$$V \leqslant V_{cs} = \frac{1.75}{\lambda+1} f_t b h_0 + f_{yv} \frac{A_{sv}}{s} h_0 \tag{5-41}$$

式中：λ——计算截面的计算剪跨比，可取 $\lambda=a/h_0$，a 为集中荷载作用点至支座截面或节点边缘的距离；当 $\lambda<1.5$ 时，取 $\lambda=1.5$；当 $\lambda>3$ 时，取 $\lambda=3$，此时，在集中荷载作用点与支座之间的箍筋应均匀配置。

(2)同时配置箍筋和弯起钢筋的梁

弯起钢筋所能承担的剪力为弯起钢筋的总拉力在垂直于梁轴方向的分力如图 5.33 所示，即 $V_{sb}=0.8f_yA_{sb}\sin\alpha_s$。系数 0.8 是考虑弯起钢筋在破坏时可能达不到其屈服强度的应力不均匀系数。因此，对于配有箍筋和弯起钢筋的矩形、T 形和 I 形截面的受弯构件，其受剪承载力按下列公式计算：

$$V \leqslant V_u = V_{cs} + V_{sb} = V_{cs} + 0.8 f_y A_{sb} \sin\alpha_s \tag{5-42}$$

式中：V——剪力设计值；

V_{cs}——构件斜截面上混凝土和箍筋的受剪承载力设计值；

f_y——弯起钢筋的抗拉强度设计值；

A_{sb}——同一弯起平面内弯起钢筋的截面面积；

A_{sb}——弯起钢筋与构件纵轴线之间的夹角一般情况 $\alpha=45°$，梁截面高度较大时（$h\geqslant 800\text{mm}$），取 $\alpha=60°$。

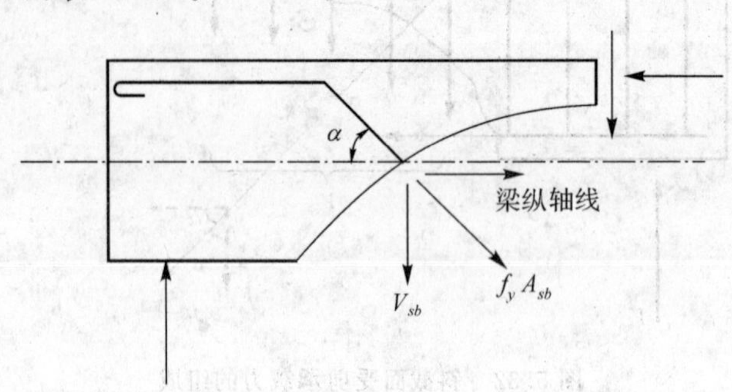

图 5.33 弯起钢筋承担

3. 公式适用范围

上述公式是以剪压破坏为模式建立的，不适用于斜拉破坏及斜压破坏，因此应采取措施防止发生斜压及斜拉这两种严重脆性的破坏形态，规范规定公式的上、下限值。

(1)上限值——最小截面尺寸

当梁的截面尺寸较小而剪力过大时，会使梁发生斜压破坏，而箍筋并不屈服。显然，这种梁的承载力取决于混凝土的抗压强度和截面尺寸，靠多配置腹筋并不能提高承载力。而一般只要构件截面尺寸不太小，就可以防止斜压破坏。因此，《规范》规定，对矩形、T 形和 I 形截面的一般受弯构件，其截面尺寸应满足下列条件：

当 $h_w/b\leqslant 4$ 时 $V\leqslant 0.25\beta_c f_c bh_0$ (5-43a)

当 $h_w/b\geqslant 6$ 时 $V\leqslant 0.2\beta_c f_c bh_0$ (5-43b)

当 $4<h_w/b<6$ 时，按直线内插法取用。

式中：V——构件斜截面上的最大剪力设计值；

β_c——为高强混凝土的强度折减系数，当混凝土强度等级不大于 C50 级时，取 $\beta_c=1.0$；当混凝土强度等级为 C80 时，取 $\beta_c=0.8$，其间按线性内插法取值；

h_w——截面腹板高度，见图 5.34 规定采用；

b——矩形截面的宽度或 T 形截面和工形截面的腹板宽度。

设计中，如不满足式(5-43)时，应加大截面尺寸或提高混凝土强度等级，直到满足。

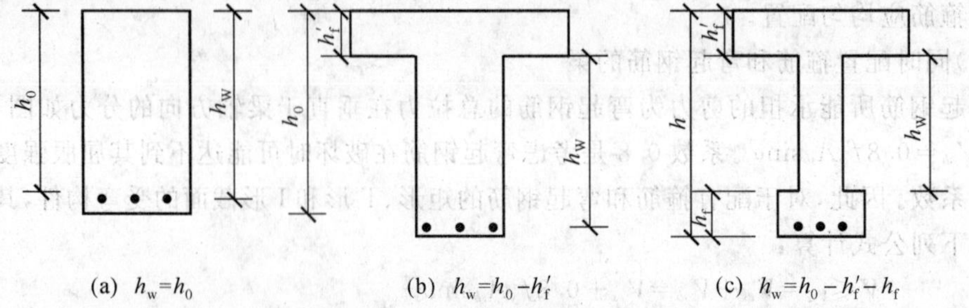

图 5.34 梁的腹板高度取值

(2)下限值——最小配箍率和最大箍筋间距

若箍筋的配筋率过小或箍筋间距过大，在 λ 较大时一旦出现斜裂缝，箍筋可能会迅速屈服甚至拉断，斜裂缝急剧开展，导致发生斜拉破坏。此外，若箍筋直径过小，也不能保证钢筋骨架的刚度。因此，为防止斜拉破坏，《规范》规定梁中箍筋间距不宜大于表 5-7 规定，直径不宜小于表 5-8 规定，也不应小于 $d/4$（d 为纵向受压钢筋的最大直径）。并且，《规范》规定：当 $V>0.7f_tbh_0$ 时，配箍率尚应满足最小配箍率要求，即

$$\rho_{sv}=\frac{nA_{sv1}}{bs}\geqslant\rho_{sv\min}=0.24f_t/f_{yv} \tag{5-44}$$

表 5-7　梁中箍筋最大间距 $s_{\max}$

梁高 h	$V>0.7f_tbh_0$	$V\leqslant0.7f_tbh_0$
$150<h\leqslant300$	150	200
$300<h\leqslant500$	200	300
$500<h\leqslant800$	250	350
$h>800$	300	500

表 5-8　梁中箍筋最小直径

梁高 h	箍筋直径
$h\leqslant800$	6
$h>800$	8

注：梁中配有计算需要的纵向受压钢筋时，箍筋直径尚不应小于 $d/4$（d 为纵向受压钢筋的最大直径）。

5.7.2　斜截面受剪承载力的设计计算

1. 计算位置

计算斜截面受剪承载力时，计算位置按下列规定采用：

(1)支座边缘截面

通常支座边缘截面的剪力最大(图 5.35(a)中 1-1 截面)；

(2) 腹板宽度改变处截面

当腹板宽度减小时，受剪承载力降低(图 5.35(a)中 2-2 截面)；

(3)箍筋直径或间距改变处截面

箍筋直径减小或间距增大，受剪承载力降低(图 5.35(b)中 3-3 截面)；

(4)弯起钢筋弯起点处的截面

未设弯起钢筋的受剪承载力低于弯起钢筋的区段(图 5.35(b)中的 4-4 截面)；

由此，斜截面受剪承载力的计算是按需要进行分段计算的，计算时应取区段内的最大剪力为该区段的剪力设计值。

2. 设计计算步骤

受弯构件的设计一般先由梁的高跨比、高宽比等构造要求确定截面尺寸、混凝土强度等级，由正截面受弯承载力计算纵向钢筋用量，然后进行斜截面受剪承载力设计计算。受弯构件斜截面受剪承载力计算也包括截面设计和截面校核两类问题。斜截面承载力截面复核类似正截面承载力截面复核，这里不做赘述。截面设计的步骤为：

① 截面尺寸验算；

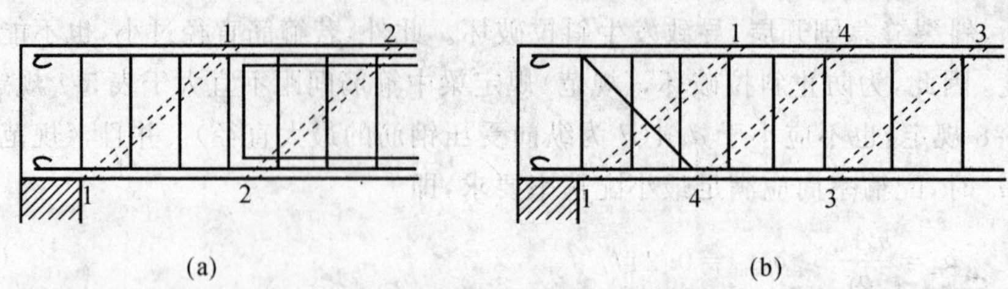

图 5.35 斜截面受剪承载力的计算位置

按公式(5-43)进行最小截面尺寸验算，防止斜压破坏。

② 可否仅按构造配箍；

若 $V\leqslant 0.7f_tbh_0$，或 $V\leqslant \frac{1.75}{\lambda+1.0}f_tbh_0$ 则按表(5-7)最大箍筋间距和表(5-8)最小箍筋直径的要求配置箍筋；否则应该按计算配置腹筋。

③ 按计算配置腹筋；

情形一：仅配置箍筋

按照下式计算箍筋。

$$\frac{nA_{sv1}}{s}\geqslant\frac{V-0.7f_tbh_0}{1.25f_{yv}h_0}\quad（一般情况）\tag{5-45}$$

$$\frac{nA_{sv1}}{s}\geqslant\frac{V-\frac{1.75}{\lambda+1}f_tbh_0}{f_{yv}h_0}\quad（集中荷载为主）\tag{5-46}$$

式中，有箍筋肢数 n、单肢箍筋截面面积 A_{sv1}、箍筋间距 s 三个未知量，设计时一般首先假定出箍筋肢数 n 和箍筋直径 d，然后求得箍筋间距 s。最后需验算是否满足式(5-44)最小配箍率、箍筋最大间距(表 5-7)和箍筋最小直径(表 5-8)的要求。

情形二：配置箍筋和弯起钢筋

当剪力较大时，仅靠箍筋和混凝土抵抗剪力，可能会使箍筋直径很大、间距很小，造成施工困难，并且不经济。为此，当纵向钢筋多于两根，可以对靠近支座处不再抵抗弯矩的纵向钢筋进行弯起，承受一部分剪力。但得注意，梁两侧的下部纵向钢筋不得弯起。一般先根据经验和构造要求配置箍筋，确定 V_{cs}，对 $V>V_{cs}$ 区段，按下式计算确定弯起钢筋的截面：

$$A_{sb}=\frac{V-V_{cs}}{0.8f_y\sin\alpha}\tag{5-47}$$

④最后绘出配筋图

【例题 5-8】 某钢筋混凝土矩形截面简支梁，两端支承在砖墙上，净跨度 $l_n=3660\text{mm}$(图 5.36)；截面尺寸 $b\times h=200\text{mm}\times500\text{mm}$。该梁承受均布荷载设计值为 85kN/m；混凝土强度等级为 C20($f_c=9.6\text{N/mm}^2$，$f_t=1.1\text{N/mm}^2$)，按正截面受弯承载力计算已选配 3 Φ 25 HRB335 钢筋为纵向受力钢筋($f_y=300\text{N/mm}^2$)。试根据斜截面受剪承载力要求确定腹筋(箍筋为 HPB235 钢筋($f_{yv}=210\text{N/mm}^2$)。

［**解**］ 取 $a_s=35\text{mm}$，$h_0=h-a_s=500\text{mm}-35\text{mm}=465\text{mm}$

(1)计算截面的确定和剪力设计值计算

支座边缘处剪力最大，故应选择该截面进行抗剪配筋计算。该截面的剪力设计值为

$$V_1=\frac{1}{2}ql_n=\frac{1}{2}\times85\times3.66=155.55\text{kN}$$

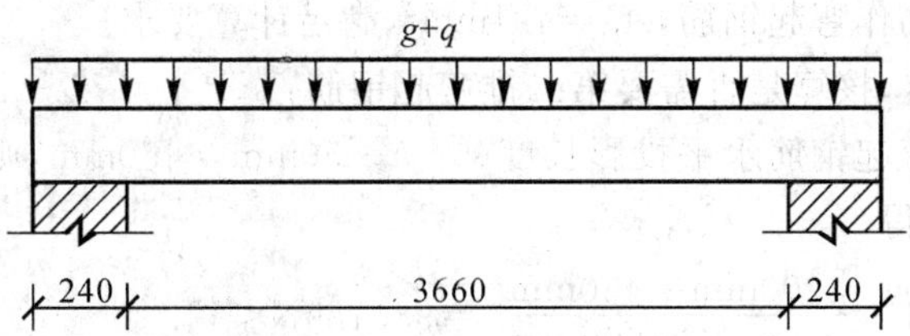

图 5.36　例 5-8 附图

(2)复核梁截面尺寸

$h_w=h_0=465\text{mm}$

$h_w/b=465\text{mm}/200\text{mm}=2.3<4$,属一般梁。

$0.25\beta_c f_c bh_0=0.25\times 9.6\text{N/mm}^2\times 200\text{mm}\times 465\text{mm}=223.2\text{kN}>155.55\text{kN}$

截面尺寸满足要求。

(2)验算可否按构造配筋

$0.7f_t bh_0=0.7\times 1.1\text{N/mm}^2\times 200\text{mm}\times 465\text{mm}=71.61\text{kN}<155.55\text{kN}$

应按计算配置腹筋,且应验算 $\rho_{sv}\geqslant\rho_{sv,\min}$。

(4)所需腹筋计算

配置腹筋有两种办法:一种是只配箍筋,另一种是配置箍筋和弯起钢筋。一般都是优先选择只配箍筋方案。

① 仅配箍筋

由 $V\leqslant 0.7f_t bh_0+1.25f_{sv}\dfrac{A_{sv}}{s}h_0$ 得

$$\frac{nA_{sv1}}{s}\geqslant\frac{155550\text{N}-71610\text{N}}{1.25\times 210\text{N/mm}^2\times 465\text{mm}}=0.688\text{mm}^2/\text{mm}$$

选用双肢箍 $\phi 8$,则 $A_{sv1}=50.3\text{mm}^2$,可求得

$$s\leqslant\frac{2\times 50.3\text{mm}^2}{0.688\text{mm}}=146\text{mm}$$

取 $s=140\text{mm}$,箍筋沿梁长均匀布置(图 5.37(a))。选用双肢箍 $\phi 8@140$ 满足表 5-7 最大间距及表 5-8 最小直径要求,也满足最小配箍率要求。

② 配置箍筋和弯起钢筋

按表 5-7 及表 5-8 要求,选 $\phi 8@200$ 双肢箍,则

$$\rho_{sv}=\frac{A_{sv}}{bs}=\frac{2\times 50.3\text{mm}^2}{200\text{mm}\times 200\text{mm}}=0.252\%>\rho_{sv,\min}$$

$$=0.24\frac{f_t}{f_{yv}}=0.24\times\frac{1.1\text{N/mm}^2}{210\text{N/mm}^2}=0.126\%$$

$$V_{cs}=0.7f_t bh_0+1.25f_{yv}\frac{A_{sv}}{s}h_0$$

$$=71610\text{N}+1.25\times 210\text{N/mm}^2\times\frac{2\times 50.3\text{mm}^2}{200\text{mm}}\times 465\text{mm}=133\text{kN}$$

由式(5-42),取 $\alpha=45°$

$$V-V_{cs}\leqslant 0.8A_{sb}f_y\sin\alpha$$

则有

$$A_{sb}\geqslant\frac{V_1-V_{cs}}{0.8f_y\sin\alpha}=\frac{155550\text{N}-133000\text{N}}{0.8\times 300\text{N/mm}^2\times\sin 45°}=133\text{mm}^2$$

选用 1 Φ 25 纵筋作弯起钢筋，$A_{sb}=491mm^2$，满足计算要求。

按图 5.35 的规定，核算是否需要第二排弯起钢筋：

取 $s_1=200mm$，弯起钢筋水平投影长度 $s_b=h-50mm=450mm$，则截面 2－2 的剪力可由相似三角形关系求得

$$V_2=V_1\left(1-\frac{200mm+450mm}{0.5\times3660mm}\right)=98.18kN<V_{cs}$$

故不需要第二排弯起钢筋。其配筋如图 5.37(b)所示。

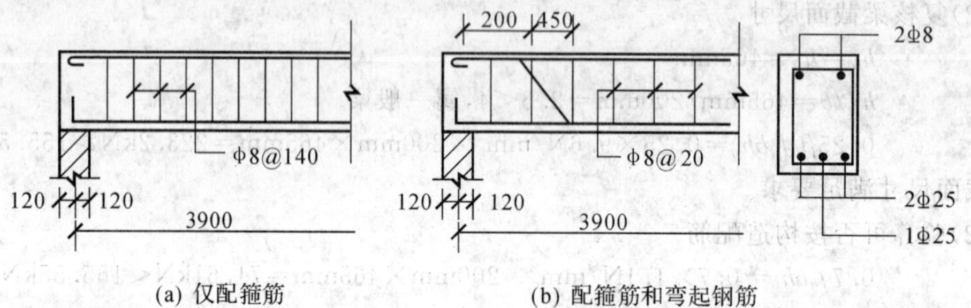

图 5.37 例 5-8 梁配筋图

【例题 5-9】 某钢筋混凝土矩形截面简支梁，跨中承受集中荷载设计值 $F=450kN$，忽略梁自重。梁截面尺寸 $b\times h=250mm\times600mm$，按照正截面承载力计算已经配有纵筋($a_s=60mm$)，混凝土强度等级为 C25($f_c=11.9N/mm^2$，$f_t=1.27N/mm^2$)，箍筋选用 HPB235 级($f_{yv}=210N/mm^2$)，试求所需箍筋数量。(计算跨度 4.2m)

［解］ $a_s=60mm$，$h_0=h-a_s=600mm-60mm=540mm$

本例是梁单独承受集中荷载的情形。

剪力设计值为

$$V=\frac{1}{2}F=225kN$$

$$\lambda=\frac{a}{h_0}=\frac{2.1m}{0.54m}=3.89>3.0，取\ \lambda=3.0$$

(1)截面尺寸验算

$$h_w=h_0=540mm=540$$

$h_w/b=540mm/250mm=2.16<4$，属一般梁。

$$0.25\beta_c f_c bh_0=0.25\times11.9N/mm^2\times250mm\times540mm$$
$$=401.6kN>113.56kN$$

所以截面尺寸符合要求。

(2)可否按构造配箍

$$\frac{1.75}{\lambda+1.0}f_t bh_0=\frac{1.75}{3+1.0}\times1.27N/mm^2\times250mm\times540mm$$
$$=75.01kN<113.56kN$$

应按计算配置箍筋。

(3)箍筋数量计算

选用 $\phi10$ 双肢箍筋

$$A_{sv}=2\times A_{sv1}=2\times78.5mm^2=157mm^2$$

由式(5-41)可得所需箍筋间距为

$$s \leqslant \frac{f_{yv}A_{sv}h_0}{V-\frac{1.75}{\lambda+1.0}f_tbh_0}=\frac{210\text{N/mm}^2\times157\text{mm}^2\times540\text{mm}}{225000\text{N}-75010\text{N}}=119\text{mm}$$

取 $s=110\text{mm}$，符合表 5-7 的要求。

(4)最小配箍率验算

$$\frac{nA_{sv1}}{bs}=\frac{157\text{mm}^2}{250\text{mm}\times110\text{mm}}=0.57\%>0.24\frac{f_t}{f_{yv}}$$

$$=0.24\frac{1.27\text{N/mm}^2}{210\text{N/mm}^2}=0.145\%$$

满足最小配箍率要求。

选用箍筋 ϕ10@110 沿梁长均匀配置。

5.8　一般构造要求 Ⅱ

5.8.1　保证受弯构件斜截面受弯承载力的构造要求

前面介绍了通过计算可以保证受弯构件正截面受弯承载力和斜截面受剪承载力。受弯构件在弯矩与剪力的共同作用下产生了斜裂缝，导致与斜裂缝相交的纵向受力钢筋的拉力大大增加，而引起构件发生斜截面受弯破坏。《规范》通过构造上的措施而非计算来保证斜截面受弯承载力不低于正截面受弯承载力。包括三个方面的内容：纵向钢筋的弯起位置；纵向钢筋的截断位置；纵向钢筋在支座处的锚固。

1. 正截面受弯承载力图

所谓正截面受弯承载力图，是指按实际配置的纵向钢筋绘制的梁上各正截面所能承受的弯矩图。它反映了沿梁长正截面上材料的抗力，故简称为材料图。材料图中竖标所表示的正截面受弯承载力设计值 M_u 简称为抵抗弯矩。

下面以一配有 3ϕ25 纵向受拉钢筋的简支梁为例说明材料图的作法。

纵向受拉钢筋全部伸入支座(图 5.38)此时，梁各截面 M_u 相同，材料图为矩形图。并且每根纵筋可分担的弯矩为 $M_u/3$。图中抛物线为梁的弯矩设计图，显然，材料图应该包络弯矩设计图。

部分纵向受拉钢筋弯起(图 5.39)。当考虑抗剪承载力计算时，利用中间的 ϕ25 钢筋在支座附近的 C 点弯起做抗剪钢筋。钢筋弯起后，其内力臂逐渐减小，因而其抵抗弯矩也逐渐变小直至等于零。假定该钢筋弯起后与梁轴线(取 1/2 梁高位置)的交点为 D，过 D 点后不再考虑该钢筋承受弯矩，则 CD 段的材料图为斜直线 cd。

部分纵向受拉钢筋截断(图 5.40)。连续梁中，中间支座贯通的负弯矩钢筋在离支座处一定距离后通常被截断。假定纵筋①抵抗控制截面 $A-A$ 的部分弯矩(图中纵坐标 ef)，$A-A$ 为①号筋强度充分利用截面，$B-B$ 和 $C-C$ 为按计算不需要该钢筋的截面，称理论截断点。图中的矩形阴影部分 $abcd$ 就是①号筋在 $B-B$ 和 $C-C$ 截面处截断后的材料图。为达到可靠锚固，实际设计时，①号筋的截断点尚需延伸一段长度。应当注意：承受正弯矩的梁下部受力钢筋不得在跨内截断。

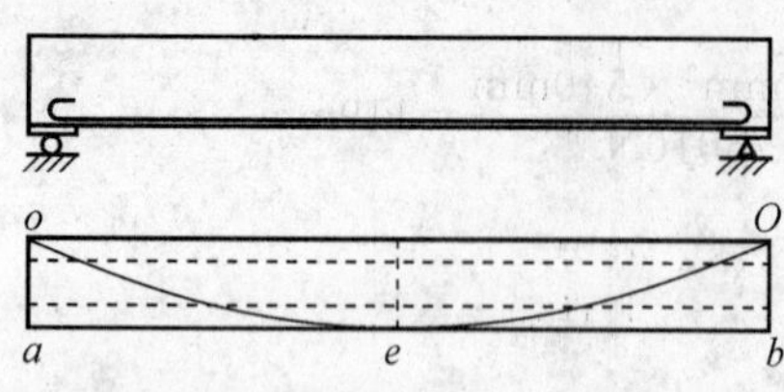

图 5.38 全部纵筋伸入支座的材料图

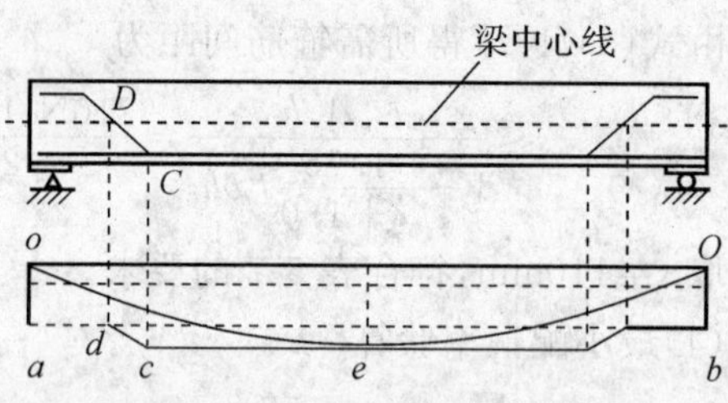

图 5.39 钢筋弯起的材料图

材料图的作用：

1)反映材料利用的程度

材料图越贴近弯矩图，表示材料利用程度越高。

2)确定纵向钢筋的弯起数量和位置

设计中，将跨中部分纵向钢筋弯起的目的有两个：一是用于斜截面抗剪，其数量和位置由受剪承载力计算确定；二是抵抗支座负弯矩。只有当材料图全部覆盖住弯矩图，各正截面受弯承载力才有保证；要满足斜截面受弯承载力的要求，得通过作材料图才能确定弯起钢筋的数量和位置。

3)确定纵向钢筋的截断位置

纵向钢筋的理论截断点需通过材料图确定，进而再确定纵向钢筋的实际截断位置。

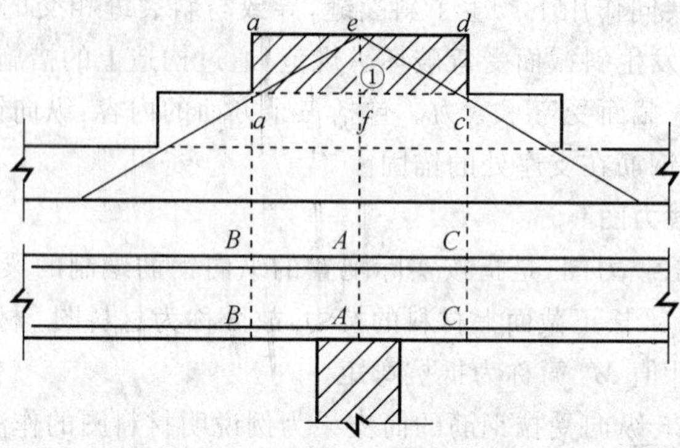

图 5.40 纵筋截断的材料图

2. 纵向钢筋的弯起位置

图 5.41 表示弯起钢筋弯起点与弯矩图形的关系。弯起钢筋在受拉区的弯起点为 1，按正截面受弯承载力计算不需要该钢筋的截面为 2，该钢筋强度充分利用的截面为 3，它所承担的弯矩为图中阴影部分。则可以证明(略)，当弯起点与按计算充分利用该钢筋的截面之间的距离不小于 $h_0/2$ 时，可以满足斜截面受弯承载力的要求(保证斜截面的受弯承载力不低于正截面受弯承载力)。自然，钢筋弯起后与梁中心线的交点应在该钢筋正截面抗弯的不需要点之外。

总之，若利用弯起钢筋抗剪，则钢筋弯起点的位置应同时满足抗剪位置(由抗剪计算确定)、正截面抗弯(材料图覆盖弯矩图)及斜截面抗弯($s \geqslant h_0/2$)三项要求。

3. 纵向钢筋的截断位置

连续梁中，中间支座贯通的负弯矩钢筋常在离支座处一定距离后被截断，以节省钢筋。纵向钢筋的实际截断位置应在理论截断位置外延伸一定的距离，以防止截断过早导致构件

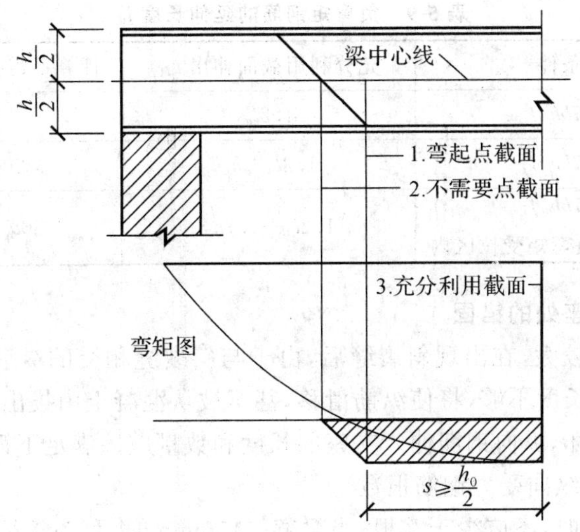

图 5.41　弯起钢筋弯起点的位置

发生斜截面受弯承载力不足破坏以及因混凝土与该段钢筋之间的黏结锚固性能降低而发生破坏。

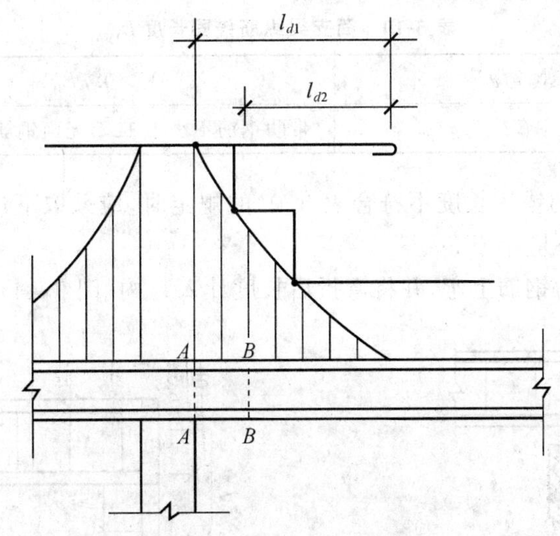

图 5.42　钢筋的延伸长度和切断点

《规范》规定，钢筋混凝土连续梁、框架梁支座截面的负弯矩纵向钢筋不宜在受拉区截断。如必须截断时，其延伸长度 l_d 可按表 5-9 中 l_{d1} 和 l_{d2} 中取外伸长度较长者确定。其中 l_{d1} 是从“充分利用该钢筋强度的截面”延伸出的长度；而 l_{d2} 是从“按正截面承载力计算不需要该钢筋的截面”延伸出的长度。（图 5.42）

表 5-9 负弯矩钢筋的延伸长度 l_d

截面条件	充分利用截面伸出 l_{d1}	计算不需要截面伸出 l_{d2}
$V \leqslant 0.7bh_0f_t$	$1.2l_a$	$20d$
$V > 0.7bh_0f_t$	$1.2l_a + h_0$	$20d$ 且 h_0
$V > 0.7bh_0f_t$ 且截断点仍在负弯矩受拉区内	$1.2l_a + 1.7h_0$	$20d$ 且 $1.3h_0$

4. 纵向钢筋在支座处的锚固

支座附近的剪力较大，在出现斜裂缝后，由于与斜裂缝相交的纵筋应力会突然增大，若纵筋伸入支座的锚固长度不够，将使纵筋滑移，甚至被从混凝土中拔出引起锚固破坏。

为了防止这种破坏，纵向钢筋伸入支座的长度和数量应该满足下列要求。

① 伸入梁支座的纵向受力钢筋根数

当梁宽≥150mm 时，不应少于 2 根；当梁宽<150mm 时，可为 1 根。

② 简支支座

简支梁和连续梁简支端的支座下部纵筋伸入支座的锚固长度 l_{as}（图 5.43）应满足表 5-10的规定。

表 5-10 简支梁纵筋锚固长度 l_{as}

$V \leqslant 0.7f_tbh_0$	$V > 0.7f_tbh_0$
$\geqslant 5d$	带肋钢筋不小于 $12d$，光面钢筋不小于 $15d$

当纵筋伸入支座的锚固长度不符合表 5-10 的规定时，应采取下述专门锚固措施，但伸入支座的水平长度仍不应小于 $5d$。

在梁端将纵向受力钢筋上弯，并将弯折后长度计入 l_{as}内（图 5.44）；

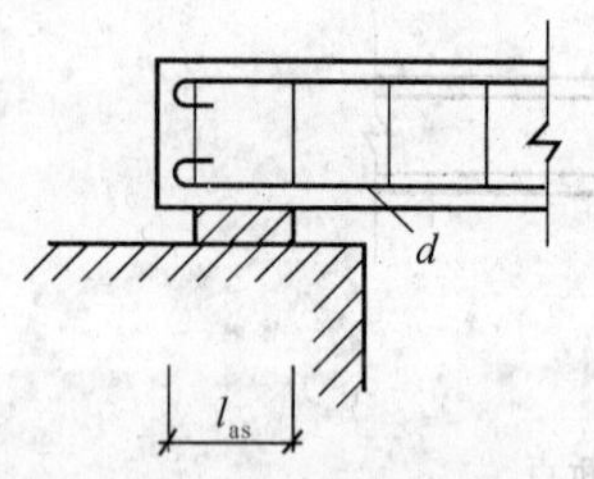

图 5.43 纵筋锚固长度

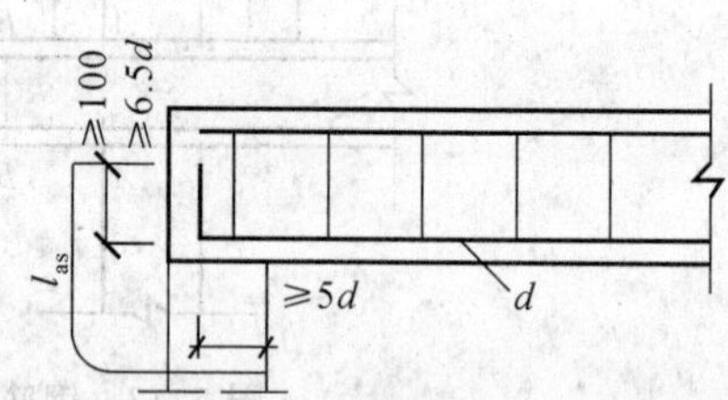

图 5.44 纵筋向上弯折

5.8.2 斜截面承载力的其他构造规定

1. 箍筋

前面叙述，箍筋应该满足最小箍筋直径、最大箍筋间距、最小配箍率的基本构造要求。下面对斜截面承载力的其它构造要求做个补充。

(1)箍筋的形式

箍筋通常有开口式和封闭式两种(图 5.45)。

箍筋一般采用 135°弯钩的封闭式箍筋，且弯钩伸进梁截面内的平直段长度应不小于箍筋直径的 5 倍。当 T 形截面梁翼缘顶面另有横向受拉钢筋时，也可采用开口式箍筋(图

5.45)。

在实际工程中,大多数情况下都是采用封闭式箍筋。

(2) 箍筋的肢数

箍筋按其肢数,分为单肢,双肢及四肢箍(图 5.46)。

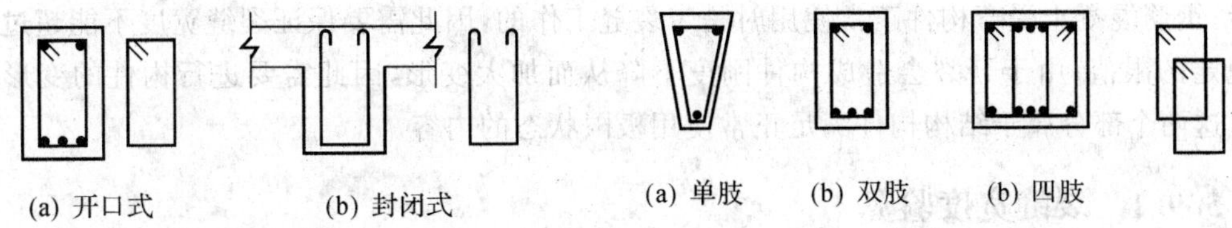

图 5.45　箍筋形式　　图 5.46　箍筋肢数

梁内一般采用双肢箍筋($n=2$)。当梁的宽度大于 400mm、且一层内的纵向受压钢筋多于 3 根时,或当梁的宽度小于 400mm,但一层内的纵向受压钢筋多于 4 根时,应设置复合箍筋(如四肢箍,$n=4$;六肢箍,$n=6$);当梁宽度很小时,也可采用单肢箍筋。

2. 弯起钢筋

承受剪力的弯起钢筋,其弯起终点外应留有平行于梁轴线的锚固长度,在受拉区不应小于 $20d$,在受压区不应小于 $10d$。对于光圆钢筋在末端尚应设置弯钩。(图 5.47)

位于梁底层和顶层两侧的钢筋不得做弯起钢筋。

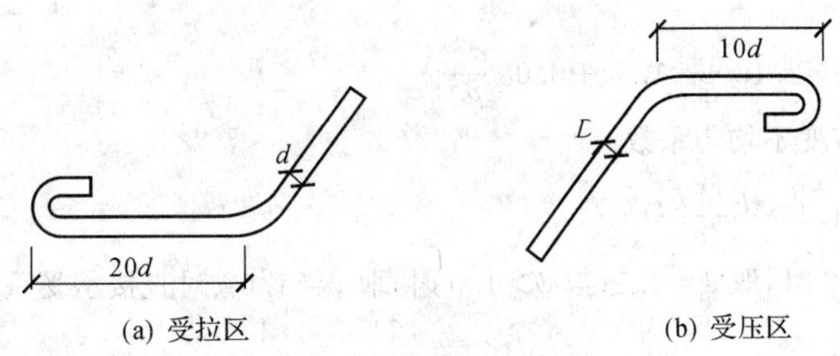

图 5.47　弯起钢筋端部构造

3. 鸭筋

当支座处剪力很大时而又不能利用纵向受力钢筋进行抗剪时,可设置仅用于抗剪的鸭筋,其端部的锚固长度与弯起钢筋的要求相同。任何情形下,不得采用浮筋作为抗剪钢筋。(图 5.48)

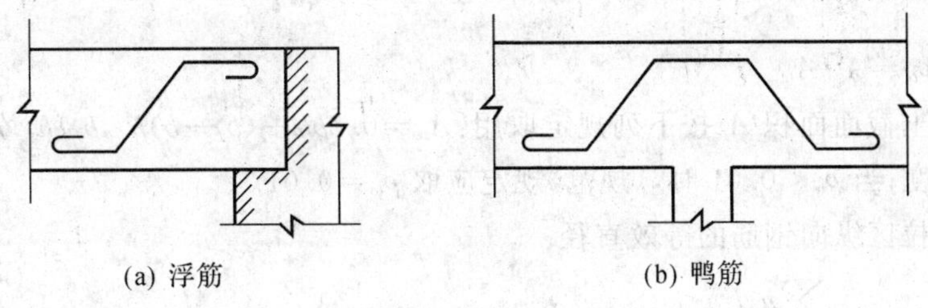

图 5.48　浮筋与鸭筋

5.9 受弯构件的裂缝宽度及变形验算

结构构件要同时满足承载能力极限状态和正常使用极限状态，前面的计算只是保证了前者。钢筋混凝土受弯构件正常使用时是带裂缝工作的，因此需要保证裂缝宽度不能超过规范规定的限值；由于开裂会造成构件刚度下降从而加大变形，因此需要进行构件的变形验算。这两个部分属于结构构件满足正常使用极限状态的内容。

5.9.1 裂缝宽度验算

裂缝按其形成的原因可分两大类：一类是由荷载作用在构件上产生的主拉应力超过混凝土的抗拉强度引起的裂缝；另一类是由材料收缩、温度变化、钢筋锈蚀膨胀以及地基不均匀沉降等非荷载原因引起的裂缝。一般，裂缝往往是几种因素共同作用的结果。非荷载引起的裂缝十分复杂，目前主要是通过构造措施（如加强配筋、设变形缝等）进行控制。本节所讨论的裂缝仅指荷载引起的正截面裂缝。

1. 裂缝最大宽度

《规范》根据试验结果以及理论推导，并考虑长期作用影响得到受弯构件裂缝最大宽度的计算公式如下：

$$w_{\max}=2.1\psi\frac{\sigma_{sk}}{E_s}\left(1.9c+0.08\frac{d_{eq}}{\rho_{te}}\right) \tag{5-48}$$

式中：ψ——钢筋应变不均匀系数。

$$\psi=1.1-\frac{0.65f_{tk}}{\rho_{te}\sigma_{sk}} \tag{5-49}$$

注意当 $\psi<0.2$ 时，取 $\psi=0.2$；当 $\psi>1.0$ 时，取 $\psi=1.0$。对直接承受重复荷载的构件，$\psi=1.0$。

σ_{sk}——在荷载效应标准组合作用下，构件裂缝截面处纵向受拉钢筋的应力，即

$$\sigma_{sk}=\frac{M_k}{0.87h_0A_s} \tag{5-50}$$

c——最外层纵向受拉钢筋外边缘至受拉区底边的距离(mm)，当 $c<20$ 时，取 $c=20$；当 $c>65$ 时，取 $c=65$；

ρ_{te}——有效配筋率，是指按有效受拉混凝土截面面积 A_{te} 计算的纵向受拉钢筋的配筋率，即

$$\rho_{te}=A_s/A_{te}$$

有效受拉混凝土截面面积 A_{te} 按下列规定取用：$A_{te}=0.5bh+(b_f-b)h_f$，b_f、h_f 分别为受拉翼缘的宽度和高度；当 $\rho_{te}<0.01$ 时，《规范》规定应取 $\rho_{te}=0.01$。

d_{eq}——受拉区纵向钢筋的等效直径

$$d_{eq}=\frac{\sum n_id_i^2}{\sum n_iv_id_i} \tag{5-51}$$

n_i 为受拉区第 i 种纵向钢筋根数，d_i 为受拉区第 i 种钢筋的公称直径；

v——纵向受拉钢筋相对黏结特征系数，对变形钢筋，取 $v=1.0$；对光面钢筋，取 $v=0.7$。

2. 裂缝宽度验算

$$\omega_{max} \leqslant \omega_{lim} \tag{5-52}$$

式中：ω_{max}——按荷载效应标准组合并考虑长期作用影响计算的最大裂缝宽度；

ω_{lim}——最大裂缝宽度限值，取值见表 2-8。

【例题 5-10】 某矩形截面钢筋混凝土简支梁，一类环境，$b=200\text{mm}$，$h=500\text{mm}$，计算跨度 $l_0=6.0\text{mm}$，板传来的永久荷载及梁的自重标准值为 $g_k=7.86\text{kN/m}$，板传来的楼面活荷载标准值 $q_k=9.3\text{kN/m}$，混凝土的强度等级为 C25，经正截面承载力计算在受拉区配置 2 Φ 20+1 Φ 16（$A_s=829.1\text{mm}^2$）HRB335 钢筋。裂缝控制等级为三级，试验算裂缝宽度。

［解］ 查表得 C25 混凝土，$f_{tk}=1.78\text{N/mm}^2$；HRB335 钢筋，$E_s=2.0\times10^5\text{N/mm}^2$。

$$M_k=\frac{1}{8}(g_k+q_k)l_0^2=\frac{1}{8}\times(7.86+9.3)\times6.0^2=77.22\text{kN}\cdot\text{m}$$

$$\sigma_{sk}=\frac{M_k}{0.87h_0A_s}=\frac{77.22\times10^6}{0.87\times465\times829.1}=230.22\text{N/mm}^2$$

$$d_{eq}=\frac{\sum n_id_i^2}{\sum n_iv_id_i}=\frac{2\times20^2+16^2}{2\times20+16}=18.9\text{mm}$$

$$\rho_{te}=A_s/A_{te}=\frac{A_s}{0.5bh}=\frac{829.1}{0.5\times200\times500}=0.0165>0.01$$

$$\psi=1.1-\frac{0.65f_{tk}}{\rho_{te}\sigma_{sk}}=1.1-\frac{0.65\times1.78}{0.0165\times230.22}=0.795$$

$$\begin{aligned}w_{max}&=2.1\psi\frac{\sigma_{sk}}{E_s}\left(1.9c+0.08\frac{d_{eq}}{\rho_{te}}\right)\\&=2.1\times0.795\times\frac{230.22}{2\times10^5}\times\left(1.9\times30+0.08\times\frac{18.9}{0.0165}\right)\\&=0.286\text{mm}<\omega_{lim}=0.3\text{mm}\end{aligned}$$

所以裂缝宽度满足要求。

5.9.2　变形验算

对于受弯构件，变形验算主要是指受弯构件的挠度验算。

1. 验算公式

进行受弯构件的挠度验算时，要求满足下面的条件：

$$a_{f,max} \leqslant a_{f,lim} \tag{5-53}$$

式中：$a_{f,max}$——受弯构件按荷载效应的标准组合并考虑荷载长期作用影响计算的挠度最大值；

$a_{f,lim}$——受弯构件的挠度限值，受弯构件的挠度取值见表 2-7。

2. 挠度计算

受弯构件的挠度可以根据构件的刚度采用力学方法确定。例如，承受均布荷载 g_k+q_k 的简支弹性梁，其跨中挠度为

$$a_f=\frac{5(g_k+q_k)l_0^4}{384EI}=\frac{5M_kl_0^2}{48EI} \tag{5-54}$$

式中：EI——匀质弹性材料梁的抗弯刚度。

对于匀质弹性材料梁，EI 是个常量，不随荷载大小和时间变化，但对于钢筋混凝土受弯

构件，是带裂缝工作的，截面刚度随裂缝的出现和开展是降低的，与荷载大小有关，而且由于受压混凝土的徐变、混凝土的收缩等原因截面刚度随时间是缓慢降低的，因此钢筋混凝土梁的挠度与弯矩的关系是非线性的，不能用 EI 这个常量来表示构件的刚度。于是引入短期刚度 B_s 表示钢筋混凝土梁在荷载短期效应组合作用下的截面抗弯刚度；引入长期刚度 B 表示荷载长期效应组合影响的截面抗弯刚度。

1. 短期刚度 B_s 的计算

在荷载标准效应组合作用下，考虑混凝土受拉区的开裂和受压区的塑性变形，根据试验和理论推导，受弯构件短期刚度 B_s 的计算公式如下：

$$B_s=\frac{E_sA_sh_0^2}{1.15\psi+0.2+\frac{6\alpha_E\rho}{1+3.5\gamma'_f}} \tag{5-55}$$

式中：ψ——裂缝间纵向受拉钢筋应变不均匀系数，计算同前。

ρ 为纵向受拉钢筋配筋率；γ'_f 为 T 形、工字形截面压翼缘面积与腹板有效面积之比，计算公式为

$$\gamma'_f=\frac{(b'_f-b)h'_f}{bh_0} \tag{5-56}$$

b'_f，h'_f 分别为截面受压翼缘的宽度和高度，当 $h'_f>0.2h_0$ 时，取 $h'_f=0.2h_0$。

2. 长期刚度 B 的计算

《规范》规定，受弯构件的长期刚度可按下式计算

$$B=\frac{M_k}{M_q(\theta-1)+M_k}B_s \tag{5-57}$$

式中，M_k 按荷载效应标准组合算得，M_q 按荷载效应准永久组合算得。在效应标准组合中荷载取标准值，在效应准永久组合中恒荷载取标准值，活荷载取标准值乘以准永久值系 ψ_q。

根据试验结果，对于荷载长期作用下的挠度增大系数 θ，《规范》建议按下式计算：

$$\theta=2.0-0.4\rho'/\rho \tag{5-58}$$

式中，$\rho(\rho=A_s/bh_0)$ 和 $\rho'(\rho'=A'_s/bh_0)$ 分别为纵向受拉和受压钢筋的配筋率，当 $\rho'/\rho>1$ 时，取 $\rho'/\rho=1$。《规范》规定，对翼缘在受拉区的 T 形截面，θ 应在式(5-58)的基础上增大 20%。

3. 最小刚度原则

钢筋混凝土受弯构件沿着构件长度各个截面弯矩大小是不相等的，因此沿构件长度方向各个截面的刚度也是不相等的。在计算挠度时，采用各同号弯矩区段内最大弯矩处的刚度作为计算刚度，显然该处刚度最小，称之为最小刚度原则。即在简支梁中取最大正弯矩截面的刚度为全梁的弯曲刚度，而在外伸梁、连续梁或框架梁中，则分别取最大正弯矩截面和最大负弯矩截面的刚度作为相应正、负弯矩区段的弯曲刚度。

【例题 5-11】 已知挠度限值 $[a_f]=l_0/200$，可变荷载准永久值系数 $\varphi_q=0.4$，试验算例题 5-10 的挠度是否满足正常使用极限状态要求。

［解］ 查表得 $E_c=2.55\times10^4\text{N/mm}^2$，所以有

$$\alpha_E=\frac{E_s}{E_c}=\frac{20}{2.55}=7.84$$

(1)计算弯矩标准值和弯矩准永久值

$M_k = 77.22\text{kN}\cdot\text{m}$

$M_q = \frac{1}{8}(g_k + \varphi_q q_k)l_0^2 = \frac{1}{8}\times(7.86+0.4\times9.3)\times6.0^2 = 52.11(\text{kN}\cdot\text{m})$

(2)计算短期刚度 B_s

$\psi = 0.795, \gamma'_f = 0$

$\rho = A_s/bh_0 = 829.1/(200\times465) = 0.0089$

$$B_s = \frac{E_s A_s h_0^2}{1.15\psi + 0.2 + \frac{6\alpha_E\rho}{1+3.5\gamma'_f}} = \frac{2\times10^5\times829.1\times465^2}{1.15\times0.795+0.2+6\times7.84\times0.0089}$$

$$= 2.339\times10^{13}(\text{N}\cdot\text{mm}^2)$$

(3)计算刚度 B

$\rho' = 0, \theta = 2.0$

$$B = \frac{M_k}{M_q(\theta-1)+M_k}B_s = \frac{77.22}{52.11+77.22}\times2.339\times10^{13}$$

$$= 1.407\times10^{13}(\text{N}\cdot\text{mm}^2)$$

(4)计算挠度并验算

$$a_f = \frac{5}{48}\frac{M_k l_0^2}{B} = \frac{5\times77.22\times10^6\times6000^2}{48\times1.407\times10^{13}}$$

$$= 20.58\text{mm} < [a_f] = \frac{l_0}{200} = 30\text{mm}$$

所以挠度满足要求。

5.9.3　减少挠度和裂缝宽度的有效措施

1. 影响受弯构件刚度的因素

影响受弯构件刚度的因素有弯矩、纵筋配筋率与弹性模量、截面形状和尺寸、混凝土强度等级等，在长期荷载作用下刚度还随时间而降低。在上述因素中，梁的截面高度 h 影响最大。提高受弯构件的弯曲刚度的措施：

1)提高混凝土强度等级；

2)增加纵向钢筋的数量；

3)选用合理的截面形状(如 T 形、I 形等)；

4)增加梁的截面高度，此为最有效的措施。

2. 影响裂缝宽度的主要因素

1)纵向钢筋的应力

裂缝宽度与钢筋应力近似成线性关系。

2)纵筋的直径

当构件内受拉纵筋截面相同时，采用细而密的钢筋，则会增大钢筋表面积，因而使黏结力增大，裂缝宽度变小。

3)纵筋表面形状

带肋钢筋的黏结强度较光面钢筋大得多，可减小裂度宽度。

4)纵筋配筋率

构件受拉区的纵筋配筋率越大，裂缝宽度越小。

减小裂缝宽度的措施：

①增大钢筋截面积；

②在钢筋截面面积不变的情况下，采用较小直径的钢筋；

③采用变形钢筋；

④提高混凝土强度等级；

⑤增大构件截面尺寸；

⑥减小混凝土保护层厚度。

思考题

5.1 适筋梁从加载到破坏经历哪几个阶段？每个阶段是哪种极限状态的计算依据？

5.2 什么叫配筋率？配筋率对梁的正截面承载力有何影响？

5.3 少筋梁、适筋梁与超筋梁的破坏特征有何区别？

5.4 梁、板中混凝土保护层的作用是什么？

5.5 什么叫截面相对界限受压区高度 ξ_b？

5.6 为什么在单筋矩形截面承载力计算中也必须满足 $\xi<\xi_b$ 和 $\rho\leqslant\rho_{min}$？

5.6 为什么在双筋矩形截面承载力计算中也必须满足 $\xi<\xi_b$ 与 $x\geqslant 2a_s'$ 的条件？

5.8 两类T形截面梁如何鉴别？在第二类T形截面梁的计算中混凝土压应力应如何取值？

5.9 为什么要对混凝土结构构件的变形和裂缝进行验算？

5.10 减小裂缝宽度最有效的措施是什么？

5.11 减小受弯构件挠度的措施有哪些？

习 题

5.1 已知钢筋混凝土矩形梁截面尺寸 $b\times h=250\text{mm}\times 500\text{mm}$，混凝土强度等级C25，钢筋为HRB335钢筋，弯矩设计值 $M=125\text{kN}\cdot\text{m}$，一类环境，$\gamma_0=1.0$，试计算受拉钢筋截面面积。

5.2 某大楼中间走廊单跨简支板（图5.49），计算跨度 $l=2.12\text{m}$，承受均布荷载设计值 $g+q=6\text{kN/m}^2$（包括自重），混凝土强度等级C20，HPB235钢筋。试确定现浇板的厚度 h 及所需受拉钢筋截面面积 A_s，选配钢筋，并画钢筋配置图。计算时，取 $b=1.0\text{m}$，$a_s=20\text{mm}$。

5.3 已知某钢筋混凝土矩形梁截面尺寸 $b\times h=200\text{mm}\times 450\text{mm}$，混凝土强度等级C20，配置HRB335钢筋 3$\Phi$16。该梁承受的最大弯矩设计值 $M=65\text{kN}\cdot\text{m}$，试复核截面是否安全？

5.4 已知一矩形梁截面尺寸 $b\times h=200\text{mm}\times 500\text{mm}$，弯矩设计值 $M=216\text{kN}\cdot\text{m}$，混凝土强度等级C25，在受压区配有 3 Φ 20 的受压钢筋，试计算受拉钢筋截面面积 A_s（采用HRB335钢筋）。

5.5 已知一矩形梁截面尺寸 $b\times h=120\text{mm}\times 500\text{mm}$，承受弯矩设计值 $M=216\text{kN}\cdot\text{m}$，混凝土强度等级C20，已配HRB335受拉钢筋 6 Φ 20，试复核该梁是否安全？若不安全，则重新设计，但不改变截面尺寸和混凝土强度等级（$a_s=60\text{mm}$）。

5.6 某T形截面梁翼缘计算宽度 $b_f'=500\text{mm}$，$b=250\text{mm}$，$h=600\text{mm}$，$h_f'=100\text{mm}$，混

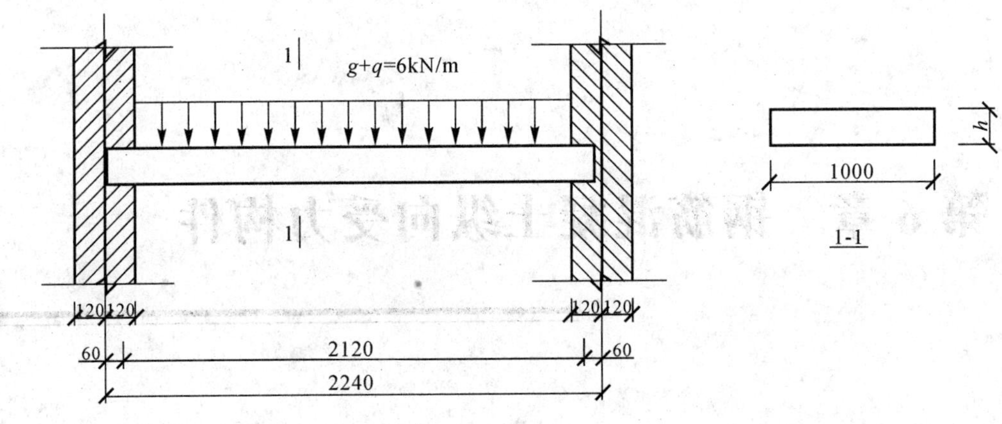

图 5.49　习题 2 附图

凝土强度等级 C30,HRB400 钢筋,承受弯矩设计值 $M=300\text{kN}\cdot\text{m}$,试求受拉钢筋截面面积,并绘配筋图。

5.7　某 T 形截面梁翼缘计算宽度 $b_f'=500\text{mm}$,$b=250\text{mm}$,$h=600\text{mm}$,$h_f'=100\text{mm}$,混凝土强度等级 C20,HRB335 钢筋,承受弯矩设计值 $M=300\text{kN}\cdot\text{m}$,试求受拉钢筋截面面积,并绘配筋图。

5.8　已知某承受均布荷载的矩形截面梁截面尺寸 $b\times h=250\text{mm}\times600\text{mm}$(取 $a_s=35\text{mm}$),采用 C25 混凝土,箍筋为 HPB235 钢筋。剪力设计值 $V=150\text{kN}$。试按斜截面承载力要求配置箍筋。

5.9　某钢筋混凝土简支梁,所受集中荷载设计值 $F=120\text{kN}$,均布荷载设计值(包括梁自重)$q=10\text{kN/m}$。集中荷载作用位置、跨度及截面尺寸见图 5.50。选用 C20 混凝土,箍筋为 HPB235 钢筋。试按斜截面承载力要求确定该梁的箍筋(注:图中跨度为净跨度 $l_n=4000\text{mm}$)。

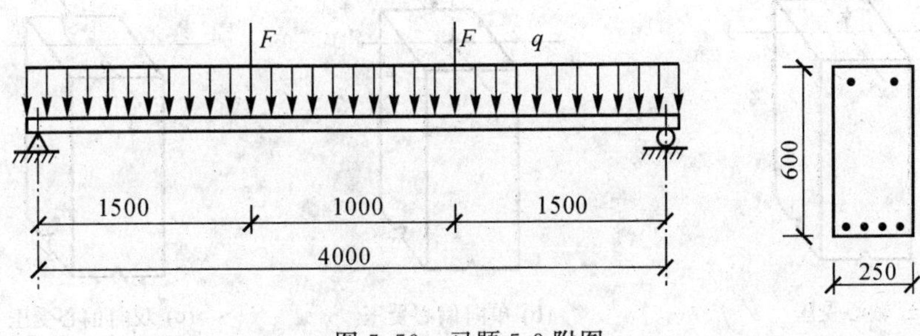

图 5.50　习题 5-9 附图

第 6 章　钢筋混凝土纵向受力构件

6.1 受压构件的构造要求

6.1.1 钢筋混凝土受压构件的一般概念

以承受纵向压力为主的杆件称为受压构件。钢筋混凝土结构中最常见的受压构件是钢筋混凝土柱和桁架的受压腹杆，高层建筑中，还有钢筋混凝土墙。

按照纵向压力作用位置的不同，受压构件可分为轴心受压和偏心受压两种情况。当纵向压力 N 的作用线与构件截面形心轴线重合时称为轴心受压，不重合时称为偏心受压。偏心受压又可分为单向偏心受压和双向偏心受压两种类型（图 6.1）。

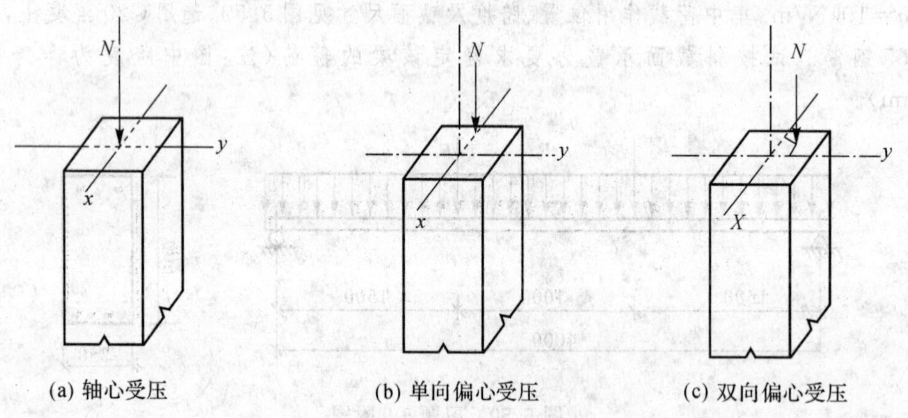

图 6.1　受压构件的类型

钢筋混凝土轴心受压构件属于全截面均匀受压，这时可以充分利用混凝土材料的抗压强度。由于混凝土的非均质性、配筋位置的准确性以及纵向压力作用点可能存在的初始偏心与构件可能发生的纵向弯曲等因素的影响，所以在实际工程中，不存在理想的轴心受压构件。但轴心受压构件设计简便，对于偏心距 $e_0 \leqslant \frac{1}{10}h$ 或 $e_0 \leqslant \frac{1}{600}l_0$ 的受压构件，可以近似按轴心受压构件进行设计。h 为纵向弯曲方向的截面边长，l_0 为受压构件的计算长度。

当纵向压力 N 平行于纵向形心轴但不通过截面形心（偏心压力），或者在构件截面上同时作用有轴心压力 N 和弯矩 M 时，即为偏心受压构件。

实际上，当截面同时作用有压力 N 和弯矩 M 时，只要将此轴心压力 N 平移到距截面形心 $e_0=\frac{M}{N}$ 的位置，即可用这个当量的偏心压力 N，替代轴心压力 N 和弯矩 M 的作用(图 6.2)。偏心受压构件的截面，多为矩形和工字形等。

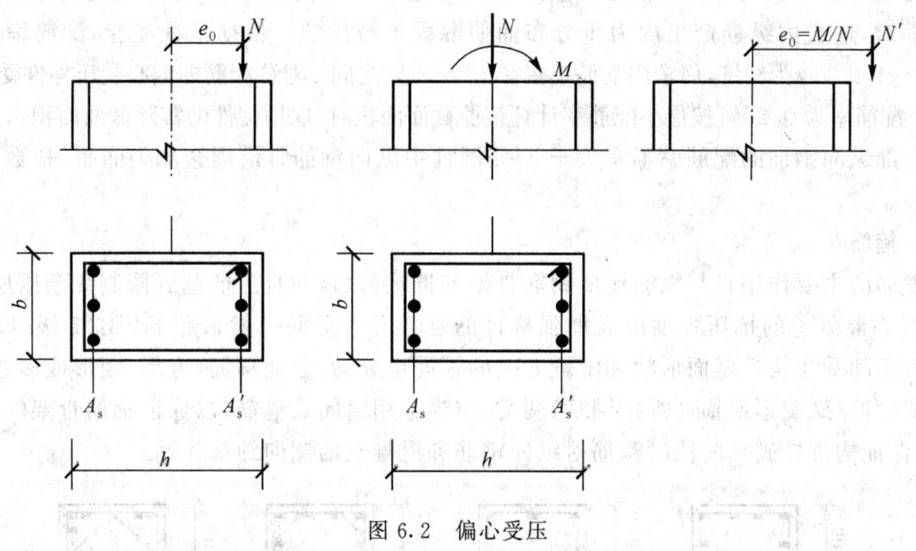

图 6.2　偏心受压

6.1.2　受压构件的一般构造要求

构造问题是构件设计中的重要问题，诸如材料强度等级、构件截面形式和截面尺寸等，也是设计中应首先考虑的问题。

1. 材料选择

(1)混凝土强度对受压承载力有较大影响，受压构件宜采用强度等级较高的混凝土，如 C20～C50 等。在施工条件具备时，尚可选择强度等级更高的混凝土。

2. 截面形式和截面尺寸

轴心受压构件以正方形为主，偏心受压构件以矩形为主。在装配式结构(如单层工业厂房排架)中，预制柱也常采用工字形截面。

截面尺寸不宜选择过小。方形和矩形截面的边长尺寸一般不小于 300mm，构件的长细比常取 $l_0/h\leqslant25$、$l_0/b\leqslant30$ (其中 l_0 为柱的计算长度，h 为柱长边尺寸，b 为柱短边尺寸)。对于 I 形截面，其翼缘厚度不应小于 120mm，腹板宽度不宜小于 100mm。

3. 纵向钢筋

(1)直径、间距、混凝土保护层

纵筋的主要作用是协助混凝土承担压力和承担由外弯矩以及附加弯矩产生的拉力。除此之外，纵筋还具有减少构件徐变、减小构件的脆性和非均质性、增强构件的延性、承担构件的收缩应力与温度应力以及防止脆断等重要作用。纵向钢筋直径不宜小于 12mm，并宜优先选择较大直径的钢筋，以减少钢筋纵向弯曲对施工的影响。纵向钢筋中距不宜大于 300mm。

(2)钢筋布置

轴心受压构件的纵向钢筋沿截面周边均匀对称布置；偏心受压构件的受力钢筋按计算要求设置在弯矩作用方向的两对边。当截面高度 $h\geqslant600$mm 时，在侧面(垂直弯矩平面方向)应设置直径 10～16mm、间距不大于 300mm 的构造钢筋并应设置符合箍筋或拉筋。

(3)纵向受力钢筋配筋率

轴心受压构件的全部受压钢筋的最小配筋率为 0.6%，在无焊接接头区域内纵筋的最大配筋率不宜大于 5%。纵筋配置过多，非但不经济和不便于施工，而且当混凝土发生徐变或收缩时，还会因纵筋产生内力重分布而使混凝土被拉裂。根据工程经验，配筋率控制在 0.8%～1.2%较为经济，而常用配筋率多在 1%～2%之间。对称配筋的偏心受压构件受力方向的最小配筋率为 0.2%；按最小配筋率计算钢筋截面面积时，取用构件的实际截面面积 A。

全部纵向钢筋的配筋率不宜大于 5%；圆柱中纵向钢筋宜沿周边均匀布置，根数不宜少于 8 根。

4. 箍筋

箍筋的主要作用是与纵筋形成钢筋骨架和抵抗剪力，而且还能起到限制纵筋压屈外凸，提高核心混凝土的抗压强度以及增强构件的延性等。箍筋一般采用 HPB235 级、HRB335 级。箍筋随受压构件截面形状和配置方式的不同也分为：普通箍筋(方形、矩形或多边形)和螺旋式箍筋(螺旋形或横向焊接网片)两类。应当采用封闭式箍筋，以保证钢筋骨架的整体刚度，并保证构件在破坏阶段时箍筋对纵向钢筋和混凝土的侧向约束作用。

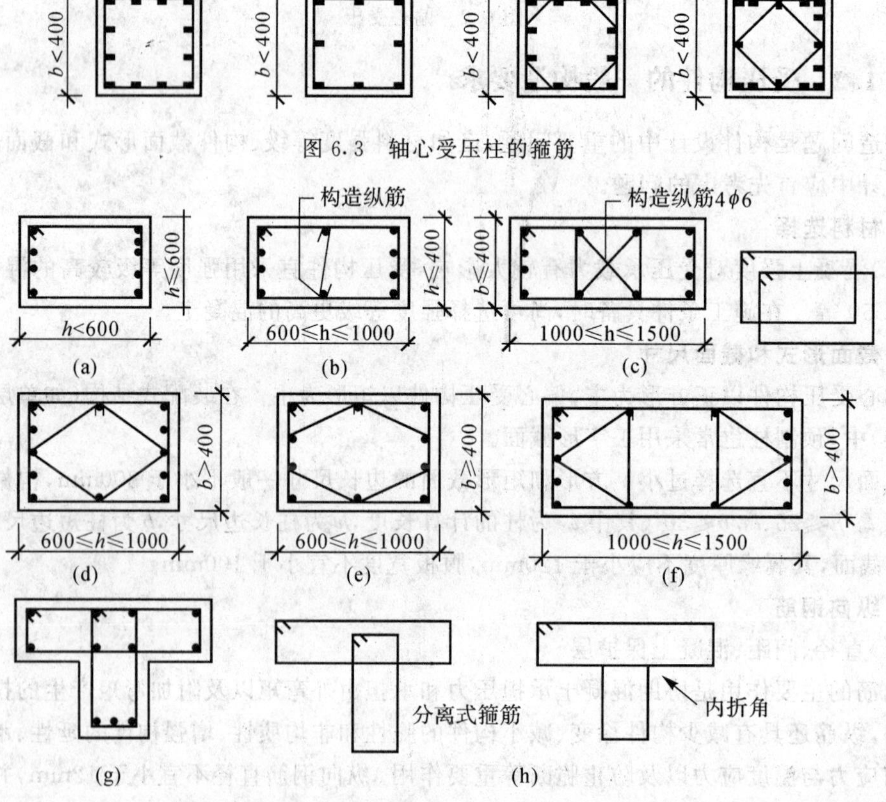

图 6.4 偏心受压柱的箍筋和附加箍筋

箍筋的间距 s 不应大于 400mm，且不应大于构件横截面的短边尺寸，也不应大于 $15d$(绑扎骨架)或 $s \leqslant 20d$(焊接骨架)(d 为纵向受力钢筋的最小直径)。箍筋直径不应小于 6mm，且不应小于 $d/4$(d 为纵筋最大直径)。在有剪力时，箍筋尚应按受剪承载力计算确定。

箍筋的布置应保证每相隔一根纵筋，必需置于箍筋的转角处。为此当柱每边的纵向受力钢筋多于3根时，应设置复合箍筋。当截面有内凹缺口时，不得设置有内折角的箍筋。当柱截面短边尺寸大于400mm且各边纵向钢筋多于3根时，或当柱短边尺寸$b>400$mm，或柱短边尺寸$\leqslant 400$mm但各边纵筋多于4根时，应设置复合箍筋。

6.2 轴心受压构件承载力计算

6.2.1 轴心受压构件的破坏特征

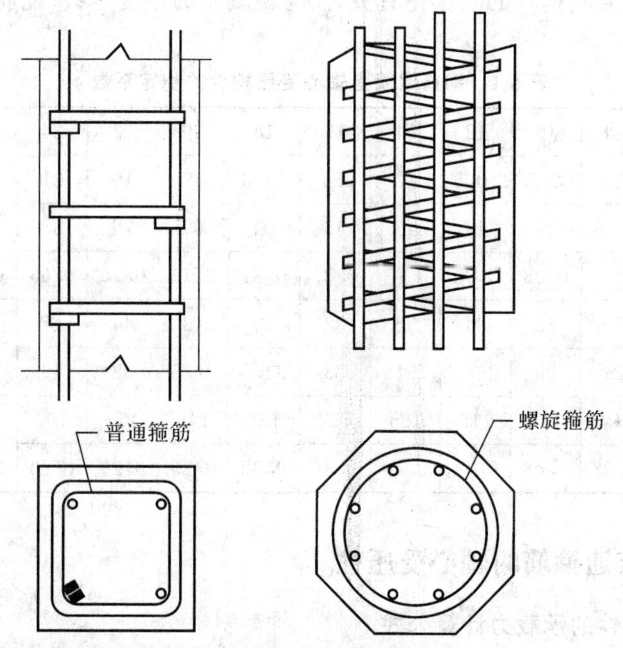

图6.5 普通箍筋柱和螺旋箍筋柱

轴心受压构件截面多为正方形，根据需要也可做成矩形、圆形、环形和多边形等多种形状，配筋由纵向受力钢筋和箍筋绑扎或焊接形成钢筋骨架。根据箍筋的配置方式不同，轴心受压构件可分为配置普通箍筋柱和配置螺旋箍筋（或环式焊接箍筋）柱两大类（图6.5）。后者又称为螺旋式或焊接环式间接钢筋柱。

根据构件的长细比（构件的计算长度l_0与构件截面回转半径i之比）的不同，轴心受压构件可分为短构件（对一般截面$l_0/i\leqslant 28$；对矩形截面，$l_0/b\leqslant 8$，b为截面宽度）和中长构件。习惯上将前者称为短柱，后者称为长柱。

轴心受压短柱（图6.6）破坏前常在构件的中部出现细微裂缝并进而发展为明显的纵向裂缝。混凝土和钢筋之间，由于内力重分布的结果，使得混凝土在达到极限压应变之前，具有明显屈服点的钢筋便达到屈服强度，无明显屈服点的钢筋也能达到其抗压强度设计值。

图6.6 轴心受压短柱的破坏形态

轴心受压长柱，其破坏形式可能有如下两种：

一种为强度破坏。因长细比较大，由初始偏心或偶然偏心产生的附加弯矩将伴随构件的挠曲变形而加大，使构件接近于偏心受压的工作状态。最后发生强度破坏。

另一种为失稳破坏。因长细比过大，由初始偏心或偶然偏心而使构件丧失稳定而破坏。

以上两种破坏的结局，均导致长柱的极限承载能力 N_u^l 低于短柱的极限承载能力 N_u^s，我国《混凝土结构设计规范》对轴心受压构件，采用"钢筋混凝土轴心受压构件的稳定系数，来定量地反映这种承载能力的降低程度，即：

$$\varphi = N_u^l / N_u^s$$

稳定系数 φ，主要与构件的长细比有关，而与混凝土的强度等级、配筋率等关系不大。其具体取值见表 6-1。

表 6-1　钢筋混凝土轴心受压构件的稳定系数 φ

l_0/b	≤8	10	12	14	16	18	20	22	24	26	28
l_0/d	≤7	8.5	10.5	12	14	15.5	17	19	21	22.5	24
l_0/i	≤28	35	42	43	55	62	69	76	83	90	97
φ	1.0	0.98	0.95	0.92	0.87	0.81	0.75	0.70	0.65	0.60	0.56
l_0/b	30	32	34	36	38	40	42	44	46	48	50
l_0/d	26	28	29.5	31	33	34.5	36.5	38	40	41.5	43
l_0/i	104	111	118	125	132	139	146	153	160	167	174
φ	0.52	0.48	0.44	0.40	0.36	0.32	0.29	0.26	0.23	0.21	0.19

6.2.2　配普通箍筋的轴心受压柱

1. 轴心受压构件的承载力计算公式

钢筋混凝土轴心受压构件，当配置的箍筋满足构造要求时，在考虑长柱因纵向弯曲承载力降低的同时，为保持与偏心受压构件正截面承载力计算具有相近的可靠度，《混凝土结构设计规范》给出轴心受压构件承载力计算公式如下：

$$N \leqslant N_u = 0.9\varphi(f_c A + f_y A_s') \tag{6-1}$$

式中：N——轴向压力设计值；

N_u——轴向受压极限承载力；

0.9——可靠度调整系数；

φ——钢筋混凝土轴心受压构件的稳定系数，按表 6-1 取用；

f_c——混凝土轴心抗压强度设计值；

A——构件截面面积，当 $\rho > 3\%$ 时，式中 A 改用 $A - A_s'$；

f_y——纵向受压钢筋的抗压强度设计值；

A_s'——全部纵向钢筋的截面面积。

2. 截面设计与截面复核

(1)截面设计

已根据构造要求初选材料强度等级和截面尺寸，并已求得截面上的轴力设计值 N 和柱的计算长度。求截面配筋。

此时，可先由构件的长细比求稳定系数 φ，然后根据式(6-1)求 $N_u = N$ 时所需的纵向钢筋的截面面积：

$$A_s' = \frac{\dfrac{N}{0.9\varphi} - f_c A}{f_y'}$$

纵筋面积一旦求得，便可对照构造要求选配纵筋。至于轴心受压柱的箍筋，则完全根据构造配置。

(2)截面复核

已知构件计算长度、截面尺寸、材料强度等级和纵向钢筋。求柱的极限承载力(轴向压力设计值)。

此时，可先由构件的长细比求稳定系数 φ，然后根据公式(6-1)求截面的极限承载力 N_u。

若在已知条件中还有轴向力设计值 N，要求判断是否安全时，可再看 N 和 N_u 是否满足公式(6-1)。满足时为安全，否则为不安全，应予加强。

【例题 6-1】 某层钢筋混凝土轴心受压柱，采用 C20 混凝土，纵筋 HRB335，箍筋 HPB235；已选截面尺寸 $b \times h = 300\text{mm} \times 300\text{mm}$，并已求得构件的计算长度 $l_0 = 3.5\text{m}$，柱底截面的轴心压力设计值(包括自重)为 $N = 842\text{kN}$，根据计算和构造要求选配纵筋和箍筋。

[**解**] (1)材料强度

C20 混凝土，$f_c = 9.6\text{N/mm}^2$，HRB335 级纵筋，$f_y' = 300\text{N/mm}^2$。

(2)稳定系数 φ

长细比 $l_0/b = 3500/300 = 11.67 > 8$

查表 6-1，得 $\varphi = 0.96$

(3)求 A_s' 并检验 ρ'

$$A_s' = \frac{\dfrac{N}{0.9\varphi} - f_c A}{f_y'} = \frac{\dfrac{842000}{0.9 \times 0.96} - 9.6 \times 300 \times 300}{300} = 368.46\text{mm}^2$$

$$\rho' = \frac{A_s'}{A} = \frac{368}{300 \times 300} = 0.0041 = 0.41\%$$

$\rho' < \rho'_{\min} = 0.6\%$，不满足最小配筋率要求，应根据最小配筋率和构造要求考虑纵筋：

取 $A_s' \geqslant \rho'_{\min} A = 0.006 \times 300 \times 300 = 540\text{mm}^2$

(4)配筋

纵筋 4 Φ 14(616mm^2)，箍筋 Φ 6@200

【例题 6-2】 某层钢筋混凝土轴心受压柱，截面尺寸 $b \times h = 300\text{mm} \times 350\text{mm}$，柱子计算高度 $l_0 = 3.2\text{m}$，柱内纵筋配有 4 Φ 16($A_s' = 804\text{mm}^2$)，采用 C20 混凝土。求该柱的极限承载力 N_u，如果该柱承受 1200kN 轴向压力设计值是否安全？

[**解**] (1)材料强度

C20 混凝土，$f_c = 9.6\text{N/mm}^2$，HRB335 级纵筋，$f_y' = 300\text{N/mm}^2$。

(2)稳定系数 φ

长细比 $l_0/b = 3200/300 = 10.67 > 8$

查表 6-1，得 $\varphi = 0.97$

(3)检验 ρ' 并求 N_u

$\rho'=\frac{A'_s}{A}=\frac{804}{300\times350}=0.0077=0.77\%>\rho'_{\min}=0.6\%$，满足最小配筋率要求。

$\rho'<3\%$，则：

$$N_u=0.9\varphi(f_cA+f'_yA'_s)=0.9\times0.97(9.6\times300\times350+300\times804)$$
$$=1249200\text{N}=1249.2\text{kN}>\text{N}=1200\text{kN}$$，所以截面安全。

6.2.3 螺旋箍筋柱简介(＊)

采用螺旋式或焊接环式间接钢筋的钢筋混凝土轴心受压构件(图 6.7)可以提高构件的受压承载力，但施工较麻烦且不够经济。当柱子轴心受压荷载很大而截面尺寸又受到限制的柱(建筑造型或使用要求)，采用普通箍筋柱会使纵筋配筋率过高，而混凝土强度等级又不宜再提高，或地震作用下的轴心受压柱，此时可以采用。下面以配有螺旋式间接钢筋的柱(简称螺旋箍筋柱)为例说明这类柱的计算和构造。

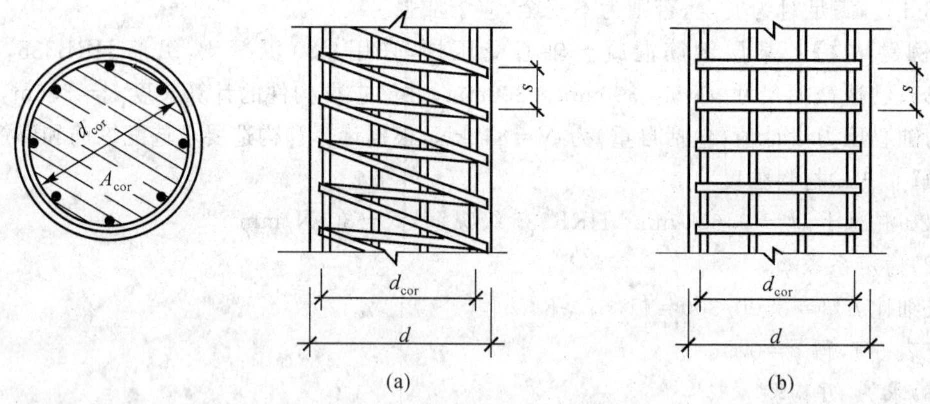

图 6.7 配螺旋式和焊接环式间接钢筋截面

1. 受力特点

螺旋箍筋可约束其内部混凝土的横向变形，使之处于三向受压状态，从而间接地提高混凝土的纵向抗压强度。当混凝土纵向压缩时横向产生膨胀，该变形受到螺旋箍筋的约束，在箍筋中产生拉力而在混凝土中产生侧向压力。当构件的压应变超过无约束混凝土的极限应变后，尽管箍筋以外的表层混凝土会开裂甚至剥落而退出工作，但箍筋以内的混凝土(核心混凝土)尚能继续承受更大的压力，直至箍筋屈服。显然，混凝土抗压强度的提高程度与箍筋的约束力的大小有关。为了使箍筋对混凝土有足够大的约束力，箍筋应为圆形，当为圆环时要进行焊接。箍筋的级别一般仍采用Ⅰ级，间距较密。由于此种箍筋间接地起到了纵向受压钢筋地作用，故又称为间接钢筋。

2. 截面承载力的计算

根据圆柱体在三向受压情形下的试验结果，在径向均匀压力 σ_2 的作用下，约束混凝土的轴心抗压强度 f_{c1} 可表述为：

$$f_{c1}=f_c+4\sigma_2 \tag{6-2}$$

当螺旋箍筋达到屈服时，承受径向约束力 σ_2(也是反作用于核芯混凝土的径向压应力)。由隔离体的平衡(见图 6.8)，可得：

$$2f_yA_{ss1}=\sigma_2 sd_{cor}$$

或
$$\sigma_2=\frac{2f_yA_{ss1}}{sd_{cor}} \tag{6-3}$$

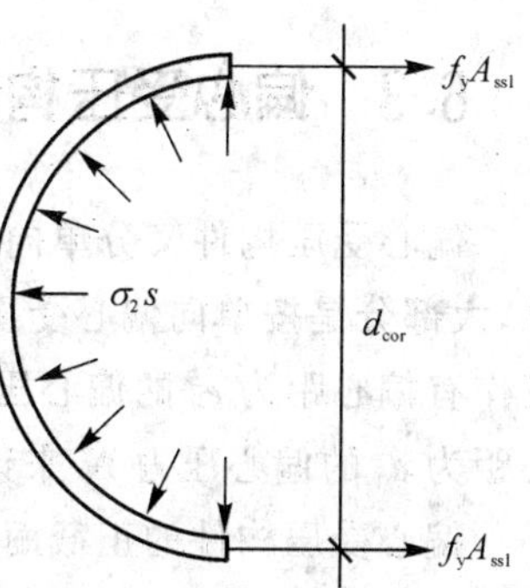

图 6.8　螺旋箍筋隔离体的受力

式中：A_{ss1}——螺旋式（或焊接环式）单根间接钢筋的截面面积；

s——沿构件轴线方向的间接钢筋间距；

d_{cor}——构件的核芯直径，算至间接钢筋（箍筋）内表面；

f_y——间接钢筋的抗拉强度设计值。

将式(6-3)代人式(6-2)中，则有

$$f_{c1}=f_c+\frac{8f_yA_{ss1}}{sd_{cor}} \tag{6-4}$$

根据轴向力平衡条件，对采用螺旋式（或焊接环式）间接钢筋的钢筋混凝土轴心受压构件，其正截面受压承载力公式可表达如下：

$$N\leqslant f_{c1}A_{cor}+f'_yA'_s \tag{6-5}$$

将式(6-4)代入式(6-5)，则有

$$N\leqslant f_cA_{cor}+f'_yA'_s+2f_yA_{ss0} \tag{6-6}$$

式中：A_{cor}——构件的核芯截面面积，$A_{cor}=\frac{\pi}{4}d_{cor}^2$；

A_{ss0}——螺旋式（或焊接环式）间接钢筋的换算截面面积：

$$A_{ss0}=\frac{\pi d_{cor}A_{ss1}}{s} \tag{6-7}$$

考虑高强度混凝土受间接钢筋约束程度的降低，并与偏心受压构件保持较一致的可靠度，其受压承载力计算公式为：

$$N\leqslant 0.9(f_cA_{cor}+f'_yA'_s+2\alpha f_yA_{ss0}) \tag{6-8}$$

式中：α——间接钢筋对混凝土约束的折减系数：当混凝土强度等级≤C50 时取 1.0；当混凝土强度等级为 C80 时取 0.85，其间按线性内插法确定。

利用式(6-8)进行螺旋式（或焊接环式）间接钢筋配筋柱的计算时，还应注意如下问题：

(1)为了防止混凝土保护层过早剥落，《规范》规定按式(6-8)算出的构件受压承载力设计值不应超过同样材料和截面的普通箍筋受压构件的 1.5 倍。

(2)当构件长细比较大时，间接钢筋因受偏心影响难以充分发挥其提高核芯混凝土抗压强度的作用，故《规范》规定只在 $l_0/d\leqslant 12$ 的轴心受压构件中采用。

(3)由于计算公式中只考虑核芯混凝土截面面积 A_{cor}，当外围混凝土较厚时，按上述公式算得的受压承载力有可能小于式(6-1)算得的承载力；或当间接钢筋的换算面积 A_{ss0} 小于全部纵向钢筋面积的 25%时，太少的间接钢筋难以保证对混凝土发挥有效的约束作用，故这两种情况都不考虑间接钢筋的影响而应按式(6-2)进行计算。

3. 构造要求

在计算中考虑间接钢筋的作用时，其螺距（或环形箍筋间距）s 不应大于 80mm 及 $d_{cor}/5$，同时亦不应小于 40mm。

螺旋箍筋柱的截面尺寸常做成圆形或正多边形（如正八边形），纵向钢筋不宜少于 8 根并沿截面周边均匀布置。

6.3 偏心受压构件承载力计算

偏心受压构件又分单向偏心受压构件和双向偏心受压构件。实际工程中的偏心受压构件,大部分是按单向偏心受压来进行截面设计的。而且在承载力计算中,不论是构件截面上仅作有偏心距为 e_0 的偏心压力 N,还是同时作用有轴向压力 N 和弯矩 M,均按仅作用有偏心距为 e_0 的偏心压力 N 来计算,只是后者取 $e_0=M/N$。

偏心受压构件的正截面受力性能可视为轴心受压构件($M=0$)和受弯构件($N=0$)的中间状况;或者说轴心受压构件和受弯构件是偏心受压构件的两个极端情形。

6.3.1 偏心受压构件的受力性能

偏心受压构件的试验表明:

1. 截面的平均应变符合平截面假定;

2. 构件的最终破坏是由于受压区混凝土的压碎所造成的。由于引起混凝土压碎的原因不同,破坏形态可以分为大偏心受压破坏和小偏心受压破坏两类。

(1)大偏心受压破坏(受拉破坏)

当偏心压力的相对偏心距 e_0/h 较大,(h 为平行于弯矩作用平面的截面边长),且受拉钢筋配置得并不过多时,构件一般发生大偏心受压破坏。此种情况的构件具有与适筋受弯构件类似的受力特点:在偏心压力的作用下,离压力较远的一侧截面受拉,离压力较近的一侧截面受压。当压力 N 增加到一定程度,首先在受拉区出现短的横向裂缝,随着荷载的增加,裂缝不断发展和加宽,裂缝截面处的拉力完全由钢筋承担。在更大的荷载作用下,受拉钢筋首先达到屈服,并形成一条明显的主裂缝,随后主裂缝明显加宽并向受压一侧延伸,受压区高

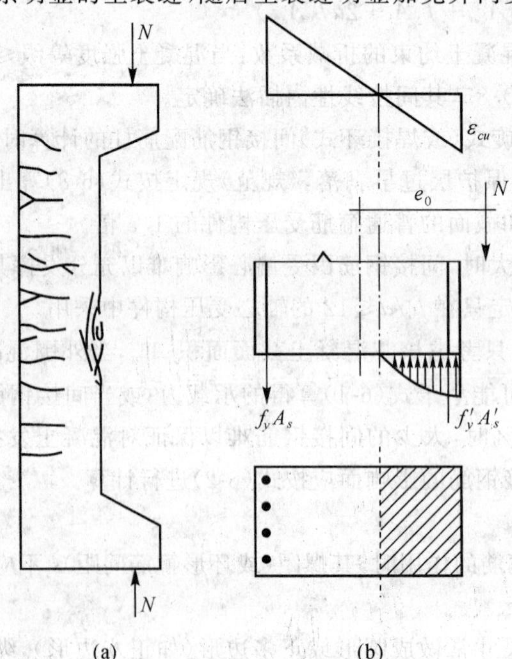

图 6.9 大偏心受压破坏形态

度缩小。最后，受压边缘混凝土达到极限压应变 ε_{cu}，出现纵向裂缝，受压混凝土被压碎而导致构件破坏。破坏时，混凝土压碎区较短，受压钢筋一般都能屈服。其典型破坏情形及破坏阶段的应力、应变分布图形如图 6.9 所示。

可以看出，大偏心受压构件的破坏特征与适筋受弯构件的破坏特征完全相同：受拉钢筋首先达到屈服，然后是受压钢筋达到屈服(用热轧钢筋配筋时)。最后由于受压区混凝土压碎而导致构件破坏：因为破坏是从受拉区开始的，故这种破坏又称为“受拉破坏”。受拉破坏具有明显的预兆，属于“延性破坏”。

(2)小偏心受压破坏(受压破坏)

当偏心压力的相对偏心距 e_0/h 较小，或者虽然 e_0/h 较大，但受拉钢筋配置得过多时，构件常发生受压破坏。

发生小偏心受压破坏的截面应力状态有两种类型。第一种是当偏心距很小时，构件全截面受压。此时距轴向力较近一侧的混凝土压应力较大，另一侧的压应力较小，构件的破坏由受压较大一侧的混凝土压碎而引起.该侧的钢筋达到受压屈服强度。只要偏心距不是过小，另一侧的钢筋虽处于受压状态但不会屈服(如图 6.10(b))。

第二种是当偏心距较小或偏心距较大但受拉钢筋配置过多时，截面处于大部分受压而小部分受拉的状态。随着荷载的增加，受拉区虽有裂缝发生但开展较为缓慢；构件的破坏也是由于受压区混凝土的压碎而引起。而且压碎区域较大；破坏时，受压一侧的纵向钢筋一般都能达到屈服强度，但受拉钢筋不会屈服(如图 6.10(c))。

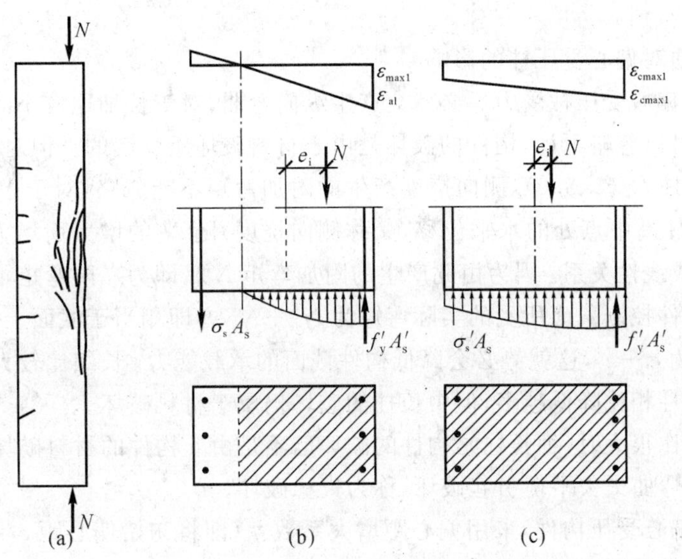

图 6.10　小偏心受压破坏形态

上述两种小偏心受压破坏的共同特征是：破坏都是由受压区混凝土压碎引起的，离纵向力较近一侧的钢筋受压屈服，而另一侧的钢筋无论是受压还是受拉，均达不到屈服强度，破坏无明显预兆，混凝土强度越高，破坏越突然。由于破坏是从受压区开始的，故这种破坏也称“受压破坏”。受压破坏一般没有明显预兆，属于“脆性破坏”。

(3)大、小偏心受压的界限

如上所述，大偏心受压破坏的主要特征是受拉纵筋首先屈服，然后受压区混凝土达到极限压应变；而小偏心受压破坏的主要特征是受压较大一侧混凝土先被压碎。其本质区别是受拉钢筋能否达屈服强度。由此，界限破坏的特征即为，当受拉钢筋达到屈服强度的同时，受压区混凝土最外边缘压应变也达到极限压应变。这和适筋梁与超筋梁的界限破坏特征完全相同。所以，仍然可以采用 ξ_b 作为判断截面属于大偏心受压还是小偏心受压的界限指标。即：

当 $\xi \leqslant \xi_b$ 时，截面属于大偏心受压；

当 $\xi > \xi_b$ 时，截面属于小偏心受压。

ξ 为相对受压区高度，即 $\xi=\dfrac{x}{h_0}$，ξ_b 亦为相对界限受压区高度。ξ_b 的具体取值与受弯构件完全相同。

(4)轴向压力的偏心距

1)轴向压力对截面重心的偏心距 e_0

$$e_0=M/N$$

2)附加偏心距 e_a　在实际工程中，由于材质的不均匀性，荷载作用位置的不定性以及施工的偏差等因素，必定产生客观存在的附加偏心。《混凝土结构设计规范》规定：在偏心受压构件的正截面承载力计算中，应计入轴向压力在偏心方向存在的附加偏心距 e_a，其值应取 20mm 和偏心方向截面最大尺寸的 1/30 两者中的较大值。

3)初始偏心距 e_i　偏心受压构件承载力计算中，在原有轴向压力对截面重心的偏心距 e_0 的基础上，再考虑了附加偏心距 e_a 后的偏心距 e_i，叫做初始偏心距。即：

$$e_i=e_0+e_a \tag{6-9}$$

(5)纵向弯曲对偏心受压柱的影响

钢筋混凝土偏心受压柱受力后必然会产生纵向弯曲，对于长细比较小的柱，因所产生的纵向弯曲很小，可以忽略不计，构件的破坏是由于材料破坏所引起的。但对于长细比较大的柱（如矩形截面柱 $l_0/h>5.0$），侧向挠度产生的附加弯矩不能忽略，对于中长柱（$5.0<l_0/h\leqslant 30$），由于 a_f（柱高中点处的水平位移，又称侧向挠度）随 N 的增大而增大，故 M 较 N 增长更快，二者不成线性关系。因为由此产生的附加弯矩 N_{af}（即为二阶弯矩，又称二阶效应）。使得偏心受压构件控制截面所受的实际弯矩为 $N_{ei}+N_{af}$ 亦即相当于截面上作用一个偏心压力 N，其偏心距为 e_i+a_f，这就势必会降低构件截面的承载能力。长细比较大的柱，其正截面受压承载力与短柱相比降低越多，但中长柱的破坏仍属于材料破坏。

当柱的长细比很大时（细长柱），构件的破坏已不是由于构件的材料破坏所引起，而是由于构件纵向弯曲失去平衡引起破坏，称为失稳破坏。

为此，对于偏心受压构件，采用偏心距增大系数 η（即将初始偏心距 e_i 乘以大于 1.0 的系数 η），来考虑因纵向弯曲产生二阶弯矩而导致承载能力降低的不利影响。即取：

$$\eta=1+\frac{1}{1400e_i/h_0}(l_0/h)^2\zeta_1\zeta_2 \tag{6-10}$$

式中：ζ_1——截面曲率修正系数，$\xi_1=0.5f_cA/N$；A 为构件截面面积；当 $\zeta_1>1.0$ 时，取 $\zeta_1=1.0$；

ζ_2——构件长细比的影响系数，$\zeta_2=1.15-0.01l_0/h$，当 $l_0/h\leqslant 15$ 时，取 $\zeta_2=1.0$ 对于偏心受压短柱，可取 $\eta=1.0$。当偏心受压构件的长细比 $l_0/i\leqslant 17.5$ 时，按短柱考虑，i 为截面的最小回转半径。对于矩形截面可算得当 $l_0/h>5.1$ 时，可按短柱考虑。

6.3.2 矩形截面偏心受压构件正截面承载力的计算公式

1. 基本计算公式

大偏心受压构件的受压承载力计算简图、计算公式及适用条件：根据拉压破坏的破坏特征，并参照受弯构件取受压区混凝土压应力图形为简化后的等效矩形应力图形，其平均压应力为 $\alpha_1 f_c$，受压区高度 $x=\beta_1 x_c$（其中，α_1 为等效矩形应力图形的应力值与 f_c 的比值；β_1 为等效矩形应力图形受压区高度 x 与曲线应力图形高度（中和轴高度）x_c 的比值。当混凝土强度等级≤C50 时，α_1 取 1.0，β_1 取 0.8；当混凝土强度等级为 C80 时，α_1 取 0.94，β_1 取 0.74。其间按线性内插法取用。于是便得出如图 6.11 所示的大偏心受压构件的受压承载力计算图形。

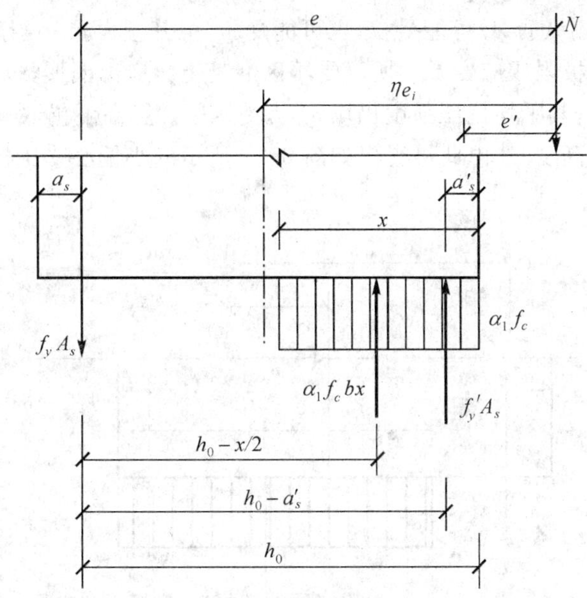

图 6.11　大偏心受压计算图形

由静力平衡条件，可以建立大偏心受压构件受压承载力计算的基本公式：

$$N\leqslant \alpha_1 f_c bx+f_y A_s'-f_y A_s \tag{6-11}$$

$$Ne\leqslant \alpha_1 f_c bx\left(h_0-\frac{x}{2}\right)+f_y A_s'(h_0-a_s') \tag{6-12}$$

式中：N——轴向压力设计值；

e——偏心压力至 A_s 合力点的距离，由计算图形可知

$$e=\eta e_i+\frac{h}{2}-a_s \tag{6-13}$$

η——偏心受压构件考虑纵向弯曲影响的偏心距增大系数，按式 6-10 计算

e_i——初始偏心距，按式 6-9 计算。

基本公式(6-11)、(6-12)的适用条件是：

1) $\xi=\dfrac{x}{h_0}\leqslant \xi_b$　或　$x\leqslant \xi_b h_0$

ξ_b——相对界限受压区高度，取值与受弯构件完全相同。

2) $x\geqslant 2a_s'$

当 $x<2a_s'$ 时，可以近似取 $x=2a_s'$ 得出相应的近似承载力计算公式：

$$Ne'=f_yA_s(h_0-a_s') \tag{6-14}$$

式中：e'——偏心压力至 A_s' 合力点的距离，由计算图形可知

$$e'=\eta e_i-\frac{h}{2}+a_s' \tag{6-15}$$

3)全部纵筋配筋率：

$$\rho=\frac{A_s+A_s'}{bh}\geqslant\rho_{\min}=0.6\%$$

2. 小偏心受压构件的受压承载力计算简图、计算公式及适用条件

根据受压破坏的破坏特征可知，截面破坏时，受压较大一侧的纵筋 A_s' 能够达到抗压强度设计值 f_y；而另一侧纵筋 A_s 可能受拉，也可能受压，但其应力 σ_s 一般较小。受压较大一侧边缘混凝土亦能达到极限压应变 ε_{cu}。所以受压区混凝土压应力图形，也可参照受弯构件，仍取等效矩形应力图形，其平均抗压强度仍取 α_1f_c，受压区计算高度仍取 $x=\beta_1x_c$（x_c 为截面受压区边缘至中和轴的高度）。由此可得出如图 6.12 所示的小偏心受压构件的受压承载力计算图形。

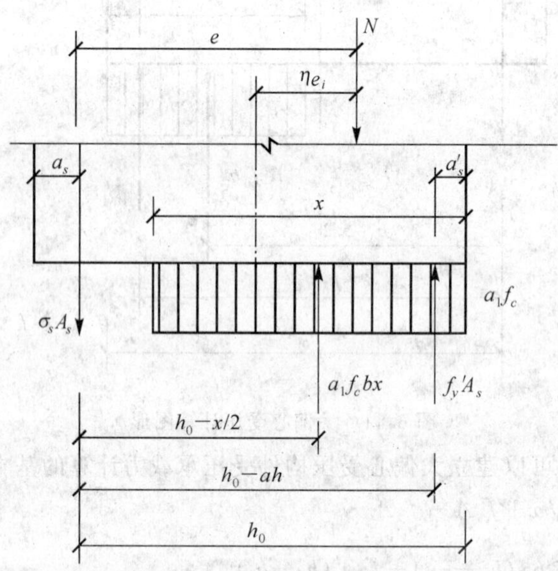

图 6.12 小偏心受压计算图形

由静力平衡条件，可以建立小偏心受压构件受压承载力计算的基本公式：

$$N\leqslant\alpha_1f_cbx+f_yA_s'-\sigma_sA_s \tag{6-16}$$

$$Ne\leqslant\alpha_1f_cbx(h_0-\frac{x}{2})+f_yA_s'(h_0-a_s') \tag{6-17}$$

或

$$Ne'\leqslant\alpha_1f_cbx(\frac{x}{2}-a_s')-\sigma_sA_s'(h_0-a_s') \tag{6-18}$$

式中：$e=\eta e_i+\frac{h}{2}-a_s$

$e'=\eta e_i-\frac{h}{2}+a_s'$

《混凝土规范》根据大量试验资料的分析，采用以下直线方程计算 σ_s

$$\sigma_s=\frac{\xi-0.8}{\xi_b-0.8}f_y \tag{6-19}$$

σ_s 计算值为正号时，表示拉应力；为负号时，表示压应力。其取值是：

$$-f'_y\leqslant\sigma_s\leqslant f_y \tag{6-20}$$

显见，当 $\xi=\xi_b$，即界限破坏时，$\sigma_s=f_y$；而当 $\xi=0.8$，即实际压区高度 $x_a=h_0$ 时，$\sigma_s=0$。

尚需说明，上述介绍的小偏压公式仅适用于压力近侧先压坏的一般情况。当压力偏心距很小，且压力近侧的纵筋多于压力远侧时，构件的压坏有可能先发生在压力远侧（图 6.13）。

计算分析表明，当压力远侧仅按最小配筋率配筋时，构件的极限承载力仅为 f_cbh_0。为防止此种破坏，《混凝土规范》作出规定，对非对称配筋的受压构件，当 $N>f_cbh_0$ 时，尚应按下列公式进行验算：

$$Ne'\leqslant\alpha_1f_cbh(h'_0-\frac{h}{2})+f_yA_s(h'_0-a_s) \tag{6-21}$$

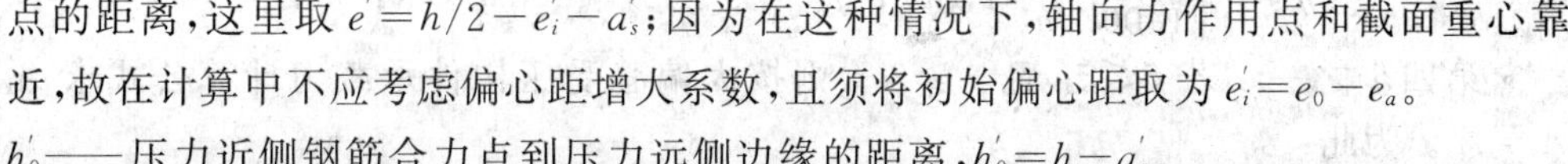

图 6.13　在压力远侧破坏的小偏心受压情况

式中：e'——轴力作用点至受压钢筋合力点的距离，这里取 $e'=h/2-e'_i-a'_s$；因为在这种情况下，轴向力作用点和截面重心靠近，故在计算中不应考虑偏心距增大系数，且须将初始偏心距取为 $e'_i=e_0-e_a$。

h'_0——压力近侧钢筋合力点到压力远侧边缘的距离，$h'_0=h-a'_s$。

6.3.3　对称配筋矩形截面偏心受压构件正截面承载力的计算方法

偏心受压构件的截面配筋形式可分为对称配筋（$f_yA'_s=f_yA_s$）和非对称配筋（$f_yA'_s\neq f_yA_s$）两种。在实际工程中，对同一个控制截面，除承受轴向压力外，由于荷载作用方向可能发生改变，往往要分别承受正弯矩和负弯矩的作用，亦即在正弯矩作用下的受压钢筋，在负弯矩作用下，将变成受拉钢筋。为便于设计和施工，偏心受压构件大多数按对称配筋进行设计。

其计算步骤可归纳如下：

第一步　暂时先按大偏心受压构件判别大，小偏心。为此：

(1)求 x，由式(6-11)，且 $f_yA'_s=f_yA_s$，则

$$x=\frac{N}{\alpha_1f_cb}$$

(2)求 $\xi=\dfrac{x}{h_0}$

(3)判别大，小偏心：

若 $\xi \leqslant \xi_b$，且 $x \geqslant 2a_s'$，则截面属于大偏心受压的一般情况；

若 $\xi > \xi_b$，则截面属于小偏心受压；

若 $\xi \geqslant \xi_b$，则截面属于大偏心受压的特殊情况（A_s' 不能屈服）。

第二步　求轴向压力的偏心距。

(1) 轴向压力对截面重心的偏心距 $e_0 = M/N$

(2) 附加偏心距 e_a，其值取 20mm 和 $1/30h$（h 为偏心方向截面最大尺寸）两者中的较大值。

(3) 初始偏心距 e_i，$e_i = e_0 + e_a$

第三步　求偏心矩增大系数 η。

(1) 求受压构件的计算长度 l_0，按《混凝土结构设计规范》第 7.3.11 条或按图 6.14 取用。

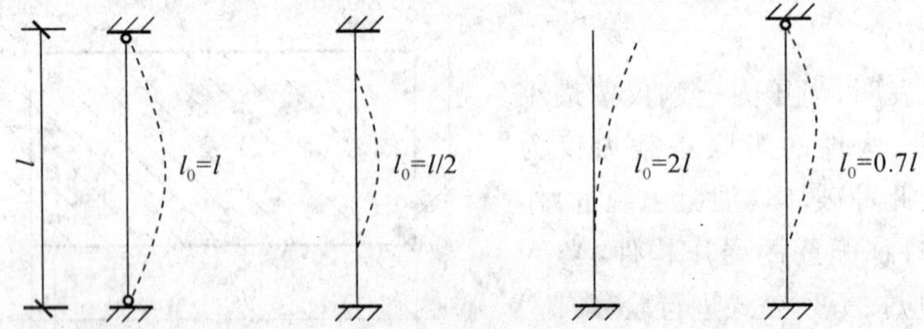

图 6.14　受压构件的计算长度

(2) 求构件的长细比 l_0/h，当 $l_0/h \leqslant 5$ 时，可不考虑纵向弯曲影响，即取 $\eta = 1.0$。

(3) 求 η

$$\eta = 1 + \frac{1}{1400 e_i / h_0} (l_0/h)^2 \zeta_1 \zeta_2$$

第四步之一　若 $\xi \leqslant \xi_b$，且 $x \geqslant 2a_s'$，则按大偏心受压构件承载力计算公式求 A_s'，并取 $A_s = A_s'$。为此：

(1) 求 e

$$e = \eta e_i + \frac{h}{2} - a_s$$

(2) 求 A_s' 和 A_s

$$A_s' = \frac{Ne - \alpha_1 f_c b x (h_0 - \frac{x}{2})}{f_y (h_0 - a_s')}$$

取 $A_s = A_s'$。

(3) 选配纵筋，接构造要求。

第四步之二　$\xi > \xi_b$，则按小偏心受压构件承载力计算公式求 A_s'，并取 $A_s = A_s'$，为此：

(1)求 e

$$e = \eta e_i + \frac{h}{2} - a_s$$

(2)重新求 ξ

$$\xi = \frac{N - \xi_b \alpha_1 f_c b h_0}{\dfrac{Ne - 0.43 \alpha_1 f_c b h_0^2}{(\beta_1 - \xi_b)(h_0 - a_s')} + \alpha_1 f_c b h_0} + \xi_b$$

(3)求 A_s' 和 A_s

$$A_s'=A_s=\frac{Ne-\xi(1-0.5\xi)\alpha_1 f_c bh_0^2}{f_y(h_0-a_s')}$$

(4)选配纵筋,其选配方法与构造要求同大偏心受压构件。

第四步之三　$\xi<\xi_b$,但 $x<2a_s'$。则:

(1)求 e'

$$e'=\eta e_i-\frac{h}{2}+a_s'$$

(2)求 A_s' 和 A_s

$$A_s'=A_s=\frac{Ne'}{f_y(h_0-a_s')}$$

(3)选配纵筋,其选配方法与构造要求同大偏心受压构件。

第五步　垂直于弯矩平面(弯矩作用平面外)的受压承载力校核。

当构件因两个方向的截面尺寸不相等,或者支承条件不同而使得构件两方向计算长度 l_0 不相同时,其长细比也不会相同。如果轴力设计值 N 较大,弯矩作用平面内的偏心距 e_0 较小,而且垂直于弯矩作用平面的长细比 l_0/b 又较大时,有可能是垂直于弯矩平面的受压承载力起控制作用,故需校核垂直丁弯矩作用平面的受压承载力。

垂直于弯矩平面的受压承载力,可按轴心受压构件的受压承载力计算公式(6-1)进行校核。在此,取 $M=0$。在确定纵向弯曲系数 φ 值时,需采用截面两个方向长细比中的较大值,一般按长细比 l_0/b 查得,b 为矩形截面短边尺寸。

【例题 6-3】 某矩形截面混凝土柱,$b=400$mm,$h=600$mm,承受轴向压力设计值 $N=1000$kN,$M=470$kN·m,柱的计算长度 $l_0=7.0$m,采用 C25($f_c=11.9$N/mm^2)混凝土,HRB335 级钢筋筋($f_y=f_y'=300$N/mm^2,$\xi_b=0.55$),取 $a_s=a_s'=40$mm。若采用对称配筋,试求纵向钢筋截面面积。

[**解**]　$h_0=h-a_s=600-40=560$mm

(1) 求 η 和 e

$$e_0=M/N=470000/1000=470\text{mm}$$

e_a 取 20mm 及 $h/30=600/30=20$mm 中较大值,故 $e_a=20$mm;$e_i=e_0+e_a=470+20=490$mm;

$$\zeta_1=\frac{0.5f_cA}{N}=\frac{0.5\times11.9\times400\times600}{1000000}=1.43>1.0 \text{ 取 } 1.0;$$

$$l_0/h=7.0/0.6=11.67<15,\zeta_2=1.0;$$

$$\eta=1+\frac{1}{1400e_i/h_0}(l_0/h)^2\zeta_1\zeta_2=1+\frac{1}{1400\times490/560}\times11.67^2\times1.0\times1.0=1.111$$

$$e=\eta e_i+\frac{h}{2}-a_s=1.111\times490+600/2-40=804\text{mm}$$

(2) $\xi=\dfrac{N}{f_cbh_0}=\dfrac{1000000}{11.9\times400\times560}=0.357<\xi_b=0.55$

$x=\xi h_0=0.357\times560=199.92\text{mm}>2a_s'=80\text{mm}$　为大偏心受压。

(3) 配筋计算

$$A_s'=A_s=\frac{Ne-\xi(1-0.5\xi)\alpha_1 f_c bh_0^2}{f_y(h_0-a_s')}$$

$$=\frac{1000000\times 804-0.357\times(1-0.5\times 0.357)\times 11.9\times 400\times 560^2}{300\times(560-40)}=2327\text{mm}^2$$

$$\rho=\frac{A_s+A'_s}{bh_0}=\frac{2327+2327}{400\times 560}=2.08\%\geqslant\rho_{\min}=0.6\%$$

(4) 配筋选择

弯距作用平面方向，每侧选用 2 Φ 28＋3 Φ 22(面积 2370mm²)；垂直弯距作用平面，按构造配筋。

6.4 偏心受压构件斜截面受剪承载力

在实际工程中，偏心受压构件除同时承受轴向力和弯矩作用外，还会受到剪力作用。当剪力较小时，可不考虑其斜截面的强度问题，但当剪力较大时，还应计算其斜截面受剪承载力。试验表明，轴向力 N 不太大时，对构件斜截面受剪承载力起有利作用，当 N/f_cbh 在 0.3～0.5 范围内时，轴向压力 N 对抗剪强度的有利影响达到峰值；若轴向压力 N 更大，则构件的抗剪强度反而会随着 N 的增大而逐渐下降。

6.4.1 偏心受压构件斜截面承载力计算公式

$$V\leqslant\frac{1.75}{\lambda+1}f_tbh_0+f_{yv}\frac{A_{sv}}{s}h_0+0.07N \tag{6-22}$$

式中：λ——偏心受压构件计算截面的剪跨比；

N——与剪力设计值 V 相应的轴心压力设计值，当 $N>0.3f_cA$ 时，取 $N=0.3f_cA$，其中 A 为截面面积。

6.4.2 计算剪跨比的取值

1. 对各类结构的框架柱，宜取 $\lambda=M/(Vh_0)$；对框架结构中的框架柱，当其反弯点在层高范围内时，可取 $\lambda=H_n/(2h_0)$。当 $\lambda<1$ 时，取 $\lambda=1$；当 $\lambda>3$ 时，$\lambda=3$；此处，M 为计算截面上与剪力设计值 V 相应的弯矩设计值，H_n 为柱净高。

2. 对其他偏心受压构件，当承受均布荷载时，取 $\lambda=1.5$；当承受的集中荷载对支座截面或节点边缘所产生的剪力值占总剪力值 75%以上时，取 $\lambda=a/h_0$。当 $\lambda<1.5$ 时，取 $\lambda=1.5$；当 $\lambda>3$ 时，取 $\lambda=3$。此处，a 为集中荷载至支座或节点边缘的距离。

6.4.3 公式的适用条件

为了防止箍筋充分发挥作用之前产生由混凝土的斜向压碎引起的斜压型剪切破坏，框架柱截面应满足下列条件。

$$V\leqslant 0.25\beta_cf_cbh_0 \tag{6-23}$$

当满足式(6-34)时，框架柱可不进行斜截面抗剪强度计算，仅需按构造要求配置箍筋。

$$V\leqslant\frac{1.75}{\lambda+1.5}f_tbh_0+0.07N \tag{6-24}$$

思考题

6.1　配有普通箍筋的钢筋混凝土轴心受压构件中，箍筋的作用是什么？

6.2　偏心受压构件有哪两种破坏形态？怎样区分大、小偏心？

6.3　何谓对称配筋？

6.4　为什么要引入附加偏心距 e_a？

习　题

6.1　已知某轴心受压柱计算高度为 4.2m，纵筋采用 HRB335，混凝土 C30，承受轴向压力 $N=920\text{kN}$，柱截面尺寸 $b\times h=400\text{mm}\times400\text{mm}$，试确定纵筋数量？

6.2　某矩形截面偏心受压柱，$b\times h=500\text{mm}\times800\text{mm}$，$a_s=a_s'=40\text{mm}$，$l_0=12.5\text{m}$，混凝土 C30，纵向钢筋 HRB335，承受轴向力 $N=1800\text{kN}$，设计弯矩 $M=1080\text{kN}\cdot\text{m}$，采用对称配筋，试求 $A_s=A_s'=$？

第 7 章　预应力混凝土构件

7.1　预应力混凝土的基本概念

混凝土的抗拉强度很低，钢筋混凝土构件抗裂性能很差。在正常使用荷载作用下受拉混凝土均已开裂，使构件的刚度降低，变形增大；并且裂缝的存在使得构件不适用于高湿度及侵蚀性环境。为满足对变形和裂缝控制的较高要求，可加大构件截面尺寸和用钢量，但这不经济，并且自重太大时，构件所能承受的自重以外的有效荷载减小，不适用于大跨度、重荷载的结构。另外，结构耐久性的要求限制裂缝的开展宽度，如此导致高强度的钢筋不能充分发挥作用。基于上述三个原因，钢筋混凝土结构的应用范围受到限制，于是人们在长期的生产实践中创造了预应力混凝土结构。

7.1.1　预应力混凝土的基本原理

以一简支梁为例来说明预应力的基本原理(图 7.1)。

简支梁在承受外荷载之前，先在其受拉区施加一对偏心预压力 N_p，从而在梁截面混凝土中产生预压应力(图 7.1(a))；然后施加外荷载 q 计算时，梁跨中截面应力如图(7.1(b))。将图(a)、(b)叠加得梁跨中截面应力分布如图(7.1c)。通过人为控制预压力 N_p 的大小，可使梁截面受拉边缘混凝土产生压应力、零应力或很小的拉应力(7.1c)，以满足不同裂缝控制等级的要求。可见通过施加人为控制预压力 N_p 改变了普通钢筋混凝土构件原有的裂缝状态，成为预应力混凝土受弯构件。

因此，所谓预应力混凝土结构就是在结构构件受外荷载作用前，人为地对混凝土施加压力，使产生的预压应力可以减小或抵消外荷载所引起的拉应力，充分利用混凝土抗压强度高的优点，克服混凝土抗拉强度低的缺点，达到延缓受拉区混凝土开裂、提高构件承载力的目的。

7.1.2　预应力混凝土的特点

与普通钢筋混凝土相比，预应力混凝土有如下优点：

1. 提高了构件的抗裂能力

承受外荷载之前预应力混凝土构件的受拉区已有预压应力存在，在外荷载作用下，只有当混凝土的预压应力被全部抵消转而受拉且拉应变超过混凝土的极限拉应变时，构件才会

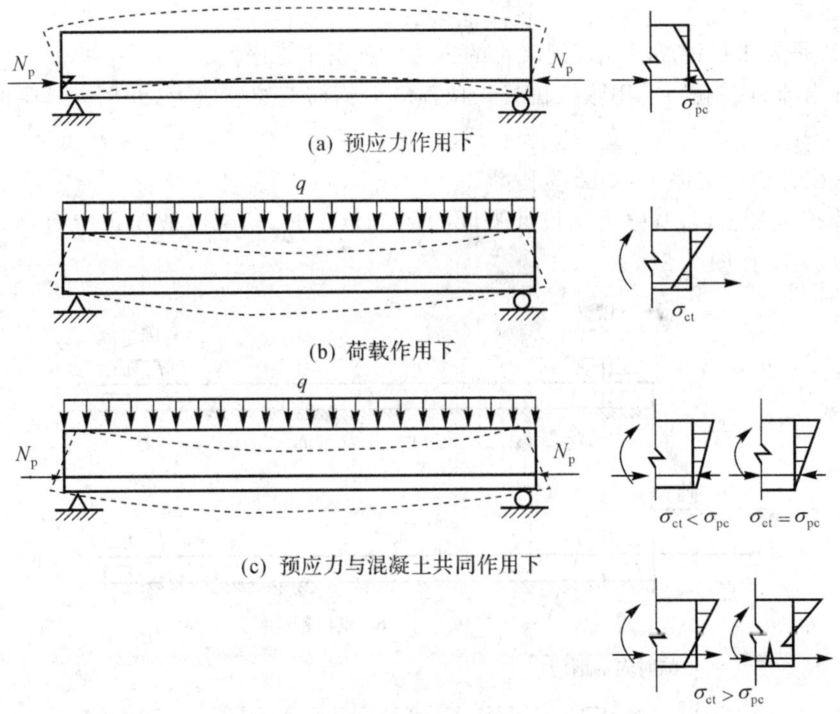

图 7.1　预应力混凝土受弯构件示意

开裂。

2. 增大了构件的刚度

预应力混凝土构件正常使用时，在荷载效应标准组合下可能不开裂或只有很小的裂缝，混凝土基本上处于弹性阶段工作，因而构件的刚度比普通钢筋混凝土构件有所增大。

3. 充分利用高强度材料

预应力混凝土构件中，预应力钢筋先被预拉，而后在外荷载作用下钢筋拉应力进一步增大，因而始终处于高拉应力状态，即能够有效利用高强度钢筋；而且钢筋的强度高，可以减小所需要的钢筋截面面积。同时，应该尽可能采用高强度等级的混凝土，以便与高强度钢筋相配合，获得较经济的构件截面尺寸。

4. 扩大了构件的应用范围

预应力混凝土改善了构件的抗裂性能，因而可用于有防水、抗渗透及抗腐蚀要求的环境；采用高强度材料，结构轻巧，刚度大、变形小，可用于大跨度、重荷载及承受反复荷载的结构。

预应力混凝土构件有很多优点，但它也存在一定的局限性，诸如施工工序多、对施工技术要求高，且需要张拉设备、锚夹具及劳动力费用高等缺点，因而并不能完全代替普通钢筋混凝土构件。预应力混凝土特别适用于普通钢筋混凝土构件力不能及的情形(如大跨度及重荷载结构)；而普通钢筋混凝土结构也不会由于预应力混凝土结构的存在而消失，由于其施工较方便，造价较低等特点仍被广泛应用于允许带裂缝工作的一般工程结构。

7.1.3　施加预应力的方法

施加预压应力的方法主要有两种：先张法和后张法。

1. 先张法

先张法是先张拉钢筋后浇筑混凝土的方法。其基本工序为：

(1)在台座(或钢模)上用张拉机具张拉预应力钢筋至控制应力，并用夹具临时固定，如图7.2(a)，(b)；

(2)支模并浇灌混凝土，如图7.2(c)；

(3)养护混凝土，待其强度达设计强度的75%以上时，切断或放松预应力钢筋，混凝土获得预加压力。如图7.2(d)。

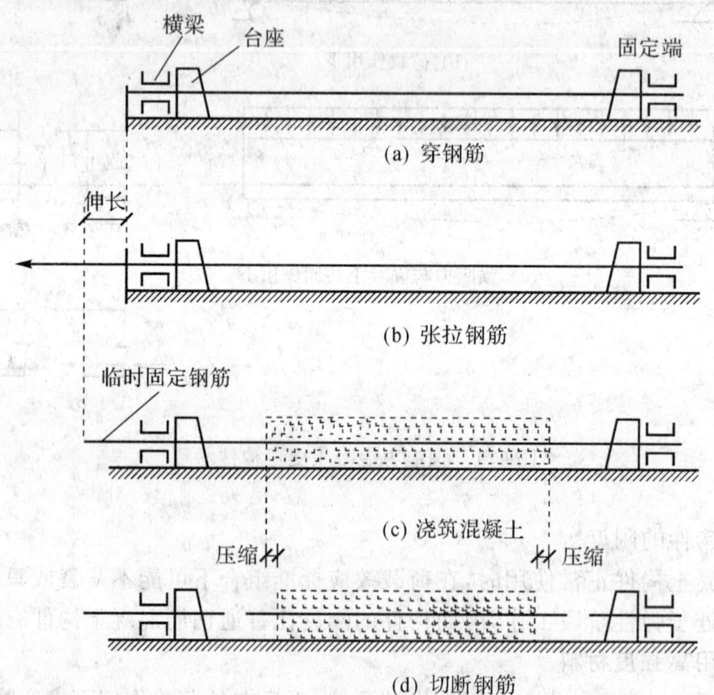

图7.2 先张构件制作工艺

先张法构件是通过预应力钢筋与混凝土之间的黏结力传递预应力的。此方法适用于在预制厂大批制作中、小型构件，如预应力混凝土楼板、屋面板、梁等。

2. 后张法

后张法是先浇筑混凝土后张拉钢筋的方法。其基本工序为：

(1)浇灌混凝土制作构件，并预留孔道，如图7.3(a)；

(2)养护混凝土到规定强度值；

(3)在孔道中穿筋，并在构件上用张拉机具张拉预应力钢筋至控制应力，如图7.3(b)、(c)；

(4)张拉端用锚具锚住预应力钢筋，并在孔道内压力灌浆，如图7.3(d)。

后张法构件是依靠其两端的锚具直接挤压混凝土获得预应力的。因此，锚具是构件的一部分，是永久性的，不能重复使用。此方法适用于在施工现场作用大型构件，如预应力屋架、吊车梁、大跨度桥梁等。

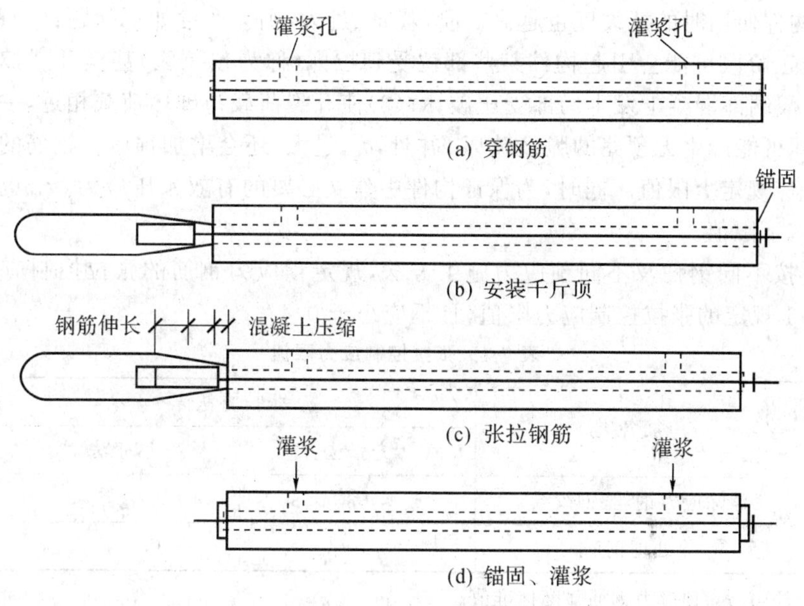

图 7.3　后张法构件制作工艺

7.2　预应力混凝土构件设计的一般规定

7.2.1　预应力混凝土材料

1. 钢筋

预应力混凝土结构中的钢筋包括预应力钢筋和非预应力钢筋。非预应力钢筋的选用与钢筋混凝土结构中的钢筋相同。预应力钢筋在张拉时受到很高的拉应力，在使用荷载下，其拉应力还会继续增加，因此必须采用高强度钢筋。另外，预应力钢筋还应具有一定的塑性、良好的可焊性以及用于先张法构件时与混凝土有足够的黏结强度。《规范》规定宜采用预应力钢绞线、消除应力钢丝及热处理钢筋。

2. 混凝土

预应力混凝土结构中，混凝土强度等级越高，能够承受的预压应力也越高；同时，采用高强度等级的混凝土与高强钢筋配合，可以获得较经济的构件截面尺寸；另外，高强度等级的混凝土与钢筋的黏结力也高，这一点对依靠黏结传递预压应力的先张法构件尤为重要。因此，《规范》要求预应力混凝土结构的混凝土其强度等级不应低于 C30；当采用钢绞线、钢丝、热处理钢筋作预应力钢筋时，混凝土强度等级不宜低于 C40。另外要求混凝土收缩、徐变小，减少相应的预应力损失；要求混凝土快硬、早强，以加快设备周转速度，加快施工进度。

7.2.2　张拉控制应力

张拉控制应力是指张拉预应力钢筋时，张拉设备的测力仪表所指示的总张拉力除以预应力钢筋截面面积得出的拉应力值，以 σ_{con} 表示。

当构件截面尺寸及配筋量一定时，显然，σ_{con} 越大，在构件受拉区建立的混凝土预压应力也越大，则构件使用时的抗裂度也越高。但，若 σ_{con} 过大，则会产生如下问题：(1)钢筋可能被拉断；(2)施工阶段可能会引起构件某些部位受到拉力(称为预拉区)甚至开裂，对后张法构件还可能造成端部混凝土发生局部受压破坏；(3)使开裂荷载与破坏荷载相近，一旦裂缝，将很快破坏，即可能产生无预兆的脆性破坏。并且，σ_{con} 过大，还会增加预应力钢筋的松弛损失。因此，对 σ_{con} 应规定上限值。同时，为保证构件中建立必要的有效预压应力，σ_{con} 也不能过小，即 σ_{con} 也应有下限值。

《规范》按不同钢种及不同预应力施工方法，规定预应力钢筋的张拉控制应力值 σ_{con} 不宜超过表 7-1 规定的张拉控制应力限值，且不应小于 $0.4f_{ptk}$。

表 7-1　张拉控制应力限值

钢筋各类	张拉方法	
	先张法	后张法
消除应力钢丝、钢绞线	$0.75f_{ptk}$	$0.75f_{ptk}$
热处理钢筋	$0.70f_{ptk}$	$0.65f_{ptk}$

注：f_{ptk} 为预应力钢筋强度标准值。

当符合下列情况之一时，表 7-1 中的张拉控制应力限值可提高 $0.05f_{ptk}$：

(1)要求提高构件在施工阶段的抗裂性能，而在使用阶段受压区内设置的预应力钢筋；

(2)要求部分抵消由于应力松弛、摩擦、钢筋分批张拉以及预应力钢筋与张拉台座之间的温差等因素产生的预应力损失。

7.2.3　预应力损失

1. 预应力损失产生的原因

预应力混凝土构件在施工及使用过程中，预应力钢筋的张拉应力值并不是始终不变的，由于各种原因(如由于预应力钢筋与孔道壁之间的摩擦，锚具夹片的滑移，混凝土的收缩、徐变以及钢筋的应力松弛等因素)会使得预应力钢筋的张拉应力不断地降低。这种预应力钢筋应力的降低，即为预应力损失 σ_l。

由于引起预应力损失的因素很多，而且有些因素引起的预应力损失值还随时间的增长和环境的变化而变化，并且又进一步相互影响，所以要精确计算和确定预应力损失值是一项非常复杂的工作。目前，对于预应力损失的计算，各国规范的规定大同小异，一般均采用分项计算再叠加确定总预应力损失的方法。

(1) 锚具变形和预应力钢筋内缩引起的预应力损失 σ_{l1}

① 预应力直线钢筋　预应力直线钢筋当张拉到 σ_{con} 后即被锚固于台座或构件上，由于锚具变形(如螺帽、垫板与构件之间缝隙的挤紧)和预应力钢筋的滑移使钢筋回缩，引起预应力损失 σ_{l1}(N/mm^2)，其值可按下式计算：

$$\sigma_{l1}=\frac{a}{l}E_s \tag{7-1}$$

式中：a——张拉端锚具变形和钢筋内缩值(mm)，按表 7-2 取用；

l——张拉端至锚固端之间的距离(mm)。

表 7-2　锚具变形和钢筋内缩值 a　(mm)

锚具类别		a
支承式锚具(钢丝束镦头锚具等)	螺帽缝隙	1
	每块后加垫板的缝隙	1
锥塞式锚具(钢丝束的钢质锥型锚具等)		5
夹片式锚具	有顶压时	5
	无顶压时	6～8

注:1. 表中的锚具变形和钢筋内缩值也可根据实测数据确定;

2. 其他类型的锚具变形和钢筋内缩值应根据实测数据确定。

对于块体拼成的结构,其预应力损失尚应计及块体间填缝的预压变形。当采用混凝土或砂浆为填缝材料时,每条填缝的预压变形可取 1mm。

② 预应力曲线钢筋 当后张法构件采用曲线预应力钢筋时,由于反摩擦的作用,锚固损失在张拉端最大,沿预应力钢筋逐步减小,直到消失,如图 7.4 所示。根据变形协调原理,后张法构件预应力曲线钢筋由于锚具变形和预应力钢筋内缩引起的预应力损失 σ_{l1}(N/mm^2),可按下列公式计算:

$$\sigma_{l1}=2\sigma_{con}l_f(\frac{\mu}{\gamma_c}+\kappa)(1-\frac{x}{l_f}) \quad (7\text{-}2)$$

反向摩擦影响长度 l_f(m)按下式计算:

$$l_f=\sqrt{\frac{aE_s}{1000\sigma_{con}(\frac{\mu}{\gamma_c}+\kappa)}} \quad (7\text{-}3)$$

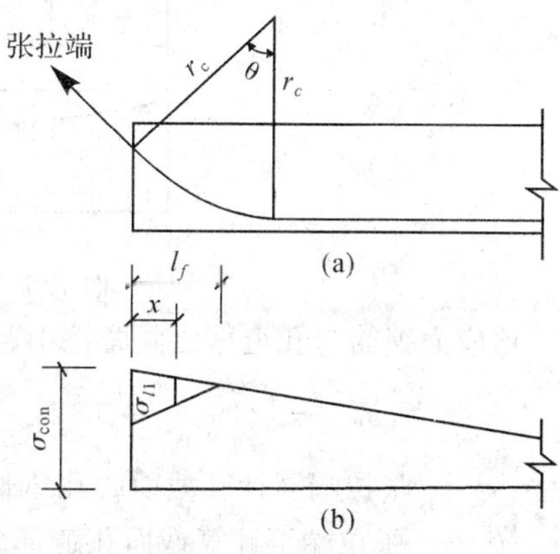

图 7.4　预应力钢筋端部曲线段因锚具变形和钢筋回缩引起的预应力损失计算图

(a)预应力钢筋端部曲线段示意图;(b)σ_{l1}分布图

式中:γ_c——圆弧形曲线预应力钢筋的曲率半径(m);

κ——考虑孔道每米长度局部偏差的摩擦系数,按表 7-3 取用;

μ——预应力钢筋与孔道壁之间的摩擦系数,按表 7-3 取用;

x——张拉端至计算截面的孔道长度(m),可近似取该段孔道在纵轴上的投影长度;

a——张拉端锚具变形和钢筋内缩值(mm),按表 7-2 取用。

表 7-3　摩擦系数 κ 及 μ 值

孔道成型方式	κ	μ
预埋金属波纹管	0.0015	0.25
预埋钢管	0.0010	0.30
橡胶管或钢管抽芯成型	0.0014	0.55

注:1. 表中数据也可根据实测数据确定;

2. 当采用钢丝束的钢质锥形锚具及类似形式锚具时,尚应考虑锚环口处的附加摩擦损失,其值可根据实测数据确定。

(2) 预应力钢筋与孔道壁之间摩擦引起的预应力损失 σ_{l2}

后张法预应力混凝土构件，当采用预应力直线钢筋时，由于预留孔道位置偏差、内壁粗糙及预应力钢筋表面粗糙等原因，使预应力钢筋在张拉时与孔道壁之间产生摩擦阻力。这种摩擦阻力距离预应力钢筋张拉端越远，其影响越大；当采用预应力曲线钢筋时，由于曲线孔道的曲率使预应力钢筋与孔道壁之间产生附加的法向力和摩擦力，摩擦阻力更大，如图 7.5 所示。

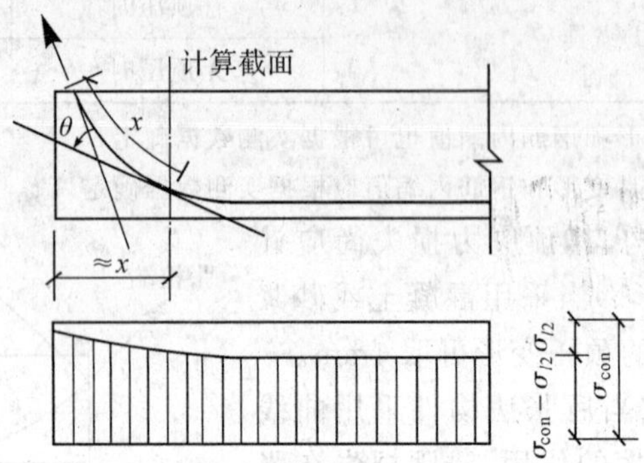

图 7.5　摩擦引起的预应力损失

预应力钢筋与孔道壁之间摩擦引起的预应力损失 σ_{l2}(N/mm²)，可按下列公式计算：

$$\sigma_{l2}=\sigma_{\text{con}}\left(1-\frac{1}{e^{\kappa x+\mu\theta}}\right) \tag{7-4}$$

式中：x—— 张拉端至计算截面的孔道长度(m)，可近似取该段孔道在纵轴上的投影长度；

θ—— 张拉端至计算截面孔道部分切线的夹角(rad)；

κ—— 考虑孔道每米长度局部偏差的摩擦系数，按表 7-3 取用；

μ—— 预应力钢筋与孔道壁之间的摩擦系数，按表 7-3 取用。

当$(\kappa x+\mu\theta)\leqslant 0.2$ 时，可按下列公式近似计算：

$$\sigma_{l2}=(\kappa x+\mu\theta)\sigma_{\text{con}} \tag{7-5}$$

对多曲率的曲线孔道或直线段与曲线段组成的孔道，应分段计算摩擦引起的预应力损失。

(3) 加热养护时，预应力钢筋与台座之间的温差引起的预应力损失 σ_{l3}

为了缩短先张法构件的生产周期，混凝土浇筑后常进行蒸汽养护。升温时，新浇筑的混凝土尚未结硬，钢筋受热后可自由伸长，但两端的台座是固定不动的，亦即台座间距离保持不变，这必然使张拉后受力的钢筋变松，产生预应力损失。降温时，混凝土已结硬并同预应力钢筋结成整体共同回缩，而且二者的温度线膨胀系数相近，故所产生的预应力损失无法恢复。

设混凝土加热养护时，受张拉的钢筋与承受拉力的设备(台座)之间的温差为 Δt(℃)，钢筋的温度线膨胀系数为 $\alpha=1\times10^{5}/℃$，则 σ_{l3}(N/mm²)可按下式计算：

$$\begin{aligned}\sigma_{l3}&=\varepsilon_s E_s=\frac{\Delta l}{l}E_s=\frac{\alpha l\Delta t}{l}E_s=\alpha E_s\Delta t\\&=1\times10^{-5}\times2.0\times10^{5}\times\Delta t=2\Delta t(\text{N/mm}^2)\end{aligned} \tag{7-6}$$

(4) 预应力钢筋的应力松弛引起的预应力损失 σ_{l4}

钢筋在高应力作用下，其塑性变形具有随时间而增长的性质。在钢筋长度保持不变的条件下，其应力会随时间的增长而逐渐降低，这种现象称为钢筋的应力松弛。钢筋的应力松弛引起的预应力损失 σ_{l4}(N/mm^2)的计算方法如下：

① 预应力钢丝、钢绞线

对于普通松弛预应力钢丝、钢铰线：

采用一次张拉工艺：$\sigma_{l4}=0.40(\frac{\sigma_{con}}{f_{ptk}}-0.5)\sigma_{con}$ (7-7)

采用超张拉工艺：　$\sigma_{l4}=0.36(\frac{\sigma_{con}}{f_{ptk}}-0.5)\sigma_{con}$ (7-8)

对于低松弛预应力钢丝、钢铰线：

当 $\sigma_{con}\leqslant 0.7f_{ptk}$时　$\sigma_{l4}=0.125(\frac{\sigma_{con}}{f_{ptk}}-0.5)\sigma_{con}$ (7-9)

当 $0.7f_{ptk}<\sigma_{con}\leqslant 0.8f_{ptk}$时，$\sigma_{l4}=0.2(\frac{\sigma_{con}}{f_{ptk}}-0.575)\sigma_{con}$ (7-10)

② 对于热处理钢筋

采用一次张拉工艺：$\sigma_{l4}=0.05\sigma_{con}$ (7-11)

采用超张拉工艺：　$\sigma_{l4}=0.035\sigma_{con}$ (7-12)

当$\frac{\sigma_{con}}{f_{ptk}}\leqslant 0.5$ 时，预应力钢筋的应力松弛损失值可取为零。另外，取用上述超张拉的预应力损失值时，其张拉程序应为：$0\rightarrow 1.03\sigma_{con}$ 或 $0\rightarrow 1.05\sigma_{con}$ 持荷 $2\min\rightarrow\sigma_{con}$。

(5) 混凝土的收缩和徐变引起的预应力损失 σ_{l5}

在一般湿度条件下，混凝土结硬时会发生体积收缩，而在预压力作用下，混凝土会发生沿压力方向的徐变。二者都使构件的长度缩短，预应力钢筋也随之内缩，产生预应力损失。混凝土的收缩和徐变引起的预应力损失 σ_{l5}(N/mm^2)，可按下列公式计算：

先张法构件

$$\sigma_{l5}=\frac{45+280\frac{\sigma_{pc}}{f_{cu}}}{1+15\rho} \tag{7-13}$$

$$\sigma'_{l5}=\frac{45+280\frac{\sigma'_{pc}}{f_{cu}}}{1+15\rho'} \tag{7-14}$$

后张法构件

$$\sigma_{l5}=\frac{35+280\frac{\sigma_{pc}}{f_{cu}}}{1+15\rho} \tag{7-15}$$

$$\sigma'_{l5}=\frac{35+280\frac{\sigma'_{pc}}{f_{cu}}}{1+15\rho'} \tag{7-16}$$

式中：σ_{pc}、σ'_{pc}——在受拉区、受压区预应力钢筋合力点处的混凝土法向压应力；

f_{cu}——施加预应力时的混凝土立方体抗压强度；

ρ、ρ'——受拉区、受压区预应力钢筋和非预应力钢筋的配筋率。

对先张法构件

$$\rho=\frac{A_p+A_s}{A_0}\qquad \rho'=\frac{A'_p+A'_s}{A_0} \tag{7-17}$$

对后张法构件

$$\rho=\frac{A_p+A_s}{A_n} \qquad \rho'=\frac{A'_p+A'_s}{A_n} \tag{7-18}$$

此处，A_0 为混凝土换算截面面积，A_n 为混凝土净截面面积。

对于对称配置预应力钢筋和非预应力钢筋的构件，配筋率 ρ、ρ'应按钢筋总截面面积的一半计算。

上述公式是在相对湿度为 60%～80%环境条件下得出的经验公式，对处于高湿度环境条件下，σ_{l5}及 σ'_{l5}值可降低 50%。而当结构处于年平均相对湿度低于 40%的环境下，σ_{l5}及 σ'_{l5}值应增加 30%。对坍落度大的泵送混凝土或周围空气相对湿度为 40%～60%的情况，宜根据实际情况考虑混凝土收缩和徐变引起预应力损失值增大的影响，或采用其他可靠数据。

(6) 环形构件混凝土受螺旋式预应力钢筋局部挤压引起的预应力损失 σ_{l6}

环形构件混凝土由于受螺旋式预应力钢筋的挤压而发生局部压陷，构件的直径将有所减小，预应力钢筋中的拉应力就会随之而降低，引起预应力损失 σ_{l6}。

σ_{l6}的大小与环行构件的直径 d 成反比。构件直径 d 越小，预应力损失 σ_{l6}越大。《规范》规定：当 $d\leqslant$3m 时，取 $\sigma_{l6}=30\text{N/mm}^2$；当 $d>$3m 时，取 $\sigma_{l6}=0$。

2. 减少预应力损失的措施。

减少预应力损失的措施可以针对预应力损失产生的原因提出。针对 σ_{l1}：减少垫板数量，选择变形和钢筋内缩小的夹具或锚具；针对 σ_{l2}：可以采用一端张拉另一端补拉，两端张拉或超张拉；针对 σ_{l3}：可采用两阶段升温养护来减小温差损失；针对 σ_{l4}：可采用超张拉；针对 σ_{l5}：所有能够减少混凝土的收缩和徐变的措施，如选择级配较好的骨料、强度较高的混凝土、高标号水泥，降低水泥用量，减少水灰比等。

3. 预应力损失的分阶段组合

在实际计算中，以“预压”为界，把预应力分成两批。所谓“预压”，对先张法，是指放松预应力钢筋(简称放张)，开始给混凝土施加预应力的时刻；对后张法，因为是在混凝土构件上张拉预应力钢筋，混凝土从张拉钢筋开始就受到预压，故“预压”特指张拉预应力钢筋至 σ_{con}并加以锚固的时刻。预应力混凝土构件在各阶段的预应力损失值宜按表 7-4 的规定进行组合。

表 7-4 各阶段预应力损失值的组合

预应力损失值的组合	先张法构件	后张法构件
混凝土预压前(第一批)的损失 $\sigma_{l\mathrm{I}}$	$\sigma_{l1}+\sigma_{l2}+\sigma_{l3}+\sigma_{l4}$	$\sigma_{l1}+\sigma_{l2}$
混凝土预压后(第二批)的损失 $\sigma_{l\mathrm{II}}$	σ_{l5}	$\sigma_{l4}+\sigma_{l5}+\sigma_{l6}$

考虑到预应力损失计算值与实际值的差异，并为了保证预应力混凝土构件具有足够的抗裂度，应对预应力总损失值做最低限值的规定。《规范》规定，当计算求得的预应力总损失值小于下列数值时，应按下列数值取用：先张法构件，100N/mm^2；后张法构件 80N/mm^2。

7.3 预应力混凝土轴心受拉构件(＊)

预应力混凝土构件的计算内容包括使用阶段计算和施工阶段计算。使用阶段的计算包括承载力极限状态的计算和正常使用极限状态的验算，如承载力计算，裂缝控制验算和变形验算。施工阶段计算是指预应混凝土构件在制作、运输和安装等施工过程中，应对其承载力和抗裂性进行验算。本书仅介绍预应力混凝土轴心受拉构件，其它类型的预应力混凝土构件计算的基本原理可以参考预应力混凝土轴心受拉构件。约定，用 A_p 和 A_s 表示预应力钢筋和非预应力钢筋的截面面积，A_c 为混凝土截面面积；以 σ_{pe}，σ_{pc}，σ_s 表示预应力钢筋、混凝土、非预应力钢筋的应力。

7.3.1　应力分析

1. 先张法构件

(1)施工阶段

这里仅考虑施工制作阶段。

①放松预应力钢筋前(图 7.6a)，混凝土达到规定的强度 f_{cu}，此时已经完成第一批预应力损失 $\sigma_{l\,\mathrm{I}}$。预应力钢筋的应力 $\sigma_p=\sigma_{\mathrm{con}}-\sigma_{l\,\mathrm{I}}$，而混凝土和非预应力钢筋均未受力，即有 $\sigma_{pc}=0$，$\sigma_s=0$。

②放松预应力钢筋时，构件发生弹性压缩，此时预应力钢筋的合力 $N_{p\,\mathrm{I}}=(\sigma_{\mathrm{con}}-\sigma_{l\,\mathrm{I}})A_p$ 由整个构件截面承担，混凝土受到压应力 $\sigma_{pc\,\mathrm{I}}$，根据变形协调条件，钢筋与混凝土的应变是一致的，设 α_{Es}，α_E 分别为非预应力钢筋、预应力钢筋的弹性模量与混凝土弹性模量的比值，于是

$$\sigma_s=\alpha_{Es}\sigma_{pc\,\mathrm{I}}$$

$$\sigma_p=\sigma_{\mathrm{con}}-\sigma_{l\,\mathrm{I}}-\alpha_E\sigma_{pc\,\mathrm{I}}$$

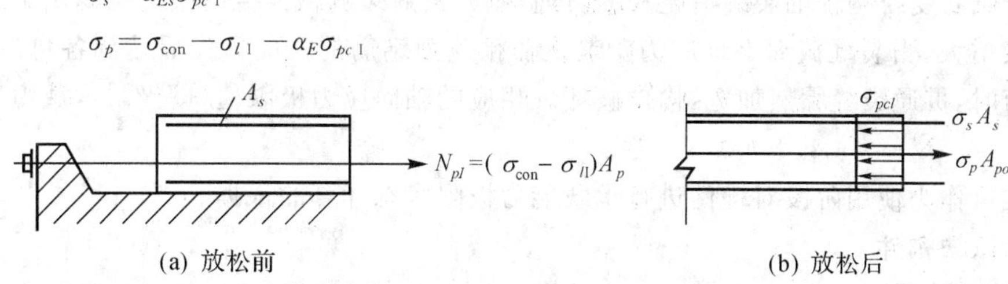

图 7.6　先张法构件预应力钢筋放松前后的应力状态

根据放松(截断)预应力钢筋时的静力平衡条件(图 7.6b)，有

$$\sigma_p A_p=\sigma_{pc\,\mathrm{I}}A_c+\sigma_s A_s$$

代入，有

$$(\sigma_{\mathrm{con}}-\sigma_{l\,\mathrm{I}}-\alpha_E\sigma_{pc\,\mathrm{I}})A_p=\sigma_{pc\,\mathrm{I}}A_c+\alpha_{Es}\sigma_{pc\,\mathrm{I}}A_s$$

于是，得到

$$\sigma_{pc\,\mathrm{I}}=\frac{(\sigma_{\mathrm{con}}-\sigma_{l\,\mathrm{I}})A_p}{A_c+\alpha_{Es}A_s+\alpha_E A_p}=\frac{(\sigma_{\mathrm{con}}-\sigma_{l\,\mathrm{I}})A_p}{A_0}$$

式中，A_0 为构件的换算截面面积，$A_0=A_c+\alpha_{Es}A_s+\alpha_E A_p$。对先张法轴心受拉构件，混凝土截面面积为 $A_c=A-A_p-A_s$，$A=bh$ 为构件的毛截面面积。

先张法构件放松预应力钢筋时，混凝土受到的预压应力达最大值。因此，该应力状态可作为施工阶段对构件进行承载能力计算的依据。

③完成第二批预应力损失后，类似可以得到

$$\sigma_{pc\,\mathrm{II}}=\frac{(\sigma_{\mathrm{con}}-\sigma_l)A_p-\sigma_{l5}A_s}{A_0} \tag{7-19}$$

$$\sigma_{s\,\mathrm{II}}=\alpha_{Es}\sigma_{pc\,\mathrm{II}}+\sigma_{l5}$$

$$\sigma_{p\,\mathrm{II}}=\sigma_{\mathrm{con}}-\sigma_l-\alpha_E\sigma_{pc\,\mathrm{II}}$$

式中：$\sigma_{pc\,\mathrm{II}}$——完成全部预应力损失后的混凝土压应力，称为混凝土有效预压应力；

$\sigma_{p\,\mathrm{II}}$——完成全部预应力损失后的预应力钢筋拉应力；

$\sigma_{s\,\mathrm{II}}$——完成全部预应力损失后的非预应力钢筋压应力。

(2)使用阶段

使用阶段是指从施加外荷载开始的阶段。预应力混凝土轴心受拉构件从开始受荷到最后破坏可以分为以下三个阶段：

①加荷至混凝土预压应力被抵消时，即消压阶段

$$N_0=\sigma_{pc\,\mathrm{II}}A_0 \tag{7-20}$$

此时，构件截面上混凝土的应力为零，相当于普通钢筋混凝土构件还没有受到外荷载的作用，但预应力混凝土构件已能承担外荷载产生的轴向拉力 N_0，故称 N_0 为"消压拉力"。

②继续加荷至混凝土即将开裂

随着轴向拉力的继续增大，构件截面上混凝土将转而受拉，当拉应力达到混凝土抗拉强度标准值 f_{tk}时，构件截面即将开裂，设相应的轴向拉力为 N_{cr}。

$$N_{cr}=\sigma_{pc\,\mathrm{II}}A_0+f_{tk}A_0=N_0+f_{tk}A_0$$

上式可作为使用阶段对构件进行抗裂度验算的依据。

③加荷直至构件破坏

由于轴心受拉构件的裂缝沿正截面贯通，则开裂后裂缝截面混凝土完全退出工作。随着荷载继续增大，当裂缝截面上预应力钢筋及非预应力钢筋的拉应力先后达到各自的抗拉强度设计值时，贯通裂缝骤然加宽，构件破坏。相应的轴向应力极限值(即极限承载力)为 N_u。

$$N_u=f_{py}A_p+f_yA_s \tag{7-21}$$

上式可作为使用阶段对构件进行承载能力极限状态计算的依据。

2. 后张法构件

(1)施工阶段

①在构件上张拉预应力钢筋至 σ_{con}并锚固，完成第一批预应力损失

此时混凝土预压前的损失 $\sigma_{l\,\mathrm{I}}$ 已经完成，混凝土的弹性压缩已经发生，因此

$$\sigma_{pc}=\sigma_{pc\,\mathrm{I}}$$

$$\sigma_{pe}=\sigma_{\mathrm{con}}-\sigma_{l\,\mathrm{I}}$$

$$\sigma_s=\alpha_{Es}\sigma_{pc\,\mathrm{I}}$$

代入平衡方程

$$\sigma_pA_p=\sigma_{pc\,\mathrm{I}}A_c+\sigma_sA_s$$

得

$$(\sigma_{\mathrm{con}}-\sigma_{l\,\mathrm{I}})A_p=\sigma_{pc\,\mathrm{I}}A_c+\alpha_{Es}\sigma_{pc\,\mathrm{I}}A_s$$

解得

$$\sigma_{pc\,\mathrm{I}}=\frac{(\sigma_{\mathrm{con}}-\sigma_{l\,\mathrm{I}})A_p}{A_c+\alpha_{Es}A_s}=\frac{(\sigma_{\mathrm{con}}-\sigma_{l\,\mathrm{I}})A_p}{A_n} \tag{7-22}$$

②完成第二批预应力损失

第二批损失 $\sigma_{l\,\mathrm{II}}=\sigma_{l4}+\sigma_{l5}$。注意混凝土收缩、徐变引起预应力损失 σ_{l5}，在非预应力钢筋中则会产生应力增量 σ_{l5}，此时

$$\sigma_{pc}=\sigma_{pc\,\mathrm{II}}$$

$$\sigma_{pe}=\sigma_{con}-\sigma_{l}$$

$$\sigma_{s}=\alpha_{Es}\sigma_{pc\,\mathrm{II}}+\sigma_{l5}$$

代入平衡方程，可解得

$$\sigma_{pc\,\mathrm{II}}=\frac{(\sigma_{con}-\sigma_{l})A_{p}-\sigma_{l5}A_{s}}{A_{n}} \tag{7-23}$$

$\sigma_{pc\,\mathrm{II}}$ 即为后张法构件中最终建立的混凝土有效预压应力。

(2)使用阶段

相应时刻的应力图形与先张法构件的相同，外荷载产生的轴向拉力符号也相同。

①加荷至混凝土预压应力被抵消时

$$N_{0}=\sigma_{pc\,\mathrm{II}}A_{n}+\alpha_{E}\sigma_{pc\,\mathrm{II}}A_{p}=\sigma_{pc\,\mathrm{II}}A_{0} \tag{7-24}$$

后张法构件 N_0 的意义及计算公式的形式与先张法构件相同，二者都用构件的换算截面面积 A_0 计算。

②继续加荷至混凝土即将开裂

$$N_{cr}=N_{0}+f_{tk}A_{0}=(\sigma_{pc\,\mathrm{II}}+f_{tk})A_{0} \tag{7-25}$$

上式可作为使用阶段对构件进行抗裂度验算的依据。

③加荷直到构件破坏

$$N_{u}=f_{py}A_{p}+f_{y}A_{s} \tag{7-26}$$

N_u 是使用阶段对构件进行承载力极限状态计算的依据。

注意：后张法中

$$A_{n}=A_{c}+\alpha_{Es}A_{s}$$

$$A_{0}=A_{n}+\alpha_{E}A_{p}$$

$$A_{c}=A-A_{s}-A_{\text{孔}}$$

A_c 为扣除孔道、凹槽及非预应力钢筋截面面积后的混凝土净截面面积。构件的净截面面积 A_n 的物理意义是：混凝土截面面积 A_c 与非预应力钢筋换算成的具有同样变形性能的混凝土面积之和。而构件的换算截面面积 A_0，是将预应力钢筋和非预应力钢筋都换算成具有同样变形性能的混凝土面积与混凝土截面面积之和。

7.3.2　使用阶段正截面承载力计算

使用阶段正截面承载力计算目的是保证构件在使用阶段具有足够的安全性，属于承载能力极限状态的计算，荷载效应及材料强度均采用设计值。预应力轴心受拉构件破坏时，全部由预应力钢筋和非预应力钢筋承担，因此其承载力计算公式如下：

$$N\leqslant N_{u}=f_{py}A_{p}+f_{y}A_{s} \tag{7-27}$$

式中：N——轴向拉力设计值；

N_u——构件截面所有承受的轴向拉力设计值；

f_{py}——预应力钢筋的抗拉强度设计值；

f_y——非预应力钢筋的抗拉强度设计值。

应用上式解题时，一个方程只能求解一个未知量。一般先按构造要求或经验定出非预应力钢筋的数量即 A_s 已知，然后再由公式求解 A_p。

对于后张法构件端部锚固区尚应进行局部承压验算(略)。

7.3.3 使用阶段抗裂及裂缝宽度验算

预应力混凝土构件的裂缝控制等级分为三级(表 2-8)。对于裂缝控制等级为一级和二级的构件应该进行抗裂度计算;对于裂缝控制等级为三级的构件应该进行裂缝宽度验算。

1. 裂缝控制等级为一级——严格要求不出现裂缝的构件

在荷载效应的标准组合下应符合下列规定:

$$\sigma_{ck}-\sigma_{pc}\leqslant 0 \tag{7-28}$$

即要求在荷载效应的标准组合 N_k 下,克服了有效预压应力后,构件截面混凝土不出现拉应力。

式中:σ_{ck}——荷载效应的标准组合下混凝土的法向拉应力,$\sigma_{ck}=\dfrac{N_k}{A_0}$;

σ_{pc}——扣除全部预应力损失后在抗裂验算边缘混凝土的预压应力。

2. 裂缝控制等级为二级——一般要求不出现裂缝的构件

应同时满足如下两个条件:

(1)在荷载效应的标准组合下应符合下列规定

$$\sigma_{ck}-\sigma_{pc}\leqslant f_{tk} \tag{7-29}$$

即要求在荷载效应的标准组合 N_k 下,克服了混凝土有效预压应力后,构件截面混凝土可以出现拉应力但不能开裂。

(2)在荷载效应的准永久组合下宜符合下列规定

$$\sigma_{cq}-\sigma_{pc}\leqslant 0 \tag{7-30}$$

即要求在荷载效应准永久组合 N_q 下,克服了混凝土有效预压应力后,使构件截面混凝土不出现拉应力。

式中:N_k,N_q——按荷载效应的标准组合、准永久组合计算的轴向拉力值;

σ_{ck},σ_{cq}——荷载效应的标准组合、准永久组合下的混凝土法向应力,无论先张法或后张法轴心受拉构件均有 $\sigma_{ck}=\dfrac{N_k}{A_0}$,$\sigma_{cq}=\dfrac{N_q}{A_0}$;

σ_{pc}——扣除全部预应力损失后在抗裂验算边缘混凝土的预压应力;

f_{tk}——混凝土轴心抗拉强度标准值;

A_0——构件的换算截面面积。

3. 裂缝控制等级为三级——允许出现裂缝的构件

按荷载效应的标准组合并考虑长期作用影响计算的最大裂缝宽度,应符合下列规定

$$\omega_{\max}\leqslant\omega_{\lim} \tag{7-31}$$

式中:$\omega_{\max}$——按荷载效应的标准组合并考虑长期作用影响计算的最大裂缝宽度,需注意其中 σ_{sk} 是按荷载效应的标准组合计算的预应力混凝土构件纵向受拉钢筋的等效应力按下式计算 $\sigma_{sk}=\dfrac{N_k-N_{p0}}{A_p+A_s}$;

$\omega_{\lim}$——最大裂缝宽度限值,查表 2-8 确定;

N_{p0}——混凝土法向预应力等于零时,预应力钢筋及非预应力钢筋的合力。

7.3.4　施工阶段的验算

施工阶段的验算目的是保证预应力混凝土轴心受拉构件在施工阶段的安全性，构件在制作过程中混凝土承受预应力时的强度 f_{cu} 可能低于混凝土的设计强度 f_{cu}，因此，应限制施加预应力过程中的混凝土法向压应力值，以免混凝土被压坏。混凝土法向压应力应符合下列规定

$$\sigma_{cc} \leqslant 0.8 f_{ck} \tag{7-32}$$

式中：σ_{cc}——施工阶段构件计算截面混凝土的最大法向压应力；

f_{ck}——与各施工阶段混凝土立方体抗压强度 f_{cu} 相应的抗压强度标准值，按线性内插法查表确定。

对于先张法构件放张时混凝土受到的预压应力达到最大，所以一般只需对放松预应力钢筋时构件的承载力进行验算；而对于后张法构件，除了对张拉钢筋时构件的承载力进行验算外，还应对构件端部锚固区进行局部承压验算。

【例题 7-1】 某 18m 跨度预应力混凝土屋架下弦，采用后张法。截面尺寸为 250×200，采用强度等级为 C50 混凝土，$f_{tk}=2.64\text{N/mm}^2$，$E_c=3.45\times10^4\text{N/mm}^2$，预留孔道 2$\phi$50，预应力钢筋采用热处理钢筋 $\phi^{HT}10$，两束，$A_p=78.5\text{mm}^2$，$f_{ptk}=1470\text{N/mm}^2$，$f_{py}=1040\text{N/mm}^2$；非预应力钢筋为 HRB400 级，共 4$\phi$12，$A_s=452\text{mm}^2$，$f_y=360\text{N/mm}^2$；预应力钢筋和非预应力钢筋的弹性模量均为 $E_s=2\times10^5\text{N/mm}^2$；张拉控制应力为 $\sigma_{\text{con}}=0.65f_{ptk}$，预应力总损失 $\sigma_l=164\text{N/mm}^2$，其中 $\sigma_{l5}=65\text{N/mm}^2$，混凝土达到设计强度时开始张拉。下弦轴心拉力设计值为 $N=570\text{N/mm}^2$，标准值为 $N_k=450\text{N/mm}^2$，准永久值为 $N_q=360\text{N/mm}^2$，结构重要性系数 $\gamma_0=1.1$，裂缝控制等级为二级。试进行下弦使用截断的承载力计算和抗裂验算。

[解]

1. 承载力计算

$$A_p=\frac{\gamma_0 N-f_yA_s}{f_{py}}=\frac{1.1\times570000-360\times452}{1040}=446.4\text{mm}^2$$

所以选用两束 3$\phi^{HT}10$，$A_p=471\text{mm}^2$。

2. 抗裂验算

(1)截面几何参数计算

$$\alpha_{Es}=\alpha_{Ep}=\frac{20}{3.45}=5.80$$

$$A_n=A_c+\alpha_{Es}A_s=250\times200-2\times\frac{\pi}{4}\times50^2-452+5.8\times452$$

$$=48242.6\text{mm}^2$$

$$A_0=A_n+\alpha_{Ep}A_p=48242.6+5.8\times471=50974.4\text{mm}^2$$

(2)混凝土有效预压应力计算

$$\sigma_{\text{con}}=0.65f_{ptk}=0.65\times1470=955.5\text{N/mm}^2$$

$$\sigma_l=164\text{N/mm}^2>80\text{N/mm}^2$$

$$\sigma_{pc\,\text{I}}=\frac{(\sigma_{\text{con}}-\sigma_l)A_p-\sigma_{l5}A_s}{A_n}=\frac{(955.5-164)\times471-65\times452}{48242.6}$$

$$=7.12\text{N/mm}^2$$

(3)抗裂验算

在荷载效应标准组合下的混凝土法向应力为

$$\sigma_{ck}=\frac{N_k}{A_0}=\frac{450000}{50974.4}=8.83\text{N/mm}^2,$$

$$\sigma_{ck}-\sigma_{pc}=8.83-7.12=1.71\text{N/mm}^2\leqslant f_{tk}=2.64\text{N/mm}^2$$

在荷载效应准永久组合下的混凝土法向应力为

$$\sigma_{cq}=\frac{N_q}{A_0}=\frac{360000}{50974.4}=7.06\text{N/mm}^2$$

$$\sigma_{cq}-\sigma_{pc}=7.06-7.12=-0.06\text{N/mm}^2<0$$

因此配置两束 $3\phi^{HT}10$ 预应力钢筋，整个构件满足裂缝控制等级为二级的要求。

7.4 预应力混凝土构件的构造

7.4.1 一般构造要求

1. 截面形式和尺寸

预应力轴心受拉构件采用正方形或矩形截面，预应力受弯构件可采用 T 形、I 形及箱形截面。由于预应力构件的抗裂度和刚度较大，所以截面尺寸可比钢筋混凝土构件小一些。如对预应力受弯构件，截面高度 $h=(1/20\sim1/14)l$，翼缘宽度$(1/3\sim1/2)h$，翼缘厚度$(1/10\sim1/6)h$。

7.4.2 先张法构件

1. 钢筋、钢丝、钢绞线净距。先张法预应力钢筋之间的净间距应根据浇筑混凝土、施加预应力及钢筋锚固等要求确定。预应力钢筋之间的净间距不应小于其公称直径或等效直径的 1.5 倍，且应符合下列规定：对热处理钢筋及钢丝，不应小于 15mm；对三股钢绞线，不应小于 20mm；对七股钢绞线，不应小于 25mm。

2. 当先张法预应力钢丝按单根方式配筋困难时，可采用相同直径钢丝并筋的配筋方式。并筋的等效直径，对双并筋应取为单筋直径的 1.4 倍，对三并筋应取为单筋直径的 1.7 倍。并筋的保护层厚度、锚固长度、预应力传递长度及正常使用极限状态验算均应按等效直径考虑。当预应力钢绞线、热处理钢筋采用并筋方式时，应有可靠的构造措施。

3. 端部附加竖向钢筋的布置。先张法预应力混凝土构件在放松预应力钢筋时，有时端部会产生劈裂缝。因此，对预应力钢筋端部周围的混凝土应采取下列加强措施：

(1)对单根配置的预应力钢筋，其端中宜设置长度不小于 150mm 且不少于 4 圈的螺旋筋；当有可靠经验时，亦可利用支座垫板上的插筋代替螺旋筋，但插筋数量不应少于 4 根，其长度不宜小于 120mm；

(2)对分散布置的多根预应力钢筋，在构件端部 $10d$(d 为预应力钢筋的公称直径)范围内应设置 3～5 片与预应力钢筋垂直的钢筋网；

(3)对采用预应力钢丝配筋的薄板，在板端 100mm 范围内应适当加密横向钢筋。

4. 对槽形板类构件，应在构件端部 100mm 范围内沿构件板面设置附加横向钢筋，其数量不应少于 2 根。对预制肋形板，宜设置加强其整体性和横向刚度的横肋。端横肋的受力钢筋应弯入纵肋内。当采用先张长线法生产有端横肋的预应力混凝土肋形板时，应在设计和制作上采取防止张预应力时端横肋产生裂缝的有效措施。

5. 在预应力混凝土屋面梁、吊车梁等构件靠近支座的斜向主拉应力较大部位，宜将一部分预应力钢筋弯起。

6. 对预应力钢筋在构件端部全部弯起的受弯构件或直线配筋的先张法构件，当构件端部与下部支承结构焊接时，应考虑混凝土收缩、徐变及温度变化所产生的不利影响，宜在构件端部可能产生裂缝的部位设置足够的非预应力纵向构造钢筋。

7.4.3 后张法构件

1. 采用后张法，预应力钢筋张拉后要用一定的措施锚固在构件两端。锚丝束、钢绞线束的预留孔道应符合下列规定：

(1)对预制构件，孔道之间的水平净间距不宜小于50mm；孔道至构件边缘的净间距不宜小于30mm，且不宜小于孔道直径的一半；

(2)在框架梁中，预留孔道在竖直方向的净间距不应小于孔道外径，水平方向的净间距不应小于1.5倍孔道外径；从孔壁算起的混凝土保护层厚度，梁底不宜小于50mm，梁侧不宜小于40mm；

(3)预留孔道的内径应比预应力钢丝束或钢绞线束外径及需穿过孔道的连接器外径大10～15mm；

(4)在构件两端及跨中应设置灌浆孔或排气孔，其孔距不宜大于12m；凡制作时需要预先起拱的构件，预留孔道宜随构件同时起拱。

2. 为了控制后张法构件端部附近的纵向水平裂缝，对后张法预应力混凝土构件的端部锚固区应进行局部受压承载力计算，并配置间接钢筋，其体积配筋率不应小于0.5%。并且在局部受压间接钢筋配置区以外，为了防止沿孔道产生劈裂，在构件端部长度不小于$3e$（e为截面重心线上部或下部预应力钢筋的合力点至邻近边缘的距离）但不大于$1.2h$（h为构件端部截面高度）、高度为$2e$的附加配筋区范围内，应均匀配置附加箍筋或网片，其体积配筋率不小于0.5%（图7.7）。

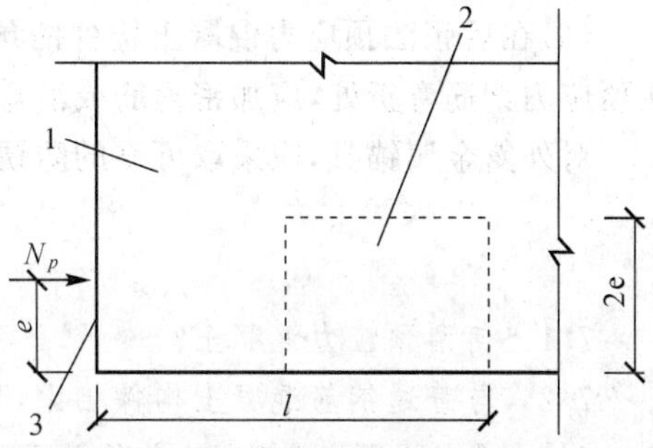

图7.7 防止沿孔道劈裂的配筋范围
1—局部受压间接钢筋配置区；
2—附加配筋区；3—构件端部

3. 在后张法预应力混凝土构件端部宜按下列规定布置钢筋：

(1)宜将一部分预应力钢筋在靠近支座处弯起，弯起的预应力钢筋宜沿构件端部均匀布置；

(2)当构件端部预应力钢筋需集中布置在截面下部或集中布置在上部和下部时，应在构件端部$0.2h$（h为构件端部截面高度）范围内设置附加竖向焊接钢筋网、封闭式箍筋或其他形式的构造钢筋；

(3)附加竖向钢筋宜采用带肋钢筋，其截面面积应符合下列要求：

当$e \leqslant 0.1h$时

$$A_{sv} \geqslant 0.3\frac{N_p}{f_y}$$

当 $0.1h < e \leqslant 0.2h$ 时

$$A_{sv} \geqslant 0.15\frac{N_p}{f_y}$$

当 $e > 0.2h$ 时，可根据实际情况适当配置构造钢筋。

式中：N_p——作用在构件端部截面重心线上部或下部预应力钢筋的合力，此时，仅考虑混凝土预压前的预应力损失值；

e——截面重心线上部或下部预应力钢筋的合力点至邻近边缘的距离；

f_y——附加竖向钢筋的抗拉强度设计值，查表确定，但不应大于 $300N/mm^2$。

当端部截面上部和下部均有预应力钢筋时，附加竖向钢筋的总截面面积应按上部或下部的预应力合力分别计算的数值叠加后采用。

(4)构件端部尺寸应考虑锚具的布置、张拉设备的尺寸和局部受压的要求，必要时应适当加大。当构件在端部有局部凹进时，应增设折线构造钢筋(图 7.8)或其它有效的构造钢筋。当对后张法预应力混凝土构件端部有特殊要求时，可通过有限元分析方法进行设计。

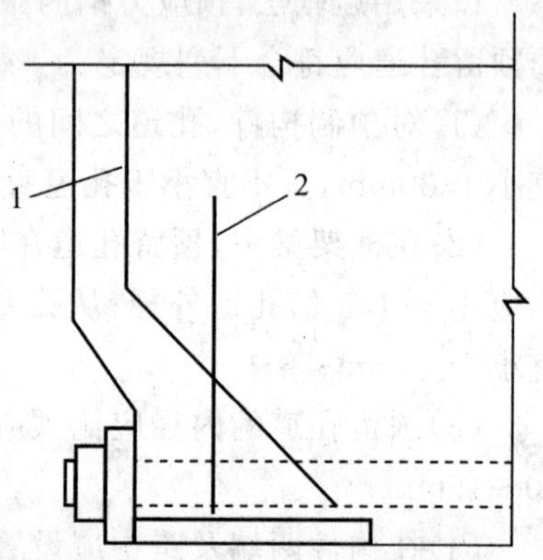

图 7.8 端部凹进处构造配筋

(5)后张法预应力混凝土构件中，曲线预应力钢丝束、钢绞线束的曲率半径不宜小于 4m；对折线配筋的构件，在预应力钢筋弯折处的曲率半径可适当减小。

(6)在后张法预应力混凝土构件的预拉区和预压区中，应设置纵向非预应力构造钢筋；在预应力钢筋弯折处，应加密箍筋或沿弯折处内侧设置钢筋网片。

对外露金属锚具，应采取可靠的防锈措施。

思考题

7.1 何谓预应力混凝土？

7.2 与普通钢筋混凝土构件相比，预应力混凝土构件有何优缺点。

7.3 为什么预应力混凝土构件必须采用高强钢材，且应尽可能采用高强度等级的混凝土？

7.4 施加预应力的方法有哪几种？分别叙述各类方法预应力混凝土构件的制作工艺及应用范围。

7.5 先张法和后张法构件的预应力是如何传递给混凝土的？

7.6 预应力混凝土构件对材料有何要求？

7.7 什么是张拉控制应力 σ_{con}？为什么张拉控制应力取值不能过高也不能过低？

7.8 预应力损失有哪几种？各损失产生的原因是什么？

7.9 如何采取措施减少预应力损失？

7.10 先张法、后张法各有哪几种损失？哪些属于第一批哪些属于第二批？

7.11 预应力混凝土构件应该进行哪些计算和验算？

习 题

7.1 某 24m 跨度预应力混凝土屋架下弦，采用后张法。截面尺寸为 250×180，采用强度等级为 C50 混凝土，$f_{tk}=2.64\text{N/mm}^2$，$E_c=3.45\times10^4\text{N/mm}^2$，预留孔道 2$\phi$50，预应力钢筋采用有黏结低松弛钢绞线束 ϕ^s11.1，两束，$f_{ptk}=1860\text{N/mm}^2$，$f_{py}=1320\text{N/mm}^2$；非预应力钢筋为 HRB335 级，共 4$\phi$12，$A_s=452\text{mm}^2$，$f_y=300\text{N/mm}^2$；预应力钢筋的弹性模量为 $E_p=1.95\times10^5\text{N/mm}^2$，非预应力钢筋的弹性模量为 $E_s=2\times10^5\text{N/mm}^2$；张拉控制应力为 $\sigma_{\text{con}}=0.75f_{\text{ptk}}$，预应力总损失 $\sigma_l=264\text{N/mm}^2$，其中 $\sigma_{l5}=130\text{N/mm}^2$，混凝土达到设计强度时开始张拉。下弦轴心拉力设计值为 $N=470\text{N/mm}^2$，标准值为 $N_k=350\text{N/mm}^2$，准永久值为 $N_q=280\text{N/mm}^2$，结构重要性系数 $\gamma_0=1.1$，裂缝控制等级为二级。试进行下弦的承载力计算和抗裂验算。

第 8 章　钢筋混凝土楼盖结构

8.1　概述

楼盖是建筑结构的重要组成部分。楼盖结构型式的选择、布置的合理性、结构计算和构造的正确性，对建筑的安全使用和经济性有重要意义。其主要原因在于：

(1)在一个建筑中，混凝土楼盖占土建总造价的 20%～30%，钢筋混凝土高层建筑中混凝土楼盖的自重约占总自重的 50%～60%，因而降低楼盖的造价和自重对整个建筑物来讲至关重要；

(2)减少混凝土楼盖的结构高度，就可降低建筑层高，对建筑工程具有很大的工程意义(例如 30 层楼，每层降低 0.1m，就可增加一个楼层)；

(3)混凝土楼盖设计对于建筑隔声、隔热和美观等建筑效果有直接影响；

(4)对于保证建筑物的承载力、刚度、耐久性，以及提高抗风、抗震性能等也有重要的作用。

8.1.1　楼盖的结构形式

1. 按结构布置形式分

钢筋混凝土楼盖按结构布置形式可分为肋梁楼盖、井式楼盖、无梁楼盖和密肋楼盖，见图 8.1。

1) 肋梁楼盖

肋梁楼盖由梁和板组成，梁的网格将楼板划分为一个一个的板块，通常为矩形板块。每个板块由周边的梁支承，因此楼面荷载由板块传递到梁，再由梁传到柱或墙等竖向承重构件。

对于肋梁楼盖，由单向板组成的楼盖称为单向板肋梁楼盖；由由双向板组成的楼盖称为双向板肋梁楼盖。

2) 井式楼盖

井式楼盖由肋梁楼盖演变而成，是一种特殊的肋梁楼盖。井式楼盖中两个方向梁的截面相同，为双向等截面梁系(交叉梁系)，且梁的网格基本接近正方形，即板块均为双向板。因此，通常井式楼盖两个方向梁将板面荷载直接传递给结构周边的柱或墙，中部一般不设柱支承，其跨越的平面空间较大。

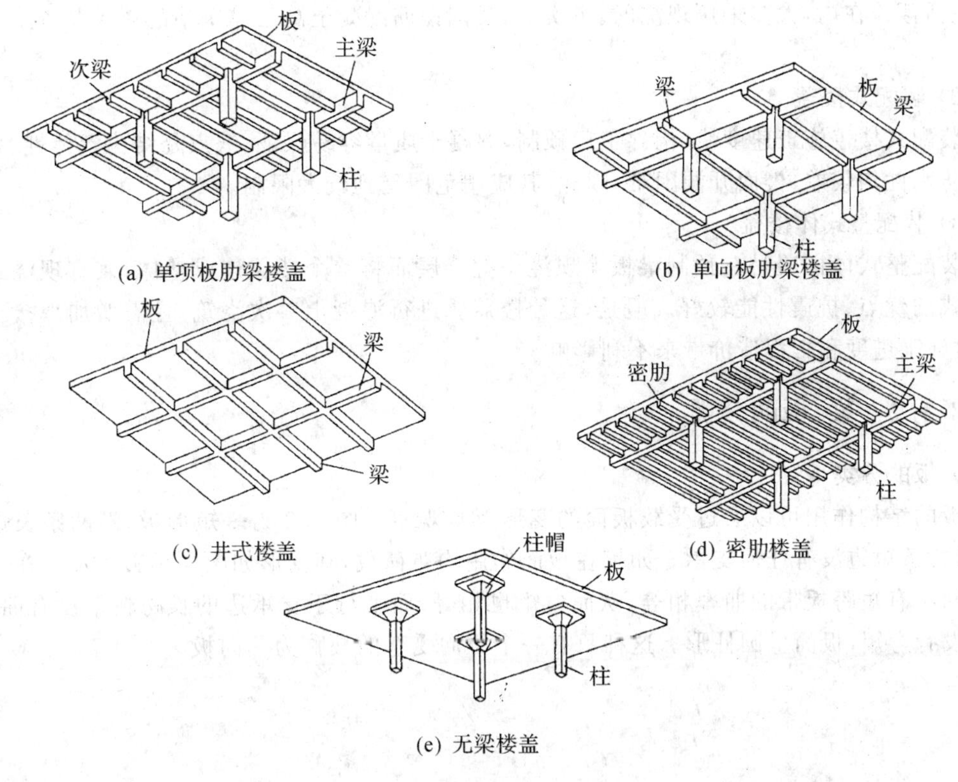

图 8.1　楼盖的结构形式

3）无梁楼盖

无梁楼盖是将楼板直接支承于柱上，而不设梁系。柱网尺寸一般接近方形，荷载由板直接传给柱或墙。无梁楼盖的特点是楼板底面平整、支模简单、施工方便，由于无梁降低了结构高度，但楼板厚度较大、用钢量较大。

目前，在书库、冷库、商业建筑及地下车库的楼盖中无梁楼盖应用较多。

4）密肋楼盖

密肋楼盖实际上可以看作是前面几种楼盖形式的一种特殊形式，有单向板密肋楼盖、双向板密肋楼盖。其主要特点是采用间距密的小梁(肋)，一般为 0.9～1.5m。

密肋楼盖多用于跨度大而梁高受限制的情况。施工采用塑料模壳，克服了支模复杂的缺点，且有着良好的建筑效果，故应用较多。

2. 按施工方法分

按施工方法，可分为现浇式、装配式和装配整体式。

1）现浇整体式楼盖

现浇楼盖的刚度大，整体性好，抗震抗冲击性能好，防水性好，对不规则平面的适应性强，可开洞。缺点是需要大量模板，工期也较长。我国《钢筋混凝土高层建筑结构设计与施工规程》规定，高层建筑中的楼板宜现浇；对抗震设防的建筑，当高度达到和超过 50m 时，楼盖应采用现浇；当高度低于 50m 时，在顶层、刚度过渡层和平面复杂或开洞过多的楼层，也应采用现浇楼盖。

随着商品混凝土、泵送混凝土以及工具式模板的广泛采用，现在国内外的钢筋混凝土结构，包括楼盖在内，大多采用现浇的。事实上，我国钢筋混凝土高层建筑中的楼盖基本上是现浇的。

2）装配式楼盖

装配式楼盖施工速度快，构件工厂预制，混凝土质量容易保证。缺点是结构整体性、抗震性和防水性均较差，楼面开洞困难，因此，其应用范围受到较大限制。

3）装配整式体楼盖

装配整式体楼盖是在预制梁板上现浇一叠合层而将整个楼盖连成整体，兼有现浇式和装配式的优点、抗震性能较好。但是，这种楼盖要进行混凝土二次浇筑，且需增加焊接工作量，对施工进度和工程造价带来不利影响。

8.1.2 梁、板的分类

1. 板的分类

板的结构作用可以通过受载板面的变形形状观察。图 8.2 为一矩形板，沿两条长边简支，沿两条短边没有任何支承。如果在板面作用均布荷载，其变形如图中阴影所示。在支承边之间所有短跨板带的曲率相等，从而弯矩也相等；而平行于支承边的长跨板带没有曲率，从而没有弯矩，板面呈圆柱形。这种只有一个方向受弯的板称为单向板。

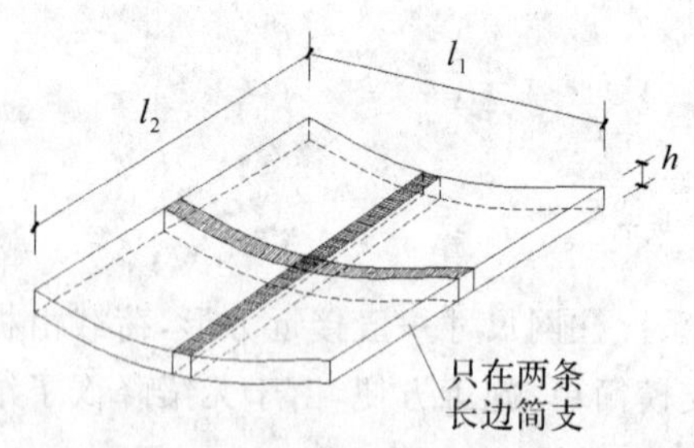

图 8.2 受均布荷载的单向板的变形形状

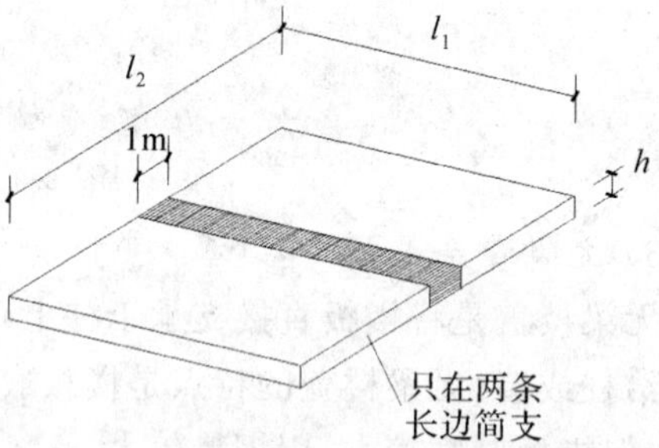

图 8.3 单向板受弯设计的单位板带

板上所有荷载都必须传到两边支承梁上，即只沿一个方向传递荷载。为便于分析与设计，在与支承梁相垂直的方向切出一条单位宽板带（通常取 1m），将其视为视为跨度为 l_1 的一根矩形梁，梁宽为单位宽（1m），梁高等于板厚 h，如图 8.3。可以用分析矩形梁的方法分析这一板带，计算单位宽度板带的弯矩。单向板的受力钢筋应与支承梁垂直布置，在平行于支承梁方向只须布置控制收缩和温度裂缝的构造钢筋。

在肋梁楼盖中每个区格板的四边通常有梁或墙支承，形成四边支承板。四边支承板在板面均布荷载作用下，当两个方向的跨度相近时，通常是双向弯曲的，即板弯曲成碟面。这种两个方向受弯的板称为双向板。为了观察它的弯曲状况，将板设想为在两个方向分别由两组相互平行的板带所组成，如图 8.4(a)所示，两个方向的板带相互交叉。显然，部分荷载由一组板带承受，并传到一对边支座上，其余的荷载由另一组板带承受，即板上的荷载沿两个方向传到周边的支座。

图 8.4(a)所示四边简支板，短跨为 l_1，长跨为 l_2，板面均布荷载为 q。在板的中央部位取出两个单位宽度的正交板带，可近似将两个板带看成简支梁，共同承担均布荷载 q。由于这些设想的板带实际上是同一块整体板的一部分，在交叉点处它们的挠度必须相同。写出短板

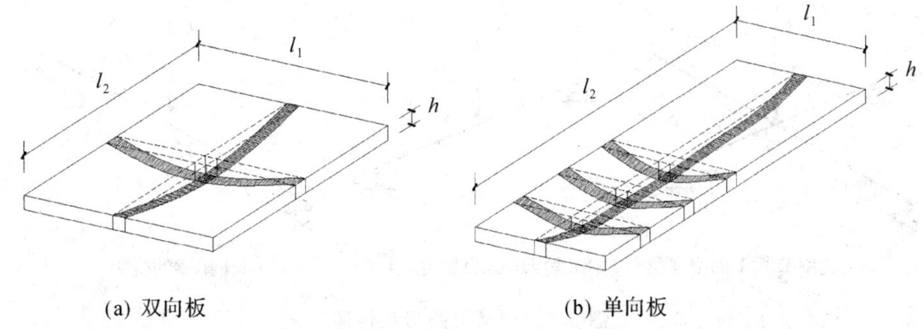

(a) 双向板　　(b) 单向板

图 8.4　四边简支板均布荷载作用下的变形状态

带和长板带跨中挠度公式得到

$$\frac{5q_1 l_1^4}{384EI_1}=\frac{5q_2 l_2^4}{384EI_2} \tag{8-1}$$

式中：q_1——短方向分担的荷载；

q_2——长方向分担的荷载；

EI_1、EI_2——两个方向板带的截面抗弯刚度。

根据式(8-1)得

$$\frac{q_1}{q_2}=\left(\frac{l_2}{l_1}\right)^4\cdot\frac{EI_1}{EI_2} \tag{8-2}$$

代入 $q=q_1+q_2$，可以得到

$$\frac{q_1}{q}=\frac{l_2^4\cdot EI_1}{l_1^4\cdot EI_2+l_2^4\cdot EI_1} \tag{8-3}$$

$$\frac{q_2}{q}=\frac{l_1^4\cdot EI_2}{l_1^4\cdot EI_2+l_2^4\cdot EI_1} \tag{8-4}$$

由公式(8-3)、(8-4)可以得到以下两个关于荷载传递原则的结论：

(1) 荷载沿短跨方向的传递大于沿长跨方向的传递，即荷载沿最短路径传递原则；

(2) 荷载沿刚度大的方向传递大于沿刚度小的方向传递，即荷载按刚度分配原则。

由于两个方向板带的刚度 EI 相同，因此两个方向板带分配的荷载 q_1、q_2 仅与其跨度有关。当 $l_2/l_1>3$ 时，作用于板上荷载 q 主要由短方向板带承受，长方向板带分配的荷载很小，此时除 4 个板角和短边支座附近外，板的大部分区域呈现单向弯曲，如图 8.4b。因此在设计中，对 $l_2/l_1\geqslant 3$ 的板，可近似按单向板计算，而忽略长跨方向的弯矩，仅通过长跨方向配置必要的构造钢筋予以考虑；对 $l_2/l_1\leqslant 2$ 的板按双向板计算；当 $2<l_2/l_1<3$ 时，宜按双向板计算，如按单向板计算，则需注意在长跨方向配置足够的构造钢筋。

2. 梁的分类

分析图 8.5 所示在跨中集中荷载 P 作用下十字交叉梁的受力，4 个支座均为简支。显然集中荷载 P 由两根梁共同分担。设短方向梁的跨度为 l_1，长方向梁的跨度为 l_2。两个方向的梁在交叉点处有相同的挠度，写出两个方向梁的跨中挠度公式得

$$\frac{P_1 L_1^3}{48EI_1}=\frac{P_2 L_2^3}{48EI_2} \tag{8-5}$$

式中：P_1——短方向 L_1 梁分担的荷载；

P_2——长方向 L_2 梁分担的荷载；

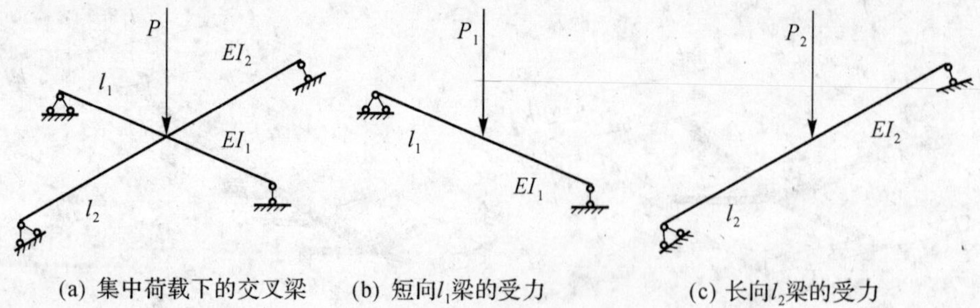

(a) 集中荷载下的交叉梁　(b) 短向l_1梁的受力　(c) 长向l_2梁的受力

图 8.5　交叉梁的荷载传递

EI_1、EI_2——两个方向梁的抗弯刚度。

根据式(8-5)得

$$\frac{P_1}{P_2}=\left(\frac{l_2}{l_1}\right)^3\cdot\frac{EI_1}{EI_2} \tag{8-6}$$

假定梁为矩形截面，截面宽度相同，将 $I=\frac{1}{12}bh^3$ 带入式(8-6)，可得

$$\frac{P_1}{P_2}=\left(\frac{h_1/l_1}{h_2/l_2}\right)^3 \tag{8-7}$$

由此可见，两个方向梁分配的荷载 P_1、P_2 与梁的高跨比 h/l 有关。若 l_1 方向梁的高跨比远大于 l_2 方向的高跨比，则梁的荷载主要由 l_1 方向梁承受，l_2 方向梁分配的荷载很小，可近似认为荷载 P 完全由 l_1 方向梁承受，并称 l_1 方向梁为主梁，l_2 方向梁为次梁。由于荷载由主梁承受，因此可以认为主梁是次梁的支座。

若两个方向梁的高跨比相差不大，则荷载由两个方向梁共同承受，此时的梁系称为双向梁，如井式楼盖中的梁系。

8.2　现浇单向板肋梁楼盖

8.2.1　结构平面布置

单向板肋梁楼盖由单向板、次梁和主梁组成，并支承在柱或墙上。楼盖的组成构件之间的支承关系及荷载的传递路线是由板、梁的线刚度决定的。根据荷载按刚度分配原则，可以认为单向板以次梁为支座，次梁以主梁为支座，主梁以柱或墙为支座；作用于楼盖板面上的荷载，先由单向板传给次梁，再由次梁传给主梁，最后由主梁传给柱或墙。

楼盖设计中，合理的柱网布置、梁格划分及板梁截面尺寸的确定是结构设计的首要问题，它对于建筑物的使用、经济和美观的有求有着直接的影响。在进行楼盖的结构平面布置时，应注意以下问题：

(1) 跨度经济。柱网布置一般由建筑平面决定，建筑使用要求柱网尽可能的大，但柱网间距大，会使得主梁跨度大，承受的楼面荷载范围也大，因而主梁截面尺寸相应需要增大，这会影响到使用净空。通常钢筋混凝土主梁的经济跨度为 5～8m。次梁间距决定了板的跨度，也即决定了板的厚度。单向板的经济跨度为 2～3m。

(2) 受力合理。在满足建筑物使用的前提条件下，柱网和梁格的划分应尽可能规整，结构布置力求简单，梁应尽可能拉通；避免楼板直接承受集中荷载；楼板上开有较大尺寸(≥

800mm）的洞口时，应在洞口周边设置小梁。

（3）主次梁布置合理。为提高房屋的横向刚度，一般将主梁横向布置，次梁纵向布置。

单向板梁板结构尺寸应满足：

（1）简支单向板：$h/l\geqslant 1/30$；连续单向板：$h/l\geqslant 1/40$。

（2）次梁：$h=(1/12\sim 1/15)l$。

（3）主梁：$h=(1/10\sim 1/15)l$。

（4）板的最小厚度应满足附表 10 的规定。

8.2.2　结构计算单元

根据前述荷载传递原则，对于单向板肋梁楼盖，楼面荷载的传递路径为：单向板→次梁→主梁。在进行荷载计算时，由于办、主次梁刚度的差异较大，可以不考虑结构连续性的影响，可分别对板、次梁和主梁进行结构分析。

1. 结构计算单元

单向板承受楼（屋）面均布荷载，可取单位板宽（$b=1$m）作为计算单元，见图 8.6。通常板的刚度远小于次梁的刚度，次梁可作为单位宽度板带的不动铰支座，因此单位宽度板带可简化为连续梁计算。

次梁承受由板传来的荷载和次梁的自重。而主梁可作为次梁的不动铰支座，因此次梁也可简化为连续梁计算。

主梁承受次梁传来的荷载和主梁的自重。当主梁与柱线刚度之比大于 5 时，柱可作为主梁的不动铰支座，原因是主梁的转动受柱端的约束可忽略，而柱的受压变形通常很小，此时主梁也可简化为连续梁计算。当主梁与柱形成框架结构时，则按框架梁计算。

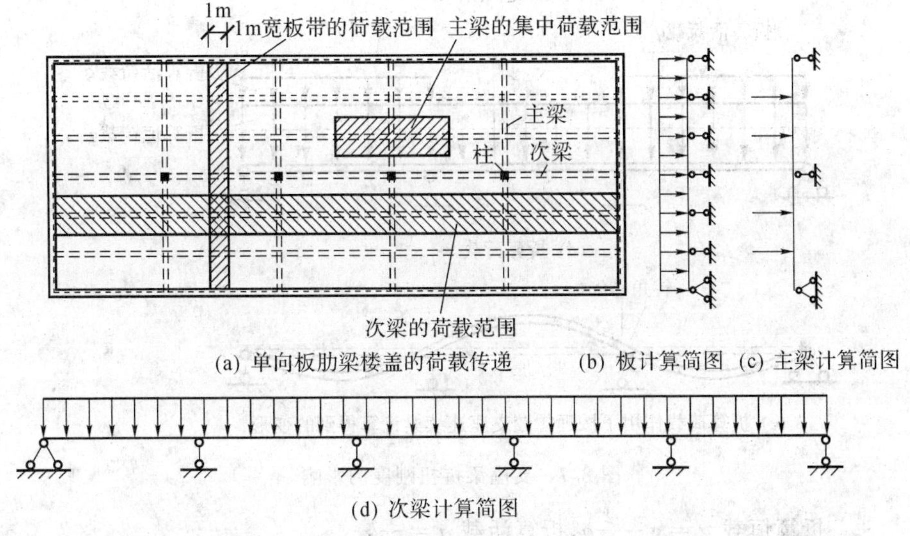

(a) 单向板肋梁楼盖的荷载传递　(b) 板计算简图　(c) 主梁计算简图

(d) 次梁计算简图

图 8.6　单向板肋梁楼盖的荷载传递及计算简图

2. 结构支承条件

（1）单向板、次梁的支承

由以上分析可知，将单向板和次梁简化为连续梁的计算模型中，支座均简化为不动铰支座，即连续梁在支座处可自由转动。而在实际整浇楼盖中，板梁是一个整体，单向板在次梁支承处的转动必然使次梁产生扭转，同样次梁在主梁支承处的转动必使主梁产生扭转，这与计算简图中将支承视为理想铰支座的情况是不同的。

图 8.7(a)为理想铰支座的连续梁计算模型，由于忽略了实际支座扭转刚度的影响，支座转角 θ(图 8.7(b))大于实际支座转角 θ'(图 8.7(c))，从而导致支座弯矩计算值小于实际值，跨中弯矩计算值大于实际值。这种误差，实用计算中用折算荷载的方法来解决。折算荷载方法是通过增大恒荷载值 g 和减小活荷载值 q(图 8.7(d))，使连续梁在铰支座处的转角 $\approx\theta'$(图8.7(e))。根据次梁抗扭刚度对单向板的影响程度和主梁抗扭刚度对次梁的影响程度分析，折算荷载取值如下：

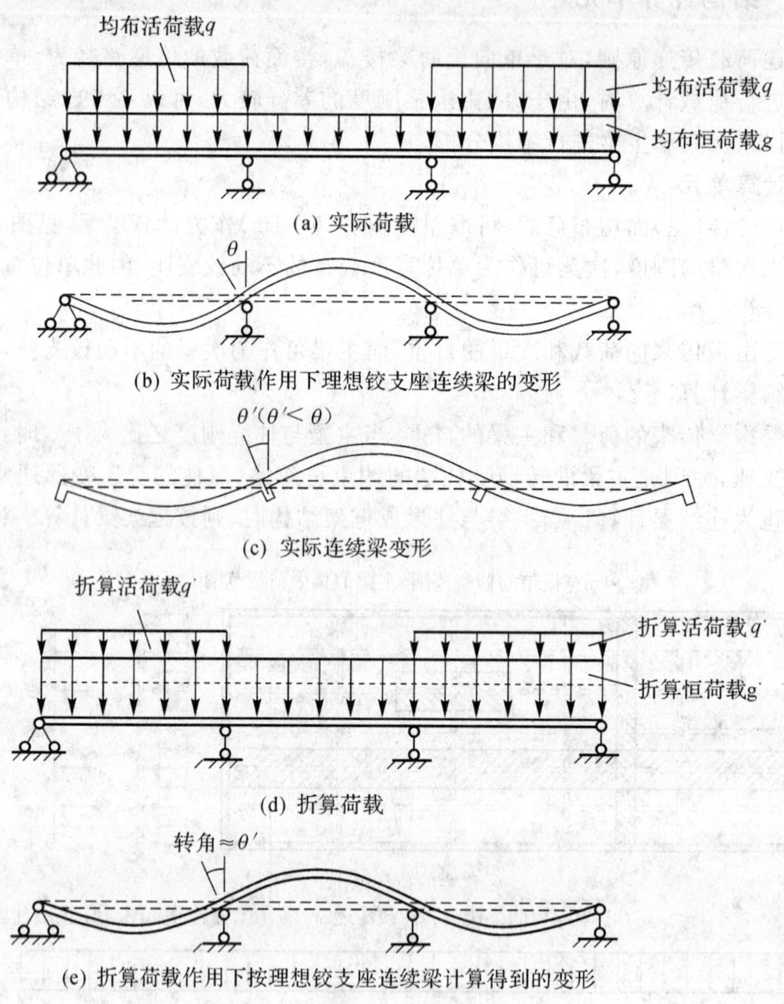

图 8.7 支座梁抗扭刚度的影响

板　　折算恒载 $g'=g+\frac{1}{2}q$，折算活载 $q'=\frac{1}{2}q$　　(8-8)

次梁　　折算恒载 $g'=g+\frac{1}{4}q$，折算活载 $q'=\frac{3}{4}q$　　(8-9)

(2) 主梁的支承

主梁作为连续梁计算时，主梁与柱线刚度之比大于 5，此时柱对主梁的约束作用较小，故将柱视为主梁的铰支座是合理的，不需进行调整。

3. 结构计算跨度

现浇单向板肋梁楼盖中，梁板简化为连续梁计算，梁的计算跨度应考虑支座实际尺寸和受力情况而确定。从理论上来讲，计算跨度是梁两端支座处转动点之间的距离，计算跨度的取值方法，应着重从受力概念上理解，不必硬记。如：当按塑性理论计算时，考虑到塑性铰位于支座边，中间跨的计算跨度取净跨 l_n。

计算跨度的选取可按表 8-1 和表 8-2 采用。

表 8-1　板的计算跨度

构件名称	支座情况		计算跨度(l)
单跨板	简支		l_0+h
	一端简支另一端与梁整体固定		$l_0+h/2$
	两端均与梁整体固定		l_0
多跨板	简支	$a \leqslant 0.1l_c$	l_c
		$a > 0.1l_c$	$1.1l_0$
	两端均与梁整体固定	按塑性计算	l_0
		按弹性计算	l_c
	一端嵌固墙内	$a \leqslant 0.1l_c$	$l_0+(h+a)/2$
	一端简支	$a > 0.1l_c$	$1.05l_0+h/2$
	一端嵌固墙内	按塑性计算	$l_0+h/2$
	一端与梁固定	按弹性计算	$l_0+(h+a)/2$

注：l_0 为支座间净距；l_c 为支座中心间的距离；a 为支座宽度；h 为板的厚度。

表 8-2　梁的计算跨度

构件名称	支座情况		计算跨度(l)
单跨梁			$l_0+a \leqslant 1.05l_0$
连续梁	简支	$a \leqslant 0.05l_c$ $a > 0.05l_c$	l_c $1.05l_0$
	两端均与梁整体固定	按塑性计算 按弹性计算	l_0 l_c
	一端嵌固墙内一端简支	$a \leqslant 0.05l_c$ $a > 0.05l_c$	$1.025l_0+a/2$ $1.05l_0$
	一端嵌固墙内一端与梁固定	按塑性计算 按弹性计算	$1.025l_0$ $l_c \leqslant 1.025(l_0+a/2)$

注：l_0 为支座间净距；l_c 为支座中心间的距离；a 为支座宽度。

4. 结构计算跨数

对于五跨以上的连续梁，当跨度相差不超过 10%，且各跨的截面尺寸和荷载都相同时，结构内力分析表明，除端部两跨内力外，其它所有中间跨的内力都较为接近，故可近似按五跨进行内力计算，如图 8.8。对不多于五跨的连续梁，按实际跨数计算。

8.2.3　按弹性理论的计算方法

对钢筋混凝土单向板肋梁楼盖中的板、次梁和主梁进行内力计算时，若将钢筋混凝土视为匀质弹性体，则可按结构力学的一般方法分析内力，即内力按弹性理论计算。可参考附表 11 计算。

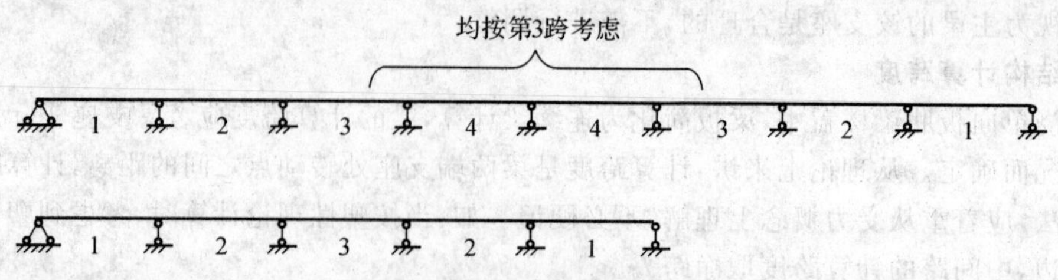

图 8.8 多跨连续梁板结构计算跨数

连续梁承受的荷载包括恒荷载和活荷载两部分，在内力计算时，需要注意以下问题：

1. 控制截面

结构在荷载作用下各截面内力不相同。一般来说，连续梁的跨中截面和支座截面是出现最大内力的截面，称为控制截面。

2. 活荷载最不利布置

结构建成后，恒荷载的量值和作用位置不会发生改变，而活荷载的布置具有不确定性，即可能不同时布满各跨，因此需考虑活荷载的最不利布置。对于连续梁来说，所谓活荷载的最不利布置，是针对某一指定截面的内力，从所有可能出现的活荷载的布置情况中，选择对所考虑截面产生最不利内力的那个活荷载布置。将最不利活荷载布置下的内力与恒荷载作用下的内力进行组合，即可得到所考虑截面的内力值。

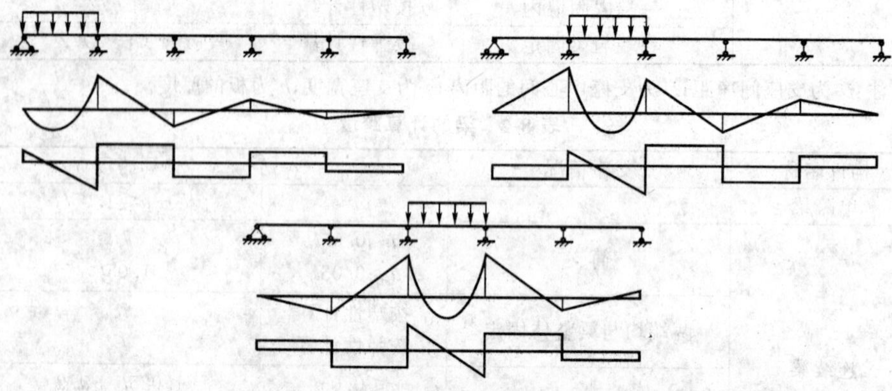
图 8.9 活荷载作用下的内力图

下面以五跨连续梁为例，讨论连续梁的活荷载最不利布置。图 8.9 为五跨连续梁各个单跨布置活荷载时的弯矩图和剪力图，分析其变化规律和不同组合后的效果，可得出连续梁最不利活荷载布置的原则如下：

(1)求某跨跨中最大正弯矩时，应在该跨布置活荷载，然后向两侧隔跨布置活荷载，如图 8.10(a)，(b)。

(2)求某跨跨中最大负弯矩时，应在盖跨不布置活荷载，而在相邻两跨布置活荷载，然后向两侧隔跨布置活荷载，如图 8.10(a)，(b)。

(3)求某支座最大负弯矩时，应在该支座相邻两跨布置活荷载，然后向两侧隔跨布置活荷载，如图 8.10(c)，(d)，(e)，(f)。

(4)求某内支座截面最大剪力时，活荷载最不利布置与求该跨支座最大负弯矩的布置相同，如图；求某边支座截面最大剪力时，活荷载最不利布置与求该跨跨中最大正弯矩的布置相同，如图 8.10(c)，(d)，(e)，(f)。

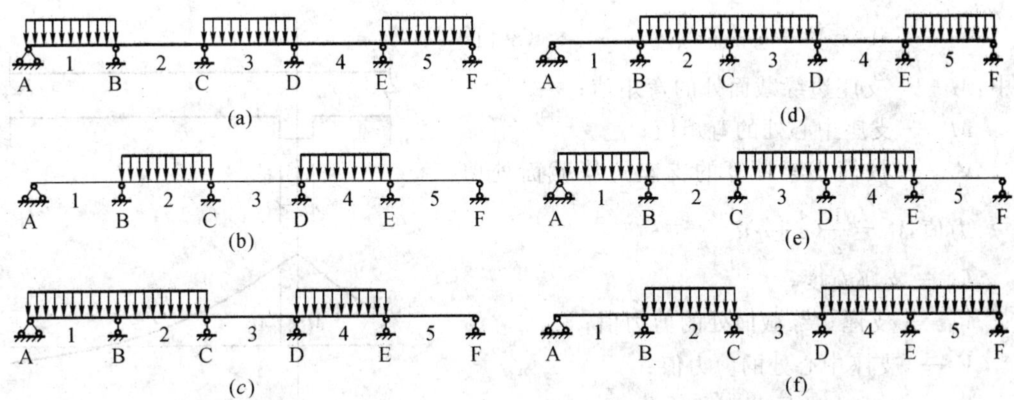

图 8.10　活荷载的最不利布置

3. 内力包络图

荷载布置确定后，即可按结构力学方法计算梁的内力(弯矩、剪力)。任一截面可能出现的最不利内力，为该截面在恒荷载作用下的内力值加上其在相应的最不利布置活荷载下的内力值。设计中，可不必对构件的每个截面进行计算，只需对控制截面(跨中、支座)进行设计.因此，通常将恒荷载的内力图分别与相对各控制截面为最不利布置的活荷载的内力图叠加，并将它们绘在同一张图上，其外包线就是内力包络图。

内力包络图反映了各截面可能产生的最大内力值，是结构截面承载力设计计算的依据。对于连续梁，内力包络图有弯矩包络图和剪力包络图.其中弯矩包络图是计算和布置纵筋的依据；剪力包络图是计算和布置腹筋的依据。

下面以前述五跨连续梁为例，来说明弯矩包络图的确定方法。考虑最不利活荷载布置，该梁有六种非同时作用于结构的活荷载布置情况，如图 8.10。每种活荷载布置下，可得一弯矩图，分别与恒荷载作用下的弯矩图相叠加，可得六个弯矩图.将这六个弯矩图叠画在一起，其外包线即为梁的弯矩包络图，如图 8.11。

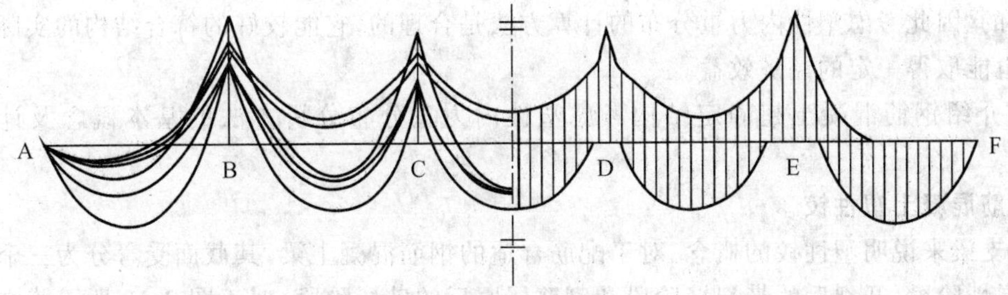

图 8.11　五跨连续梁在均布荷载作用下的弯矩包络图

4. 支座边缘截面的内力计算

按弹性理论计算连续梁内力时，跨度取支承中心线间的距离，则求得的支座处截面内力为支承长度中心线处截面之内力。因此，在设计现浇肋梁楼盖时，应考虑实际支座有一定的宽度，支座计算内力应按支座边缘处取用，见图 8.12。

支座边缘处的弯矩值和剪力值可近似按以下公式确定：

$$M_b = M - V_0 \frac{b}{2} \tag{8-10}$$

$$V_b = V - (g+q)\frac{b}{2} \qquad (8\text{-}11)$$

式中：M_b——支座边缘截面处的弯矩值；

M——支座中心处的弯矩值；

V_0——按简支梁计算的支座边缘截面处剪力值，$V_0=\frac{1}{2}(g+q)l_0$；

b——支座宽度；

V_b——支座边缘截面处的剪力值；

V——支座中心处的剪力值；

g,q——梁上的恒荷载和活荷载。

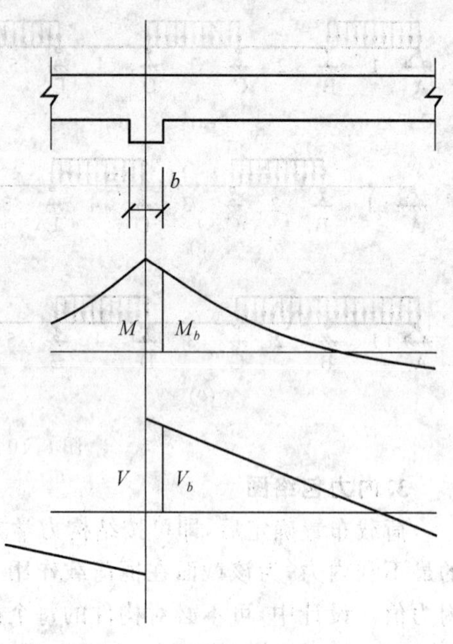

图 8.12 支座截面的弯矩和剪力

8.2.4 按塑性理论的计算方法

按弹性理论计算连续梁内力时，前提条件是假定钢筋混凝土梁板为匀质弹性体，在受力过程中梁的抗弯刚度保持不变。然而钢筋混凝土截面配筋是按承载力极限状态进行的，此时梁中控制截面明显进入塑性阶段，且裂缝已出现并开展，使得其截面抗弯刚度比初始刚度显著降低，其他部位的刚度也随所承受弯矩有相应的降低。而超静定结构构件的内力是与构件的刚度有关的，刚度的变化意味着截面的内力分布不同于按弹性理论计算得到的内力分布，这就是塑性内力重分布的概念。

需要注意，对静定结构来说，内力与结构刚度无关，故结构刚度的变化不会引起结构的内力重分布，只有超静定结构才会有内力重分布现象。

对于钢筋混凝土超静定结构，按弹性理论方法计算的内力来进行截面配筋设计可以保证安全。尽管如此，结构内力的弹性分析与构件截面按极限状态计算，两者的计算基本假定是不协调的。因此考虑塑性内力重分布的计算方法是合理的，它能较好的符合结构的实际受力状态，也能取得一定的经济效益。

下面介绍钢筋混凝土超静定结构考虑塑性内力重分布分析方法的基本概念及计算方法。

1. 钢筋混凝土塑性铰

以简支梁来说明塑性铰的概念。对于配筋合适的钢筋混凝土梁，其截面受弯分为三个工作阶段：弹性阶段、开裂后的带裂缝阶段和钢筋屈服后的破坏阶段。对于图 8.13 所示跨中集中荷载作用下的简支梁，当受拉钢筋刚屈服时截面弯矩为 M_y，极限弯矩为 M_u。从 M_y 到 M_u 的过程中，塑性变形急速发展，裂缝迅速开展，结构变形和截面转角急剧增加，而 M_y 值至 M_u 值增加很小。这就意味着截面在弯矩值基本不变的情况下发生较大幅度的转动，犹如梁在跨中弯矩值达到 M_y 后在跨中处形成一个“铰链”。而该“铰链”的转动是材料塑性发展及混凝土裂缝开展的表现，因此把它称为塑性铰。

由于塑性铰是在弯矩值达到 M_y 后才形成的，因此能传递一定的弯矩，因此不能把它等同于理想铰。并且塑性铰的转动能力有一定的限度，当其转动幅度超过塑性极限转动角度时，塑性铰将因塑性转动能力耗尽而破坏。塑性铰总是在结构 M/M_u 最大截面处首先出现，

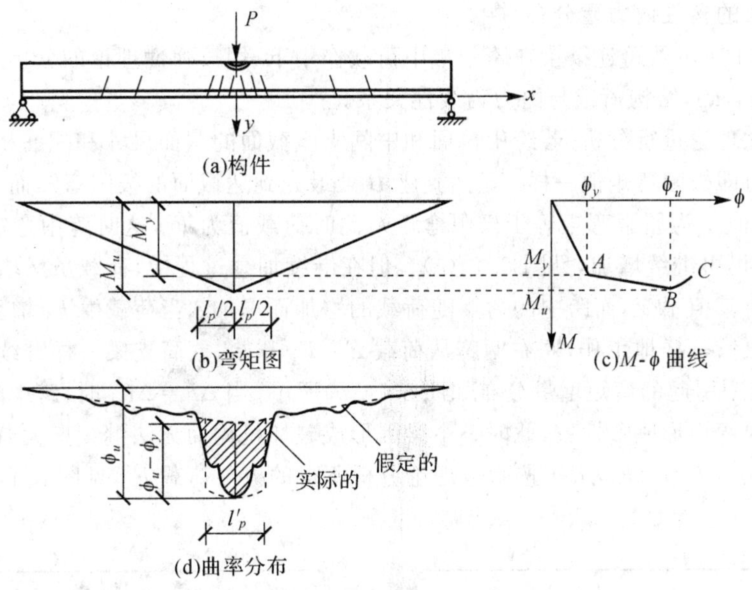

图 8.13　钢筋混凝土塑性铰

但要注意的是,塑性铰不是发生在结构的某一截面,而是在一个区段。这是由于当 M/M_u 最大的截面弯矩从 M_y 发展至 M_u 的过程中,与它相邻的一些截面也进入"屈服"产生转动。塑性铰区段长度大致为(1～1.5)h,h 为梁的截面高度。

综上所述,塑性铰具有以下特点:

① 能转动,但不像理想铰那样可沿任意方向转动,只能沿弯矩作用方向,绕不断上升的中和轴发生单向转动;

② 不象理想铰那样可无限制的转动,只能在从受拉钢筋刚开始屈服到受压区混凝土压坏这一有限范围内转动;

③ 在转动的同时,能传递一定的弯矩,近似等于极限弯矩 M_u;

④ 有一定的长度区域,而理想铰集中于一点。

特别需要注意的是,塑性铰的转动能力取决于配筋率和受拉钢筋的延伸率。如:配筋率为最大配筋率时,受拉纵向钢筋屈服的同时,受压区混凝土被压碎,塑性铰的转动能力为零。若要保证塑性铰有足够的转动能力,工程对按塑性内力重分布设计的连续梁,应控制配筋率,并采用延伸率大的钢筋。

2. 结构承载力

按弹性理论分析方法认为:结构的某一截面弯矩达到了极限弯矩 M_u,则整个结构达到承载能力极限状态。

按塑性理论分析方法认为,结构的某一截面出现了塑性铰(截面弯矩达到了极限弯矩 M_u),并不意味着结构的破坏。这使得结构承载力极限状态的概念扩展为截面承载力和结构承载力,它们分别是指构件截面和结构对于作用力的抵抗破坏能力。

显然,静定结构构件的截面承载力决定了该结构的承载力,因为一旦静定结构的某个截面出现了塑性铰,该结构就成为可变体系而破坏。但在超静定结构中,出现一个塑性铰,结构只减少一个多余联系,即减少一次超静定,但结构还能继续承受荷载,只有结构出现若干个塑性铰,使结构成为几何可变体系时,结构才达到承载能力极限状态。

3. 连续梁的塑性内力重分布

如图 8.14 所示两跨连续梁在跨中集中荷载作用下，用按弹性理论的分析方法得到的弯矩图如图 8.14(a)，结构荷载与内力为线性关系。

现按塑性理论进行分析。若跨中截面和中间支座截面的截面尺寸和配筋相同，则两者的截面承载能力即极限弯矩值一样。显然支座 B 处最先到达截面的极限弯矩而出现第一个塑性铰（此处近似认为屈服弯矩等于极限弯矩），此时荷载值为 F_1，这时跨中弯矩尚未达到极限弯矩，荷载仍可继续增加，见图 8.14(c)。但在继续加载过程中，荷载虽然增加，中间支座的弯矩将保持其值不变，而跨中的弯矩随荷载的增加而增加。当荷载由 F_1 增至 $F_1+\Delta F$，中间支座截面象铰一样地工作，左右两跨从荷载 $F\geqslant F_1$ 开始，象简支梁一样继续受力，则荷载增量 ΔF 在梁中引起的弯矩增量分布如图 8.14(b)所示。当 $\Delta F=\Delta F_1$ 时，跨中的总弯矩也达到截面的极限弯矩形成塑性铰，此时整个梁因形成破坏机构而无法继续增大荷载，故该连续梁的极限荷载为 $F_1+\Delta F_1$，大于按弹性理论分析所得的极限荷载 F_1，见图 8.14(d)。

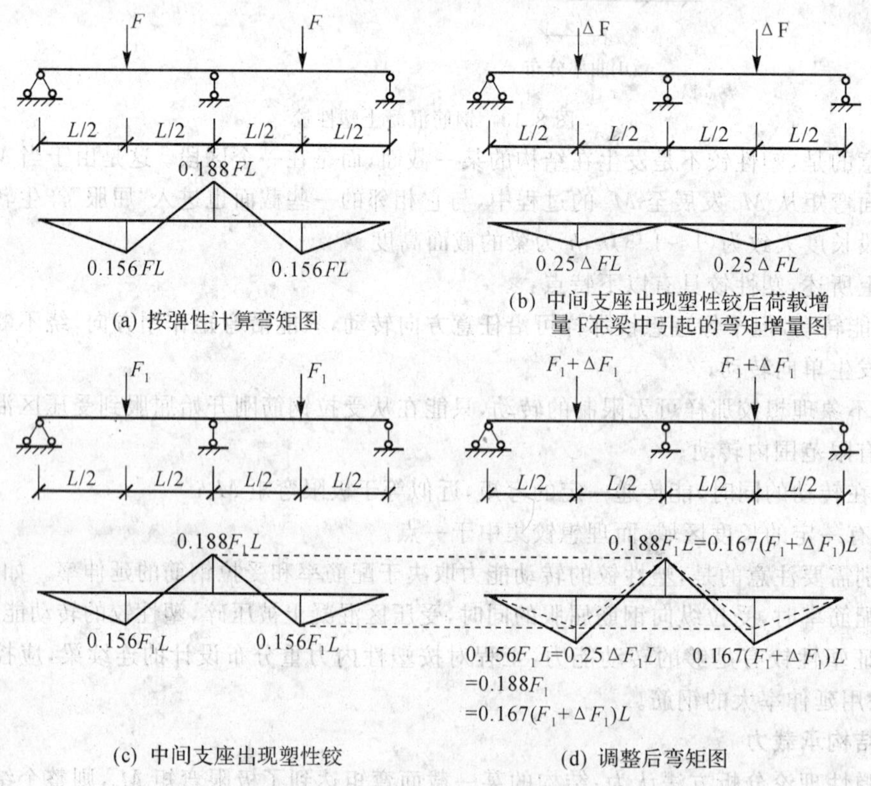

图 8.14 调整弯矩后支座配筋减少引起的塑性内力重分布

对比图 8.14(a)，(d)可见，从荷载大于 F_1 开始，结构内力与荷载不再是线性关系，结构内力分布规律不同，结构已发生塑性内力重分布。实际上，从梁开裂后，连续梁的弯矩分布已不再符合弹性弯矩分布，也即开始出现内力重分布。不过在这个阶段，沿整个连续梁的抗弯刚度变化不是很大，实际内力分布与弹性弯矩分布差别不是很大。因此，内力重分布主要是由塑性变形引起的。

从以上分析，可以得出如下结论：

① 结构承载力极限状态：按弹性理论结构分析方法认为，结构某一截面达到截面承载

能力极限状态即出现塑性铰，结构即破坏；而按塑性理论结构分析方法认为，超静定结构达到承载能力极限状态的标志不是一个截面出现塑性铰，而是出现足够多的塑性铰，使结构形成破坏机构。

② 超静定结构出现第一个塑性铰前，结构内力与荷载近似为线性关系；而出现第一个塑性铰后，结构中的内力分析不再服从弹性分析结果，与弹性内力分布存在差别的现象称为“塑性内力重分布”。

③ 考虑塑性内力重分布，可使内力分析结果更接近混凝土超静定结构的实际工作状态。

④ 超静定结构按塑性理论计算的极限承载力大于按弹性理论计算的承载力，因此按弹性理论计算的内力进行设计是偏于安全的。

通过以上的分析，对连续梁的配筋设计可以进行以下的方案分析。仍以上述两跨连续梁为例来说明。在设计中，中间支座截面和跨中截面配筋是根据弯矩包络图确定的，各自所采用的设计弯矩对应的不是同一个荷载工况。为简单起见，假定该梁仅有一种荷载工况，如图 8.14a 所示，梁所受到的跨中集中荷载为 80kN，梁计算跨度 $L=6\text{m}$。

方案一：按弹性计算弯矩配筋，如图 8.14a 所示，则支座截面计算弯矩为 $M_{支}=0.188FL=90.24\text{kN}\cdot\text{m}$，跨中截面计算弯矩为 $M_{跨中}=0.156FL=74.88\text{kN}\cdot\text{m}$，以该计算弯矩为极限弯矩对支座截面和跨中截面进行配筋设计。理论上中间支座和跨中将同时达到极限弯矩而形成塑性铰，故不会产生塑性内力重分布。

方案二：按塑性理论计算弯矩配筋。由于按弹性理论计算弯矩时，中间支座弯矩比跨中弯矩大很多，也即按弹性方法计算的弯矩配筋，中间支座处的上部钢筋配置会比较密集，可能会使混凝土浇筑发生困难。而利用连续梁塑性内力重分布的规律，可以人为地将中间支座设计弯矩调低。设将支座弯矩由弹性理论计算的 90.24kN·m 调低为 76kN·m，则跨中弯矩应取值为 81.65kN·m。按图 8.14c，d 的逐步加载分析方法可知，当荷载达到 $F_1=68\text{kN}$ 时，中间支座弯矩即达到人为调整的极限弯矩 $M_{u支}=76\text{kN}\cdot\text{m}$，形成塑性铰，继续加载至 80kN 时（即 $\Delta F_1=12\text{kN}$），跨中弯矩也达到极限弯矩 $M_{u跨中}=0.156F_1L+0.25\Delta F_1L=81.65\text{kN}\cdot\text{m}$ 形成塑性铰，整个连续梁形成可变机构而达到承载力极限状态。

因此，在保持连续梁极限承载力不变的前提下，可以利用塑性内力重分布的规律，认为调整设计弯矩，减少支座配筋的密集程度，有利于施工。但人为调整设计弯矩不是任意进行的，因为调整幅度越大，支座塑性铰出现得就越早，达到极限承载力时中间支座处所需要的塑性转动也越大，如果这个转动需要超过塑性铰的转动能力，则塑性内力重分布就无法实现。

4. 按塑性内力重分布计算的基本原则

塑性铰是弹塑性材料超静定结构实现塑性内力重分布的关键。为保证塑性内力重分布的实现，要求塑性铰有足够的转动能力；同时又要满足正常使用极限状态，防止裂缝过宽及挠度变形过大，则要求塑性铰的转动幅度不宜过大，即不能将中间支座设计弯矩调得过低。故要求在设计时遵守下述原则：

(1)采用塑性变形能力好的热轧钢筋(如 HPB235 级、HRB335 或 HRB400 级钢筋)作纵向受力钢筋；在弯矩调低的截面，计算配筋时的混凝土相对受压区高度 $\xi\leqslant 0.35$(通过控制配筋率，保证截面的延性)。

(2)调幅范围一般不超过20%,对于活荷载 q 和恒荷载 g 之比 $q/g \leqslant 1/3$ 的结构,调幅不得超过15%。

(3)满足静力平衡条件。在任何情况下,应使调整后的每跨两段支座弯矩平均值与跨中弯矩绝对值之和不小于按简直梁计算的跨中弯矩,如图8.15所示,要求

$$\frac{M_B+M_C}{2}+M_1 \geqslant M_0 \tag{8-12}$$

此外,对于承受均布荷载作用的连续梁,支座弯矩和跨中弯矩均不得小于 $\frac{1}{24}(g+q)L^2$。

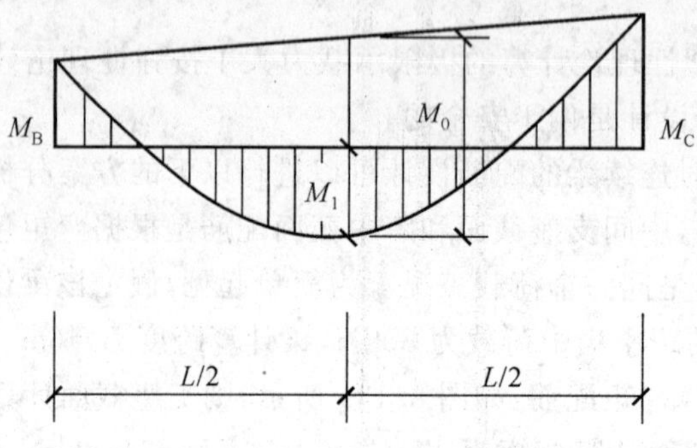

图8.15 弯矩的静力平衡条件

(4)塑性铰截面应有足够的受剪承载力,避免因斜截面提前受剪破坏而使结构不能实现完全的内力重分布,因此在塑性铰区段内应适当加密箍筋,一般受剪箍筋比计算值增大20%后配置。

(5)对承受多次重复荷载,或处在负温条件下,将出现疲劳和脆断现象。因此,对直接承受动力荷载的结构、负温下工作的结构不采用塑性理论计算方法。

(6)裂缝控制等级为一级和二级的结构,不采用塑性理论计算方法。

(7)对重要结构构件不应采用塑性内力重分布的分析方法。例如在一般梁板结构中的板、次梁多按塑性理论进行设计,而主梁多按弹性理论进行设计。

5. 结构按塑性内力重分布的计算方法

钢筋混凝土连续梁板结构考虑塑性内力重分布的计算方法中,目前应用较多的是弯矩调幅法,具体步骤如下:

(1)按弹性理论确定连续梁的内力,得到弯矩包络图。

(2)将支座弯矩按调幅系数 β 下调,调幅后的支座弯矩值 $M_{塑}=(1-\beta)M_{弹}$,调幅系数 $\beta \leqslant 20\%$。

(3)计算跨中弯矩,并应满足上述(8-12)。

(4)按调幅后的弯矩设计值进行截面配筋计算。

6. 等跨连续梁在均布荷载作用下的内力计算

根据前述基本原则和调幅法,并顾及设计方便,对均布荷载下等跨连续梁(板)考虑塑性内力重分布的弯矩和剪力,一般可按下列公式计算:

$$\begin{cases} M=\alpha(g+q)l_0^2 \\ V=\beta(g+q)l_n \end{cases} \tag{8-13}$$

式中:M,V——弯矩设计值和剪力设计值;

α,β——考虑塑性内力重分布的弯矩系数和剪力系数,见图8.16;

g, q——均布恒荷载设计值和均布活荷载设计值；

l_0——计算跨度；

l_n——净跨。

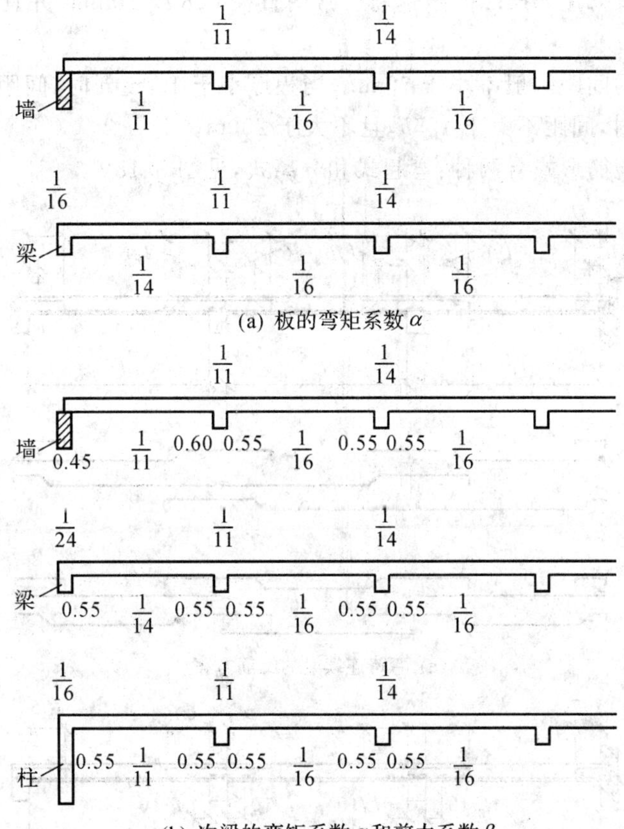

图 8.16　等跨连续梁、板的弯矩系数和剪力系数

8.2.5　截面配筋与构造要求

1. 单向板的设计要点和配筋构造

板的支座由于负弯矩的作用上部开裂，而跨中在正弯矩作用下下部开裂，这就使板的实际轴线变成拱形（如图 8.17），则板在竖向荷载作用下将有如拱的作用产生水平推力。当板四周有梁，能够有效约束"拱"的支座侧移，即能提供可靠的水平推力，该水平推力可减少板中各计算截面的弯矩。故对四周与梁整浇的单向板，中间跨的跨中截面和中间支座截面，计算弯矩可减少 20%，其他情况均不予折减。

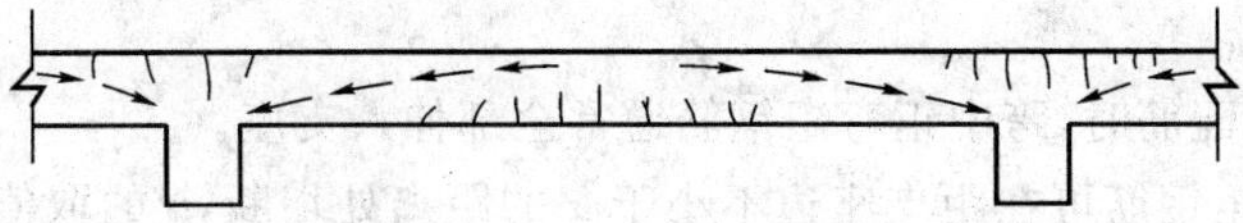

图 8.17　板开裂后形成的拱

板所受的剪力通常很小，仅混凝土即足以承担剪力，故板一般不必进行受剪承载力计算，也不比配置腹筋。

单向板中受力钢筋的配置构造要求如下：

(1)受力钢筋宜采用 HPB235 级钢筋。常用直径 6、8 或 10mm，并宜选用较大直径作为负弯矩钢筋。

(2)受力钢筋的间距一般不小于 70mm；当板厚小于 150mm 时，间距不大于 200mm；当板厚大于 150mm 时，间距不大于 1.5h，且不大于 250m。

(3)连续板的配筋形式有两种：弯起式和分离式，见图 8.18。

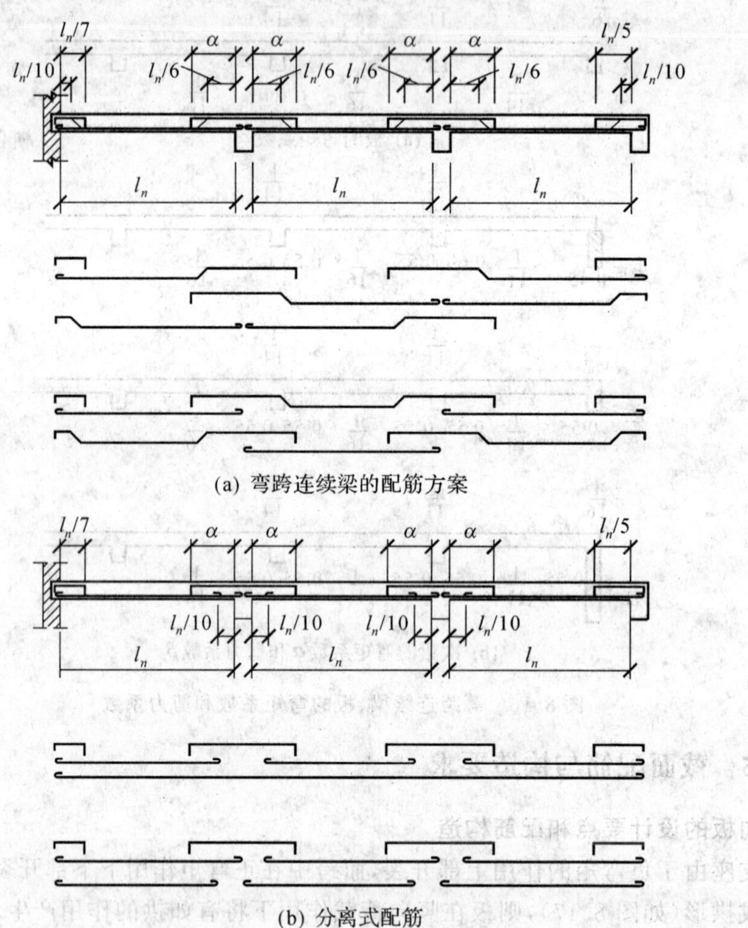

图 8.18　等跨连续梁的配筋方案

当采用弯起式配筋时，跨中正弯矩钢筋可在距支座边 $l_0/6$ 处部分弯起，但至少要有 1/2 跨中正弯矩钢筋伸入支座，且间距不大于 400mm。弯起角度一般为 30°，当板厚大于 120mm 时，可为 45°。

当采用分离式配筋时，跨中正弯矩钢筋通常全部伸入支座。

(4)支座负弯矩钢筋可在距支座边不小于 a 的距离处切断，a 的取值见式(8-14)。负弯矩钢筋通常做成直钩撑在模板上，以保证施工时不改变其有效高度。

$$\begin{cases} a=\frac{1}{4}l_n & \frac{q}{g}\leqslant 3 \\ a=\frac{1}{3}l_n & \frac{q}{g}>3 \end{cases} \tag{8-14}$$

式中：g，q——板上作用的恒荷载和活荷载；

l_n——板的净跨。

除受力钢筋外，单向板中还应配置以下构造钢筋（见图 8.19）：

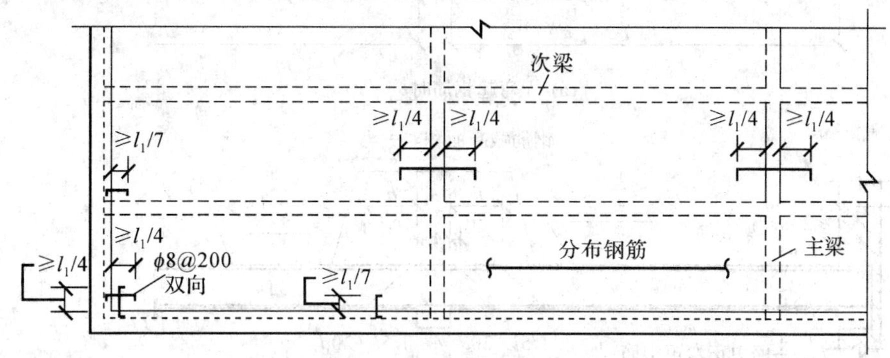

图 8.19　单向板中的构造钢筋

(1) 嵌固在承重墙或边梁内的板边负弯矩钢筋。板支承于墙体或边梁时，按简支计算此处的弯矩为零，但由于支承对板存在约束作用，因此板在墙边存在一定的负弯矩，需在板内沿墙体设置承受负弯矩作用的构造钢筋。该构造钢筋的直径不宜小于 8mm，间距不宜大于 200mm。

当板嵌固在砌体墙内时，构造钢筋伸入板内的长度从墙边算起不宜小于 $l_1/7$。对两边嵌固在墙角的板角部分，应在 $l_1/4$ 范围内双向布置负弯矩钢筋（l_1 为板的短向跨度）。

当板与边梁或混凝土墙整浇时，构造钢筋伸入板内的长度从梁或墙边算起不宜小于 $l_1/4$。

(2) 长向支座处负弯矩钢筋。单向板的短向是主要的受力方向，长向受力很小。为了承担长向实际存在的负弯矩，需配置一定数量的构造钢筋。该构造钢筋的直径不宜小于 8mm，间距不宜大于 200mm，钢筋自梁边伸入板内的长度不宜小于 $l_1/4$。

(3) 分布钢筋。单向板的分布钢筋布置于受力钢筋内侧，与受力钢筋垂直。每米宽度内分布钢筋的截面面积不少于每米宽度内受力钢筋截面面积的 15%，且不小于该方向板截面面积的 0.15%，其间距不应大于 250mm，直径不小于 6mm。

2. 次梁的设计要点和配筋构造

次梁与板整浇时，可考虑板作为次梁的翼缘。按正截面抗弯承载力确定纵向受拉钢筋时，对跨中按 T 形截面计算；对支座，由于翼缘位于受拉区，按矩形截面计算。

当次梁相邻跨度相对差值不超过 20%，均布活荷载和恒荷载之比 $q/g\leqslant 3$ 时，其纵向受拉钢筋的弯起和切断可按图 8.20 进行，否则应按弯矩包络图确定。

3. 主梁的设计要点和配筋构造

主梁与板整浇时，可考虑板作为主梁的翼缘（与次梁相同）。对跨中可按 T 形截面计算，对支座按矩形截面计算。

计算主梁支座截面负弯矩钢筋时，要注意该处主梁和次梁均在负弯矩作用下。由于次梁

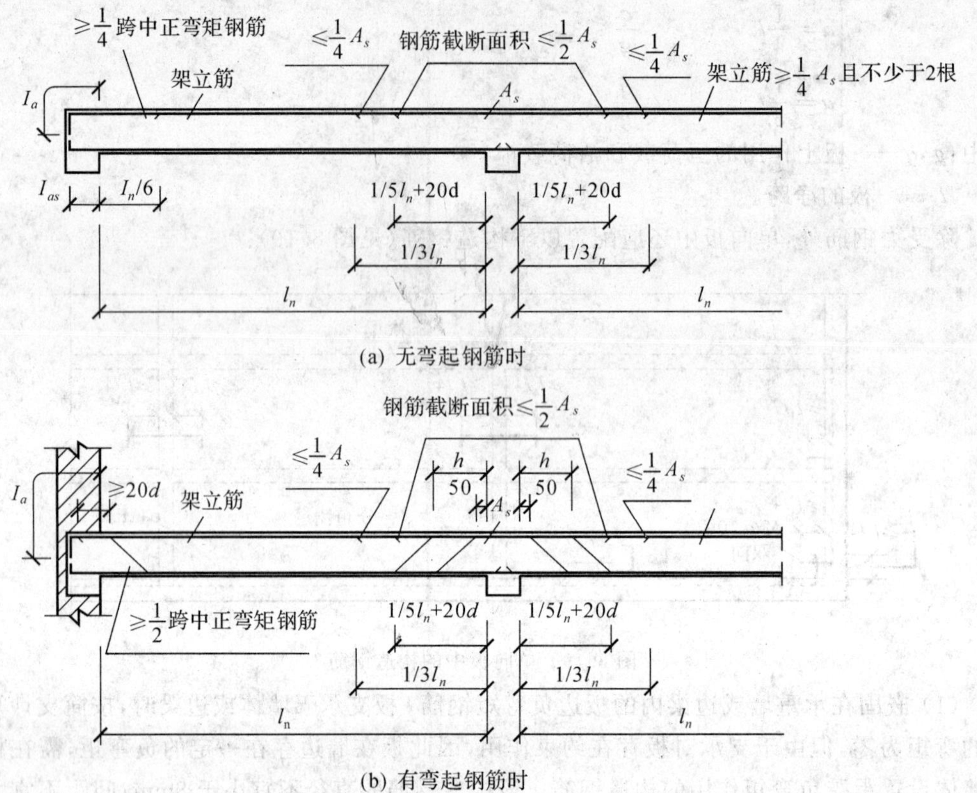

图 8.20 等跨连续次梁的配筋布置

截面高度较小，为保证次梁支座截面的有效高度和主筋的位置，纵向受力钢筋的布置方法是：板钢筋在最上面，次梁钢筋设在板钢筋下面，而主梁钢筋放在次梁钢筋下面。故计算时，主梁截面的有效高度 h_0 的取值有所降低，见图 8.21。当主梁支座负弯矩钢筋为单排时，$h_0=h-(55\sim60)\text{mm}$；当为两排时，$h_0=h-(80\sim90)\text{mm}$。

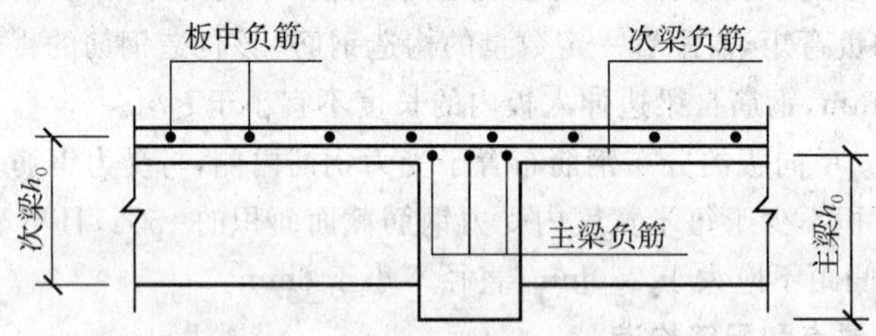

图 8.21 主梁支座截面的钢筋位置

主梁的配筋布置一般应根据内力包络图确定。

由于次梁传给主梁的集中荷载是在主梁腹部，有可能在主梁内引起斜裂缝，而发生冲切破坏。为保证主梁局部有足够的抗冲切承载力，应在主、次梁相交处设置附加的箍筋或吊筋（优先采用附加箍筋），见图 8.22。计算公式如下：

$$F\leqslant mnf_{yv}A_{sv1}+2f_yA_{sb}\sin\alpha \tag{8-15}$$

式中：F——由次梁传来的集中荷载设计值；

m,n——附加箍筋的个数和箍筋的肢数；

f_{yv},f_y——附加箍筋和附加吊筋的抗拉强度设计值；

A_{sv1},A_{sb}——附加箍筋单肢截面面积和附加吊筋截面面积；

α——附加吊筋与梁轴线的夹角。

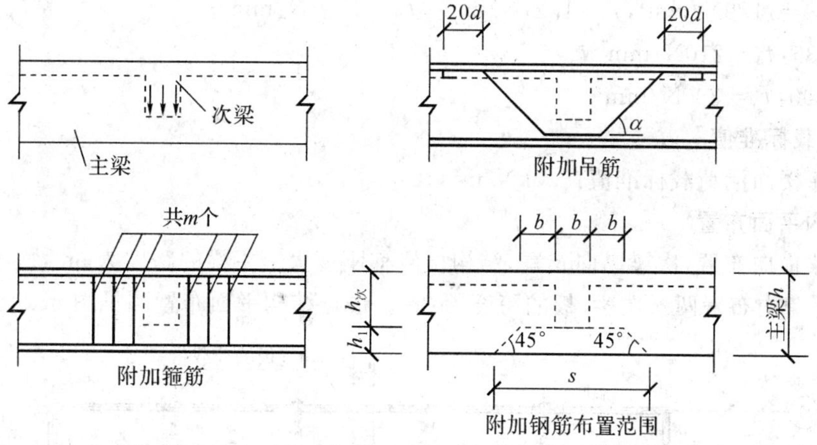

图 8.22　主、次梁相交处的传力与附加钢筋的布置

8.2.6　整体式单向板肋梁楼盖设计例题

试设计某藏书库楼盖。楼盖平面尺寸尺寸为 30m×18m，四周为承重砖墙，允许室内设置八个立柱，楼梯在此平面外，如图 8.23 所示。墙厚 240mm，壁柱截面尺寸 370mm×490mm，中柱为钢筋混凝土柱，截面尺寸为 400mm×400mm。楼面做法：15mm 厚 1∶3 干硬性水泥砂浆结合层上做 20mm 厚花岗岩面层。板底采用 10mm 厚混合砂浆抹灰。

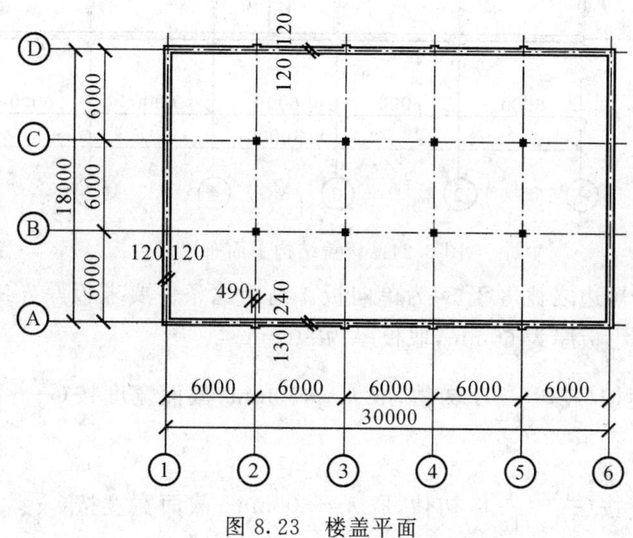

图 8.23　楼盖平面

要求：

(1) 按弹性方法和塑性内力重分布方法分别设计楼板和次梁；

(2) 按弹性方案设计主梁；

(3) 对次梁和主梁的裂缝宽度进行验算。

［解］ 1. 基本设计资料

(1)材料强度等级:混凝土采用C25,梁内纵向受力钢筋为HRB400级热轧钢筋,其余钢筋采用HPB235级热轧钢筋。

C25:$f_c=11.9\text{N/mm}^2$,$f_t=1.27\text{N/mm}^2$,$f_{tk}=1.78\text{N/mm}^2$;

HPB235:$f_y=210\text{N/mm}^2$

HRB400:$f_y=360\text{N/mm}^2$

(2)荷载标准值

藏书库楼面活荷载标准值:5.0kN/m^2

2. 结构平面布置

将主梁横向布置,次梁纵向布置,结构抗侧移刚度大。主梁的跨度为6m,次梁的跨度为6m,主梁每跨内布置两根次梁,板的跨度为2m。楼盖结构平面布置图见图8.24。

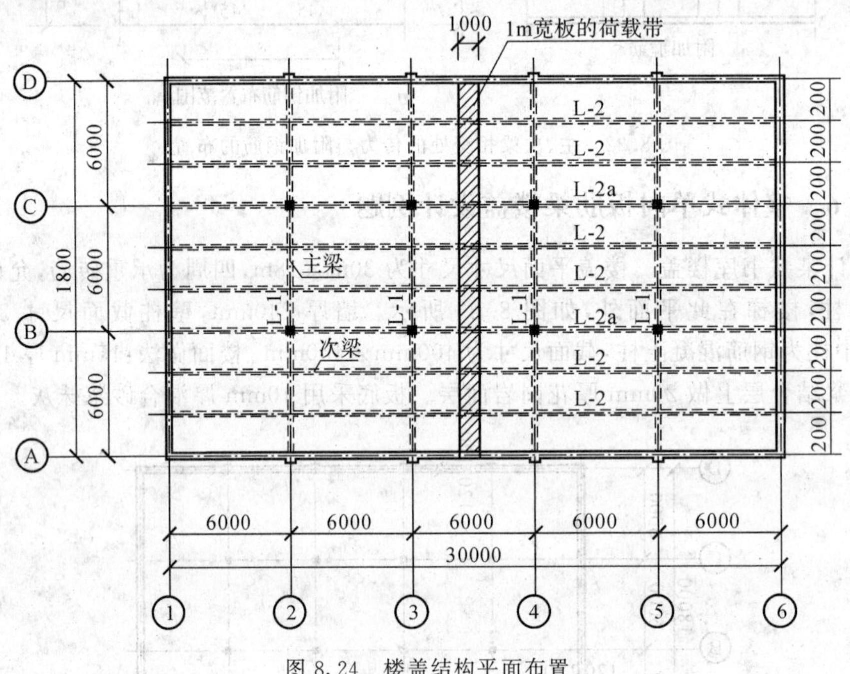

图8.24 楼盖结构平面布置

板区格长边与短边之比等于3,为单向板。高跨比条件要求板厚 $h\geqslant l/40=2000/40=50\text{mm}$,民用建筑最小板厚为60mm,取板厚为80mm。

次梁截面高度按$(\frac{1}{12}\sim\frac{1}{15})l$ 初估,取 $h=450\text{mm}$;截面宽度按$(\frac{1}{3}\sim\frac{1}{2})h$ 初估,取 $b=200\text{mm}$。

主梁截面高度按$(\frac{1}{10}\sim\frac{1}{15})l$ 初估,取 $h=600\text{mm}$;截面宽度按$(\frac{1}{3}\sim\frac{1}{2})h$ 初估,取 $b=250\text{mm}$。

3. 板的设计

① 按弹性方法设计

1) 板承受的荷载

恒载标准值:

20mm 厚花岗岩面层：	$0.02\times28=0.56\ kN/m^2$
15mm 厚水泥砂浆结合层：	$0.02\times20=0.4kN/m^2$
80mm 厚现浇钢筋混凝土板：	$0.08\times25=2.0\ kN/m^2$
10mm 厚混合砂浆面层：	$0.01\times17=0.17kN/m^2$
合计：	$3.13\ kN/m^2$

活荷载标准值：$5.0\ kN/m^2$

比较恒荷载与活荷载的值，可变荷载效应起控制作用，因此永久荷载的分项系数取 1.2，可变荷载的分项系数取 1.4。

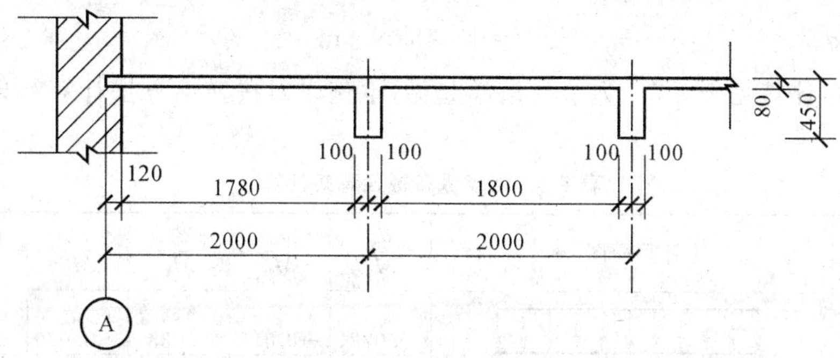

图 8.25　板的尺寸

2）板的计算简图

取 1m 宽板带作为计算单元，板的实际结构如图 8.25 所示。板的计算跨度为：

中间跨：$l_0=l_c=2.0\text{m}$

边跨：$l_0=l_n+(h+a)/2=1.78+(0.08+0.2)/2=1.92\text{m}$

由于边跨与中间跨相差：

$$\frac{2.0-1.92}{2.0}\times100\%=4.0\%<10\%$$

跨数多于 5 跨，故可按五跨的等跨连续梁计算，得板的计算简图如图 8.26 所示。图中 g' 为折算恒荷载，q' 为折算活荷载，折算活荷载在梁上的布置按最不利布置考虑。

恒荷载设计值：$g=1.2\times3.13=3.756\text{kN/m}^2$

活荷载设计值：$q=1.4\times5.0=7.0\text{kN/m}^2$

折算恒荷载：$g'=g+\dfrac{q}{2}=3.756+\dfrac{7.0}{2}=7.256\text{kN/m}^2$

折算活荷载：$q'=\dfrac{q}{2}=\dfrac{7.0}{2}=3.5\text{kN/m}^2$

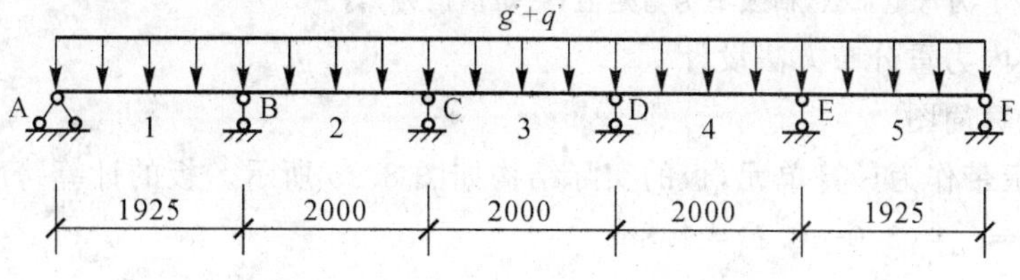

图 8.26　板按弹性方法计算的计算简图

3）内力计算

计算弯矩时，查阅计算手册（或附表 11）中五跨梁的弯矩系数 α_m，可求得 $M=\alpha_{m1}g'l_0^2+\alpha_{m2}q'l_0^2$。

边跨： $g'l_0^2=7.256\times1.925^2=26.89\text{kN}\cdot\text{m}$

$q'l_0^2=3.5\times1.925^2=12.97\text{kN}\cdot\text{m}$

中间跨：$g'l_0^2=7.256\times2.0^2=29.02\text{kN}\cdot\text{m}$

$q'l_0^2=3.5\times2.0^2=14.0\text{kN}\cdot\text{m}$

B 支座：$g'l_0^2=7.256\times(\frac{1.925+2.0}{2})^2=27.95\text{kN}\cdot\text{m}$

$q'l_0^2=3.5\times(\frac{1.925+2.0}{2})^2=13.48\text{kN}\cdot\text{m}$

板的弯矩计算见表 8-3。为节约篇幅起见，本例未对按弹性方法计算结果进行配筋设计。

表 8-3 连续板各截面弯矩计算

项次	计算简图	$\frac{\alpha_m}{M_1}$	$\frac{\alpha_m}{M_B}$	$\frac{\alpha_m}{M_2}$	$\frac{\alpha_m}{M_C}$	$\frac{\alpha_m}{M_3}$
①		$\frac{0.078}{2.10}$	$\frac{-0.105}{-2.93}$	$\frac{0.033}{0.96}$	$\frac{-0.079}{-2.29}$	$\frac{0.046}{1.33}$
②		$\frac{0.100}{1.30}$	—	—	—	$\frac{0.085}{1.19}$
③		—	—	$\frac{0.079}{1.11}$	—	—
④		—	$\frac{-0.119}{-1.60}$	—	—	—
⑤		—	—	—	$\frac{-0.111}{-1.55}$	—
$\lvert M\rvert_{max}$	叠加值	3.40	4.53	2.07	3.84	2.52

注：横线上为弯矩系数，横线下为弯矩值；弯矩单位为 kN·m。

② 按塑性内力重分布方法设计

1）板的计算简图

取 1m 宽板带作为计算单元，板的实际结构如图 8.25 所示。板的计算跨度为：

中间跨：$l_0=l_n=(2.0-0.2)=1.8\text{m}$

边跨：$l_0=l_n+h=1.78+0.08/2=1.820\text{m}$

由于边跨与中间跨相差：

$$\frac{1.820-1.8}{1.825}\times100\%=1.11\%<10\%$$

跨数多于 5 跨，故可按五跨的等跨连续梁计算，得板的计算简图如图 8.27 所示。图中 g 为恒荷载设计值，q 为活荷载设计值。

恒荷载设计值：$g=1.2\times3.13=3.756\text{kN/m}^2$

活荷载设计值：$q=1.4\times5.0=7.0\text{kN/m}^2$

总荷载设计值：$g+q=10.756\text{kN/m}^2$

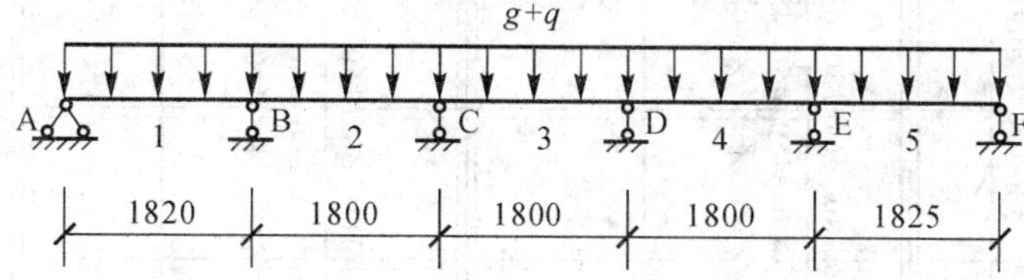

图 8.27　板按塑性内力重分布方法计算的计算简图

2）内力计算

弯矩计算，见表 8-4。

表 8-4　连续板各截面弯矩计算

截　面	1	B	2	C	3
弯矩系数 α_m	$\frac{1}{11}$	$-\frac{1}{11}$	$\frac{1}{16}$	$-\frac{1}{14}$	$\frac{1}{16}$
$M=\alpha_m(g+q)l_0^2$	3.26	−3.21	2.18	−2.49	2.18

注：弯矩单位为 kN・m。

3）配筋计算

板的截面有效高度 $h_0=60\text{mm}$，配筋计算见表 8-5。

表 8-5　连续板各截面配筋计算

截　面	边区板带(①～②,⑤～⑥轴间)				中间区板带(②～⑤轴间)			
	边跨跨内	离端第二支座	中间跨内	中间支座	边跨跨内	边跨跨内	边跨跨内	边跨跨内
M(kN・m)	3.26	−3.21	2.18	−2.49	3.26	−3.21	2.18×0.8=1.74	−2.49×0.8=−1.99
$\alpha_s=\frac{M}{\alpha_1 f_c b h_0^2}$	0.076	0.075	0.051	0.058	0.076	0.075	0.041	0.046
$\xi=1-\sqrt{1-2\alpha_s}$	0.079	0.078	0.052	0.060	0.079	0.078	0.042	0.047
$A_s=\xi\frac{f_c b h_0}{f_y}$ (mm²)	268.6	265.2	176.8	204.0	268.6	265.2	142.8	159.8
选用钢筋	ϕ8@180	ϕ8@180	ϕ6@130	ϕ6@130	ϕ8@180	ϕ8@180	ϕ6@150	ϕ6@150
实际钢筋面积(mm²)	279	279	218	218	279	279	189	189

4）板配筋图

板配筋图中仅绘制了计算受力钢筋，见图 8.28。板中除了计算钢筋外，还应配置构造钢筋如分布钢筋和嵌入墙内的板的附加箍筋。

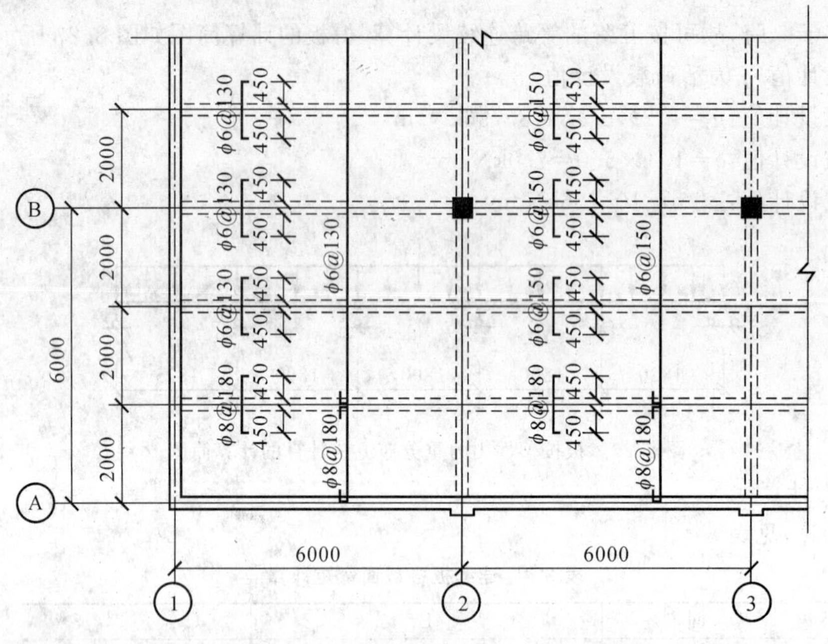

图 8.28 板配筋图

4. 次梁的设计

① 按弹性方法设计

1）次梁承受的荷载

现浇板 80mm 厚，次梁的截面尺寸为 $b\times h=200\text{mm}\times 450\text{mm}$，主梁的截面尺寸为 $b\times h=250\text{mm}\times 600\text{mm}$。次梁的实际结构如图 8.29 所示。

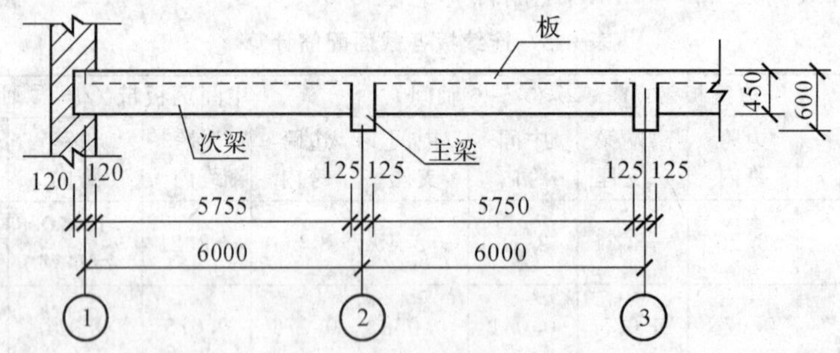

图 8.29 次梁尺寸

a. 次梁承受的恒荷载标准值：

板传来的恒荷载：	$3.13\times 2.0=6.26\text{kN/m}$
次梁自重：	$0.2\times(0.45-0.08)\times 25=1.85\text{kN/m}$
10mm 厚混合砂浆面层：	$0.01\times[(0.45-0.08)\times 2+0.2]\times 17=0.16\text{ kN/m}$
合计：	8.27kN/m

b. 次梁承受的活荷载标准值：

板传来的活荷载： $5.0\times 2.0=10.0\text{kN/m}$

比较恒荷载与活荷载的值，可变荷载效应起控制作用，因此永久荷载的分项系数取 1.2，可变荷载的分项系数取 1.4。

2）次梁的计算简图

中间跨计算跨长：$l_0=l_c=6.0\text{m}$

边跨计算跨长：$l_0=1.025l_n+a/2=1.025\times5.755+0.25/2=6.02\text{m}$

由于边跨与中间跨的计算跨长相差很小，可取计算跨长均为 $l_0=6.0\text{m}$，按等跨连续梁计算。得次梁的计算简图如图 8.30 所示。图中 g' 为折算恒荷载，q' 为折算活荷载，折算活荷载在梁上的布置按最不利布置考虑。

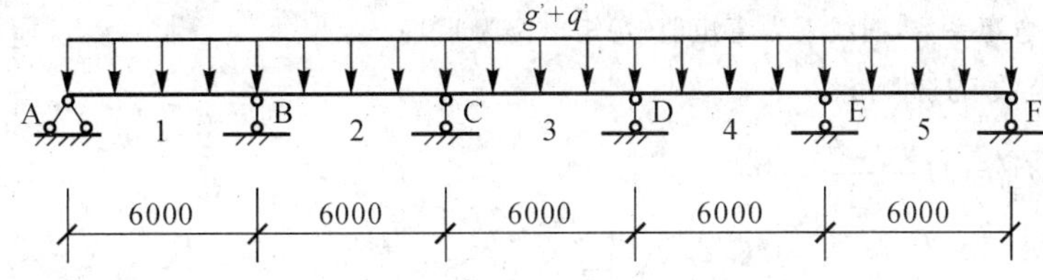

图 8.30　次梁按弹性方法计算的计算简图

恒荷载设计值：$g=1.2\times8.27=9.92\text{kN/m}$

活荷载设计值：$q=1.4\times10.0=14.0\text{kN/m}$

总荷载设计值：$g+q=9.92+14.0=23.92\text{kN/m}$

折算恒荷载：$g'=g+\dfrac{q}{4}=9.92+\dfrac{14.0}{4}=13.42\text{kN/m}$

折算活荷载：$q'=\dfrac{3q}{4}=\dfrac{3\times14.0}{4}=10.5\text{kN/m}$

3）内力计算

a. 弯矩计算

同板按弹性方法的设计，查阅计算手册得（或附表 11）各种荷载情况下的弯矩系数 α_m，得次梁的弯矩 $M=\alpha_{m1}g'l_0^2+\alpha_{m2}q'l_0^2$，其中

$$g'l_0^2=13.42\times6.0^2=483.12\text{kN}\cdot\text{m}$$

$$q'l_0^2=10.5\times6.0^2=378.0\text{kN}\cdot\text{m}$$

次梁的弯矩计算见表 8-6。为节约篇幅起见，本例未对按弹性方法计算结果进行配筋设计。

表 8-6　次梁各截面弯矩计算

项次	计算简图	$\dfrac{\alpha_m}{M_1}$	$\dfrac{\alpha_m}{M_B}$	$\dfrac{\alpha_m}{M_2}$	$\dfrac{\alpha_m}{M_C}$	$\dfrac{\alpha_m}{M_3}$
①		$\dfrac{0.078}{37.68}$	$\dfrac{-0.105}{-50.73}$	$\dfrac{0.033}{15.94}$	$\dfrac{-0.079}{-38.17}$	$\dfrac{0.046}{22.22}$
②		$\dfrac{0.100}{37.8}$	—	—	—	$\dfrac{0.085}{32.13}$
③		—	—	$\dfrac{0.079}{29.86}$	—	—

项次	计算简图	$\frac{\alpha_m}{M_1}$	$\frac{\alpha_m}{M_B}$	$\frac{\alpha_m}{M_2}$	$\frac{\alpha_m}{M_C}$	$\frac{\alpha_m}{M_3}$
④		—	$\frac{-0.119}{-44.98}$	—	—	—
⑤		—	—	—	$\frac{-0.111}{-41.96}$	—
$\|M\|_{max}$	叠加值	75.48	95.71	45.80	80.13	54.35

注：横线上为弯矩系数，横线下为弯矩值；弯矩单位为 kN・m。

考虑支座宽度的影响：

$$M_{cal}=M-\frac{V_0 b}{2}$$

$$M_{B,cal}=-95.71+\frac{23.92\times\frac{6.0}{2}\times 0.25}{2}=-86.74\text{kN}\cdot\text{m}$$

$$M_{C,cal}=-80.13+\frac{23.92\times\frac{6.0}{2}\times 0.25}{2}=-71.16\text{kN}\cdot\text{m}$$

b. 剪力计算

同理，查得剪力系数 α_v，得次梁的剪力 $V=\alpha_{v1}g'l_0+\alpha_{v2}q'l_0$，其中

$g'l_0=13.42\times 6.0=80.52\text{kN}\cdot\text{m}$　　$q'l_0=10.5\times 6.0=63.0\text{kN}\cdot\text{m}$

次梁的剪力计算见表 8-7。

表 8-7　次梁各截面剪力计算

项次	计算简图	$\frac{\alpha_v}{V_A}$	$\frac{\alpha_v}{V_{B左}}$	$\frac{\alpha_v}{V_{B右}}$	$\frac{\alpha_v}{V_{C左}}$	$\frac{\alpha_v}{V_{C右}}$
①		$\frac{0.394}{31.72}$	$\frac{-0.606}{-48.80}$	$\frac{0.526}{42.35}$	$\frac{-0.474}{-38.17}$	$\frac{0.500}{40.26}$
②		$\frac{0.447}{28.16}$	—	—	—	—
③		—	$\frac{-0.620}{-39.06}$	$\frac{0.598}{37.67}$	—	—
④		—	—	—	$\frac{-0.576}{-36.29}$	$\frac{-0.591}{-37.23}$
$\|V\|_{max}$	叠加值	59.88	87.86	80.02	74.46	77.49

注：横线上为剪力系数，横线下为剪力值；剪力单位为 kN。

考虑支座宽度的影响：

$$V_{cal}=V-\frac{(g'+q')}{2}b\text{，其中}$$

$$\frac{(g'+q')}{2}b=\frac{23.92}{2}\times0.25=2.99\text{kN}$$

$V_{A,cal}=59.88-2.99=56.89\text{kN}$

$V_{B左,cal}=87.86-2.99=84.87\text{kN}$

$V_{B右,cal}=80.02-2.99=77.03\text{kN}$

$V_{C左,cal}=74.46-2.99=71.47\text{kN}$

$V_{C右,cal}=77.49-2.99=74.5\text{kN}$

② 按塑性内力重分布方法设计

1)计算简图

次梁的实际结构如图 8.29 所示。次梁的计算跨度为:

中间跨:$l_0=l_n=5.750\text{m}$

边跨:$l_0=1.025l_n=1.025\times5.755=5.899\text{m}$

由于边跨与中间跨相差:

$$\frac{5.899-5.750}{5.899}\times100\%=2.53\%<10\%$$

可按等跨连续梁计算,次梁的计算简图如图 8.31 所示。图中 g 为恒荷载设计值,q 为活荷载设计值。

恒荷载设计值:$g=1.2\times8.27=9.92\text{kN/m}$

活荷载设计值:$q=1.4\times10.0=14.0\text{kN/m}$

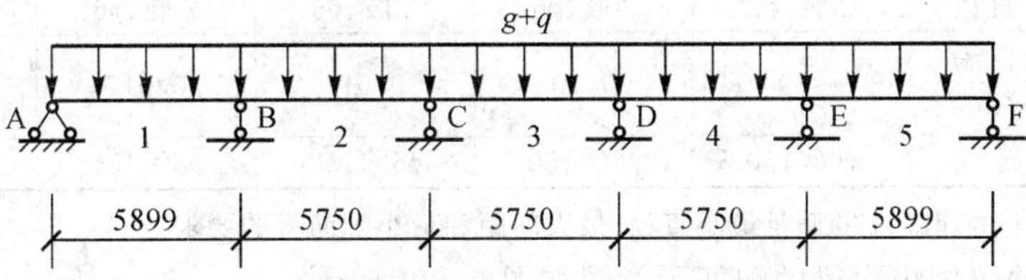

图 8.31　次梁按塑性内力重分布方法计算的计算简图

2) 内力计算

弯矩计算,见表 8-8;剪力计算,见表 8-9。

表 8-8　次梁各截面弯矩计算

截　面	1	B	2	C	3
弯矩系数 α_m		$-\frac{1}{11}$	$\frac{1}{16}$	$-\frac{1}{14}$	$\frac{1}{16}$
$M=\alpha_m(g+q)l_0^2$	75.67	−73.77	49.43	−56.49	49.43

注:弯矩单位为 kN·m。

表 8-9　次梁各截面剪力计算

截　面	A	$B_左$	$B_右$	$C_左$	$C_右$
剪力系数 α_v	0.45	0.60	0.55	0.55	055
$M=\alpha_v(g+q)l_n$	63.50	84.66	75.65	75.65	75.65

注:剪力单位为 kN。

3) 配筋计算

次梁跨中截面应按 T 形截面进行承载力计算,而支座截面承受负弯矩,翼缘位于受拉区，应按宽度为 b 的矩形截面计算，为简单起见，可均按矩形截面计算。正截面承载力计算见表 8-10，斜截面承载力计算见表 8-11。

次梁截面尺寸为 200mm×450mm，$h_0=450-35=415$mm。

表 8-10 次梁正截面承载力计算

截面	1	B	2	C	3
M(kN·m)	75.67	−73.77	49.43	−56.49	49.43
$\alpha_s=\dfrac{M}{\alpha_1 f_c b h_0^2}$	0.185	0.180	0.121	0.138	0.121
$\xi=1-\sqrt{1-2\alpha_s}$	0.206	0.200	0.129	0.149	0.129
$A_s=\xi\dfrac{f_c b h_0}{f_y}$ (mm²)	565	549	354	409	354
选用钢筋	3Φ16	3Φ16	2Φ16	2Φ16	2Φ16
实际钢筋面积 (mm²)	603	603	402	402	402

表 8-11 次梁斜截面承载力计算

截面	A	$B_左$	$B_右$	$C_左$	$C_右$
V(kN)	63.50	84.66	75.65	75.65	75.65
$0.25\beta_c f_c b h_0$	246.93kN>V	246.93kN>V	246.93kN>V	246.93kN>V	246.93kN>V
$0.7 f_t b h_0$	73.79kN>V	73.79kN<V	73.79kN<V	73.79kN<V	73.79kN<V
箍筋肢数、直径	2 肢、ϕ6	2 肢、ϕ6	2 肢、ϕ6	2 肢、ϕ6	2 肢、ϕ6
$\dfrac{A_{sv}}{s}=\dfrac{V-0.7f_t b h_0}{1.25 f_{yv} h_0}$	<0	0.10	0.017	0.017	0.017
选用箍筋	ϕ6@150	ϕ6@150	ϕ6@150	ϕ6@150	ϕ6@150

注：箍筋选配 ϕ6@150 满足最小直径、最大间距和最小配筋率的要求。

由所配钢筋可画出次梁的配筋示意图如图 8.32 所示。

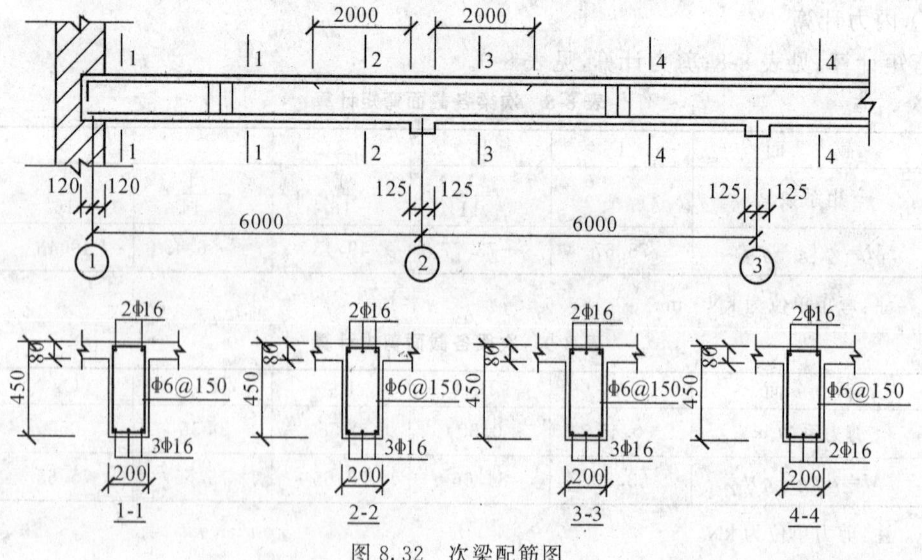

图 8.32 次梁配筋图

5. 主梁的设计

柱的截面尺寸为 350mm×350mm，主梁的实际结构如图 8.33 所示。当主梁线刚度与柱线刚度之比小于 5 时，主梁应按框架梁计算。此处假定主梁线刚度与柱线刚度之比大于 5，则柱可作为不动铰支座考虑，主梁简化为连续梁计算，采用弹性设计方法。

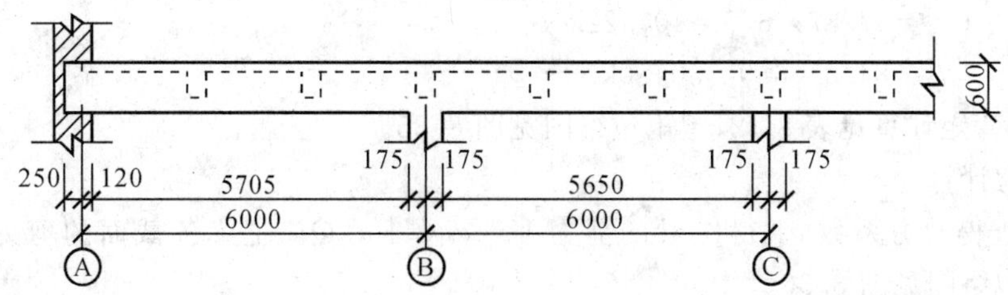

图 8.33　主梁尺寸

1）计算简图

主梁承受的荷载有次梁传来的荷载、主梁自重及抹灰。其中次梁传来的荷载为集中力，主梁自重及抹灰为均布荷载。由于次梁间距为 2.0m，为简单起见，可将主梁自重及抹灰荷载每 2.0m 为一段折算为集中荷载，作用点为次梁处，见图 8.34。

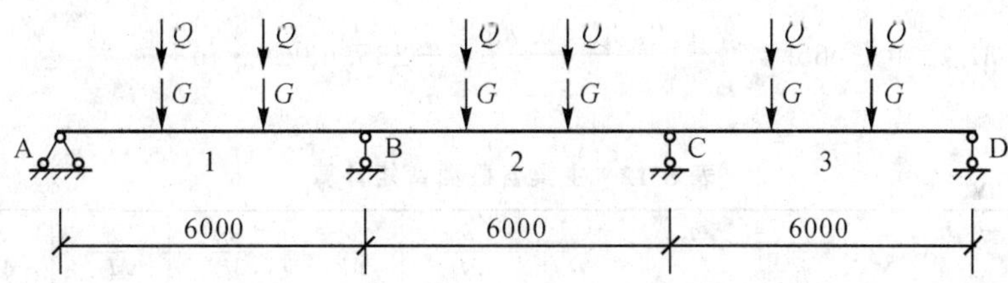

图 8.34　主梁按弹性方法计算的计算简图

a. 恒荷载标准值 G_k

一根次梁传来的恒荷载：　8.27×6.0=49.62kN

主梁自重：　0.25×(0.60−0.08)×2×25=6.50kN

10mm 厚混合砂浆面层：0.01×[(0.60−0.08)×2+0.25]×2×17=0.44 kN

合计：　56.56kN

b. 活荷载标准值 Q_k

一根次梁传来的活荷载：　10.0×6.0=60.0kN

比较恒荷载与活荷载的值，可变荷载效应起控制作用，因此永久荷载的分项系数取 1.2，可变荷载的分项系数取 1.4。

恒荷载设计值 G：$G=1.2\times56.56=67.87$kN

活荷载设计值 Q：$Q=1.4\times60.0=84.0$kN

c. 计算跨长

中间跨计算跨长：$l_0=l_c=6.0$m

边跨计算跨长：$l_0=1.025l_n+a/2=1.025\times5.705+0.37/2=6.023$m

由于边跨与中间跨的计算跨长相差很小，可取计算跨长均为 $l_0=6.0$m，按等跨连续梁计算。得次梁的计算简图如图 8.34 所示。活荷载 Q 在梁上的布置需按最不利布置考虑。

2）内力计算

a. 弯矩计算

同板、次梁按弹性方法的设计，查阅计算手册得（或附表11）各种荷载情况下的弯矩系数 α_m，得主梁的弯矩 $M=\alpha_{m1}Gl_0+\alpha_{m2}Ql_0$，其中

$$Gl_0=67.87\times6.0=407.22\text{kN}$$

$$Ql_0=84.0\times6.0=504.0\text{kN}$$

主梁的弯矩计算见表8-12，弯矩包络图见图8.35。

b. 剪力计算

同理，查得剪力系数 α_v，得次梁的剪力 $V=\alpha_{v1}G+\alpha_{v2}Q$。主梁各截面的剪力计算见表8-13，剪力包络图见图8.36。

c. 支座边缘截面的弯矩值

考虑支座宽度的影响：

$$M_{cal}=M-\frac{V_0b}{2}$$

$$M_{B,cal}=-265.47+\frac{170.52\times0.35}{2}=-235.63\text{kN}\cdot\text{m}$$

$$M_{C,cal}=-265.47+\frac{170.52\times0.35}{2}=-235.63\text{kN}\cdot\text{m}$$

表8-12 主梁各截面弯矩计算

项次	计算简图	$\frac{\alpha_m}{M_{1a}}$	$\frac{\alpha_m}{M_{1b}}$	$\frac{\alpha_m}{M_B}$	$\frac{\alpha_m}{M_{2a}}$	$\frac{\alpha_m}{M_{2b}}$	$\frac{\alpha_m}{M_C}$
①	G G G G G G；1a 1b 2a 2b 1b 1a；A B C D	0.244/99.36	0.155/63.12	−0.267/−108.73	0.067/27.28	0.067/27.28	−0.267/−108.73
②	Q Q Q Q；1a 1b 2a 2b 1b 1a；A B C D	0.298/145.66	0.244/122.98	−0.133/−67.03	−0.133/−67.03	−0.133/−67.03	−0.133/−67.03
③	Q Q；1a 1b 2a 2b 1b 1a；A B C D	−0.044/−22.18	−0.089/−44.86	−0.133/−67.03	0.200/100.80	0.200/100.80	−0.133/−67.03
④	Q Q Q Q；1a 1b 2a 2b；A B C D	0.229/115.42	0.126/63.50	−0.311/−156.74	0.096/48.38	0.170/85.68	−0.089/−44.86
⑤	Q Q Q Q；1a 1b 2a 2b；A B C D	−0.030/−15.12	−0.059/−29.74	−0.089/−44.86	0.170/85.68	0.096/48.38	−0.311/−156.74
$\lvert M\rvert_{max}$	叠加值	245.02	186.1	265.47	39.75	39.75	265.4

注：弯矩单位为kN·m。

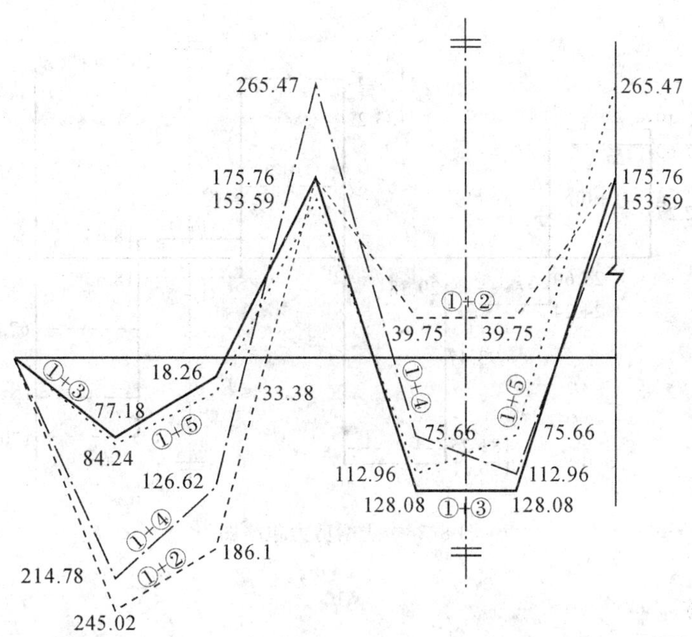

图 8.35　主梁弯矩包络图

表 8-13　主梁各截面剪力计算

项　次	计算简图	$\frac{\alpha_v}{V_A}$	$\frac{\alpha_v}{V_{B左}}$	$\frac{\alpha_v}{V_{B右}}$
①	G G, G G, G G；A 1a 1b B 2a 2b C 1b 1a D	$\frac{0.733}{49.75}$	$\frac{-1.267}{-85.99}$	$\frac{1.000}{67.87}$
②	Q Q, Q Q；A 1a 1b B 2a 2b C 1b 1a D	$\frac{0.866}{72.74}$	$\frac{-1.134}{-95.26}$	$\frac{0}{0}$
④	Q Q, Q Q；A 1a 1b B 2a 2b C D	$\frac{0.689}{57.88}$	$\frac{-1.311}{-110.12}$	$\frac{1.222}{102.65}$
⑤	Q Q, Q Q；A 1a 1b B 2a 2b C D	$\frac{-0.089}{-7.48}$	$\frac{-0.089}{-7.48}$	$\frac{0.778}{65.35}$
$\lvert V \rvert_{max}$	叠加值	122.49	196.11	170.52

注：横线上为弯矩系数，横线下为弯矩值；弯矩单位为 kN · m。

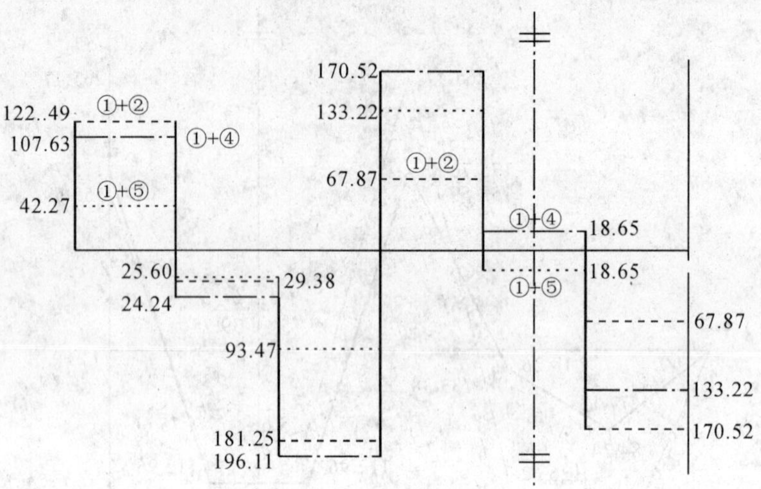

图 8.36 主梁剪力包络图

3）配筋计算

主梁跨中截面应按 T 形截面进行承载力计算，而支座截面承受负弯矩，翼缘位于受拉区，应按宽度为 b 的矩形截面计算，为简单起见，可均按矩形截面计算。正截面承载力计算见表 8-14，斜截面承载力计算见表 8-15。

主梁截面尺寸为 250mm×600mm，负筋一排布筋时 $h_0=600-55=545\text{mm}$，负筋两排布筋时 $h_0=600-75=525\text{mm}$；正筋一排布筋时 $h_0=600-35=565\text{mm}$，正筋两排布筋时 $h_0=600-60=540\text{mm}$。

表 8-14 主梁正截面承载力计算

截 面	1	B	2
M(kN·m)	245.02	235.63	128.08
h_0(mm)	565	545	565
$\alpha_s=\dfrac{M}{\alpha_1 f_c b h_0^2}$	0.258	0.267	0.135
$\xi=1-\sqrt{1-2\alpha_s}$	0.304	0.317	0.146
$A_s=\xi\dfrac{f_c b h_0}{f_y}$ (mm²)	1419	1428	682
选用钢筋	4 Φ 22	4 Φ 22	2 Φ 22
实际钢筋面积(mm²)	1520	1520	760

表 8-15　主梁斜截面承载力计算

截　面	A	$B_{左}$	$B_{右}$
V(kN)	122.49	196.11	170.52
h_0(mm)	565	545	565
$0.25\beta_c f_c bh_0$	420.22kN>V	405.34kN>V	420.22kN>V
$0.7f_t bh_0$	125.57kN>V	121.13 kN<V	125.57 kN<V
箍筋肢数、直径	2 肢、ϕ8	2 肢、ϕ8	2 肢、ϕ8
$\frac{A_{sv}}{s}=\frac{V-0.7f_t bh_0}{1.25f_{yv}h_0}$	<0	0.524	0.303
选用箍筋	ϕ8@200	ϕ8@150	ϕ8@200

注：箍筋选配 ϕ8@200 满足最小直径、最大间距和最小配筋率的要求。

4）次梁两侧附加箍筋计算

次梁传给主梁的集中荷载设计值 $F=G+Q=67.87+84.0=151.87$kN

附加箍筋应设置在 $s=3b+2h_1=3\times200+2\times(600-450)=900$mm 的范围内。

选择 ϕ8 双肢箍，则附加箍筋根数

$$m\geqslant\frac{F}{nf_{yv}A_{sv1}}=\frac{151.87\times10^3}{2\times210\times50.3}=7.18$$

取 $m=8$ 个，在主次梁相交处的主梁内，每侧各附加 4ϕ8。

5）主梁配筋图

主梁配筋图如图 8.37 所示，其中纵筋的截断应满足：

① 自强度充分利用截面外伸一定的长度 l_{d1}；

② 自不需要该钢筋的截面外伸一定的长度 l_{d2}。

6. 主、次梁的裂缝验算

主梁和次梁应满足裂缝宽度和挠度的验算。（此处略）

8.3　现浇双向板肋梁楼盖

8.3.1　双向板的受力特点

现以一四边简支双向板为例，简单分析双向板的变形和受力性能。四边简支双向板在均布荷载作用下的弯曲变形呈盘形，这意味着在任何位置上，板在两个主轴方向都弯曲，如图 8.38 所示。为了观察它的弯曲状况，将板设想为在两个方向分别由两组相互平行的板带组成，两个方向的板带相互交叉。显然各板带的竖向变形和弯曲程度是有差别的，中间板带的大，靠近支座的板带小。而且由于整块板的变形是连续的，各板带相互之间是有联系的，因此板带间的弯曲变形差异使板带还承受扭矩的作用，靠近角部处扭矩较大。

板沿两个正交方向的弯矩，分别为沿短跨方向的弯矩 M_x 和沿长跨方向的弯矩 M_y。图 8.38b 板中的最大弯矩(即 M_x 与 M_y 的最大值)是在短向板带 s_1 的跨中，显然短向板带 s_2 的曲率以及弯矩都比板带 s_1 对应位置的曲率及弯矩值小。因此，沿短跨方向的弯矩值 M_x 不仅

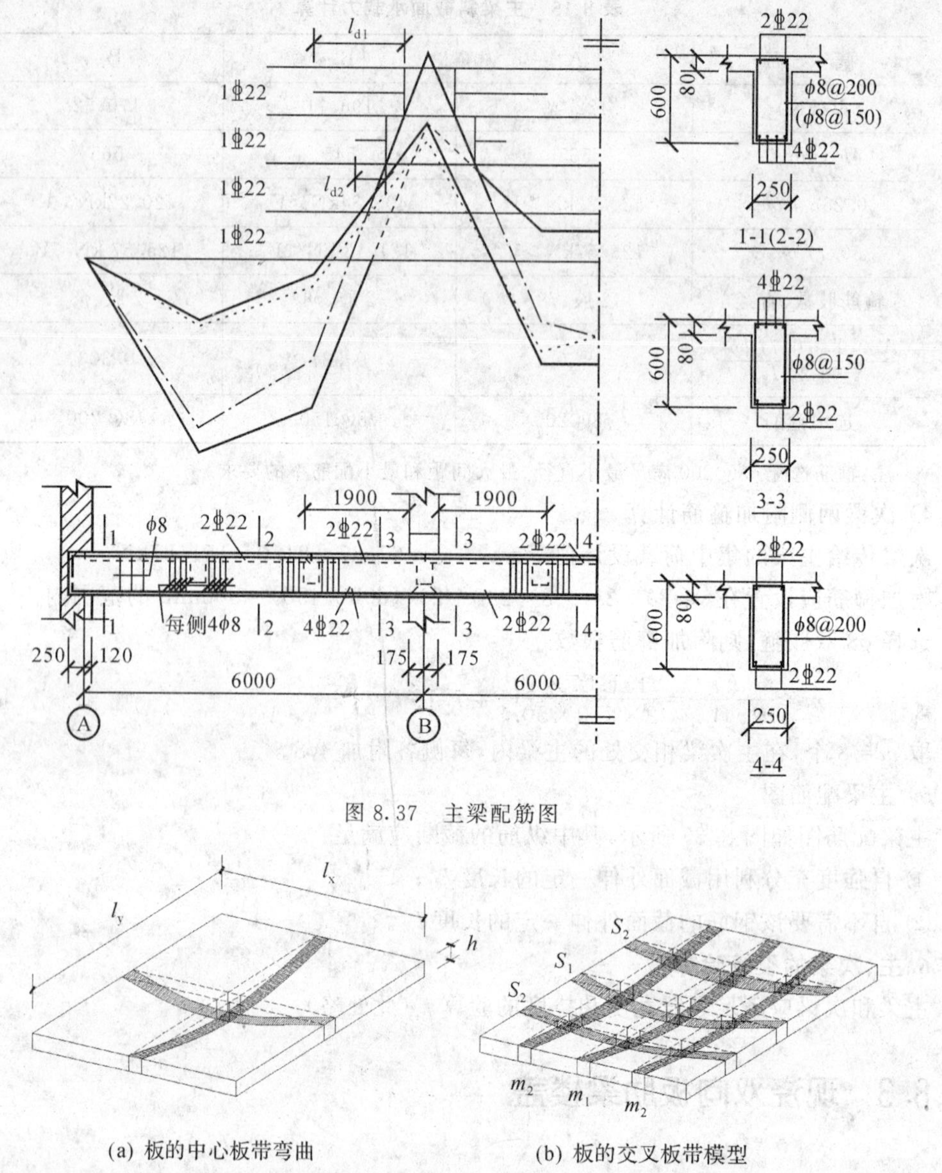

图 8.37 主梁配筋图

图 8.38 双向简支板

沿板的短边方向会变化，沿板的长方向也会发生变化，定性的变化趋势如图 8.39a 所示。同理，沿长跨方向的弯矩值 M_y 的定性变化趋势如图 8.39b 所示。在大多数的实用设计方法中，都近似地考虑双向板在短方向和长方向弯矩的这种变化，在板的每个方向靠外侧的 1/4 跨用减少的弯矩设计。

8.3.2 双向板按弹性理论计算

1. 单区格双向板的计算

双向板按弹性理论计算属于弹性力学中的薄板弯曲问题，内力分析复杂。在实用中，通常直接利用已有的计算用表(根据弹性薄板理论编制))，进行内力和变形计算。

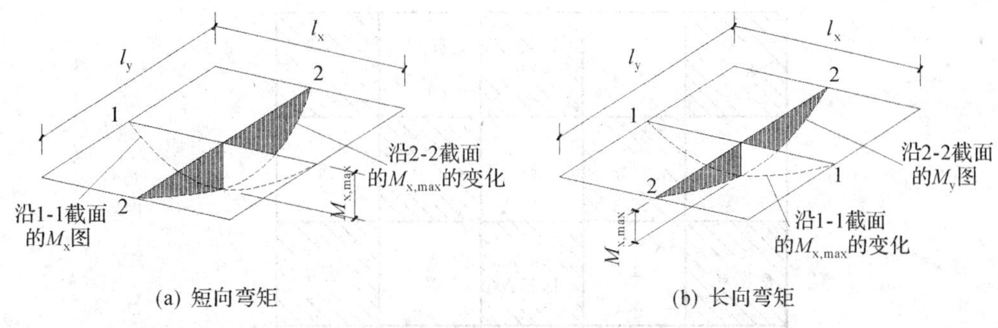

(a) 短向弯矩　　(b) 长向弯矩

图 8.39　四边简支板受均布荷载作用的弯矩及弯矩变化

附表 12 中列出了双向板在各种支承情况下，受到均布荷载作用下的弯矩和挠度系数。利用表格计算弯矩时，应用公式

$$m=\text{表中系数}\times(g+q)l_x^2 \tag{8-16}$$

式中：m——跨中或支座单位板宽内的弯矩设计值；

g，q——板上均布恒荷载及活荷载的设计值；

l_x——板的短边宽度。

公式(8-16)弯矩的计算是按材料的泊松比 $\mu=0$ 制定的。对于 $\mu\neq0$ 的材料，应按下式计算弯矩：

$$m_x^{(\mu)}=m_x+\mu m_y \tag{8-17}$$

$$m_y^{(\mu)}=m_y+\mu m_x \tag{8-18}$$

式中：$m_x^{(\mu)}$，$m_y^{(\mu)}$——考虑泊松比影响的 x，y 方向单位板宽内的弯矩设计值；

m_x，m_y——按 $\mu=0$ 计算的 x，y 方向单位板宽内的弯矩设计值；

μ——泊松比，对于钢筋混凝土 $\mu=0.2$。

2. 连续区格双向板的计算

连续区格双向板的计算更为复杂。在工程设计中，当连续双向板沿同一方向相邻跨度相差小于 25%时，可采用以下近似方法，将连续板转化为单区格板计算。

(1)跨中弯矩

与单向板肋形楼盖相似，多跨连续双向板的计算也需要考虑活荷载最不利布置。当求某区格板的跨中最大弯矩时，除恒荷载外，应在该区格板布置活荷载，并在其前后左右每隔一个区格布置活荷载，形成棋盘形布置。图 8.40a 为求区格 A 沿水平方向的跨中弯矩最大值时的荷载分布。为了利用已有的单区格板内力系数表格，将图 8.40b 的荷载分解为全部楼面满布荷载 $g'=(g+q/2)$ 与间隔布置 $q'=(\pm q/2)$ 两种荷载分布情况之和，即图 8.40c 所示荷载和 8-40d 所示荷载之和。同样，求区格 A 沿竖直方向的跨中弯矩最大值时的荷载分布也可以这样分解。

如图 8.40c 所示，当$(g+q/2)$满布于各区格时，各内区格支座处的转角很小，可视为固定支座。此时，中间区格板可视为四边固定支承的单区格双向板。对于边区格板和角区格板，边支座按实际情况考虑。如边支座为简支，则边区格板可视为三边固定、一边简支的单区格双向板；而角区格板则可视为两邻边固定、两邻边简支的单区格双向板。

如图 8.40d 所示，板在反对称布置$(\pm q/2)$作用下，可近似认为板在中间支座两侧的转角方向一致、大小相等，接近于简支支承边的转角，弯曲为零，则中间支座可视为铰支座。此

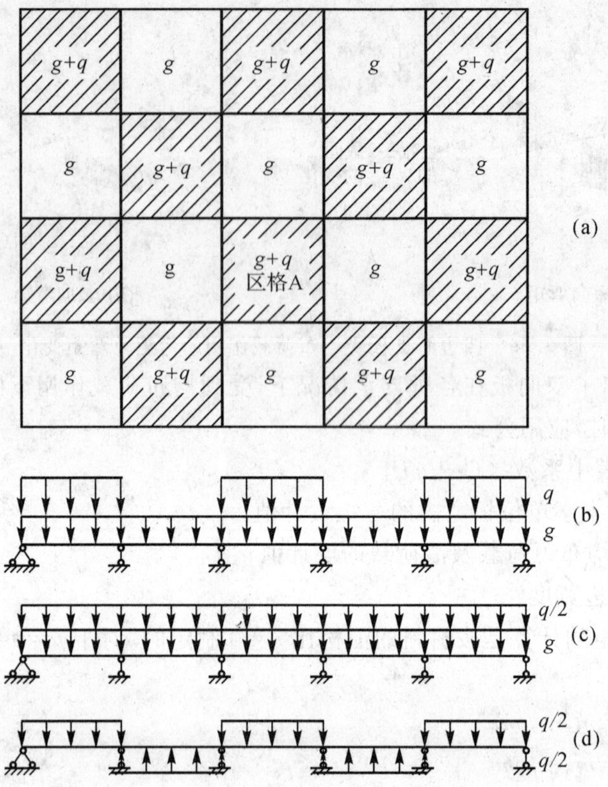

图 8.40 双向板跨中弯矩的最不利荷载布置

时，内区格板可视为四边简支的单区格双向板。同样，对于边区格板和角区格板，边支座按实际情况考虑。

最后将所求区格在两部分荷载作用下的跨中弯矩叠加，即可得到该区格跨中的最大弯矩。

(2)支座弯矩

计算各区格板支座截面最大负弯矩时，也需考虑活荷载的最不利布置。大量计算表明：按活荷载最不利布置与按各区格板满布活荷载求得的支座弯矩值相差甚小，故为简化计算，可近似将活荷载满布于所有区格板。此时，所有中间支座处均为固定支承，边支座按实际情况考虑。对某些中间支座，由相邻两区格板分别求出的支座弯矩不等时，可取平均值或偏于安全地取较大值。

3. 板的空间内拱作用

多区格连续双向板在荷载作用下，由于四边支承梁的约束作用，与多跨连续单向板相似，双向板也存在空间内拱作用，使板的支座及跨中截面弯矩值均将减小。因此周边与梁整体连接的双向板，其截面弯矩计算值可按下述情况予以减小：

(1) 对于连续板的中间区格，其跨中截面及中间支座截面折减系数为 0.8；

(2) 对于边区格，其跨中截面及自楼板边缘算起的第二支座截面：

当 $l_2/l_1<1.5$ 时，折减系数为 0.8；

当 $1.5\leqslant l_2/l_1\leqslant 2.0$，折减系数为 0.9。

其中 l_2——垂直于楼板边缘方向板的计算跨度；

l_1——沿楼板边缘方向板的计算跨度。

(3) 楼板的角区格不应折减。

4. 配筋计算

双向板楼板的配筋量通常不是很大，可采用简化计算，近似按下式计算受力钢筋面积：

$$A_s = \frac{m}{\gamma_s h_0 f_y} \tag{8-19}$$

式中：m——单位板宽的弯矩设计值；

γ_s——内力臂系数，近似取 0.9～0.95；

h_0——截面有效高度。

双向板上的荷载沿两个方向传递，因此板上单元在两个方向均受弯，故双向板中须沿两个方向都布置受力钢筋。因为沿短跨方向的最大弯矩值大于长跨方向的最大弯矩值，故将沿短跨方向的钢筋放在长跨方向钢筋的外侧，则长、短跨方向截面有效高度相差一个钢筋直径。有效高度 h_0 可取为：

短边方向　　$h_0=(h-20)$mm

长边方向　　$h_0=(h-30)$mm

8.3.3　双向板的截面设计构造要求和配筋

1. 板厚

双向板的厚度不宜小于 80mm，厚度与板的短边计算跨度的比值应满足：

简支板　　$h/l_{短}\geqslant 1/40$

连续板　　$h/l_{短}\geqslant 1/50$

2. 钢筋布置

双向板的配筋方式类似单向板，有弯起式和分离式两种配筋方案，为施工方便，目前在工程中多采用分离式配筋。按弹性理论计算时，板的底部钢筋均匀配置的四边支承连续双向板分离式配筋示意见图 8.41。

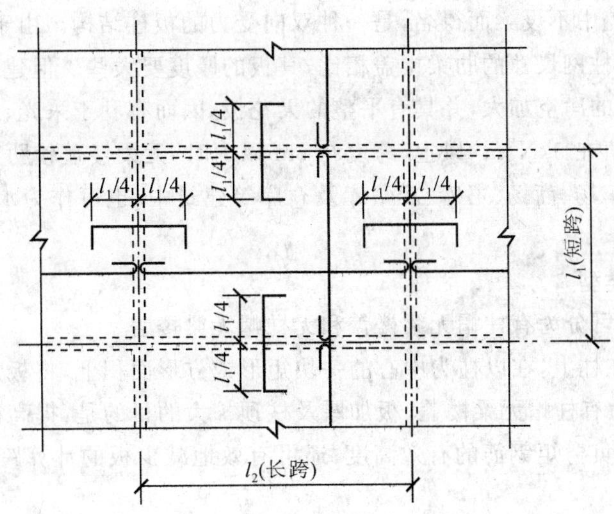

图 8.41　连续双向板的分离式配筋

8.3.4　板支承梁的计算

确定双向板传给支承梁的荷载时，可根据荷载传递路线最短原则确定。即从每一区格的四角作45°分角线，将整块板分为4块，每块小板上的荷载就近传给邻近的支承梁。因此，双向板传给短跨方向支承梁上的荷载呈三角形分布，传给长跨方向支承梁上的荷载呈梯形分布，如图8.42。

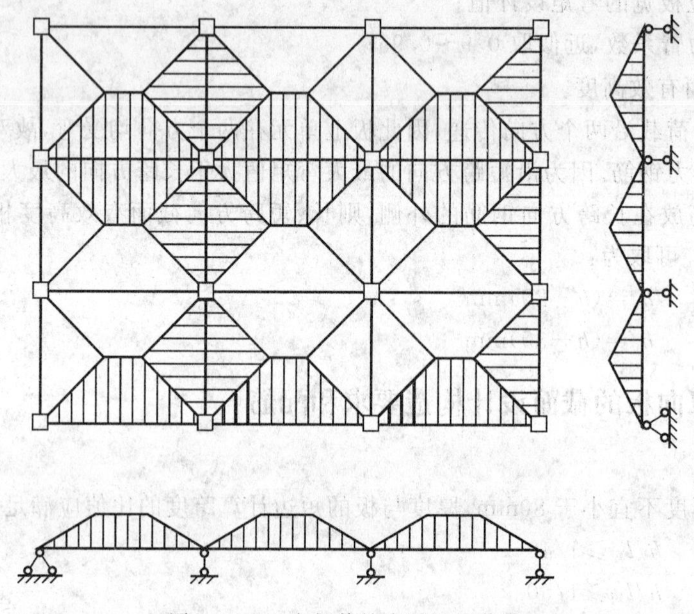

图8.42　双向板传给支承梁的荷载

8.4　无梁楼盖

无梁楼盖因楼盖中不设梁而得名，是一种双向受力的板柱结构。由于没有梁，楼板直接支承在柱上，与相同柱网尺寸的肋梁楼盖相比，其板的厚度要大些。但建筑构造高度比肋梁楼盖要小，使得楼层的净空加大，并具有平整的天花板，因而有利于采光、通风及卫生。一般，当楼面活荷载标准值在5kN/m²以上，跨度在6m以内时，无梁楼盖较肋梁楼盖经济。因而无梁楼盖常用于停车场、商场、书库、冷藏库及仓库等建筑中，也可作为水池的顶盖，或地下室底板等。

1. 无梁楼盖的类型

按有无柱帽分，可分为有柱帽无梁楼盖和无柱帽无梁楼盖。

无梁楼板支承在柱上，在以柱为中心的一块矩形或方形面积上，将板加厚、将柱顶扩大，如图8.43a所示即为有柱帽无梁楼盖。板加厚及柱顶扩大的目的是：提高柱周围楼板的抗剪承载力；增大支座处负弯矩钢筋的有效高度；还可有效地减少板的计算跨度，从而减小楼板中的内力。

等厚度的板直接支承在等截面柱上，为无柱帽无梁楼盖，如图8.43b。当柱网尺寸适中且楼面荷载较轻时，采用无柱帽无梁楼盖是经济的，且有其他一些优点。板底平整，可以不用吊顶而进行直接喷涂或抹灰。模板非常简单，它的建造时间短，劳动力花费低。

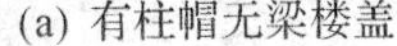
(a) 有柱帽无梁楼盖

(b) 无柱帽无梁楼盖

图 8.43　无梁楼盖

为减轻楼板的重量，楼板还可采用空心楼板。近年来，现浇空心板无梁楼盖在我国应用十分广泛。它是采用高强度轻质材料在楼板中形成空腔，减少了楼盖自重，而板的承载力降低甚少。图 8.44a 是采用高强薄壁管成孔的现浇混凝土空心楼盖，图 8.44b 则采用高强薄壁盒成孔。

(a)

(b)

图 8.44　现浇混凝土空心楼盖

2. 构造要求

无梁楼盖板通常是等厚的，其厚度既要满足承载力要求，也要满足刚度的要求。但由于目前对无梁楼盖的挠度尚无完善的计算方法，所以根据经验用板厚 h 与板长跨 l_{02} 的比值来控制其挠度，且板厚应大于 150mm。无柱帽时：$h/l_{02}\geqslant 1/32$，且柱上板带可适当加厚，加厚部分的宽度可取相应跨度的 30%；有柱帽时：$h/l_{02}\geqslant 1/35$。

无梁楼盖周边应设置边梁，其截面高度应大于板厚的 2.5 倍。

3. 抗震性能

无梁楼盖是板与柱构成的板柱结构，因没有梁，故其抗侧刚度较小，整个结构抵抗水平荷载的能力比较差，这是无梁楼盖的缺点，所以当楼层数较多或要求抗震时，宜设剪力墙来抵抗水平荷载。

8.5 装配式楼盖

装配式钢筋混凝土楼盖主要由搁置在承重墙或梁上的预制钢筋混凝土板铺设而成，是钢筋混凝土楼盖的常用形式之一。预制构件都在具有工厂条件的预制场地上生产。预制建造的优点是：机械化系列产品可减少单位工程劳动力；楼盖施工除预制构件连接外均不需在现场施工，因而可缩短建造时间；工厂条件下可较好地控制质量，并获得较高的混凝土强度；施工不受气候和季节影响。缺点是：与运输材料相比，运输预制构件的价格更贵；预制构件的现场拼接会增加一些技术问题和增加造价。

预制构件常常在浇筑工厂中施加预应力，但本节内容与预制构件是否施加预应力无关，主要介绍预制构件的类型以及连接方法。

8.5.1 预制构件类型

对于工程中的构件，当重复使用数量足够大，采用预制方法施工是经济的。对于预制构件，除了要满足施工和使用阶段的承载力、刚度及裂缝控制演算的要求，还必须考虑搬运、堆放和吊装等要求。

1. 预制板

屋顶和楼板构件有很多种类型。适用于各种具体条件，例如跨度、荷载大小、防火要求和外观等。图 8.45 给出了最常用的型式，图中大致以适用跨度逐渐增大的顺序排列，各种板的适用跨度有较大的重叠。

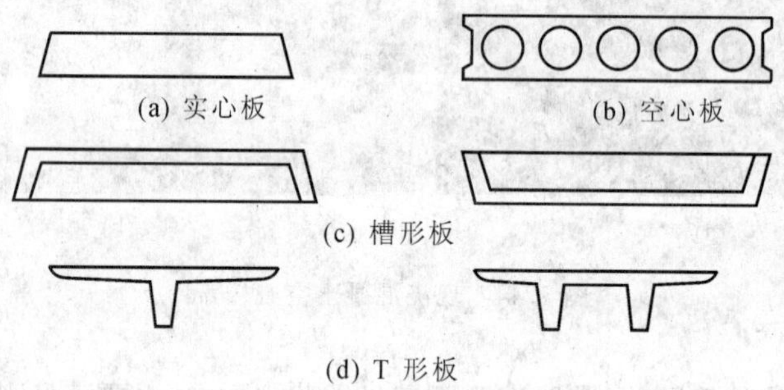

图 8.45 预制板截面形式

实心板的适用跨度 l 为 1.2～2.4m。板厚度一般取 $h=l/30$，常用 60～80mm。为了减轻重量及有更好的隔声和隔热效果，而且为了用于更大跨度，可以采用空心板。空心板可分为普通钢筋混凝土空心板和预应力混凝土空心板，前者适用跨度 l 为 2.4～4.8m，后者的适用跨度 l 为 2.4～6.9m。常用厚度为 120、130、180 和 190mm 等；常用板宽为 500、600、900 和 1200mm 等。

槽形板的适用跨度 l 为 3.0～6.0m。它是由面板、横肋和纵肋组成的主、次梁板结构，有和倒槽形板之分。纵肋高度一般为 120、180 和 240mm；板面宽度为 25～30mm；常用板宽为 500、600、900 和 1200mm 等。槽形板的混凝土用量较之空心板更少，当板肋向下搁置时（正槽形板）可以较好地利用板面混凝土受压，受力合理，但它不能提供平整的天棚面，隔音和隔热效果差，因此在工业建筑中应用较多。

当跨度更大时，可以使用 T 形板，它的适用跨度 l 为 6～12m。T 形板有单 T 形板和双 T 形板之分。T 形板是板梁合一的构件，具有良好的受力性能，能跨越较大的空间。板肋高度一般为 300～500mm；常用板宽为 1500～2100mm。T 形板可用作屋面板，也可作为墙板，但要注意板之间的连接比较薄弱。

2. 预制梁

预制梁作为楼面板和屋面板的支承，一般情况梁的截面为矩形。为了减小楼盖或屋盖的总高度，常常将梁的顶面与楼板构件的顶面拉平，同时为了能够支托楼板，梁截面做成花篮形或 L 形。常用的预制梁截面形式如图 8.46 所示。

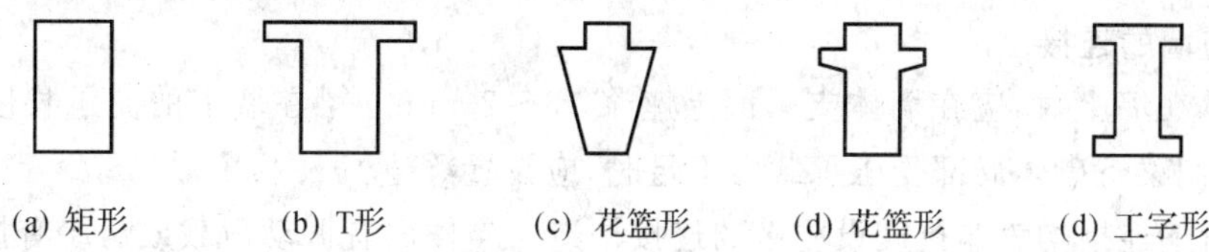

图 8.46　预制梁截面形式

8.5.2　连　接

现浇的钢筋混凝土结构具有整体性和连续性。装配式楼盖类似于钢结构，它是由大量预制构件组成，需在现场连接后才能最终成为结构。楼盖除承受竖向荷载外，它还起着将水平荷载传递给承重墙体或柱的作用。因此，在装配式钢筋混凝土楼盖设计中，应处理好各构件之间的连接构造。

连接是将两个或多个本来分开的构件结合在一起。在装配式楼盖中，可将连接做成仅传递重力、同时传递重力与水平力、同时传递重力与水平力以及弯矩。构件的连接方式将直接影响结构的整体性。预制混凝土构件会因受荷、徐变、收缩、预应力松弛以及温度变化而产生尺寸变化，当采用较弱的连接时，允许构件发生一定的尺寸变化，但结构抵抗水平力的承载力不足；当采用较强的连接时，如连接可同时传递重力、水平力和弯矩，则结构具有连续性，近似于现浇结构，但连接必需要能抵抗在连接节点中产生的较大的约束力。

1. 板与板的连接

板与板的连接，一般采用强度等级不低于预制板混凝土强度且不低于 C20 的细石混凝土灌缝，预制板下部缝宽约 20mm，见图 8.47(a)。

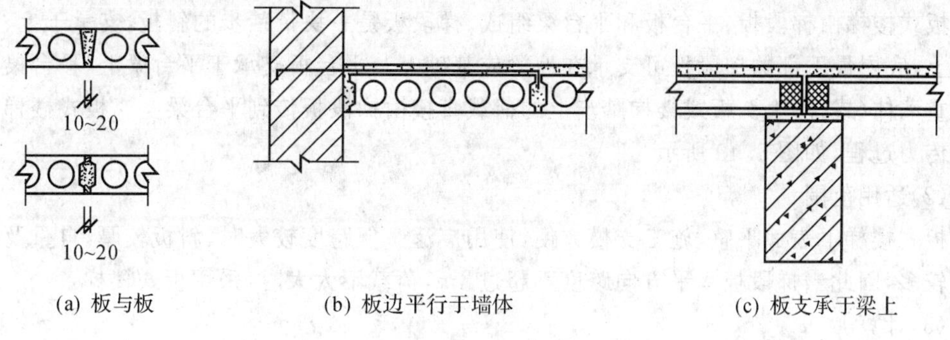

图 8.47　板与板、墙及梁的连接构造

2. 板与墙、梁的连接

板与墙、梁的连接,分支承与非支承两种情况。

板支承在墙、梁上时,一般靠在支座上座浆 10～20mm,即在支座上铺设 10～20mm 厚的水泥砂浆。预制板在墙上的支承长度应≥100mm,在梁上的支承长度应≥80mm,以保证连接可靠,见图 8.47(c)。

板与非支承墙、梁的连接,一般采用细石混凝土灌缝,见图 8.47(b)。当板长大于 4.8m 时,应在板面上设置拉筋,拉筋的一端锚入墙或圈梁内,另一端钩入板缝底,具体构造可查阅相关图集。

3. 梁与墙的连接

梁支承在墙上时,应在墙体支承面上座浆 10～20mm。梁在墙上的支承长度不得小于 180mm,预制梁下砌体局部受压承载力不足时,应设置梁垫。

以上所述连接均为非抗震设防区的连接构造。当楼面有振动荷载或房屋有抗震设防要求时,对楼盖整体性要求较高时,应加强连接。如:对板与板的连接,可在预制板缝内设置纵横拉结钢筋,此时板间缝隙应适当加宽;或每隔几块预制板设置宽度较大的配筋现浇板带;或在预制板上现浇一层配有钢筋网的混凝土面层。

8.6 楼梯和雨篷

钢筋混凝土楼盖是房屋结构最常用的是梁板结构,其他如楼梯、雨篷、阳台、挑檐和基础底板等也属于梁板结构。本节主要介绍楼梯和雨篷的计算与构造。

8.6.1 楼 梯

楼梯作为房屋的竖向通道,是房屋的重要组成部分。混凝土楼梯由于经济耐久,并具有良好的耐火性能而被广泛采用。楼梯的结构形式按施工方法,可以分为整体式和装配式;按受力状态,可以分为梁式、板式、剪刀式和螺旋式,见图 8.48。梁式和板式楼梯属于平面受力体系,剪刀式和螺旋式则属于空间受力体系。

1. 现浇板式楼梯

(1)组成与传力途径

板式楼梯由梯段板、平台板和平台梁组成。梯段板是一块带踏步的斜板,支承于上、下平台梁上,底层最下部的梯段板可支承在地梁或基础上。平台板支承于平台梁上,平台梁支承于承重墙体(或柱)上。板式楼梯踏步上的荷载直接由梯段板传到平台梁上。板式楼梯的组成和传力过程,如图 8.49 所示。

(2)适用范围

板式楼梯下表面平整,施工支模方便,使用广泛。但跨度较大时,斜板较厚,自重及材料用量较多,因此当梯段板水平方向跨度不超过 4m,荷载不太大时,采用板式楼梯。

(3)计算

1)梯段板的计算

由于平台梁设置不同,梯段板可以是斜板,也可以是折线形板,如图 8.50。梯段板厚度

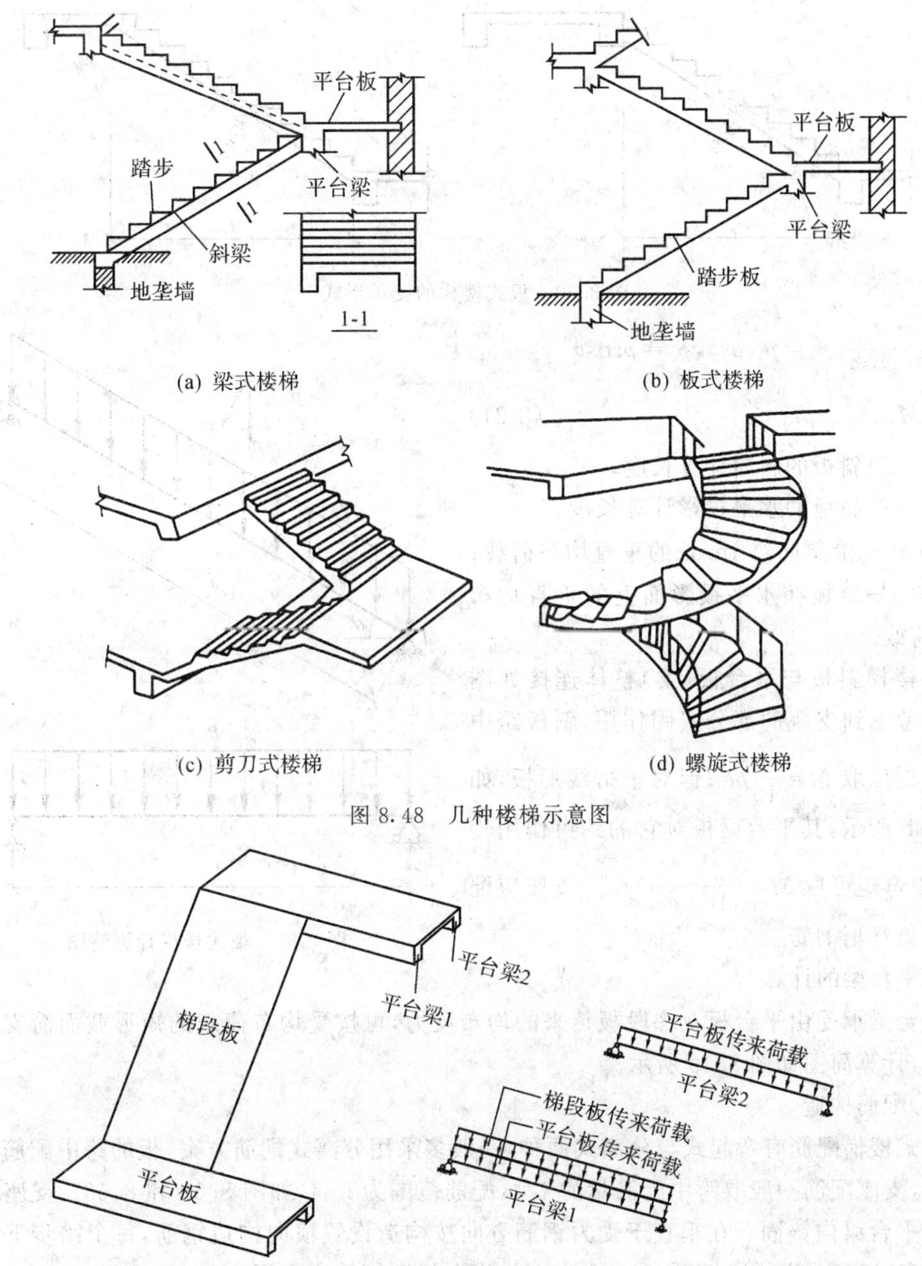

图 8.48　几种楼梯示意图

图 8.49　板式楼梯的组成及传力示意

通常取 $t=\frac{l_n}{25}\sim\frac{l_n}{30}$，$l_n$ 为斜板水平方向的跨度，常用厚度为 100～120mm。

梯段板、平台板和平台梁为一个整体结构，为简化计算，通常将梯段斜板和平台板分开计算，但在计算及构造上要考虑它们相互间的整体作用。计算梯段板时，取 1m 宽斜向板带作为结构及荷载计算单元，将板带简化为斜向简支板，如图 8.51 所示。其跨中最大弯矩为

$$M_{\max}=\frac{1}{8}p'_x l'^2_0 \tag{8-20}$$

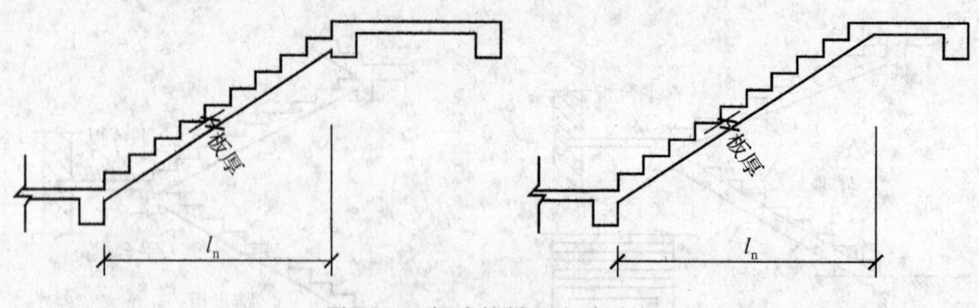

图 8.50 板式楼梯的支承形式

由于 $l_0'=\frac{l_0}{\cos\alpha}, p_x'=p_x\cos\alpha, p_x=p\cos\alpha$

所以 $M_{\max}=\frac{1}{8}pl_0^2$ (8-21)

式中：l_0'——斜板的斜向计算长度；

l_0——斜板的水平投影计算长度；

p_x——沿斜向每 1m 长的垂直均布荷载；

p——斜板在水平投影面上的垂直均布荷载。

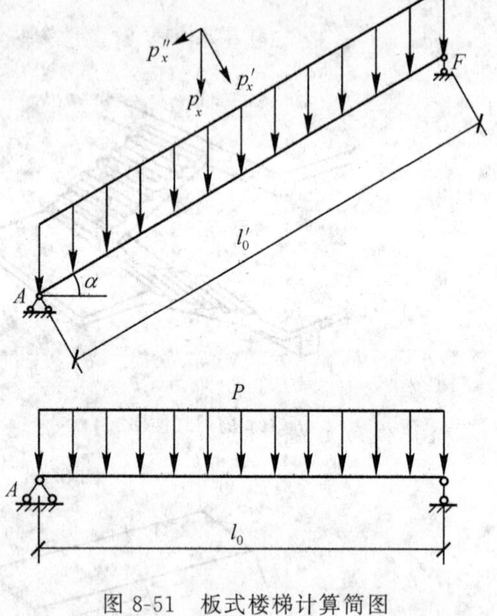

图 8-51 板式楼梯计算简图

当楼梯斜板与平台板(梁)整体连接如图 8.50a，考虑到支座的部分嵌固作用，斜板跨中弯矩可近似取 $M=\frac{1}{10}pl_0^2$；但对于折线形板，如图 8.50b 所示，其平台梁板对它的约束作用较小，跨中弯矩可取 $M=(\frac{1}{10}\sim\frac{1}{8})pl_0^2$。支座应配置承受负弯矩钢筋。

2)平台梁的计算

平台梁承受由平台板及梯段板传来的均布反力，可按受均布荷载的矩形截面简支梁进行设计，计算简图如图 8.49 所示。

(4)配筋构造

板式楼梯配筋有弯起式与分离式两种，一般多采用分离式配筋方案。板的跨中配筋按计算确定，支座配筋一般取跨中配筋量的 1/4，配筋范围为 $l_n/4$，如图 8.52 和 8.53。支座负筋也可在平台梁内锚固。在垂直于受力钢筋方向按构造设置横向构造钢筋，每个踏步下放置 1ϕ6 或 ϕ6@250。当梯段板厚 $t\geqslant$150mm 时，横向构造钢筋宜采用 ϕ8@200。

带有平台的板式楼梯当上折时，如图 8.53a，在折角处由于节点的约束作用应配置承受负弯矩的钢筋，其配筋范围可取 $l_1/4$。其下部受力筋①、②在折角处应伸入受压区，并满足锚固要求。

2. 现浇梁式楼梯

(1)组成与传力途径

现浇梁式楼梯由梯段与休息平台组成。梯段包括踏步板和梯段梁(斜梁)；休息平台包括休息板和平台梁。荷载由踏步板传至梯段梁，再由梯段梁传至平台梁上，然后由平台梁传至墙体或柱，最后传至基础和地基上。梁式楼梯的组成和传力过程，如图 8.54 所示。

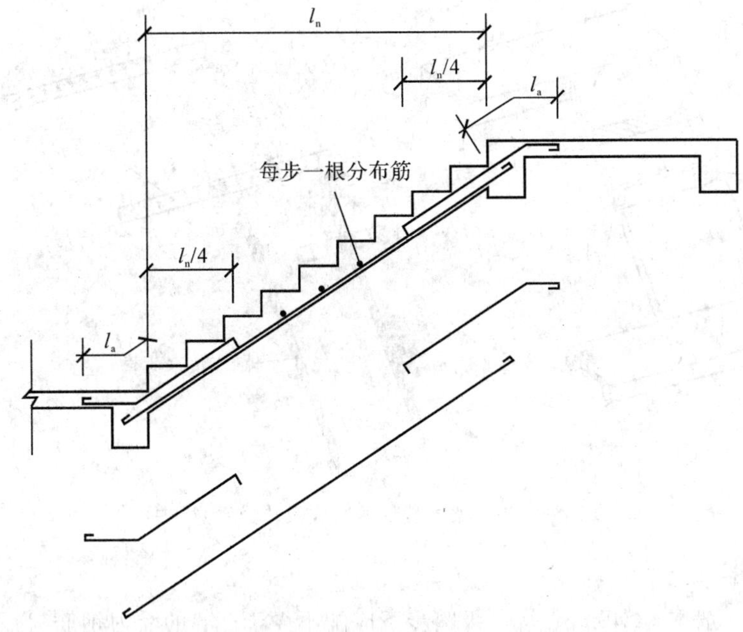

图 8.52　板式楼梯梯段板配筋

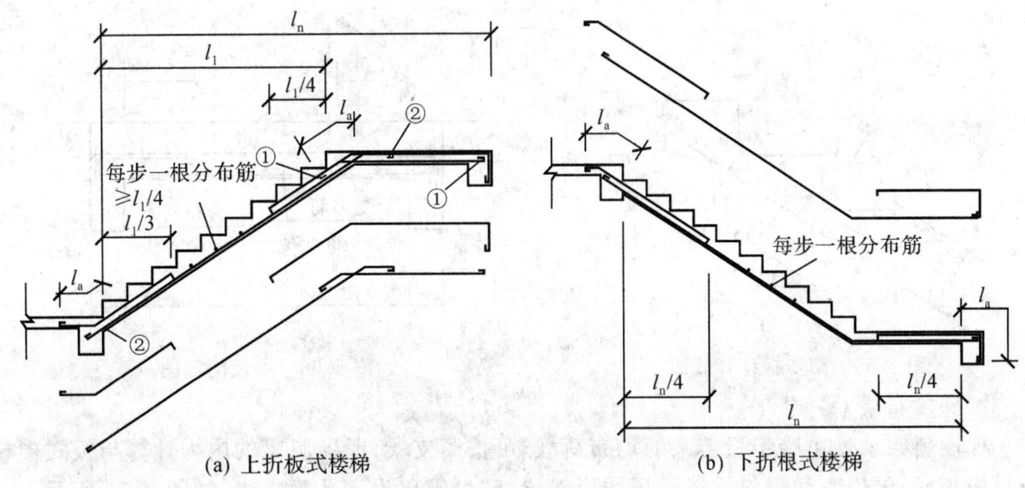

图 8.53　带有平台的板式楼梯配筋

(2)适用范围

梯段较长时，采用梁式楼梯比较经济，但支模及施工都比板式楼梯复杂，外观也显得笨重。当梯段水平方向跨度大于 4m 时，一般采用梁式楼梯。

(3)计算与构造

1)踏步板

踏步板是由斜板和三角形踏步组成，是一块斜向支承的单向板，计算时取一个踏步作为计算单元。踏步板的截面为图 8.55 所示的 $ABCDE$ 的多边形，为简化计算，可近似地按截面宽度为 b_1，截面高度为 $h_0=h_1/2$ 的矩形截面计算，式中 $h_1=d\cdot\cos\alpha+t$。

斜板厚度一般取，踏步板两端与边梁整体连接时，考虑支座的嵌固作用，踏步板的跨中

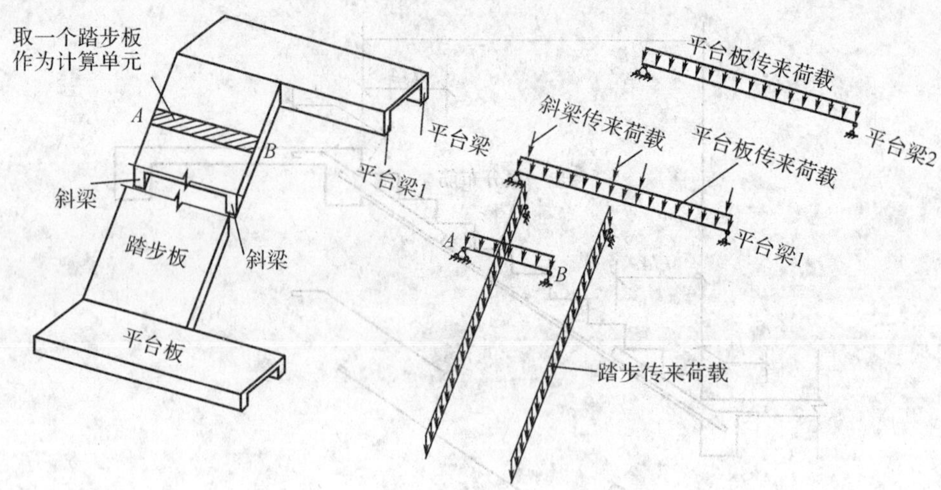

图 8.54　梁式楼梯的组成及传力示意

弯矩可近似地取 $M=\frac{1}{10}pl_0^2$。

斜板厚度一般取 $t\geqslant40$mm。每一级踏步下应配不少于 2ϕ6 的受力钢筋，为了承受支座处的负弯矩，板底受力筋伸入支座后，每两根中应弯上一根（图 8.56）。分布钢筋常选用 ϕ6@300。

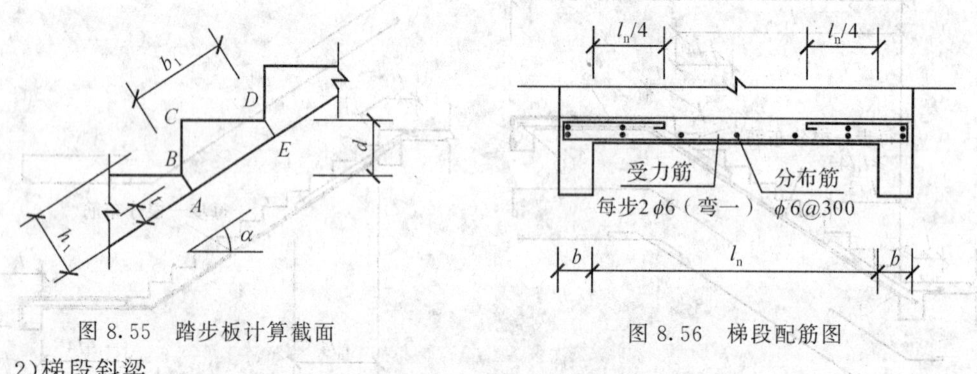

图 8.55　踏步板计算截面　　　图 8.56　梯段配筋图

2）梯段斜梁

梯段斜梁承受由踏步板传来的均布荷载，可按简支梁计算。斜梁的内力计算与板式楼梯的斜板相同，无论直线形斜梁还是折线形斜梁，都可简化为水平简支梁，如图 8.57 所示。

对于折线形斜梁，由于倾斜段和水平段作用的荷载值不同，必须按剪力 $V=0$，求出其最大弯矩所在截面，然后再求出最大弯矩值。

斜梁高度通常取 $h=(\frac{1}{18}\sim\frac{1}{12})l_n$，$l_n$ 为梯段斜梁水平投影的净距。计算时，截面可取矩形截面。

梯段斜梁中的纵向受力钢筋及箍筋数量按跨中截面弯矩值及支座剪力值确定。考虑到平台梁、板对斜梁两端的约束作用，斜梁两端应设置承受负弯矩作用的钢筋，钢筋数量不应少于跨中截面纵向受力钢筋截面面积的 1/4。钢筋在支座处的锚固长度应满足受拉钢筋锚固长度的要求。

3）平台梁

平台梁承受平台板传来的均布荷载及梯段斜梁传来的集中荷载，一般按简支梁进行内

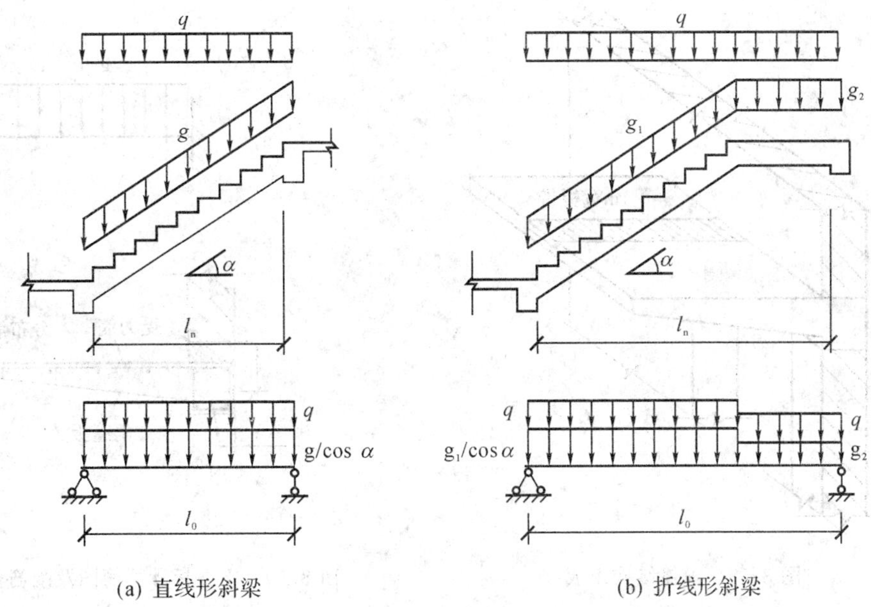

图 8.57　楼梯斜梁计算简图

力计算，截面可取矩形截面。

8.6.2　雨篷

雨篷是房屋结构中最常见的悬挑构件，它有各种不同的结构布置。对悬挑比较长的雨篷，一般都设有边梁支承雨篷板；但对一般的雨篷，通常只由雨篷板和雨篷梁组成，称为板式雨篷，如图 8.58。

雨篷的内力分析，当有边梁时，与一般梁板结构相同，不再赘述，本节主要介绍板式雨篷的设计要点。

1. 雨篷板的计算与构造

雨篷板是悬臂板，所以一般做成变厚度的。通常根部板厚为 1/10 挑出长度，端部则不小于 60mm。

雨篷板上的荷载除自重等荷载外，还必须考虑施工或检修集中荷载，但该荷载与均布活荷载不同时考虑。施工或检修集中荷载取 1.0kN，布置在最不利位置。当进行承载力计算时，沿板宽每隔 1.0m 取一个集中荷载，进行抗倾覆计算时，沿板宽每隔 2.5～3.0m 取一个集中荷载。

雨篷板的内力分析，与一般悬臂板相同，取 1m 宽板带作为计算单元，计算简图如图 8.58。

雨篷板按根部弯矩值进行配筋计算，一般不进行受剪承载力验算。要注意雨篷板的受力钢筋设置在板的上部，且钢筋伸入雨篷梁的长度应满足受拉锚固的要求，如图 8.59。

2. 雨篷梁的计算与构造

雨篷梁既是雨篷板的支承，又兼作过梁，承受上部墙体的重量和楼面梁板或楼梯平台传来的荷载。由于雨篷板上传来的荷载作用点并不在梁的竖向对称平面上，因此这些荷载还将产生扭矩。故雨篷梁所受荷载为竖向线荷载和线扭矩荷载，如图 8.60。

雨篷梁在竖向线荷载作用下，可按简支梁计算弯矩和剪力；在线扭矩荷载作用下，可按

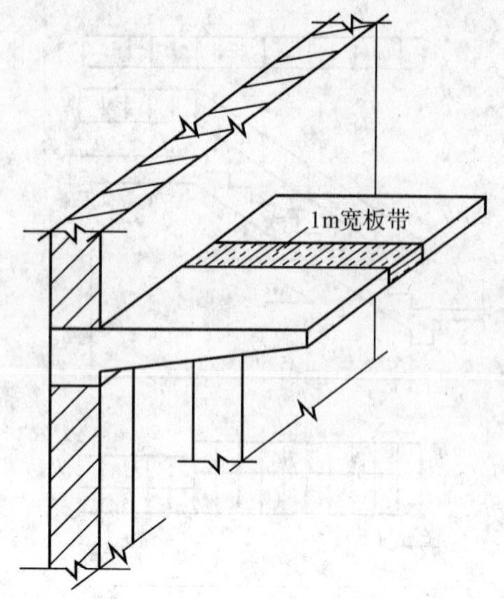

图 8.58 雨篷结构组成

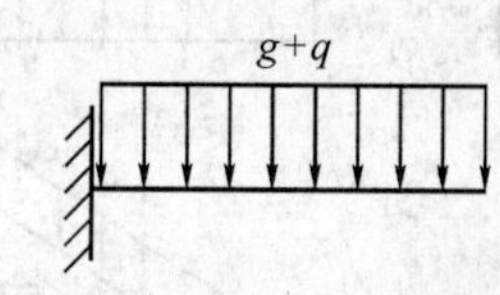

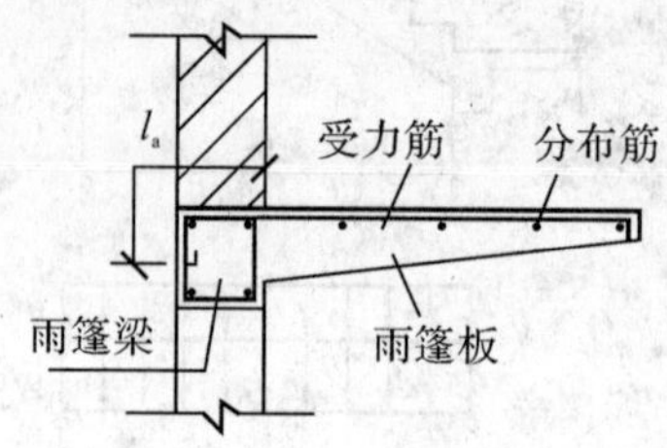

图 8.59 雨篷板计算简图及配筋构造

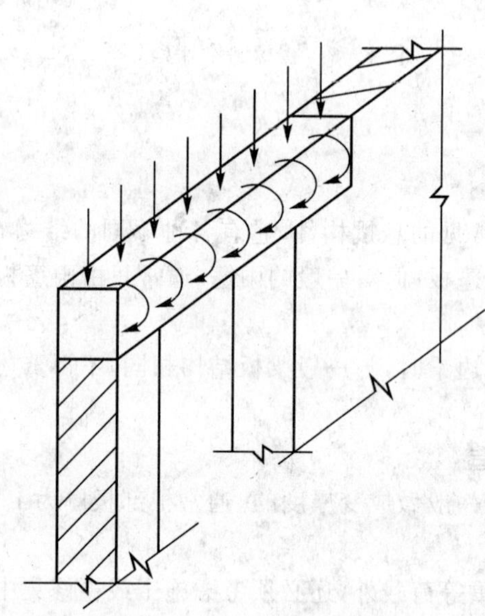

图 8.60 雨篷梁上的荷载

两端固定的单跨梁计算内力(扭矩)。因此,雨篷梁是弯、剪、扭联合作用的构件,梁的纵 筋和箍筋分别按弯、剪、扭承载力计算确定。

3. 雨篷的抗倾覆验算

雨篷除进行各组成构件的计算外,还要考虑结构整体作为刚体丧失稳定(如倾覆或过大位移等)的问题。雨篷板上的荷载将使整个雨篷绕雨篷梁底的某条线转动倾倒,而梁自重、梁上墙体重量等却有阻止雨篷倾覆的稳定作用。前一种荷载产生的力矩称为倾覆力矩 M_{ov},后一种荷载产生的力矩称为抗倾覆力矩 M_R,结构抗倾覆验算应满足:

$$M_{ov} \leqslant M_r \tag{8-22}$$

M_{ov}、M_R 的计算参见砌体结构部分挑梁的抗倾覆验算。雨篷的抗倾覆荷载按图 8.61 采用,即所示阴影部分范围内的墙体自重与楼、屋面恒荷载标准值之和。

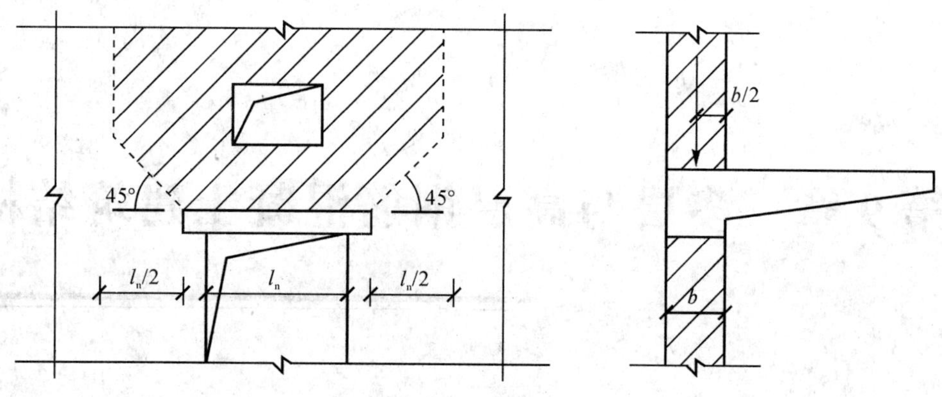

图 8.61　雨篷的抗倾覆荷载

当 $M_{ov} \leqslant M_r$ 不满足时，可适当增加雨篷梁的支承长度，以增大墙体的重量；或采用其他拉结措施。

第9章 多层与高层钢筋混凝土建筑结构

9.1 多层及高层建筑结构体系

9.1.1 高层建筑结构的特点

我国《高层建筑混凝土结构技术规程》(JGJ3—2002)规定，10层及10层以上或高度超过28m的建筑物为高层。建筑物超过100m时，不论住宅建筑或公共建筑均为超高层建筑。高层建筑的特点：

(1) 在相同的建筑场地中，建造高层建筑可以获得更多的建筑面积，可以解决城市用地紧张和地价高涨的问题。高层建筑还可以为城市增加景观。

(2) 在建筑面积与建筑场地面积相同比值的情况下，建造高层建筑比多层能提供更多的空闲地面，作为绿地和休息场地，美化环境。

(3) 从城市建设和管理的角度看，建筑物向高空延伸，可以缩小城市的平面规模，缩短城市道路和各种公共管线的长度，从而节省城市建设与管理的投资。

(4) 但高层建筑太多，太密集，也会对城市带来热岛效应，太多的玻璃幕产生光污染。

(5) 在结构受力特性方面，水平荷载在高层建筑分析和设计中起重要作用，且设计和计算均复杂。

9.1.2 高层建筑结构分类

高层建筑按照材料来分，有钢筋混凝土结构、钢结构和混合结构。

钢筋混凝土造价低，材料防火性好；刚度大，侧移小，而且可塑性好，容易满足建筑造型的要求。承载能力也不低，经过合理设计，可以获得较好的抗震性能，因而在我国高层建筑以钢筋混凝土为主。如广州国际大厦，63层；中天广场，80层，322m高。但钢筋混凝土结构的主要缺点是构件断面大，占用较多的室内空间，自重也较大，特别是随着层数和高度的加大，较为明显。

钢材强度高，韧性大，易于加工。高层钢结构具有结构断面小，自重轻，抗震性能好的优点。在我国也建造了一些钢结构的高层建筑。如上海的锦江宾馆，46层，153m；国际贸中心，37层，140；北京京广中心，57层，208m等。但高层钢结构用钢量大，造价高，而且耐火性差，需要用大量的防火涂料，因此应用不如钢筋混凝土广泛。在高度超过100m时可酌情采用。

混合结构可以充分利用钢和钢筋混凝土两种材料的性能，取长补短，取得经济合理、技术性能优良的效果。目前有两种组合方式：

① 结构构件采用钢骨混凝土或钢管混凝土构件。钢骨混凝土构件是将钢材放在构件（梁、柱）内部，外部有钢筋混凝土做成；钢管混凝土是在钢管内填充混凝土，做成外包钢构件。前者可充分利用外包混凝土的刚度和耐火性，又可利用钢骨承担外力减小构件截面和改善抗震性能，目前普遍采用。例如北京的香格里拉饭店采用了钢骨混凝土柱。

② 部分抗侧力结构用钢构件，另一部分采用钢筋混凝土构件（或部分采用钢骨混凝土），多数情况下是将钢筋混凝土做成筒，用钢材做框架的梁柱。例如上海的金茂大厦，用钢筋混凝土做核心筒，外框架用钢骨混凝土和钢柱的混合结构；深圳地王大厦钢筋混凝土做核心筒，外部钢柱。由于混合结构的优越性，因此今后混合结构将逐步增多。

9.1.3　高层建筑的结构体系

1. 框架结构

框架结构是一种由梁和柱以刚接或铰接相连接组成承重体系的房屋建筑结构，如图 9.1 所示。它是由水平承重构件（各层的楼盖即梁、板）和竖向承重构件（柱）组成的空间结构体系。

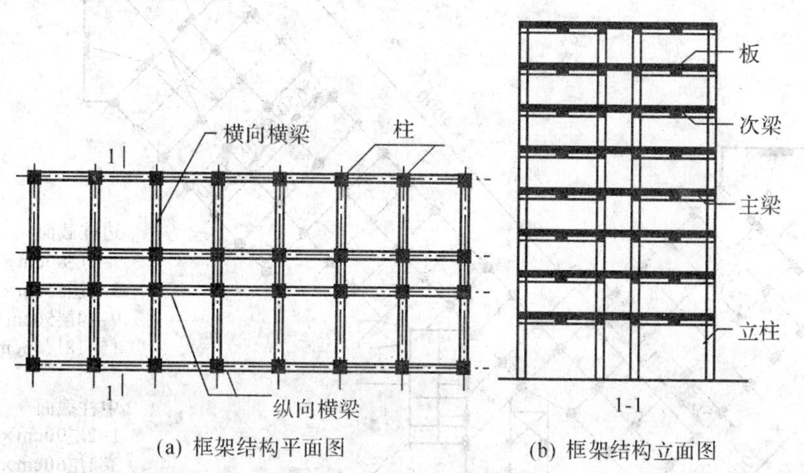

图 9.1　框架结构示意图

框架结构的特点是建筑平面布置灵活，可以形成较大的使用空间，需要时可用隔断分隔成小房间，或拆除隔断改成大房间。因此广泛应用于商场、办公楼、教学楼、实验楼等多层及高层建筑中。框架结构组成简单，构件类型少，便于构件的标准化、定型化。可以采用装配式结构或现浇结构。如图 9.2 是我国 20 世纪 60 年代建造的北京民航办公大楼平面图，最高部分为 15 层，是装配整体式框架结构。图 9.3 是北京的长城饭店柱网布置图，为现浇框架结构，是我国现有的最高框架结构，高 18 层（凸出部分 22 层），总高 82.85m。

但由于框架结构的抗侧移刚度较小，用于建造比较高的建筑时，需要较大的梁、柱构件才能满足变形值的要求。而钢筋混凝土框架的构件截面大了，会减小有效使用空间。抗震区的框架结构用钢量也增加，因此，我国规范规定的钢筋混凝土框架的使用高度受到限制。在目前我国的情况下，框架结构的建造高度不宜太高，以 15～20 层以下为宜。

5400
2500
6300
Ⅰ段15层
Ⅱ段9层
Ⅲ段11层
柱截面为一种:
50cm×50cm
45cm×45cm
40cm×40cm
6×4000=24000
4500
Ⅲ
Ⅰ
Ⅱ
2700
8×3600=28800
600
19×3600=68400

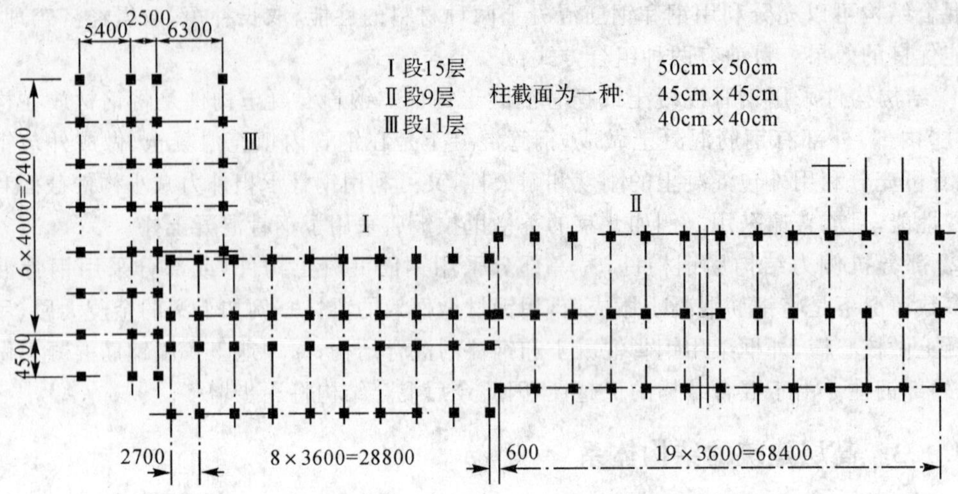

图 9.2 北京民航办公大楼平面图

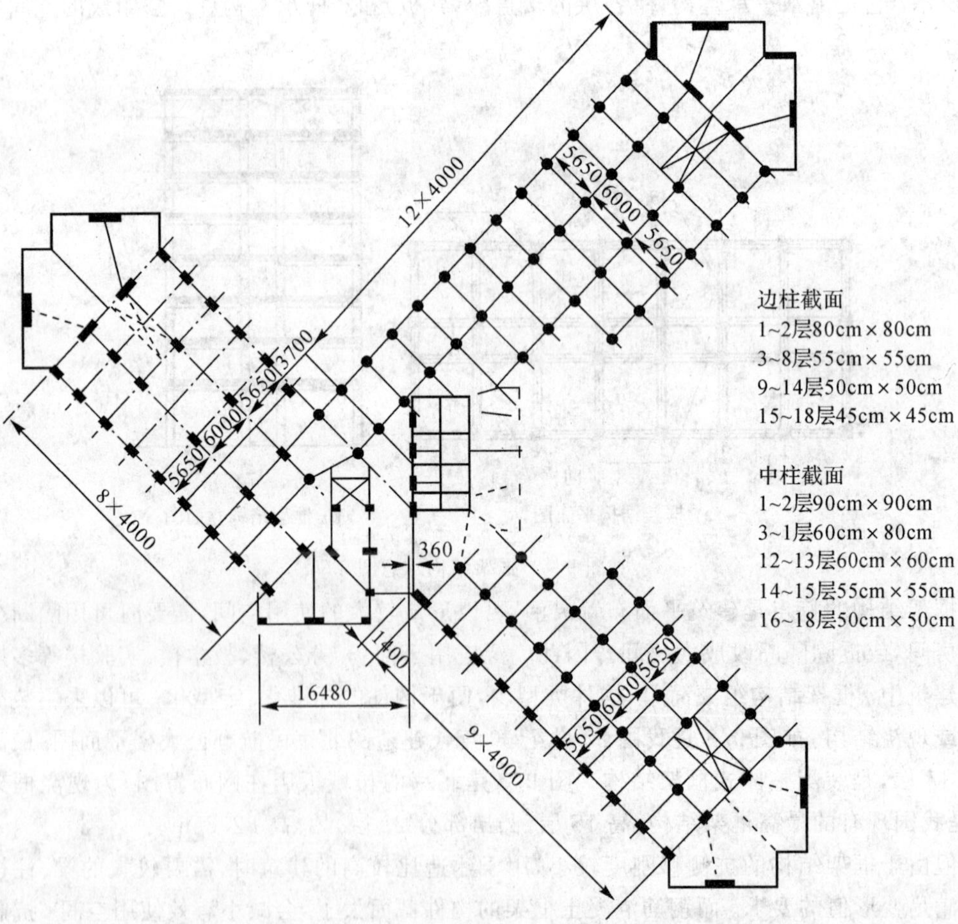

12×4000
5650
6000
5650
3700
8×4000
360
1400
16480
9×4000
边柱截面
1~2层80cm×80cm
3~8层55cm×55cm
9~14层50cm×50cm
15~18层45cm×45cm
中柱截面
1~2层90cm×90cm
3~1层60cm×80cm
12~13层60cm×60cm
14~15层55cm×55cm
16~18层50cm×50cm

图 9.3 北京长城饭店 22 层柱网布置图

2. 剪力墙结构

利用建筑物钢筋混凝土墙体承受竖向荷载和水平荷载的结构，称为剪力墙结构。在这种结构体系中，墙体同时也作为维护及房间分隔构件。现浇钢筋混凝土剪力墙结构的整体性好，刚度大，在水平荷载作用下侧向变形小，承载力要求也容易满足。但钢筋混凝土剪力墙结构中，剪力墙的间距小，一般为 3～8m，平面布置不灵活，建筑空间受到限制，因此，适用于住宅、旅馆等建筑。

剪力墙结构在为我国应用十分广泛，但应用最多的是 10～30 层的高层住宅。图 9.4 是典型的高层住宅剪力墙结构平面图。图 9.5 是一些应用剪力墙结构的平面图。

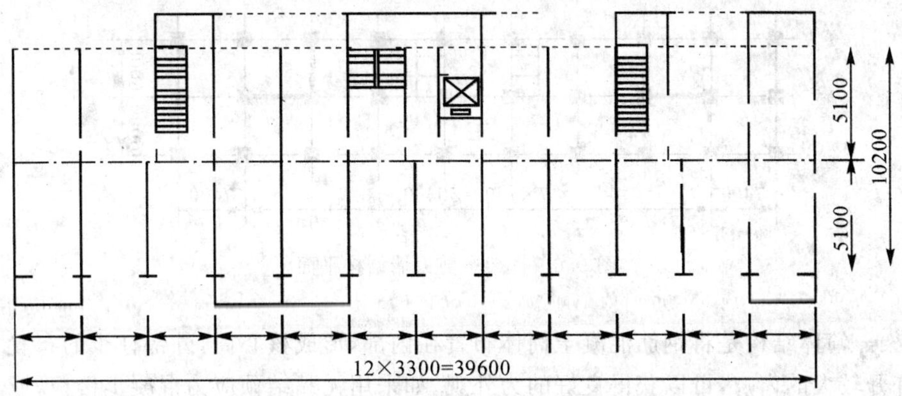

图 9.4　剪力墙结构——高层板式楼平面

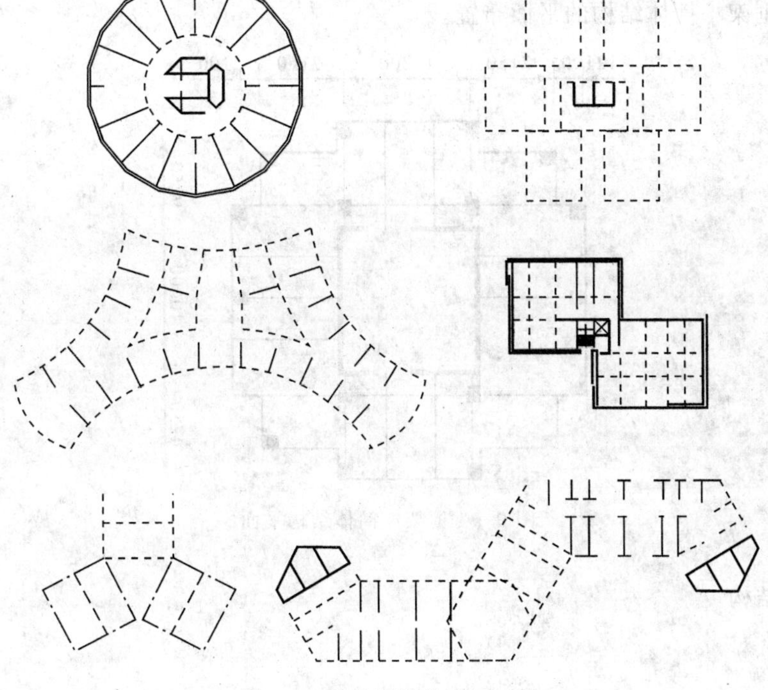

图 9.5　剪力墙结构平面示例

3. 框架—剪力墙结构

框架—剪力墙结构是由框架和剪力墙组成的结构；若两个方向的剪力墙围成筒体（如电梯间、电梯间和竖向管道的通道），就形成框架—筒体结构，二者统称为框架—剪力墙结构。

框架—剪力墙结构有框架结构布置灵活、延性好的优点和剪力墙结构刚度大、承载力高的优点。在框架—剪力墙结构中，由于剪力墙刚度大，剪力墙将承担大部分水平力，是抗侧力的主体，整个结构的侧向刚度大大提高。框架则承担竖向荷载，提供了较大的使用空间，同时也承担少部分的水平力。当采用单片剪力墙作为基本单元时，建造高度一般为10～20层。如图9.6所示为框架—剪力墙结构的平面布置。

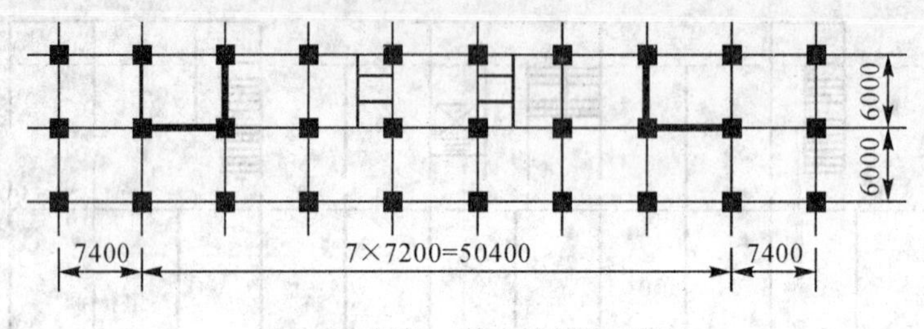

图9.6 框架—剪力墙结构平面

框架—筒体结构是将钢筋混凝土筒体布置在内部，形成核心筒，外部柱子的布置十分灵活，允许开较大的窗户，可以获得良好的为外观。如采用无黏结预应力混凝土楼板，或采用钢梁－压型钢板—现浇混凝土楼板，外框架与核心筒之间的距离可达10m以上，使用空间大而灵活，是高层公共建筑和办公用房的理想选择。建造高度可增大到40～50层，甚至更高。如图9.7是框架—筒体结构的平面布置。

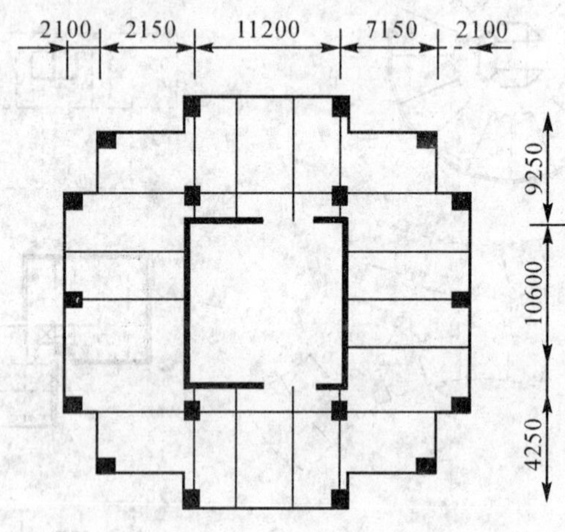

图9.7 框架—筒体结构平面

4. 筒体结构

详见9.5。

5. 各种结构体系适用的最大高度和适用高度范围

《高层建筑混凝土结构技术规程》JGJ3—2002 中对各种结构体系的高层建筑使用的最大高度作出了规定.其中将高层建筑分为两级,即常规高度的高层建筑(A 级)和超限高层建筑(B 级),分别给出了其适用的最大高度见表 9-1 和 9-2。表 9-3 为各种结构体系适宜高度。

表 9-1　A 级高度钢筋混凝土高层建筑的最大使用高度　(m)

<table>
<tr><th colspan="2" rowspan="2">结构体系</th><th rowspan="2">非抗震设计</th><th colspan="4">抗震设防烈度</th></tr>
<tr><th>6 度</th><th>7 度</th><th>8 度</th><th>9 度</th></tr>
<tr><td colspan="2">框架</td><td>70</td><td>60</td><td>55</td><td>45</td><td>25</td></tr>
<tr><td colspan="2">框架—剪力墙</td><td>140</td><td>130</td><td>120</td><td>100</td><td>50</td></tr>
<tr><td rowspan="2">剪力墙</td><td>全部落地剪力墙</td><td>130</td><td>120</td><td>100</td><td>80</td><td>不应采用</td></tr>
<tr><td>部分框支剪力墙</td><td>150</td><td>140</td><td>120</td><td>100</td><td>60</td></tr>
<tr><td rowspan="2">筒体</td><td>框架—核心筒</td><td>160</td><td>150</td><td>130</td><td>100</td><td>70</td></tr>
<tr><td>筒中筒</td><td>200</td><td>180</td><td>150</td><td>120</td><td>80</td></tr>
<tr><td colspan="2">板柱—剪力墙</td><td>70</td><td>40</td><td>35</td><td>30</td><td>不应采用</td></tr>
</table>

表 9-2　B 级高度钢筋混凝土高层建筑的最大使用高度　(m)

<table>
<tr><th rowspan="2">结构种类</th><th rowspan="2">结构体系</th><th rowspan="2">非抗震设计</th><th colspan="3">抗震设计</th></tr>
<tr><th>6 度</th><th>7 度</th><th>8 度</th></tr>
<tr><td rowspan="5">现浇钢筋
混凝土结构</td><td>框架—剪力墙</td><td>170</td><td>160</td><td>140</td><td>120</td></tr>
<tr><td>全部落地剪力墙</td><td>180</td><td>170</td><td>150</td><td>130</td></tr>
<tr><td>部分框支剪力墙</td><td>150</td><td>140</td><td>120</td><td>100</td></tr>
<tr><td>框架—核心筒</td><td>220</td><td>210</td><td>180</td><td>140</td></tr>
<tr><td>筒中筒</td><td>300</td><td>280</td><td>230</td><td>170</td></tr>
</table>

表 9-3 体系（钢筋混凝土结构）适宜高度范围

体系名称	框架	框架-剪力墙	剪力墙	框架-核心筒	框架-核心筒-伸臂	筒中筒	束筒	巨型框架
典型平面								
典型立面								
适宜范围	多层~20层 60m	8~20层 80m	10~40层 120m	30~50层 200m	50~100层 400m	50~100层 400m	50~110层 450m	30~150层 500m
适宜高宽比	≤4	≤5	≤6	≤6	≤8	≤7	≤8	≤10

9.2 框架结构

9.2.1 结构布置

1. 柱网布置

框架结构房屋的柱网尺寸和层高，应根据生产工艺、建筑结构和施工条件等各方面因素进行综合考虑后确定；当采用预制构件时，尚应符合模数值的统一要求，柱网尺寸应力求简单规则，有利于施工工业化。

民用建筑常用的柱网尺寸一般以 300mm 为模数，柱距通常 4～8m，层高采用 3.0m、3.6m、3.9m、4.2m 等。

工业建筑的柱网尺寸一般为 6～12m。层高主要根据房屋使用的空间高度来确定，一般为 3.9、4.2m、4.5m、4.8m、5.4m、6.0m 等。

框架结构的柱网，一般采用内廊式或跨度组合式两种布置形式。内廊式时跨度常采用 6.0m、6.6m、6.9m、7.2m，通常使用于办公楼、教学楼、旅馆等。跨度组合式主要用于生产要求有人空间、便于布置生产流水线的厂房，跨度常用 6.0m、7.5m、9.0m 等。图 9.8 是一些框架结构的柱网平面布置。

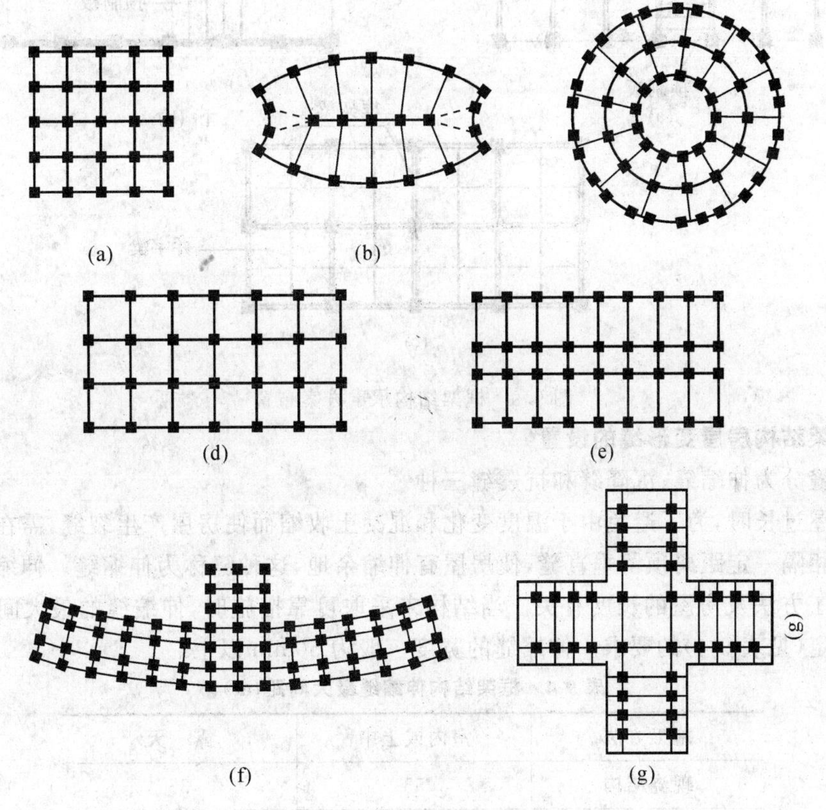

图 9.8 框架柱网平面布置

2. 框架结构承重体系

框架承重体系是按照结构承受和传递竖向荷载的方式不同来划分的。一般分为横向承重体系、纵向承重体系和纵横向混合承重体系三种类型。

(1) 横向承重体系

横向承重体系的结构布置见图 9.9(a)。横向承重布置是主梁沿房屋横向布置，板和联系梁纵向布置。主梁横向布置，有利于提高横向刚度。

(2) 纵向承重体系

纵向承重布置见图 9.9(b)，主梁沿房屋纵向布置，板和连系梁横向布置。优点是房屋采光、通风好，有利于楼层净高的有效利用，房间布置比较灵活。但横向刚度差。

(3) 混合承重体系

纵横向混合承重布置见图 9.9(c)，是在房屋的纵、横两个方向布置主梁来承受楼面荷载。其特点是纵、横向刚度好，房间布置比较灵活，尤其适合于生产工艺比较复杂，板荷载较大的多层工业厂房。

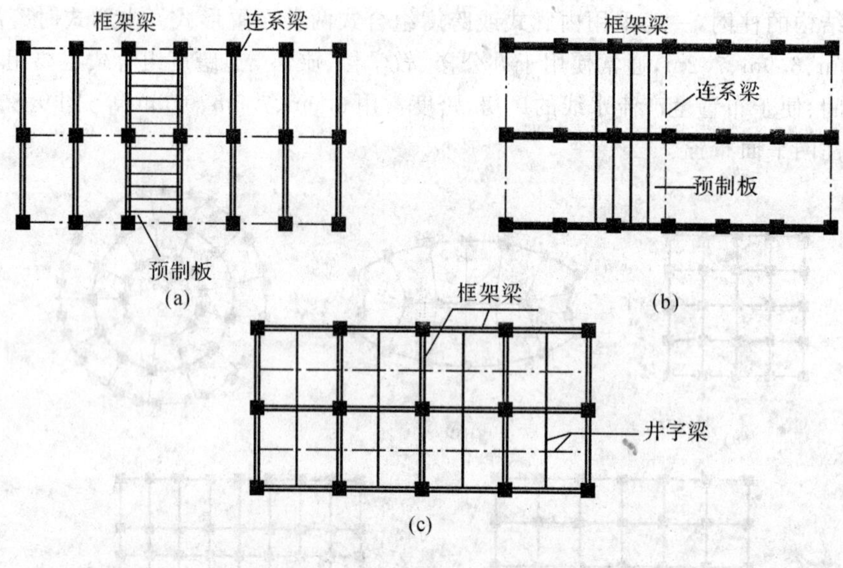

图 9.9 框架结构承重方案布置

3. 框架结构房屋变形缝的设置

变形缝分为伸缩缝、沉降缝和抗震缝三种。

当房屋过长时，为了避免由于温度变化和混凝土收缩而使房屋产生裂缝，需在沿建筑物长度方向相隔一定距离预留垂直缝，使房屋有伸缩余地，这种缝称为伸缩缝。伸缩缝的设置主要与施工方法及房屋的长度有关。当结构未采取可靠措施时，伸缩缝的最大间距应满足《规范》规定(见表 9-4)的要求。伸缩缝的宽度一般为 50mm 以上。

表 9-4 框架结构伸缩缝最大间距(m)

施工方法	室内或土中	露 天
现浇结构	55	35
装配式框架	75	50

沉降缝将基础至屋顶全部断开，其目的是避免房屋因过大的不均匀沉降而导致房屋开裂或破坏。当有下列情况之一时应考虑设置沉降缝：

1）土质条件变化较大处；

2）地基基础处理方法不同处；

3）房屋平面形状变化的凹角处；

4）房屋高度、重量、刚度有较大变化处；

5）新建部分与原有建筑结合处。

沉降缝的宽度一般为 50mm 以上，从基础开始沿房屋高度将结构分开。

在设计地震烈度为 7～9 度的地区，当建筑物立面高差在 6m 以上，或建筑物有错层且楼板高差较大，或建筑物各部分结构刚度截然不同时，应设置防震缝，将整个建筑物分为若干体型简单、结构刚度均匀的独立单元。防震缝的宽度应满足《建筑抗震设计规范》的要求。

当需要同时设置伸缩缝、沉降缝和抗震缝时，应三缝合一。

9.2.2 框架结构梁、柱的截面尺寸及计算简图

1. 梁、柱截面尺寸

梁的截面高度可根据梁的跨度、约束条件及荷载大小进行选择，一般取梁高 $h=(1/8\sim1/14)l$，其中 l 为梁的跨度。梁的截面宽度 $b=(1/2\sim1/3)h$ ，梁宽不宜小于柱宽的 1/2，且不应小于 250mm。

柱的截面尺寸可取 $h=(1/15\sim1/20)H$，H 为层高 。并按下述方法进行初步估算：

$$A_c \geqslant \frac{N}{f_c[\mu_N]} \tag{9-1}$$

式中：N——为柱组合的轴压力的设计值；$N=(1.2\sim1.4)F\times g_k\times n$

F——为按简支状态计算的柱的负荷面积；

g_E——为折算在单位建筑面积上的重力荷载代表值，可根据实际荷载计算，也可近似取 $12\sim14\text{kN/m}^2$；n 为验算截面以上楼层层数；

A_c——为柱的截面面积；

$[\mu_N]$——为框架柱轴压比限值。

2. 框架结构的计算简图

框架结构房屋是由横向和纵向框架组成的空间结构，通常近似地按两个方向的平面框架分别计算，计算简图用梁、柱的轴线表示，柱轴线取各自的形心线；如图 9.10 所示。

9.2.3 框架结构荷载

作用在框架结构上的荷载有竖向荷载和水平荷载(风荷载和地震作用)。

1. 竖向荷载

竖向荷载包括恒载——梁、板、柱自重和构造做法自重。

活载——包括楼面活荷载、屋面均布活荷载。具体可查《荷载规范》。

2. 风荷载

垂直于建筑物表面上的风荷载标准值按下列公式计算

$$w_k=\beta_z\mu_s\mu_z w_0 \tag{9-2}$$

式中：w_k——风荷载标准值(kN/m²)；

β_z——风振系数；

μ_s——风荷载体型系数；

μ_z——风压高度变化系数。风荷载值随高度的变化与地面粗糙度有关，风压高度变化系数 μ_z 见表 9-5。地面粗糙度共分四类：A 类指近海海面和海岛、海岸、湖岸及沙漠地区；B 类指田野、乡村、丛林、丘陵以及房屋比较稀疏的乡镇和城市郊区；C 类指有密集建筑群的城市市区；D 类指有密集建筑群且房屋较高的城市市区；

w_0——基本风压(kN/m²)。

表 9-5 风荷载高度变化系数 μ_z

离地面或海平面的高度(m)	地面粗糙类别			
	A	B	C	D
5	1.17	1.00	0.74	0.62
10	1.38	1.00	0.74	0.62
15	1.52	1.14	0.74	0.62
20	1.63	1.25	0.84	0.62
30	1.80	1.42	1.00	0.62
40	1.92	1.56	1.13	0.73
50	2.03	1.67	1.25	0.84
60	2.12	1.77	1.35	0.93
70	2.20	1.86	1.45	1.02
80	2.27	1.95	1.54	1.11
90	2.34	2.02	1.62	1.19
100	2.40	2.09	1.70	1.27

它们均可简化成作用在作用在框架节点上的水平集中力。

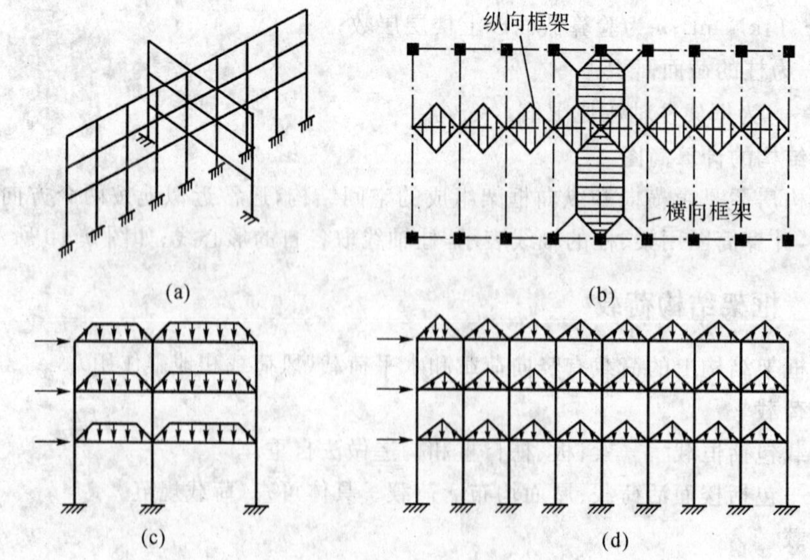

图 9.10 框架计算简图

9.2.4　框架结构的内力计算

1. 竖向荷载作用下框架内力计算

在竖向荷载作用下，框架的侧移对内力的影响比较小；另外横梁上的荷载对同层左右横梁和上下柱有较大的影响，而对其余杆件影响较小，因此，可作出如下两个基本假定：

① 在竖向荷载作用下，不考虑框架的侧移；

② 每层梁上的荷载对其他各层梁的影响忽略不计。

按照上述假定，可用分层法计算框架的内力。

分层法计算内力的步骤如下：

①计算梁柱的线刚度。

②按图 9.11 所示的方法将框架分层，将各层梁及其上下柱所组成的框架作为一个独立的计算单元，按无侧移框架进行计算，上下柱的远端均假设为固定端。

③对一个独立的框架，首先计算梁柱节点的分配系数。注意除底层外，其他层各柱的线刚 度均应乘以 0.9 折减系数。

④计算梁两端的固端弯矩；然后按弯矩分配法进行计算。除底层外柱的传递系数取 1/3。

分层法所得的梁的弯矩即为最后的弯矩，由于每一层柱属于上下两层，因此每一根柱的弯矩需有上下两层计算的弯矩值叠加而得到。叠加后的弯矩图即为原框架的近似弯矩图。由于柱为上下两层之和，因此叠加后的弯矩图往往在框架节点处不平衡，一般相差较小，若进一步修正，则可将这些不平衡弯矩再进行一次弯矩分配。

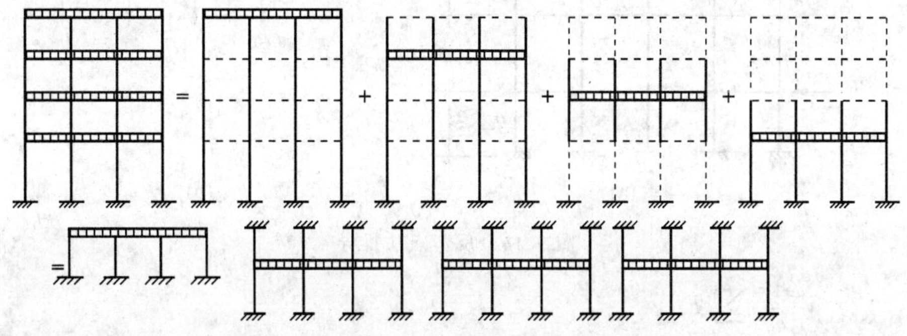

图 9.11　分层法示意图

2. 水平荷载作用下框架内力计算(＊)

框架在水平荷载作用下的内力计算方法主要有反弯点和 D 值法。

这里仅介绍水平荷载作用下的框架内力分析——反弯点法。

框架结构在水平节点荷载作用下的弯矩图如图 9.13 所示。各杆的弯矩图均为直线，且均有一弯矩为零的点，称为反弯点。反弯点处弯矩为零，但有剪力。如果能求出各柱的剪力及其反弯点位置，则各柱柱端弯矩即可求出，根据节点力矩平衡可算出梁端弯矩。

实际计算中可忽略梁的轴向变形，故同层各节点的侧向位移相同(图 9.12)，同层各柱的层间位移也相同。反弯点法正是基于这一设想，且通过以下假定来实现的：

1) 各柱上下端都不发生角位移，即认为梁柱线刚度比无限大；

2)除底层以外，各柱的上、下端节点转角均相同，即底层柱的反弯点在距基础 2/3 层高处；其余各层框架柱的反弯点位于层高的中点。

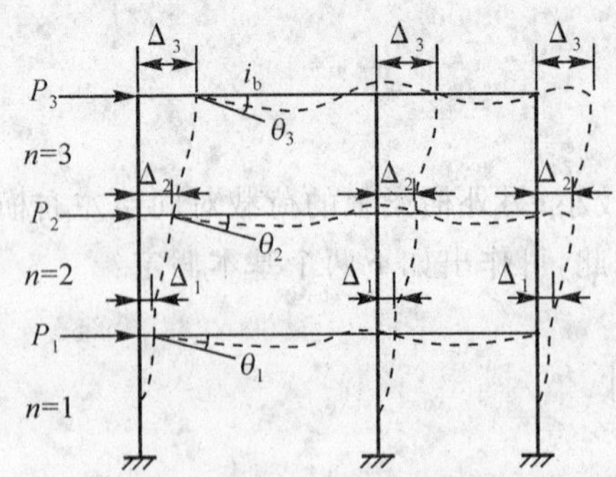

图 9.12　水平荷载作用下框架的变形

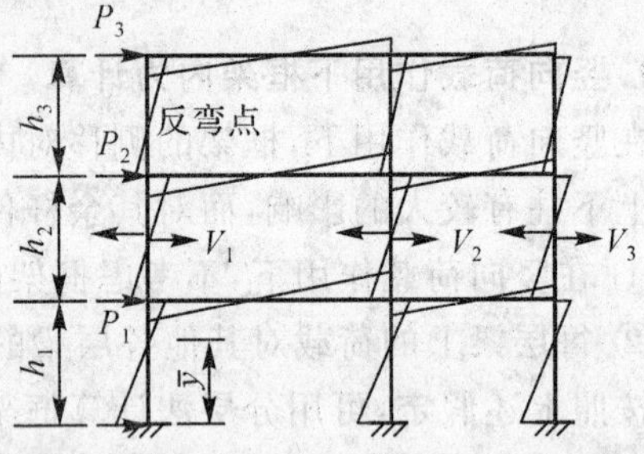

9.13　水平荷载作用下框架的弯矩图

对于层数较少且楼面荷载较大的框架结构，柱的刚度较小，梁的刚度较大，假定 1)与实际情况较为符合。一般认为，当梁柱的线刚度比超过 3 时，由假定 1)所引起的误差能够满足工程设计的精度要求。设框架结构共有 n 层，每层内有 m 个柱子，如图 9.14(a)所示。将框架沿第 j 层各柱的反弯点处切开代以剪力和轴力，如图 9.14(b)所示。则由水平力的平衡条件有

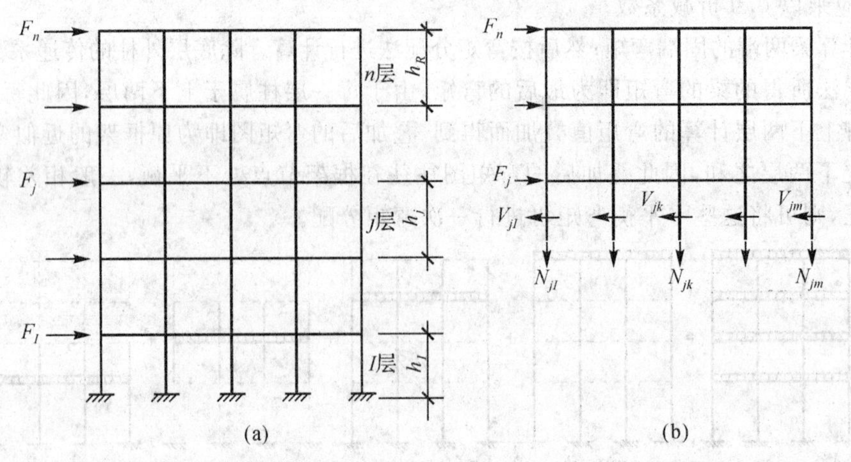

图 9.14　反弯点法推导

$$V_j = \sum_{i=j}^{n} F_i \tag{9-3}$$

$$V_j = V_{j1} + ... + V_{jk} + ... + V_{jm} = \sum_{k=1}^{m} V_{jk} \tag{9-4}$$

式中：F_i—— 作用在楼层 i 的水平力；

V_j—— 水平力 F 在第 j 层所产生的层间剪力；

V_{jk}—— 第 j 层 k 柱所承受的剪力；

m—— 第 j 层内的柱子数；

n—— 楼层数。

设该层的层间水平位移为 Δ_j，由假定 1)知，各柱的两端只有水平位移而无转角，则有

$$V_{jk} = \frac{12 i_{jk}}{h_j^2} \Delta_j \tag{9-5}$$

式中：i_{jk}——为第 j 层 k 柱的线刚度；

h_j——第 j 层柱子高度；

$\frac{12i}{h^2}$——两端固定柱的抗侧刚度，它表示要使柱上下端产生单位相对水平位移($\Delta u_j=1$)时，需要在柱顶施加的水平力。

将式(9-5)代入式(9-4)，由于忽略梁的轴向变形，第 j 层的各柱具有相同的层间侧向位移 Δ_j，因此有

$$\Delta_j=\frac{V_j}{\sum_{k=1}^{m}\frac{12i_{jk}}{h_j^2}}$$

将上式代入式(9-5)，得 j 楼层中任一柱 k 在层间剪力 V_j 中分配到的剪力

$$V_{jk}=\frac{i_{jk}}{\sum_{k'=1}^{m}i_{jk}}V_j \tag{9-6}$$

求得各柱所承受的剪力 V_{jk} 以后，由假定 2)便可求得各柱的杆端弯矩，对于底层柱有：

$$M_{cjk}^{u}=V_{jk}\frac{h_1}{3} \tag{9-7a}$$

$$M_{cjk}^{l}=V_{jk}\frac{2h_1}{3} \tag{9-7b}$$

对于上部各层柱有：

$$M_{cjk}^{u}=M_{cjk}^{l}=V_{jk}\frac{h_j}{2} \tag{9-8}$$

上式中的下标 c 表示柱，j、k 表示第 j 层第 k 号柱，上标 u、l 分别表示柱的上端和下端。

求得柱端弯矩后，由节点弯矩平衡条件(如图 9.15 所示)即可求得梁端弯矩：

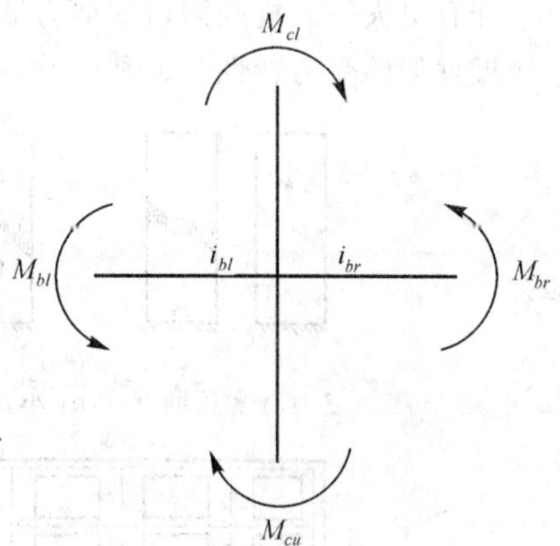

图 9.15　节点平衡条件

$$M_{bl}=\frac{i_{bl}}{i_{bl}+i_{br}}(M_{cu}+M_{cl}) \tag{9-9a}$$

$$M_{br}=\frac{i_{br}}{i_{bl}+i_{br}}(M_{cu}+M_{cl}) \tag{9-9b}$$

式中：M_{bl}、M_{br}——节点处左、右的梁端弯矩。

9.3　剪力墙结构

9.3.1　剪力墙的类型、受力特点

剪力墙根据本身开洞的情况不同，可分为下面几种类型。

1. 整体墙

凡墙面门窗等开孔面积不超过墙面面积 15%，且孔间净距及孔洞至墙边的净距大于孔洞长边尺寸时，可以忽略洞口的影响，按整体墙计算。

对于整体墙，认为平面假定仍然适用，截面应力可以按照材料力学的公式计算，图 9.16(a)。

2. 小开口整体墙

如果不满足整体墙的条件，为小开口整体墙如图 9.16(b)。

小开口整体墙的墙肢内力具有如下特点：

(1) 正应力在整个截面上基本上是直线分布的，局部弯矩不超过整体弯矩的 15%；

(2) 在大部分楼层上，墙肢弯矩不应有反弯点。

因此计算内力和位移时，仍可应用材料力学的计算公式，略加修正即可。

3. 双肢剪力墙和多肢剪力墙

开有一排较大洞口的剪力墙叫双肢剪力墙，开有多排较大洞口的剪力墙叫多肢剪力墙，如图 9.16(c)、(d)。由于洞口开的较大，截面的整体性已经破坏，正应力分布较直线规律差别较大。

4. 壁式框架

开有更大一些规则洞口的剪力墙，称为壁式框架。由于连梁刚度很大，而墙肢刚度较弱，已接近框架的受力特性，如图 9.16(e)、(f)。

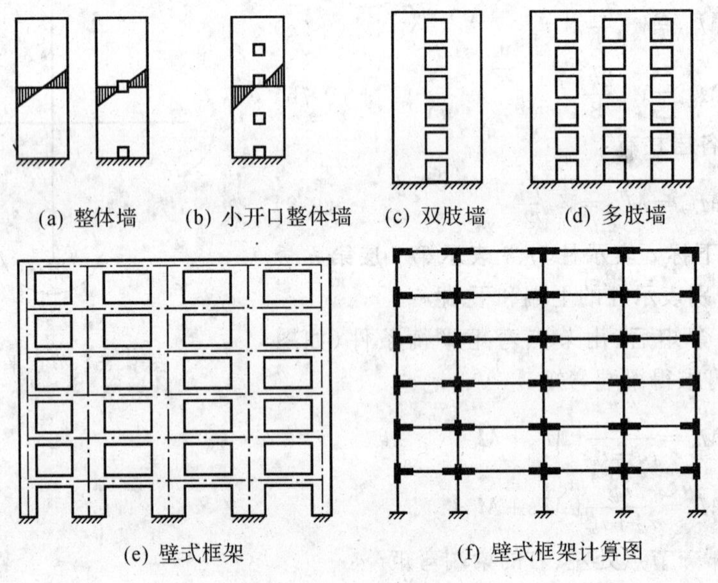

图 9.16 剪力墙的类型

9.3.2 剪力墙结构的结构布置

1. 平面布置

矩形、L 形和 T 形平面时，剪力墙沿两个正交的主轴方向布置。三角形及 Y 形平面可沿三个方向布置；单片墙的长度不宜过大，因为长度较大的剪力墙，刚度很大将使结构的周期过短，地震力太大不经济。

2. 竖向布置

(1) 剪力墙应在整个建筑的竖向延续，中间楼层不应中断。剪力墙部连续会造成刚度突变，对抗震不利。

(2) 顶层取消部分剪力墙时，其余剪力墙应在构造上予以加强。

(3) 底层取消部分剪力墙时，应设置转换层。

(4) 为避免刚度突变,剪力墙的厚度应按阶段变化,每次厚度减小宜为50～100mm。厚度变化时宜两侧同时内收。

(5) 剪力墙洞口宜上下对齐,并列布置,这样传力直接,受力明确。

9.3.3　剪力墙的构造要求

1. 剪力墙的数量

对目前设计的18～28层的住宅,底层剪力墙截面总面积与楼面面积之比大约为:

小开间(3～4m):A_w/A_f=6%～8%

大开间(7～8m):A_w/A_f=4%～6%

A_w——剪力墙截面总面积;A_f——楼面面积。

2. 剪力墙厚度

底层厚度可按每层大约10mm初估;最小厚度为160mm。剪力墙住宅的墙厚可参考表9-6。

表9-6　剪力墙住宅的墙厚　(mm)

层　数	小开间(3.3～4m)	大开间(6～8m)
20～24	200	220～240
18～20	180	200～220
16～18	180	200
10～16	160	180
8～10	160	160

9.4　框架—剪力墙结构

9.4.1　框架—剪力墙结构布置

1. 剪力墙的数量

剪力墙由于侧向刚度大,主要用来抵抗侧移。因此剪力墙的数量不必太多,以满足规范的侧移限值为好。因为剪力墙太多不仅会加大地震力,而且结构重量加大,造价也相应增加。合理的剪力墙数量可以通过计算剪力墙分配到的总剪力的多少来判断,分配到总剪力的50%～85%之间较好。

作为一个指标,可以采用底层结构截面(即剪力墙截面面积A_w和柱截面面积A_c之和)与楼面面积A_f之比,或剪力墙截面面积A_w和楼面面积A_f之比。从一些设计合理的工程来看,$(A_w+A_c)/A_f$值或A_w/A_f值大约分布在表9-7的范围内。

表9-7　底层结构截面面积与楼面面积之比

设计条件	$(A_w+A_c)/A$	A_w/A
7度、Ⅱ类场地	3～5	2～3
8度、Ⅱ类场地	4～6	3～4

2. 剪力墙的布置

(1) 在平面布置上应遵循"均匀、分散、对称、周边"的原则。均匀分散是指剪力墙宜片多,均匀分散布置在建筑平面上。对称是指剪力墙在结构单元的平面上尽可能对称布置,使刚度中心和质量中心尽可能重合，避免产生过大的扭转。

周边是指剪力墙尽可能靠近结构外围布置，可以加强结构的抗扭作用。

(3) 剪力墙应贯通全高，使结构上下刚度连贯而均匀。门窗洞口应尽量做到上下对齐，大小相同。

(4) 剪力墙布置的位置

剪力墙宜布置在竖向荷载较大处、平面形状变化处、楼电梯间处。不宜在伸缩缝和防震缝两侧同时布置，纵向剪力墙不宜布置在端部，宜布置在中部。

(5)剪力墙的长度不宜太长，总高度与长度之比宜大于 2。单肢墙的长度不宜大于 8m。

(6) 剪力墙的最大间距(见表 9-8)。

表 9-8　剪力墙最大间距

结构	非抗震	6～7 度	8 度	9 度
现浇	≤5B 且≤60m	≤4B 且≤50m	≤3B 且≤40m	≤2B 且≤30m
	≤3.5B 且≤50m	≤3B 且≤40m	≤2.5B 且≤30m	

注：B—建筑物的宽度

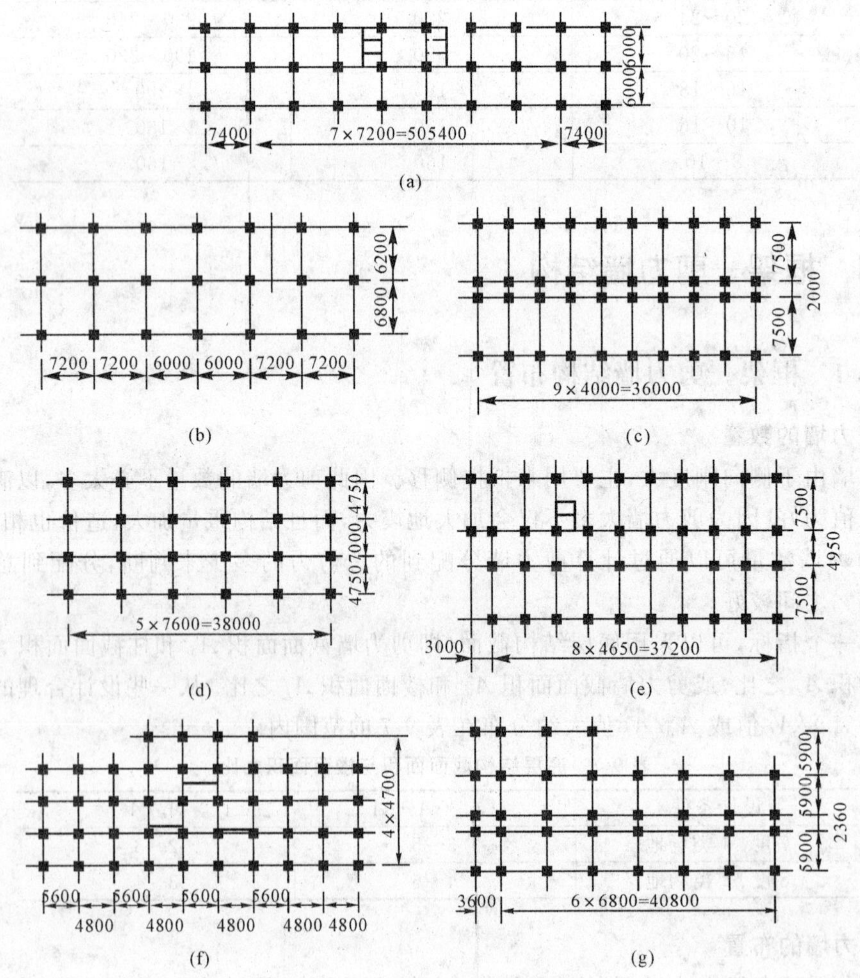

图 9.17　框架—剪力墙结构平面示例

如图 9.17 为一些框架剪力墙结构的平面布置实例。图 9.18 是一些框架—筒体结构的平面布置实例。

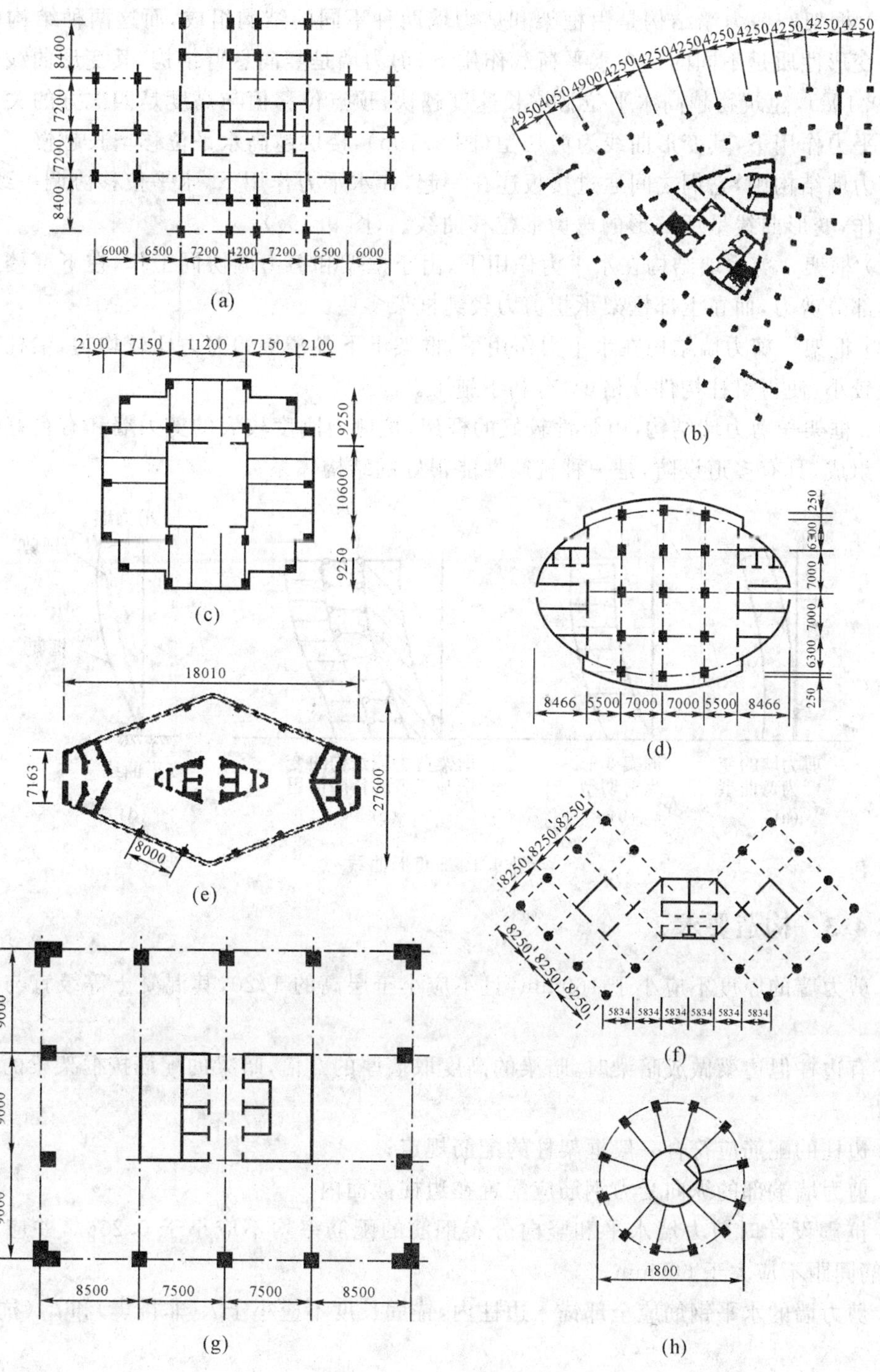

图 9.18　框架—筒体结构平面示例

9.4.2 框架—剪力墙结构的受力特点

(1) 框架—剪力墙结构是由框架和剪力墙两种不同的结构组成,而这两种结构的受力特点和变形性质是不同的。在水平荷载作用下,剪力墙是竖向悬臂结构,其变形曲线呈弯曲型(图 9.19a),建筑物越高水平位移增长速度越快,顶点位移值与高度是四次方的关系。框架在水平力作用下,其变形曲线为剪切型(图 9.19b),楼层越高水平位移增长越慢。而在框架—剪力墙结构中,它们之间通过楼板连在一起,在水平力作用下,水平位移协调一致,两者共同工作,变形曲线呈反 S 形的弯剪形位移曲线。(图 9.19c)。

(2) 框架—剪力墙结构在水平力作用下,由于框架和剪力墙协同工作,在下部楼层剪力墙担大部分剪力,而在上部框架承担剪力较纯框架多些。

(3) 框架—剪力墙结构在水平力作用下,框架上下各楼层的剪力比较均匀,梁柱的弯矩值变化较小,使得梁柱构件规格少,有利于施工。

(4) 框架—剪力墙结构,由延性较好的框架,抗侧力刚度较大的剪力墙和有良好性能的连梁所组成,具有多道设防,是一种抗震性能很好的结构体系。

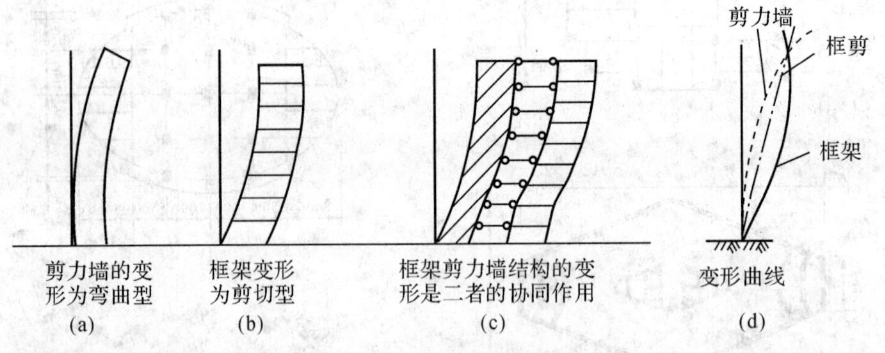

图 9.19 变形曲线

9.4.3 构造要求

1. 剪力墙的厚度不应小于 160mm,且不应小于层高的 1/20,其混凝土等级宜与边柱相同。

2. 有边柱但边梁做成暗梁时,暗梁的高度取墙厚的 2 倍,暗梁的配筋按框架梁的构造要求设置。

3. 边柱的配筋应符合一般框架柱的配筋规定;

4. 剪力墙端部的纵向受力钢筋应配置在边柱截面内。

5. 抗震设计时剪力墙水平和竖向分布钢筋的配筋率均不应小于 0.25%,并应双排布置,拉筋间距不应大于 600mm。

6. 剪力墙的水平钢筋应全部锚入边柱内,锚固长度不应小于 l_a(非抗震)和 l_{aE}(抗震)。

9.5 筒体结构

9.5.1 概述

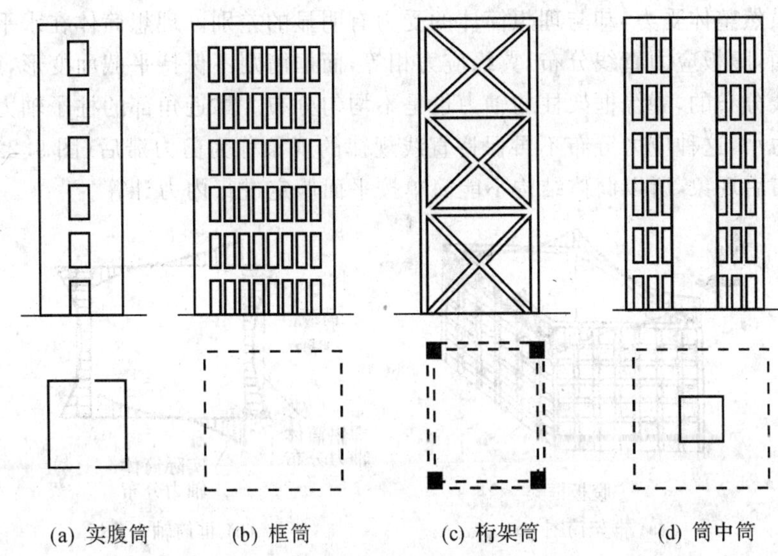

图 9.20　筒体类型

筒体的基本形式有三种:实腹筒、框筒及桁架筒,由剪力墙围成的筒体称为实腹筒,在实腹筒的墙上开出许多规则排列的窗洞所形成的开孔筒体称为框筒,它实际上是由密排柱和刚度很大的窗裙梁形成的密柱深梁框架围成的筒体,如果筒体的四壁是由竖杆和斜杆形成的桁架组成,则成为桁架筒,如图 9.20 所示。

筒中筒结构是上述筒体单元的组合,通常由实腹筒做内核心筒,框筒或桁架筒作外筒,两个筒共同抵抗水平荷载。

束筒体系是将两个以上框筒排列在一起成束状,称为束筒。例如美国芝加哥的西尔斯大厦,就是有 9 个框筒排列呈正方形,如图 9.21 所示。成束筒结构的刚度和承载力比筒中筒结构又有提高,沿高度方向,还可以逐渐减少筒的个数。这样可以分段减小建筑平面尺寸,结构刚度逐渐变化,而又不打乱每个框筒中梁、柱和楼板的布置。

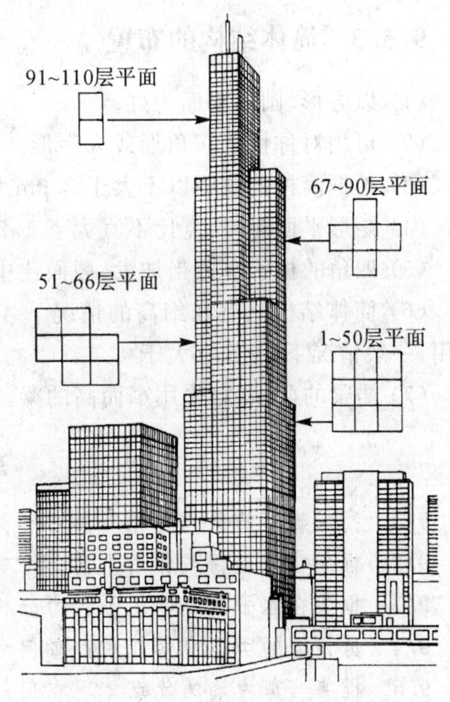

图 9.21　西尔斯大厦结构布置示意图

9.5.2 筒体结构的受力性能和工作特点

1.筒体的主要特点是在水平力作用下是空间受力,可看成是固定于基础上的箱形悬臂构件,它就像竹子一样,比单片平面结构具有更大的抗侧刚度和承载力,并具有很好的抗扭刚度.

2.框筒虽然整体受力,却与理想筒体的受力有明显的差别。理想筒体在水平力作用下,截面保持平面,腹板应力直线分布,翼缘应力相等,而框筒则不保持平截面变形,腹板框架柱的轴力是曲线分布的,翼缘框架柱的轴力也是不均匀分布。靠近角部的柱子轴力大,远离角部的柱子轴力小,这种应力分布不再保持直线规律的现象称为剪力滞后(图 9.22)。由于存在这种剪力滞后现象,所以筒体结构不能简单按平面假定进行内力计算。

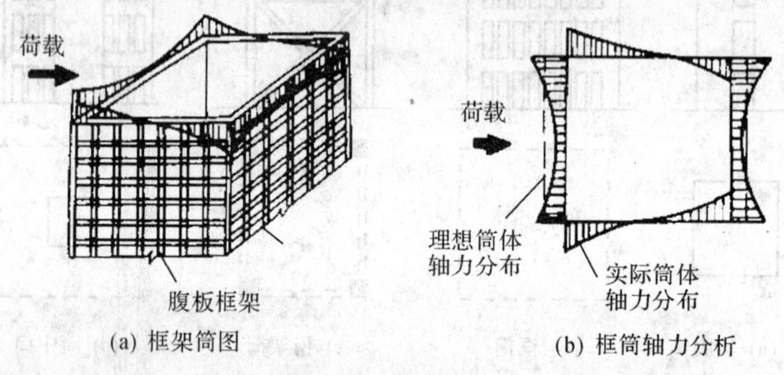

(a) 框架筒图　　(b) 框筒轴力分析

图 9.22 框筒的受力特点

9.5.3 筒体结构的布置

(1) 以方形、圆形平面为好。

(2) 可用对称性的三角形或人字形。

(3) 外框筒柱的柱距以不大于 3.0m 为好。

(4) 矩形平面时,长宽比不宜大于 1.5m。

(5) 四角的柱子宜适当加大,截面比中间柱大 2~3 倍。可做成 L 形,八字形。

(6) 筒体结构只有在细高的情况下才能近似于竖向悬臂箱形截面梁,发挥其空间整体作用,一般情况下 H/B 宜大于 4。

(7) 裙梁的截面,宜采用窄而高的梁。梁高一般为 0.6m~1.5m,而宽度与墙同厚。

思考题

9.1 高层建筑的结构体系有哪几种? 各有何优缺点?

9.2 框架在竖向荷载作用下内力分析方法有哪些? 分层法的基本假定有哪些?

9.3 框架在水平荷载作用下内力分析方法有哪些? 反弯点法的基本假定有哪些?

9.4 剪力墙的类型有哪几种? 如何划分?

9.5 框架—剪力墙的优点体现在何处?

第 10 章　砌体结构

10.1　砌体材料及其力学性能

10.1.1　砌体的材料及种类

砌体结构是指由块体和砂浆砌筑的墙、柱作为建筑物主要竖向受力构件的结构。是砖砌体、砌块砌体和石砌体结构的统称。砌体结构所用的材料简称砌体材料，包括块体材料和黏结材料两类。

1. 块体材料

(1)砖

在我国，用于砌体结构的砖主要有烧结普通砖、烧结多孔砖、蒸压灰砂砖和蒸压粉煤灰砖四种，其中烧结普通砖一般以黏土、页岩等为主要原料，经过焙烧而成。标准烧结普通砖尺寸为 240mm×115mm×53mm，与墙厚 240mm、120mm 或 60mm 相匹配。

烧结多孔砖与烧结普通砖相似，只是前者在制作中加了很多小孔，其孔洞率不少于 25%。一般烧结多孔砖尺寸为 240mm×115mm×90mm，与墙厚 240mm、120mm 或 90mm 相匹配。

以上两种砖如下图 10.1～10.2 所示。

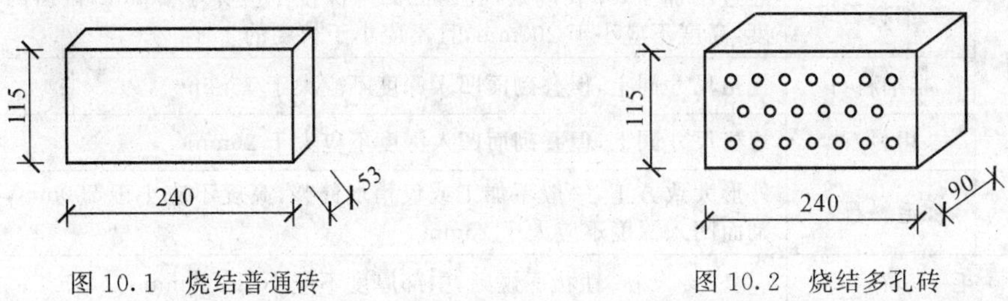

图 10.1　烧结普通砖　　图 10.2　烧结多孔砖

蒸压灰砂砖和蒸压粉煤灰砖都属于蒸压硅酸盐砖，以硅质材料和石灰为主要原料，经过胚料制备，压制成型、高压蒸汽养护而成。其中以石灰和砂为主要原料制成的实心砖，称为灰砂砖，尺寸同标准砖；以粉煤灰、石灰为主要原料，掺加适量石膏和骨料制成的实心砖，称为粉煤灰砖。此两类砖不得用于长期受热 200℃以上、受急冷急热以及酸性介质侵蚀的建筑部位。

(2)砌块

砌块包括普通混凝土砌块和轻骨料混凝土砌块两类。骨料采用浮石、火山渣或陶粒等做成的混凝土砌块称为轻骨料混凝土砌块。

按照尺寸的大小不同，砌块分为大、中、小三类。通常高度在 190～390mm 的砌块称为小型砌块，高度在 360～900mm 的砌块称为中型砌块，高度大于 900mm 的砌块称为大型砌块。小型砌块尺寸较小，自重较轻，型号多，使用灵活，便于操作，应用最广泛。大型砌块尺寸大，施工速度快，适合标准尺寸的大面积砌筑。中型砌块介于以上两者之间，具备两者优点。

砌块按是否空心分类，主要有实心砌块、加气砌块和空心砌块三种。使用最多的是空心砌块，主要规格尺寸为 390mm×190mm×190mm，空心率在 25%～50%。加气混凝土砌块由于混凝土中有封闭气体，自重轻，也可以按使用要求制成各种尺寸，应用广泛。实心砌体主要尺寸规格有 880mm×190mm×380mm 和 580mm×190mm×380mm 两种。

常见的小型混凝土砌块如下图 10.3～10.4 所示。

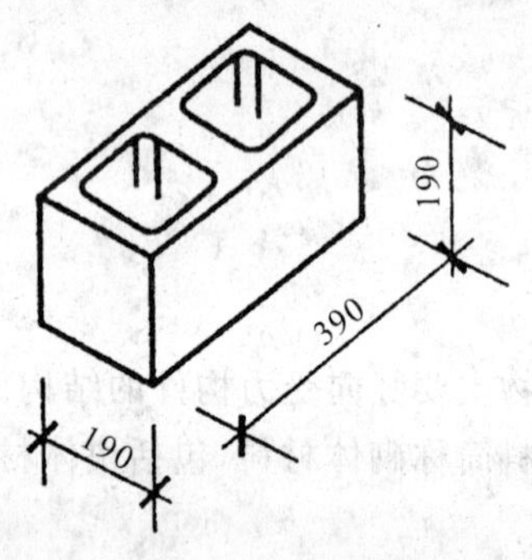

图 10.3　小型砌块

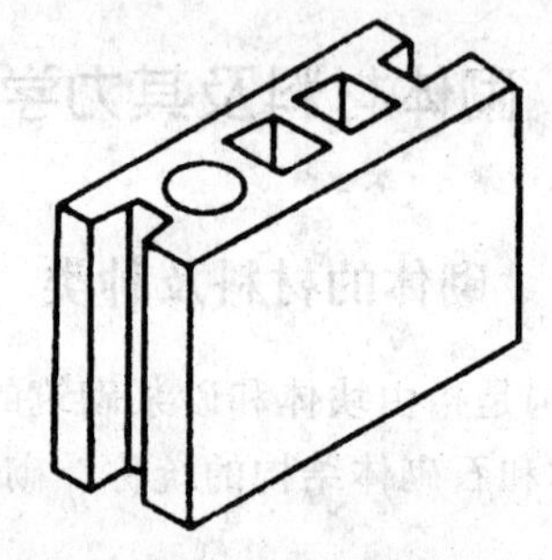
图 10.4　中型砌块

(3)石材

石砌体的石材应选用无明显风化的天然石材，根据其外形和加工程度的不同，可以分为料石和毛石两种。料石根据加工精细程度不同，又分为细料石、粗料石和毛料石等。石材的分类见下表 10-1。

表 10-1　石材的规格

石材类型		规格尺寸
料石	细料石	通过细加工，外表规则，叠砌面凹入深度不应大于 10mm，截面的宽度，高度不应小于 200mm，且不应小于长度的 1/4
	半细料石	规格尺寸同上，但叠砌面凹入深度不应大于 15mm
	粗料石	规格尺寸同上，但叠砌面凹入深度不应大于 20mm
	毛料石	外形大致方正，一般不加工或仅稍加修整，高度不应小于 200mm，叠砌面凹入深度不应大于 25mm
毛石		性状不规则，中部厚度不应小于 200mm

天然石材具有强度高、抗冻性能好等优点，但具有高传热性，保温性能较差。

2. 黏结材料

黏结材料也叫砌筑砂浆，是由无机胶结料、砂等细骨料、水以及塑性掺合料组成。无机胶结料包括水泥、石灰、石膏、黏土等；塑性掺合料包括石灰膏、黏土等。

砌筑砂浆的作用是使砌块与砂浆接触表面产生黏结力和摩擦力，从而将散放的块体材料连成一个整体以承受荷载，并因抹平块体表面而促使应力均匀分布，同时砂浆填满块体间的缝隙，减少了砌体的透气性，提高了砌体的保温、防水和抗冻性能。

常见的砌筑砂浆有有三种，分别是水泥砂浆、混合砂浆和石灰砂浆。

水泥砂浆也叫纯水泥砂浆，不加入塑性掺合料，具有较高的强度和较好的耐久性，硬化速度快，但和易性不佳，容易离析，不利于砌筑操作。适用于水中砌体或潮湿环境中的砌体。

混合砂浆也叫水泥石灰砂浆，为了增加石灰砂浆的和易性，在水泥砂浆中加入一定量的石灰膏，便于施工。优点是具有适中的强度、硬化速度以及和易性，适用于防潮层以上部位的砌体。

石灰砂浆是石灰、石膏和黏土的混合物，和易性好、强度低、抗透水性能差，一般用于简易建筑物或低层建筑物砌体。为了增强石灰砂浆的黏结力和整体性，常常在石灰砂浆中掺入纤维物，如毛、草等。

3. 砌体种类

砌体按照块体材料分，可以分为砖砌体、砌块砌体和石砌体。

(1)砖砌体

块材采用各种砖，以砌筑砂浆黏结而成的砌体，称为砖砌体，一般有实心和空斗两种砌法。根据砖的摆放位置不同，实心砖砌体有以下几种砌法，见图 10.5。

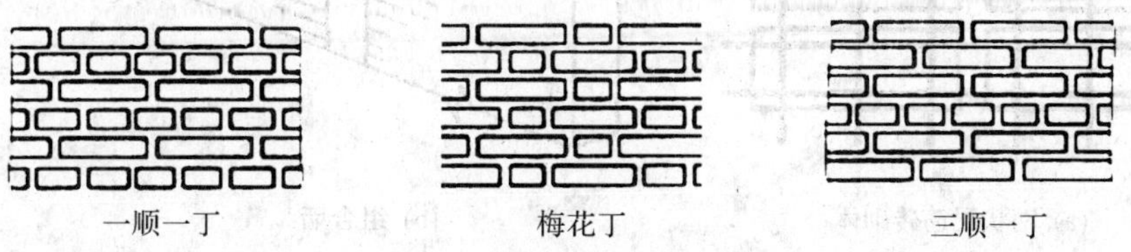

图 10.5　实心砖砌体的砌筑方法

(2)砌块砌体

由砌块和砂浆砌成的砌体称为砌块砌体。采用砌块砌体可以减轻劳动强度，减少高空作业，为减轻结构自重、有利于提高建筑工厂化、机械化程度，有利于提高劳动生产劳动生产率，具有较好的技术经济效果。目前我国砌块砌体主要是混凝土小型砌块砌体，由于其块体小、便于砌筑，在使用上较灵活，而且可以利用其孔洞做成配筋柱，其作用相当于砖砌体的构造柱，解决了抗震构造要求。但砌体孔洞率大，砂浆和砌体的结合紧密程度较差，所以砌块砌体抗拉强度比较低，容易开裂，因此砌块砌体的抗裂措施更加重要。

(3)石砌体

石砌体一般就地取材，在山区广泛使用，可分为料石砌体、毛石砌体。也有用毛石和混凝土砌筑的，如图 10.6。

(4)配筋砌体

为提高砌体强度、减少截面尺寸、增加砌体结构(或构件)整体性，在砌体中放置适量的钢筋或钢筋混凝土，这就是配筋砌体。主要有网状配筋砖砌体、组合砖砌体以及组合墙等。前者将钢筋网水平布置在砖柱内，组合砖砌体是钢筋垂直布置，配在砖外侧、砂浆面层以内；后者是由砖砌体与钢筋混凝土构造柱等所组成，因为柱是嵌入在砖墙之中，所以也叫嵌入式组合墙。如图 10.7。

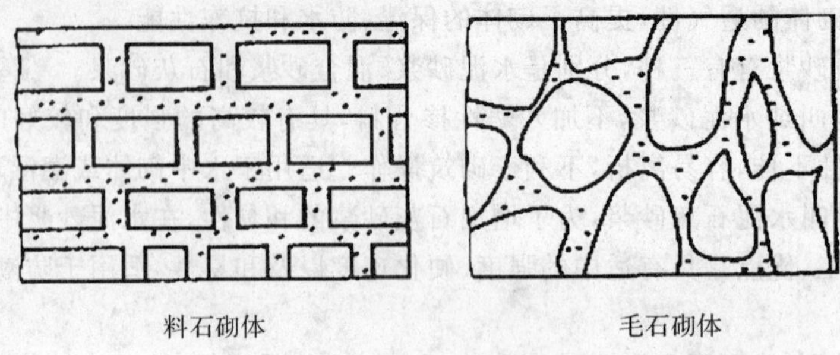

图 10.6 石砌体类型

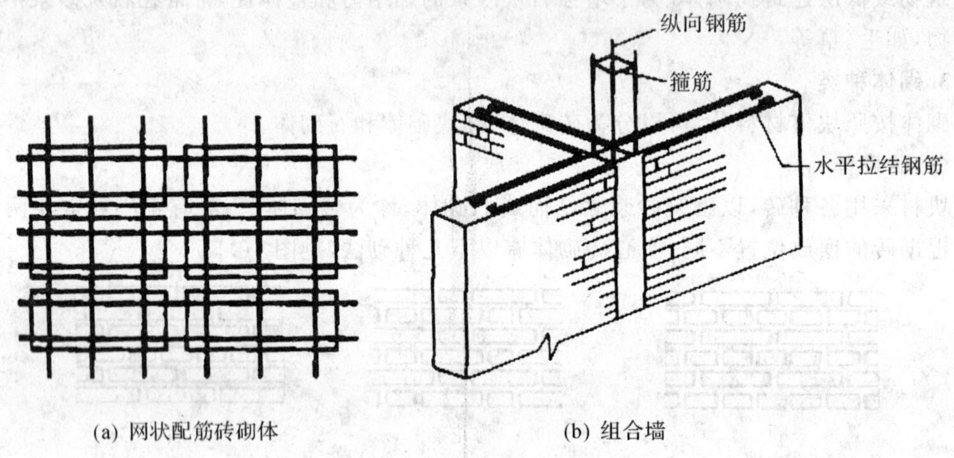

图 10.7 配筋砌体类型

10.1.2 砌体的受压性能

1. 砖砌体的破坏过程

了解砌体的受压性能，一般先从其破坏过程入手。砖砌体短柱在轴心压力作用下的破坏经历以下三个阶段(如图 10.8 所示)：

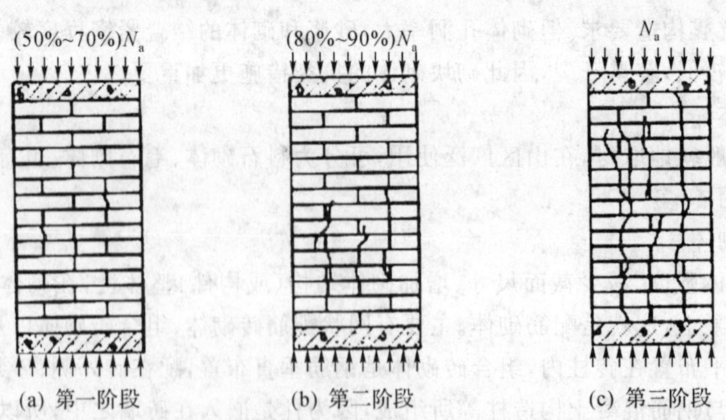

图 10.8 砖砌体短柱在轴心压力作用下的破坏

第一阶段：从开始加载到大约极限荷载的 50%～70%时，首先在单块砖中产生细小裂缝。以竖向裂缝为主，也有个别斜向短裂缝(图 a)。这些细小裂缝是因砖本身形状不规整或砖间砂浆层不均匀、不平，使单块砖受弯、剪产生的。如不增加荷载，这种单块砖内的裂缝不会继续发展。

第二阶段：随着外载增加，单块砖内的初始裂缝将向上、向下扩展，形成穿过若干皮砖的连续裂缝。同时产生一些新的裂缝(图 10.8b)。此时即使不增加荷载，裂缝也会继续发展。这时的荷载约为极限荷载的 80%～90%，砌体已接近破坏。

第三阶段：继续加载，裂缝急剧扩展，沿竖向发展成上下贯通整个试件的纵向裂缝。裂缝将砌体分割成若干半砖小柱体(图 10.8c)。因各个半砖小柱体受力不均匀，小柱体将因失稳向外鼓出，其中某些部分被压碎，最后导致整个构件破坏。即将压坏时砌体所能承受的最大荷载即为极限荷载。

一般说来，砖砌体的抗压强度(即承载能力)低于砖和砂浆的抗压强度，但当采用很低强度等级的砂浆砌筑时，也可能出现砖砌体的抗压强度低于砖而高于砂浆抗压强度的情况。

2. 砌体的抗压强度

根据试验和结构可靠度分析结果，《砌体结构设计规范》规定了各类砌体的强度设计值，见表 10-2、表 10-3。

表 10-2　砖砌体的抗压强度设计值 f　(N/mm^2)

砖强度等级	砂浆强度等级							砂浆强度
	M15	M10	M7.5	M5	M2.5	M1	M0.4	0
MU30	4.16	3.45	3.10	2.74	2.39	2.17	1.58	1.22
MU25	3.80	3.15	2.83	2.50	2.18	1.98	1.45	1.11
MU20	3.40	2.82	2.53	2.24	1.95	1.77	1.29	1.00
MU15	2.94	2.44	2.19	1.94	1.69	1.54	1.12	0.86
MU10	2.40	1.99	1.79	1.58	1.38	1.26	0.91	0.70
MU7.5	—	1.73	1.55	1.37	1.19	1.09	0.79	0.61

注：1. 包括烧结普通砖，非烧结硅酸盐砖和承重黏土空心砖砌体；

2. 灰砂砖砌体的抗压强度试验值，应根据试验确定。

表 10-3　毛石砌体的抗压强度设计值 f　(N/mm^2)

石材强度等级	砂浆强度等级					砂浆强度
	M7.5	M5	M2.5	M1	M0.4	0
MU100	1.35	1.20	1.04	0.61	0.45	0.36
MU80	1.21	1.07	0.93	0.54	0.40	0.32
MU60	1.05	0.93	0.81	0.47	0.35	0.28
MU50	0.96	0.85	0.74	0.43	0.32	0.25
MU40	0.86	0.76	0.66	0.38	0.29	0.22
MU30	0.74	0.66	0.57	0.33	0.25	0.19
MU20	0.60	0.54	0.47	0.27	0.20	0.16
MU15	0.52	0.46	0.40	0.24	0.18	0.14
MU10	0.43	0.38	0.33	0.19	0.14	0.11

3. 影响砌体抗压强度的主要因素

根据试验分析，影响砌体抗压强度的因素主要有以下几个方面。

1)砌体的抗压强度主要取决于块体的强度。试验也表明砌体的抗压强度还与块体的抗弯强度有关。块体的抗弯强度较低时，砌体的抗压强度也较低。因此，只有块体抗压强度和抗弯强度都高时，砌体的抗压强度才会高。

2)砌体抗压强度与块体高度也有很大关系。高度越大，其本身抗弯、剪能力越强，会推迟砌体的开裂。且灰缝数量减少，砂浆变形对块体影响减小，砌体抗压强度相应提高。

3)块体外形平整，使砌体强度相对提高。因平整的外观使块体内的附加弯矩、剪力影响相对较小，砂浆也易于铺平，应力分布不均匀现象会得到改善。

4)砂浆强度等级越高，则其在压应力作用下的横向变形与块材的横向变形差会相对减小，因而改善了块材的受力状态，这将提高砌体强度。

5)砂浆和易性和保水性越好，则砂浆容易铺砌均匀，灰缝饱满程度就越高，块体在砌体内的受力就越均匀，减少了砌体的应力集中，故砌体强度得到提高。

另外砌体的砌筑质量也是影响砌体抗压强度的重要因素，其影响并不亚于其他各项因素。因此，规范中规定了砌体施工质量控制等级。它根据施工现场的质保体系、砂浆和混凝土强度，砌筑工人技术等级方面的综合水平划分为 A、B、C 三个等级。

10.1.3 砌体的受拉、受弯和受剪性能

砌体的抗压强度比抗拉、抗弯、抗剪强度高得多，因此砌体大多用于受压构件，作为承重墙或承重柱，以充分利用其抗压性能。但实际工程中有时也遇到受拉、受弯、受剪的情况。

1. 砌体的受拉性能

圆形水池壁为砌体结构中常遇到的轴心受拉构件。砌体在轴心拉力作用下，构件一般沿齿缝截面破坏。砌体的轴心抗拉强度主要取决于砂浆的强度等级。

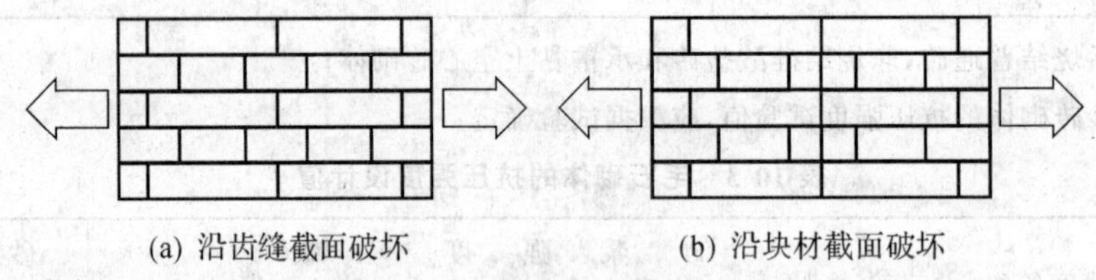

(a) 沿齿缝截面破坏　　(b) 沿块材截面破坏

图 10.9　砌体轴心受拉破坏形态

《砌体结构设计规范》规定，砌体的轴心抗拉强度设计值 f_t 沿砌体齿缝截面破坏时的强度设计值见表 10-4。

2. 砌体的受弯性能

砌体中遇到的受弯构件及大偏心受压构件有带壁柱的挡土墙、围墙及地下室墙体等。其受力破坏特征可分为沿齿缝截面受弯破坏和沿水平通缝截面受弯破坏。与轴心受拉时相同，砌体受弯时沿齿缝截面受弯破坏和沿水平通缝截面受弯破坏主要取决于砂浆与块体之间的黏结强度，故砌体弯曲抗拉强度主要与砂浆的强度等级有关(图 10.10)。

沿齿缝截面和沿通缝截面破坏时的砌体弯曲抗拉强度设计值 f_{tm} 见表 10-4。

3. 砌体受剪性能

砌体结构中常遇到的受剪构件有门窗过梁、拱过梁等。砌体在剪力作用下，发生沿水平灰缝

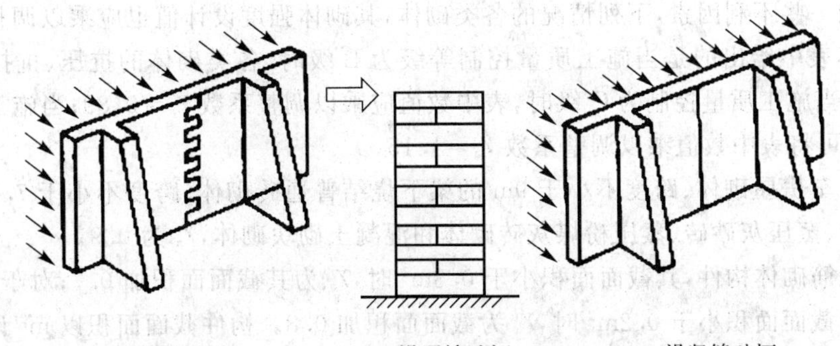

(a) 沿齿缝破坏　　(b) 沿通缝破坏　　(c) 沿竖缝破坏

图 10.10　砌体受弯破坏形态

破坏、沿齿缝破坏或沿阶梯形缝破坏。其中沿阶梯形缝破坏是地震中墙体破坏的常用形式。由破坏现象可知墙体抗剪强度主要与砂浆的强度等级有关。砌体抗剪强度设计值见表 10-4。

表 10-4　沿砌体灰缝截面破坏时的砌体抗拉强度设计值、弯曲抗拉强度设计值和抗剪强度设计值(MPa)

强度类别	破坏特征与砌体种类	砂浆强度等级			
		≥M10	M7.5	M5	M2.5
轴心抗拉	沿齿缝：烧结普通砖、烧结多孔砖	0.19	0.16	0.13	0.09
	蒸压灰砂砖、蒸压粉煤灰砖	0.12	0.10	0.08	0.06
	混凝土砌块	0.09	0.08	0.07	
	毛石	0.08	0.07	0.06	0.04
弯曲抗拉	沿齿缝：烧结普通砖、烧结多孔砖	0.33	0.29	0.23	0.17
	蒸压灰砂砖、蒸压粉煤灰砖	0.24	0.20	0.16	0.12
	混凝土砌块	0.11	0.09	0.08	
	毛石	0.13	0.11	0.09	0.07
	沿通缝：烧结普通砖、烧结多孔砖	0.17	0.14	0.11	0.08
	蒸压灰砂砖、蒸压粉煤灰砖	0.12	0.10	0.08	0.06
	混凝土砌块	0.08	0.06	0.05	
抗剪	烧结普通砖、烧结多孔砖	0.17	0.14	0.11	0.08
	蒸压灰砂砖、蒸压粉煤灰砖	0.12	0.10	0.08	0.06
	混凝土和轻集料混凝土砌块	0.09	0.08	0.06	
	毛石	0.22	0.19	0.16	0.11

注：①对于用形状规则的块体砌筑的砌体，当搭接长度与块体高度的比值小于 1 时，其轴心抗拉强度设计值 f_t 和弯曲抗拉强度设计值 f_{tm} 应按表中数值乘以搭接长度与块体高度之比后采用；

②对孔洞率不大于 35％的双排孔或多排孔轻集料混凝土砌块砌体的抗剪强度设计值，可按表中混凝土砌块砌体抗剪强度设计值乘以 1.1；

③对蒸压灰砂砖、蒸压粉煤灰砖砌体，当有可靠的试验数据时，表中强度的设计值，可作适当调整。

考虑到一些不利因素，下列情况的各类砌体，其砌体强度设计值也应乘以调整系数 γ_a：

①上述表中给出的是当施工质量控制等级为B级时，各类砌体的抗压、抗拉和抗剪强度设计值。当施工质量控制为C级时，表中数值应乘以调整系数 $\gamma_a=0.89$；当施工质量控制为A级时，可将表中数值乘以调整系数 $\gamma_a=1.15$。

②有吊车房屋砌体、跨度不小于9m的梁下烧结普通砖砌体、跨度不小于7.5m的梁下烧结多孔砖、蒸压灰砂砖、蒸压粉煤灰砖砌体和混凝土砌块砌体，γ_a 为0.9。

③对无筋砌体构件，其截面面积小于 0.3m^2 时，γ_a 为其截面面积加0.7；对于配筋砌体，当其中砌体截面面积小于 0.2m^2 时，γ_a 为截面面积加0.8。构件截面面积以 m^2 计。

④当砌体用水泥砂浆砌筑时，对表11-1～11-6的数值，γ_a 为0.9，对表11.7的数值为0.8；对配筋砌体构件，当其中的砌体采用水泥砂浆砌筑时，仅对砌体的强度设计值乘以调整系数 γ_a。

10.2 无筋砌体受压构件承载力计算

10.2.1 砌体受压承载力计算

砌体房屋中的墙和柱都是受压构件，当压力作用于构件截面形心时是轴心受压构件，当压力作用于构件截面形心以外时是偏心受压构件。如果构件同时承受轴心压力和弯矩时，也是偏心受压构件，其偏心距 $e=M/N$。

在试验研究和理论分析的基础上，规范规定无筋砌体受压构件的承载力应按下式计算

$$N \leqslant \varphi f A \tag{10-1}$$

式中：N——轴向力设计值；

φ——高厚比 β 和轴向力的偏心距 e 对受压构件承载力的影响系数，可按表10-5、10-6、10-7查用；

f——砌体抗压强度设计值；按表10-2、10-3、10-4采用；

A——截面面积，对各类砌体均按毛截面计算。

表10-5 影响系数 φ （砂浆强度等级≥M5）

β	$\frac{e}{h}$ 或 $\frac{e}{h_T}$						
	0	0.025	0.05	0.075	0.1	0.125	0.15
≤3	1	0.99	0.97	0.94	0.89	0.84	0.79
4	0.98	0.95	0.90	0.85	0.80	0.74	0.69
6	0.95	0.91	0.86	0.81	0.75	0.69	0.64
8	0.91	0.86	0.81	0.76	0.70	0.64	0.59
10	0.87	0.82	0.76	0.71	0.65	0.60	0.55
12	0.82	0.77	0.71	0.66	0.60	0.55	0.51
14	0.77	0.72	0.66	0.61	0.56	0.51	0.47
16	0.72	0.67	0.61	0.56	0.52	0.47	0.44
18	0.67	0.62	0.57	0.52	0.48	0.44	0.40
20	0.62	0.57	0.53	0.48	0.44	0.40	0.37

续表

β	$\frac{e}{h}$或$\frac{e}{h_T}$						
	0	0.025	0.05	0.075	0.1	0.125	0.15
22	0.58	0.53	0.49	0.45	0.41	0.38	0.35
24	0.54	0.49	0.45	0.41	0.38	0.35	0.32
26	0.50	0.46	0.42	0.38	0.35	0.33	0.30
28	0.46	0.42	0.39	0.36	0.33	0.30	0.28
30	0.42	0.39	0.36	0.33	0.31	0.28	0.26

β	$\frac{e}{h}$或$\frac{e}{h_T}$					
	0.175	0.2	0.225	0.25	0.275	0.3
≤3	0.73	0.68	0.62	0.57	0.52	0.48
4	0.64	0.58	0.53	0.49	0.45	0.41
6	0.59	0.54	0.49	0.45	0.42	0.38
8	0.54	0.50	0.46	0.42	0.39	0.36
10	0.50	0.46	0.42	0.39	0.36	0.33
12	0.47	0.43	0.39	0.36	0.33	0.31
14	0.43	0.40	0.36	0.34	0.31	0.29
16	0.40	0.37	0.34	0.31	0.29	0.27
18	0.37	0.34	0.31	0.29	0.27	0.25
20	0.34	0.32	0.29	0.27	0.25	0.23
22	0.32	0.30	0.27	0.25	0.24	0.22
24	0.30	0.28	0.26	0.24	0.22	0.21
26	0.28	0.26	0.24	0.22	0.21	0.19
28	0.26	0.24	0.22	0.21	0.19	0.18
30	0.24	0.22	0.21	0.20	0.18	0.17

表 10-6　影响系数 φ（砂浆强度等级≥M2.5）

β	$\frac{e}{h}$或$\frac{e}{h_T}$						
	0	0.025	0.05	0.075	0.1	0.125	0.15
≤3	1	0.99	0.97	0.94	0.89	0.84	0.79
4	0.97	0.94	0.89	0.84	0.78	0.73	0.67
6	0.93	0.89	0.84	0.78	0.73	0.67	0.62
8	0.89	0.84	0.78	0.72	0.67	0.62	0.57
10	0.83	0.78	0.72	0.67	0.61	0.56	0.52
12	0.78	0.72	0.67	0.61	0.56	0.52	0.47
14	0.72	0.66	0.61	0.56	0.51	0.47	0.43
16	0.66	0.61	0.56	0.51	0.47	0.43	0.40
18	0.61	0.56	0.51	0.47	0.43	0.40	0.36
20	0.56	0.51	0.47	0.43	0.39	0.36	0.33

续表

β	$\frac{e}{h}$或$\frac{e}{h_T}$						
	0	0.025	0.05	0.075	0.1	0.125	0.15
22	0.51	0.47	0.43	0.39	0.36	0.33	0.31
24	0.46	0.43	0.39	0.36	0.33	0.31	0.28
26	0.42	0.39	0.36	0.33	0.31	0.28	0.26
28	0.39	0.36	0.33	0.30	0.28	0.26	0.24
30	0.36	0.33	0.30	0.28	0.26	0.24	0.22

β	$\frac{e}{h}$或$\frac{e}{h_T}$					
	0.175	0.2	0.225	0.25	0.275	0.3
≤3	0.73	0.68	0.62	0.57	0.52	0.48
4	0.62	0.57	0.52	0.48	0.44	0.40
6	0.57	0.52	0.48	0.44	0.40	0.37
8	0.52	0.48	0.44	0.40	0.37	0.34
10	0.47	0.43	0.40	0.37	0.34	0.31
12	0.43	0.40	0.37	0.34	0.31	0.29
14	0.40	0.36	0.34	0.31	0.29	0.27
16	0.36	0.34	0.31	0.29	0.26	0.25
18	0.33	0.31	0.29	0.26	0.24	0.23
20	0.31	0.28	0.26	0.24	0.23	0.21
22	0.28	0.26	0.24	0.23	0.21	0.20
24	0.26	0.24	0.23	0.21	0.20	0.18
26	0.24	0.22	0.21	0.20	0.18	0.17
28	0.22	0.21	0.20	0.18	0.17	0.16
30	0.21	0.20	0.18	0.17	0.16	0.15

表 10-7 影响系数 φ （砂浆强度等级 0）

β	$\frac{e}{h}$或$\frac{e}{h_T}$						
	0	0.025	0.05	0.075	0.1	0.125	0.15
≤3	1	0.99	0.97	0.94	0.89	0.84	0.79
4	0.87	0.82	0.77	0.71	0.66	0.73	0.55
6	0.76	0.70	0.65	0.59	0.54	0.67	0.46
8	0.63	0.58	0.54	0.49	0.45	0.62	0.38
10	0.53	0.48	0.44	0.41	0.37	0.56	0.32
12	0.44	0.40	0.37	0.34	0.31	0.52	0.27
14	0.36	0.33	0.31	0.28	0.26	0.47	0.23
16	0.30	0.28	0.26	0.24	0.22	0.43	0.19
18	0.26	0.24	0.22	0.21	0.19	0.40	0.17
20	0.22	0.20	0.19	0.18	0.17	0.36	0.15

续表

β	$\frac{e}{h}$或$\frac{e}{h_T}$						
	0	0.025	0.05	0.075	0.1	0.125	0.15
22	0.19	0.18	0.16	0.15	0.14	0.33	0.13
24	0.16	0.15	0.14	0.13	0.13	0.31	0.11
26	0.14	0.13	0.13	0.12	0.11	0.28	0.10
28	0.12	0.12	0.11	0.11	0.10	0.26	0.09
30	0.11	0.10	0.10	0.09	0.09	0.24	0.08

β	$\frac{e}{h}$或$\frac{e}{h_T}$					
	0.175	0.2	0.225	0.25	0.275	0.3
≤3	0.73	0.68	0.62	0.57	0.52	0.48
4	0.51	0.46	0.43	0.39	0.36	0.33
6	0.42	0.39	0.36	0.33	0.30	0.28
8	0.35	0.32	0.30	0.28	0.25	0.24
10	0.29	0.27	0.25	0.23	0.22	0.20
12	0.25	0.23	0.21	0.20	0.19	0.17
14	0.21	0.20	0.18	0.17	0.16	0.15
16	0.18	0.17	0.16	0.15	0.14	0.13
18	0.16	0.15	0.14	0.13	0.12	0.12
20	0.14	0.13	0.12	0.12	0.11	0.10
22	0.12	0.12	0.11	0.10	0.10	0.09
24	0.11	0.10	0.10	0.09	0.09	0.08
26	0.10	0.09	0.09	0.08	0.08	0.07
28	0.09	0.08	0.08	0.08	0.07	0.07
30	0.08	0.07	0.07	0.07	0.07	0.06

2. 计算时注意问题

使用公式(10-1)时，还应注意下面所述及的几个问题。

① 高厚比 β

对矩形截面：$\beta=\frac{H_0}{h}$；对 T 形或十字形截面：$\beta=\frac{H_0}{h_T}$；

式中：H_0——受压构件的计算高度，按表 10-12 采用；

h——矩形截面轴向力偏心方向的边长，当轴心受压时为截面较小边长；

h_T——T 形截面的折算厚度，可近似按 $h_T=3.5i$ 计算；

i——截面的回砖半径。

② 高厚比的修正

在查 φ 值表示，应先对构件的高厚比 β 乘以修系数 γ_β，γ_β 按表 10-8 采用。

③ 对矩形截面，当轴向力偏心方向的截面边长大于方向另一方向的边长时，除按偏心受压计算外，还应对较小边长方向按轴心受压进行验算，注意 β 值的不同。

④ 轴向力偏心距应满足 $e\leqslant0.6y$，y 为截面中心到轴向力所在偏心方向截面边缘的距离。

表 10-8 高厚比修正系数 γ_β

砌体材料类别	γ_β
烧结普通砖、烧结多孔砖	1.0
混凝土及轻集料混凝土砌块	1.1
蒸压灰砂砖、蒸压粉煤灰砖、细料石、半细料石	1.2
粗料石、毛石	1.5

3. 计算例题

【例题 10-1】 某轴心受压砖柱，承受轴向力的设计值 $N=180\text{kN}$，柱截面尺寸 $b\times h=370\text{mm}\times 490\text{mm}$，柱的计算高度 $H_0=3.5\text{m}$，采用MU10烧结普通黏土砖和 $M5$ 混合砂浆砌筑，试验算该柱的承载力。

［解］ 该柱为轴心受压

(1)查表 10-2 $f=1.58\text{MPa}, A=0.37\text{m}\times 0.49\text{m}=0.1813\text{m}^2<0.3\text{m}^2$

须对 f 乘以调整系数 γ_a，$\gamma_a=A+0.7=0.1813+0.7=0.8813$

(2)计算高厚比 β

$$\beta=\frac{H_0}{h}=\frac{3.5\text{m}}{0.37\text{m}}=9.46\text{，查表 10-8，不需要对 }\beta\text{ 进行修正.}$$

(3)计算 φ 值

查表 10-5，并插值

$$\varphi=0.91+\frac{9.46-8}{10-8}(0.87-0.91)=0.8808$$

(4)验算

$$\varphi\gamma_a fA=0.8808\times 0.8813\times 1.58\text{N/mm}^2\times 0.1813\times 10^6\text{mm}^2$$
$$=211.1\text{kN}>N=180\text{kN}$$

故满足要求

【例题 10-2】 已知某受压砖柱，承受轴向力的设计值 $N=150\text{kN}$，沿截面长边方向的弯矩设计值 $M=8.5\text{kN}\cdot\text{m}$；柱的计算高度 $H_0=5.9\text{m}$，采用MU10烧结普通黏土砖和M5混合砂浆砌筑，截面尺寸为 $b\times h=490\text{mm}\times 620\text{mm}$，施工质量控制等级为 B 级，试验算该柱的承载力是否满足要求。

［解］ 首先确定该柱为偏心受压

(1)查表 10-2

$$f=1.58\text{MPa}, A=0.49\text{m}\times 0.62\text{m}=3038\text{m}^2>0.3\text{m}^2$$

不须对 f 进行调整。

$$e=\frac{M}{N}=\frac{8.5\times 10^3\text{kN}\cdot\text{mm}}{150\text{kN}}=56.67\text{mm}$$

(2)计算高厚比 β

$$\beta=\frac{H_0}{h}=\frac{5.9\text{m}}{0.62\text{m}}=9.52\text{，查表 10-8，不需要对 }\beta\text{ 进行修正。}$$

(3)计算 φ 值

$$e/h=56.66\text{mm}/620\text{mm}=0.091$$

查表 10-5，　$\varphi=0.681$

(4)验算

$$\varphi fA=0.681\times1.58\text{N/mm}^2\times0.3038\times10^6\text{mm}^2$$
$$=310.3\text{kN}>N=150\text{kN}$$

(5)短边按轴心受压验算

$$\beta=\frac{H_0}{h}=\frac{5.9\text{m}}{0.49\text{m}}=12.04;$$

查表，$\varphi=0.82$

$$\varphi fA=0.82\times1.50\text{N/mm}^2\times0.3038\times10^6\text{mm}^2$$
$$=373.7\text{kN}>N=150\text{kN}$$

故柱的承载力满足要求.

10.2.2　局部受压

1. 局部受压的特点

当轴向力只作用在砌体的局部截面上时，称为局部受压.若轴向力在该截面上产生的压应力均匀分布，称为局部均匀受压，如承受上部柱或墙传来的压力的基础顶面(10.11a)；如压应力不是均匀分布，则称为非均匀局部受压，如直接承受梁端支座反力的墙体.如图(10.11b)。

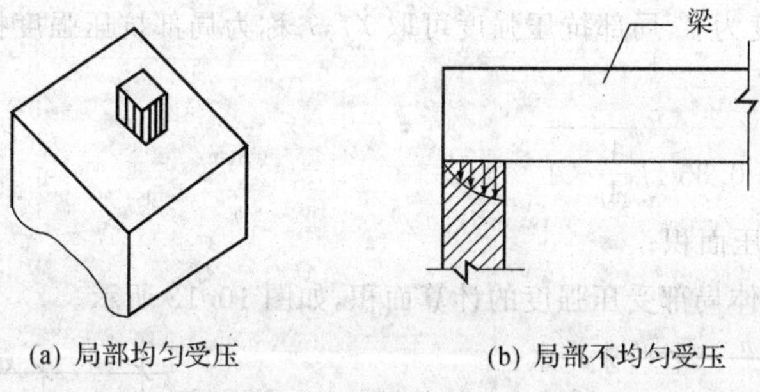

(a) 局部均匀受压　　(b) 局部不均匀受压

图 10.11　局部受压情形

试验表明，在局部压力的作用下，砌体有三种破坏形态：

(1) 因纵向裂缝的发展而破坏

这种破坏的特点是，第一批裂缝在离开垫板一定距离(约 1～2 皮砖)首先发生，裂缝主要沿纵向分布，也有沿斜向分布的，其中部分裂缝向上、向下延伸连成一条主裂缝而引起破坏(图 10.12a)，这是较常见的破坏形态。

(2) 劈裂破坏

当砌体面积与受压面积之比很大时，在局部压应力作用下，产生的纵向裂缝少而集中，而且一旦出现裂缝，砌体犹如受刀劈那样突然破坏，开裂荷载与破坏荷载很接近.(图 10.12b)

(3) 与垫板直接接触的砌体局部压坏

当砌体强度较低而梁端下的支座反力很大时，可能发生梁支承附近砌体被压碎现象(图 10.12c)。

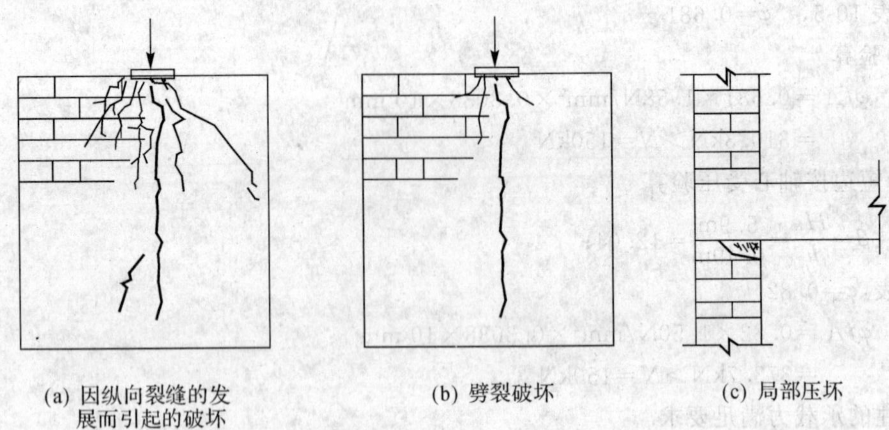

图 10.12　局部受压破坏形态

2. 局部抗压强度提高系数

在局部压力作用下，局部受压范围内的砌体的抗压强度有较大提高. 其原因主要有两个：一是在局部压力作用下，局部受压的砌体在产生纵向变形的同时还产生横向的变形，而未直接受压的外围砌体对直接受压的内部砌体具有约束作用，称为："套箍强化"作用；二是由于砌体搭缝砌筑，局部压力迅速向未直接受压的砌体扩散，从而单位面积上的应力很快变小，称为"应力扩散"作用。

当砌体抗压强度为 f，局部抗压强度可取 γf，γ 称为局部抗压强度提高系数，规范按下式计算

$$\gamma=1+0.35\sqrt{\frac{A_0}{A_l}-1} \tag{10-2}$$

式中：A_l——局部受压面积；

A_0——影响砌体局部受压强度的计算面积，如图 10.13 所示。

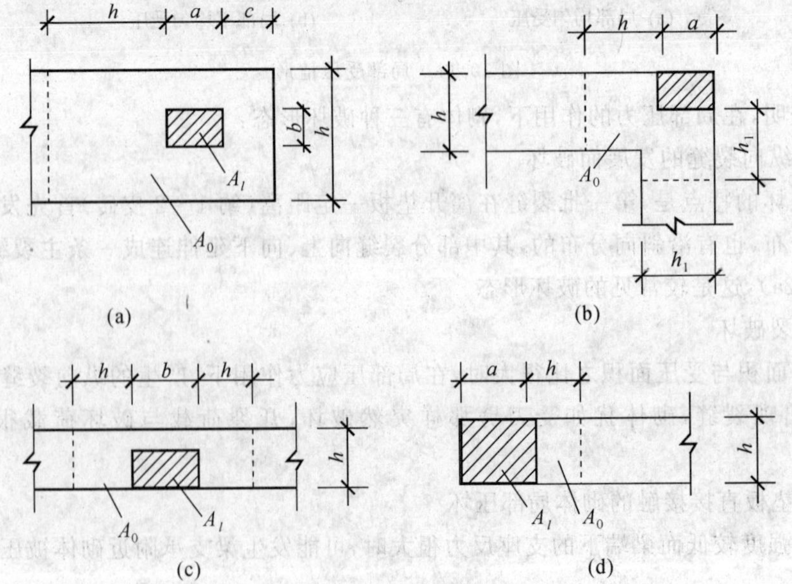

图 10.13　影响砌体局部抗压强度的面积 A_0

为了避免$\frac{A_0}{A_l}$大于某一限值时会出现危险的劈裂破坏，按公式(10-2)计算的γ值应有所限制。在图 10.13 中四种情况下的γ值分别不宜超过 2.5、2.0、1.5、1.25。

3. 局部均匀受压时的承载力

局部均匀受压时按下式计算

$$N_l \leqslant \gamma f A_l \tag{11-3}$$

式中：N_l——局部受压面积上的轴向力设计值；

γ——局部抗压强度提高系数，按式(10-2)计算；

A_l——局部受压面积。

4. 梁端支承处砌体局部受压(局部非均匀受压)

1)梁端有效支承长度

当梁直接支承在砌体上时，若梁的支承长度为 a，则由于梁的变形和支承处砌体的压缩变形，梁端有向上翘的趋势，因而梁的有效支承长度 a_0 并不同于实际支承长度 $a(a_0 \leqslant a)$，并且砌体局部受压面积应为 $A_l = a_0 b$(b 为梁的宽度)，而且梁下砌体的局部压应力也非均匀分布，见图 10.14 规范建议 a_0 按下式计算。

$$a_0 = 10\sqrt{\frac{h_c}{f}} \tag{10-4}$$

式中：h_c——梁的截面高度(mm)；

f——砌体抗压强度设计值(N/mm²)。

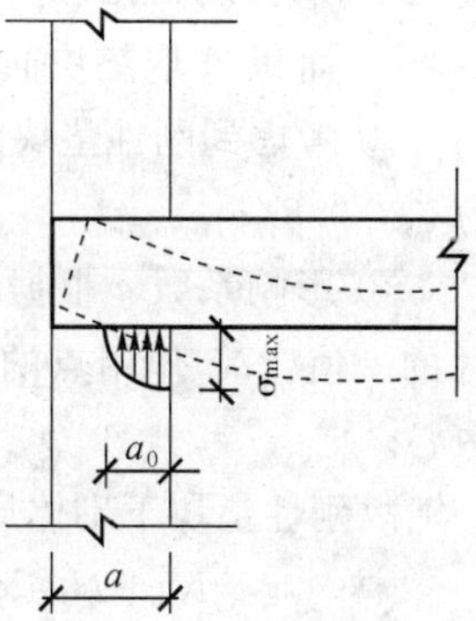

图 10.14　梁端局部受压

2)梁端支承处砌体的局部受压承载力计算

梁端下砌体局部面积上受到的压力包括两部分：一为梁端支承压力 N_1，二为上部砌体传至梁端下砌体局部面积上的轴向力 N_0，但由于梁端底部砌体的局部变形而产生“拱作用”，使传至梁下砌体的平均压力减少为 ψN_0，ψ 称为上部荷载的折减系数。

故梁端下砌体所受到的局部平均压应力为$\frac{N_1}{A_l}+\frac{\psi N_0}{A_l}$，而局部受压的最大压应力可表达为 $\sigma_{\max}$，则有

$$\eta\sigma_{\max} = \frac{N_1}{A_l} + \frac{\psi N_0}{A_l} \tag{10-5}$$

当 $\sigma_{\max} \leqslant \gamma f$ 时，梁端支承处砌体的局部受压承载力满足要求，将公式(10-4)代入，整理，得梁端支承处砌体的局部受压承载力公式

$$N_1 + \psi N_0 \leqslant \eta\gamma f A_l \tag{10-6}$$

$$\psi = 1.5 - 0.5\frac{A_0}{A_l} \tag{10-7}$$

$$A_l = a_0 b \tag{10-8}$$

$$N_0 = \sigma_0 A_l \tag{10-9}$$

式中：ψ——上部荷载的折减系数，当$\frac{A_0}{A_l}$大于等于 3 时，取 $\psi=0$；

N_0——局部受压面积内上部轴向力设计值；

N_1——梁端荷载设计值产生的支承压力；

A_l—局部受压面积(mm^2)；

σ_0——上部荷载产生的平均压应力设计值(N/mm^2)；

η——梁端底面应力图形的完整系数，一般可取 0.7，对于过梁和墙梁可取 1.0；

a_0——梁端有效支承长度(mm)，当 a_0 大于 a 时，取 $a_0=a$；

f——砌体抗压强度设计值(N/mm^2)。

5. 梁下设有刚性垫块

当梁端局部受压承载力不满足要求时，在梁端下设置预制或现浇混凝土垫块扩大局部受压面积，是较有效的方法之一。当垫块高度 $t_b \geqslant 180$mm，且垫块自梁边缘起挑出的长度不大于垫块的高度时，称为刚性垫块(图 10.15)。刚性垫块不但可以增大局部受压面积，还可以使梁端压力较均匀地传至砌体表面。试验表明：刚性垫块下的局部受压承载力可借助砌体受压承载力计算公式进行计算。在计算时注意以下几个问题：

① 面积 A 取垫块面积 A_b；

② 考虑到刚性垫块外的砌体对提高砌体抗压强度的作用，取局部抗压强度的提高系数为 $\gamma_1=0.8\gamma$；

③ 影响系数 φ 根据梁端支承反力 N_l 和垫块面积内的上部轴向力 N_0 确定，并取 $\beta \leqslant 3$ 时的 φ 值。N_l 作用点的位置取据墙内边 $0.4a_0$(楼层)或 $0.33a_0$(屋面)；N_0 作用在垫块的中心。

故刚性垫块下砌体局部受压承载力计算公式为

$$N_0+N_l \leqslant \varphi\gamma_1 f A_b \tag{10-10}$$

式中：N_0——垫块面积内上部轴向力设计值，$N_0=\sigma_0 A_b$；

γ_1——垫块外的砌体面积的有利影响系数，$\gamma_1=0.8\gamma$ 但不小于 1，γ 为砌体局部抗压强度的提高系数，按式(10-2)计算，但要用 A_b 代替式中的 A_l；

A_b——垫块面积；

a_b——垫块伸入墙内的长度；

b_b——垫块的宽度。

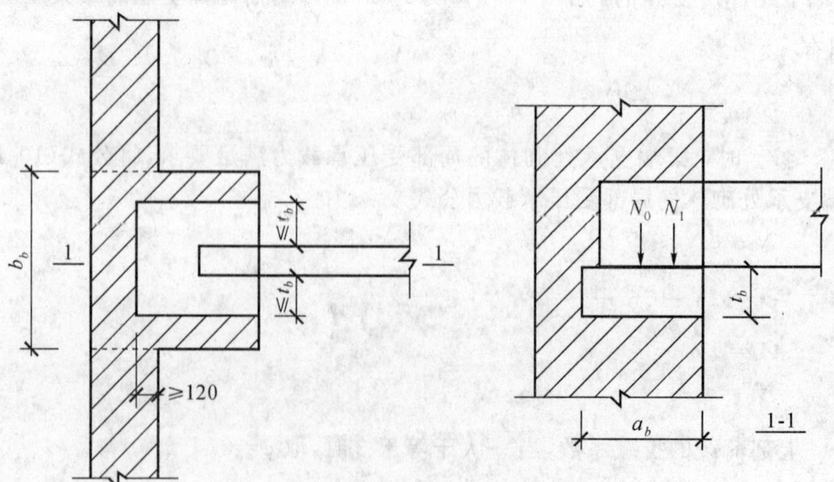

图 10.15 壁柱上设有垫块时梁端局部受压

在带壁柱墙的壁柱内设置刚性垫块时(见图 10.15),壁柱上垫块伸入翼墙内的长不应小于 120mm;计算面积应取壁柱面积,不计算翼缘部分(因其对受力影响较小)。

刚性垫块上表面梁端有效支承长度 a_0 按下式确定

$$a_0=\delta_1\sqrt{\frac{h_c}{f}} \tag{10-11}$$

式中:δ_1——刚性垫块计算公式 a_0 的系数,应按表 10-9 采用,垫块上 N_l 合力点位置可取 $0.4a_0$ 处。

表 10-9　δ_1 系数值表

σ_0/f	0	0.2	0.4	0.6	0.8
δ_1	5.4	5.7	6.0	6.9	7.8

6. 梁下设有长度大于 πh_0 的钢筋混凝土垫梁

当梁端支承处的墙体上设有连续的钢筋混凝土梁(如圈梁)时,该梁可起垫梁的作用图 10.16 垫梁下砌体的局部受压承载力按下公式计算

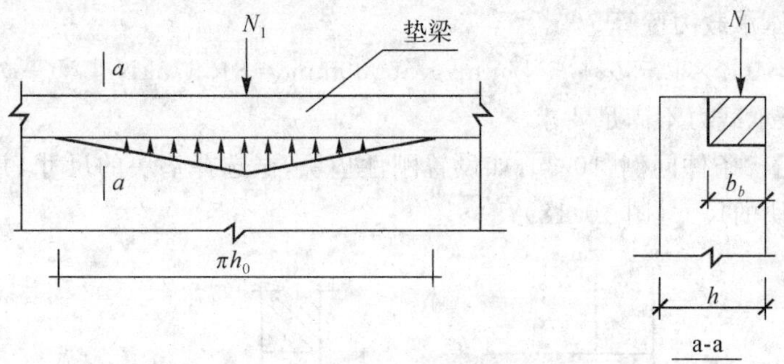

图 10.16　垫梁局部受压

$$N_l+N_0\leqslant 2.4\delta_2 f b_b h_0 \tag{10-12}$$

$$N_0=\frac{\pi b_b h_0 \sigma_0}{2} \tag{10-13}$$

$$h_0=2^3\sqrt{\frac{E_b I_b}{Eh}} \tag{10-14}$$

式中:N_l——梁端支承压力;

N_0——垫梁 $\pi b_b h_0/2$ 范围内上部轴向力设计值,$N_0=\pi b_b h_0 \sigma_0/2$;

b_b——垫梁宽度(mm);

h_0——垫梁折算高度(mm);

δ_2——当荷载沿墙厚方向均匀分布时 δ_2 取 1.0,不均匀分布时 δ_2 取 0.5;

$E_b I_b$——分别为垫梁的混凝土弹性模量和截面惯性矩;

E——砌体的弹性模量;

h——墙厚(mm)。

7. 计算例题

【例题 10-3】　某窗间墙截面尺寸为 1200mm×240mm,采用 MU10 黏土砖 M5 和混合砂浆砌筑。墙上支承有 250mm×600mm 的钢筋混凝土梁(图 10.17),梁上荷载产生的的支

承压力 $N_1=100\text{kN}$，上部荷载传来的轴向力设计值 80kN，试验算梁端支承处砌体的局部受压承载力。

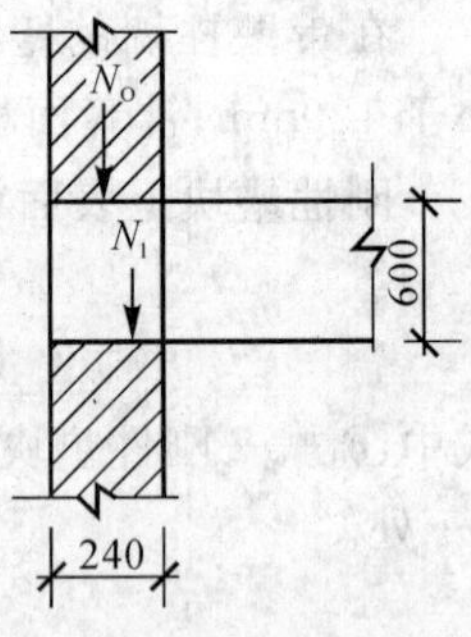

图 10.17 例题 10-3 的简图

［解］

(1)查表 $f=1.5\text{N/mm}^2$

(2)有效支承长度

$$a_0=10\sqrt{\frac{h_c}{f}}=10\sqrt{\frac{600\text{mm}}{1.5\text{N/mm}^2}}=200\text{mm}<a=240\text{mm}$$

(3)局部受压面积、局部抗压强度提高系数

$$A_l=a_0\times b=200\text{mm}\times 250\text{mm}=50000\text{mm}^2$$

$$A_0=240\text{mm}\times(240\times 2+250)\text{mm}=175000\text{mm}^2$$

$$\gamma=1+0.35\sqrt{\frac{A_0}{A_l}-1}=1+0.35\sqrt{\frac{175000\text{mm}^2}{50000\text{mm}^2}-1}=1.55<2.0$$

(4)上部荷载折减系数

$\dfrac{A_0}{A_l}=\dfrac{175000}{50000}=3.5>3$，故不考虑上部荷载的影响，取 $\psi=0$

(5)局部受压承载力验算

$$\eta\gamma f A_l=0.7\times 1.55\times 1.5\text{N/mm}^2\times 50000\text{mm}^2=81.375\text{kN}<N_l+\psi N_0=100\text{kN}$$

故局部受压承载力不满足要求。

【例题 10-4】 条件同例［10-3］，如设置刚性垫块，试选择垫块的尺寸，并进行验算。

(1)选择垫块的尺寸(图 10.18)

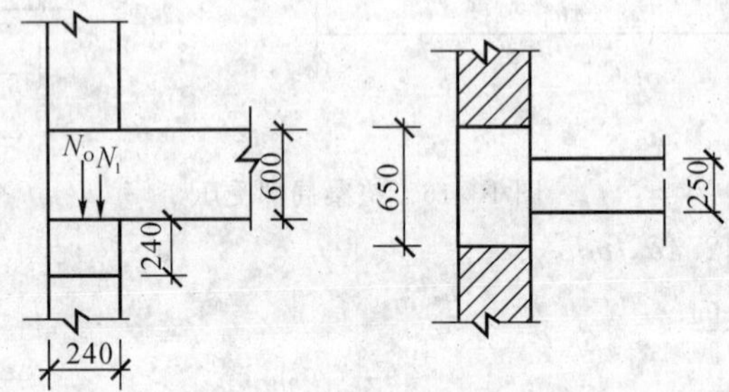

图 10.18 设置刚性垫块简图

取垫块的厚度 $t_b=240\text{mm}$， 垫块宽度 $a_b=240\text{mm}$，

垫块的长度 $b_b=650\text{mm}<250\text{mm}+2\times t_b=730\text{mm}$，且 $(240\times 2+650)\text{mm}=1130\text{mm}<1200\text{mm}$(窗间墙宽度)

$$A_0=240\text{mm}\times(240\times 2+650)\text{mm}=271200\text{mm}^2$$

局部受压面积 $A_l=A_b=a_b\times b_b=240\text{mm}\times 650\text{mm}=156000\text{mm}^2$

(2)局部抗压强度提高系数

$$\gamma=1+0.35\sqrt{\frac{A_0}{A_l}-1}=1+0.35\sqrt{\frac{271200\text{mm}^2}{156000\text{mm}^2}-1}=1.30<2.0$$

$$\gamma_1=0.8\gamma=0.8\times 1.30=1.04>1$$

(3)求影响系数 φ

上部荷载产生的平均压应力

$$\sigma_0=\frac{80\times10^3\text{N}}{1200\text{mm}\times240\text{mm}}=0.28\text{N/mm}^2,\frac{\sigma_0}{f}=0.187$$，查表 11.13，

$$\delta_1=5.68$$

刚性垫块上表面梁端有效支承长度

$$a_0=\delta_1\sqrt{\frac{h_c}{f}}=5.68\times\sqrt{\frac{600\text{mm}}{1.50\text{N/mm}^2}}=113.6\text{mm}$$

N_l 合力点至墙边的位置为 $0.4a_0=0.4\times113.6=45.44\text{mm}$

N_l 对垫块中心的偏心距为 $e_l=120\text{mm}-45.44\text{mm}=74.56\text{mm}$

垫块上的上部荷载产生的轴向力

$$N_0=\sigma_0A_b=0.28\text{N/mm}^2\times156000\text{mm}^2$$
$$=43.68\text{kN}$$

作用在垫块上的总轴向力 $N=N_0+N_l=43.68\text{kN}+100\text{kN}=143.68\text{kN}$

轴向力对垫块重心的偏心距

$$e=\frac{N_le_l}{N_0+N_l}=\frac{100\text{kN}\times74.56\text{mm}}{143.68\text{kN}}=51.89\text{mm}$$

$e/a_b=51.89/240=0.216$，查表 $(\beta\leqslant3)$时，$\varphi=0.648$

$$\varphi\gamma_1fA_b=0.648\times1.04\times1.5\text{N/mm}^2\times156000\text{mm}^2=157.7\text{kN}>\text{N}=143.68\text{kN}$$

满足要求

【例题 10-5】　条件同例[10-3]，如梁下设置钢筋混凝土圈梁，圈梁截面尺寸为 $b\times h=240\text{mm}\times240\text{mm}$，混凝土强度等级 C20（$E_b=25.5\times10^3\text{N/mm}^2$），砌体 $E=1600f=1600\times1.50\text{N/mm}^2=2.4\times10^3\text{N/mm}^2$，试验算局部受压承载力。

［解］　(1)垫梁折算高度

$$h_0=2\sqrt[3]{\frac{E_bI_b}{Eh}}=2\sqrt[3]{\frac{25.5\times10^3\text{N/mm}^2\times\frac{1}{12}\times240^4\text{mm}^4}{2.4\times10^3\text{N/mm}^2\times240\text{mm}}}=461\text{mm}$$

(2)垫梁 $\pi b_bh_0/2$ 范围内上部轴向力设计值

$$N_0=\pi b_bh_0\sigma_0/2=3.14\times240\times461\times0.28/2=48.64\text{kN};$$

(3)验算

$$2.4\delta_2fb_bh_0=2.4\times1.0\times1.50\times240\times461=398.3\text{kN}>N_0+N_l=148.64\text{kN}$$

满足要求

10.2.3　其他构件的承载力计算

1. 轴心受拉构件

$$N_t\leqslant f_tA \tag{10-15}$$

式中：N_t——轴心拉力设计值；

f_t——砌体轴心抗拉强度设计值，按表 10-4 采用。

2. 受弯构件

(1)受弯构件的受弯承载力

$$M\leqslant f_{tm}W \tag{10-16}$$

式中：M——弯矩设计值；

f_{tm}——砌体弯曲抗拉强度设计值,按表 10-4 采用;

W——截面抵抗矩,矩形截面的高度和宽度为 hb 时,$W=\frac{1}{6}bh^2$。

(2)受弯构件的受剪承载力

$$V \leqslant f_v bz \tag{10-17}$$

式中:V——剪力设计值;

f_v——砌体抗剪强度设计值,按表 10-4 采用;

b——截面宽度;

z——内力臂,$Z=I/S$,I 为截面惯性矩,截面面积矩。

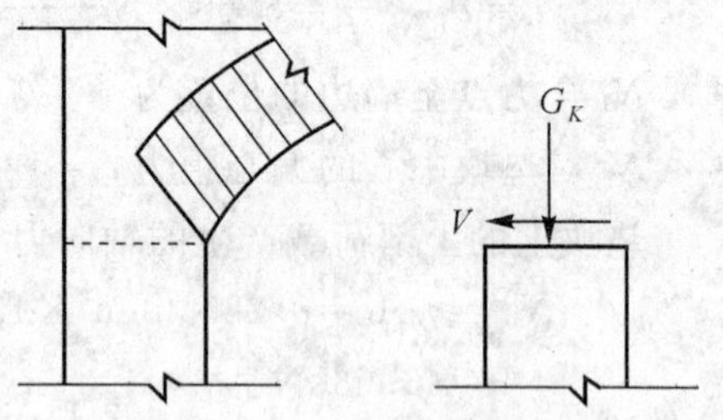

图 10.19　拱支座截面受剪

3. 受剪构件

沿通缝截面的受剪构件的承载力(图 10.19),因按下式计算

$$V \leqslant (f_0 + 0.18\sigma_k)A \tag{10-18}$$

式中:σ_k——恒荷载标准值产生的平均压应力

10.3　混合结构房屋的墙体设计

楼盖和屋盖等水平承重构件采用钢筋混凝土、木材或钢材,而内外墙、柱和基础等竖向承重构件采用砌体结构建造的房屋通常称为混合结构房屋。它具有节省钢材、施工简便、造价较低等特点,因此在一般工业与民用建筑物中被广泛采用,如用作住宅、办公楼、教学楼、商店、厂房、仓库、食堂、剧场等。墙体是混合结构建筑物的主要承重构件,同时墙体对建筑物也起着围护和分隔的作用。混合结构房屋设计的一个重要任务就是解决墙体的设计问题。墙体设计一般包括:承重墙体的布置、房屋的静力计算方案确定、墙柱高厚比验算、墙柱内力计算及其截面承载力验算。

10.3.1　房屋的结构布置

结构布置方案主要是确定竖向承重构件的平面位置。混合结构房屋结构布置方案,根据承重墙体和柱的位置可分为如下四种:

1. 纵向承重方案

由纵墙直接承受屋面、楼面荷载。荷载的主要传递路线是:屋(楼)荷载—纵墙—基础—地基。纵墙是主要的承重墙。(图 10.20b)

优点是房屋空间较大,平面布置灵活。缺点是由于纵墙上有大梁或屋架,外纵墙上窗的设置受到限制,而且由于横墙很少,房屋的横向刚度较差。适合于要求空间大的房屋如厂房、仓库等。

2. 横墙承重方案

由横墙直接承受屋面、楼面荷载。荷载的主要传递路线是:屋(楼)荷载—横墙—基础—地基。横墙是主要的承重墙。(图 10.20a)

优点是横墙很多,房屋的横向刚度较大,整体性好,且外纵墙上开窗不受限制。缺点是横墙很多,空间受到限制。适合于房间大小固定、横墙间距较密的住宅、宿舍等建筑。

3. 纵横墙混合承重方案

在实际工程中,往往是纵墙和横墙混合承重的,形成混合承重方案。荷载的主要传递路线是:屋(楼)荷载—横墙及纵墙—相应基础—地基。(图 11.20c)

优点是所有的墙体都承受楼面传来的荷载,且房屋在两个方向上的刚度均较大,有较强的抗风能力。适合于较大空间的房屋如教室、试验楼、办公楼等。

4. 内框架承重方案

它是由房屋内部的钢筋混凝土框架和外部的砖墙、柱组成。可作为多层工业厂房、仓库和商店的承重结构。(图 10.20d)

特点是平面布置较为灵活,容易满足使用要求,但横墙少,房屋的空间刚度较差。另外由于房屋由两种性能不同的材料组成,协调变形能力较差,因此抵抗地基不均匀沉降和地震能力较弱。

在实际工程中,采用哪一种方案,要具体问题具体对待。

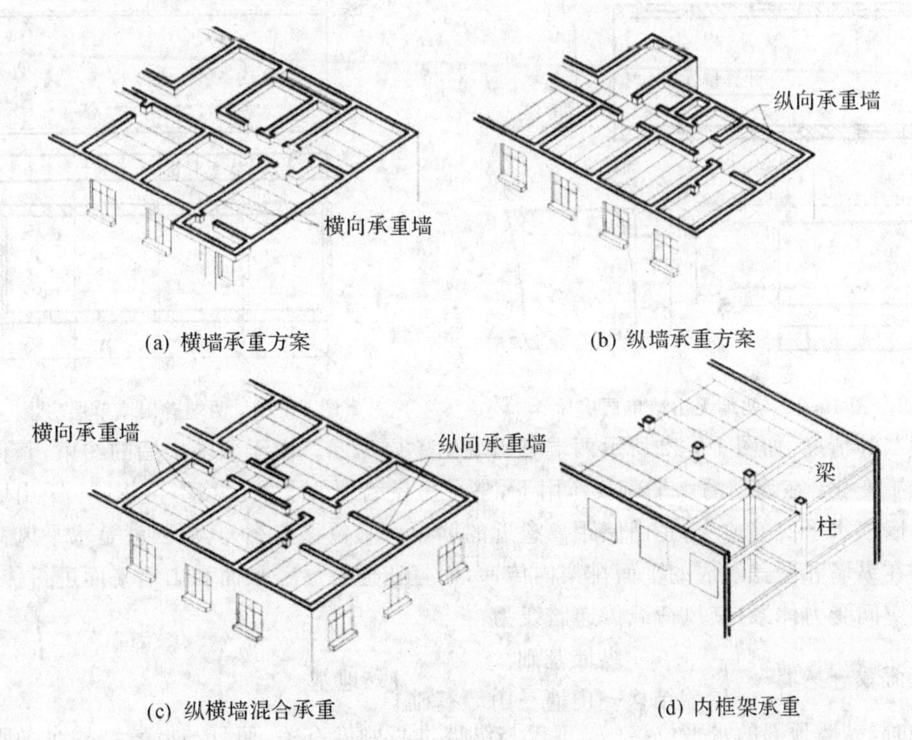

图 10.20　承重墙体结构布置方式

10.3.2　混合结构房屋的静力计算方案

混合结构房屋由屋盖、楼盖、墙、柱、基础等主要承重构件组成空间受力体系,共同承担作用在房屋上的各种竖向荷载(结构的自重、楼面和屋面的活荷载)、水平风荷载和地震作用。混合结构房屋中仅墙、柱为砌体材料,因此墙、柱计算方案为本章的主要内容。

1. 计算简图与空间刚度

计算墙体或柱的内力首先要确定其计算简图。计算简图既要尽量符合结构实际受力情况，又要使计算尽可能简单，现以各类单层房屋为例进行表述。

第一种情况：图 10.21 是一单层房屋，外纵墙承重，屋盖为装配式钢筋混凝土楼盖，两端没有设置山墙。该房屋的水平风荷载传递路线是：风荷载—纵墙—纵墙基础—地基。

假定作用于房屋的荷载是均匀分布的，外纵墙的刚度是相等的，因此在水平荷载作用下整个房屋墙顶的水平位移是相同的（设为 u_p）。如果从其中任意取出一单元，这个单元的受力状态将和整个房屋的受力状态是一样的。所以，可以用这个单元的受力状态来代表整个房屋的受力状态，这个单元称为计算单元。

在这类房屋中，荷载作用下的墙顶位移（u_p）主要取决于纵墙的刚度，而屋盖结构的刚度只是保证传递水平荷载时两边纵墙位移协调。如果把计算单元的纵墙比拟为排架柱，屋盖结构比拟为横梁，把基础看作柱的固定端支座，屋盖结构和墙的连接点看作铰结点，则计算单元的受力状态就如同一个单跨平面排架，属于平面受力体系。其静力分析可采用结构力学解平面排架方法。

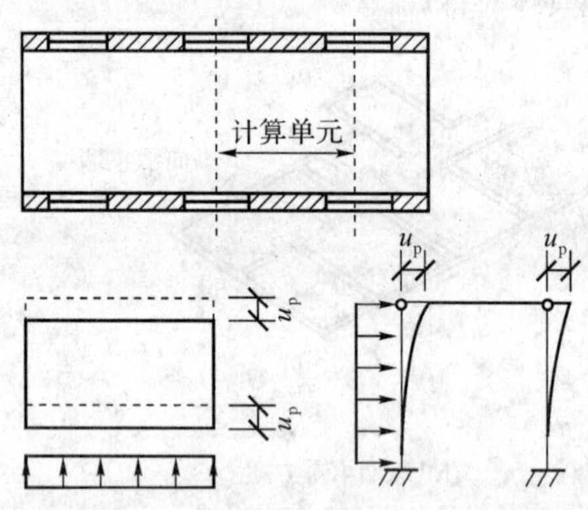

图 10.21 两端无山墙单层房屋

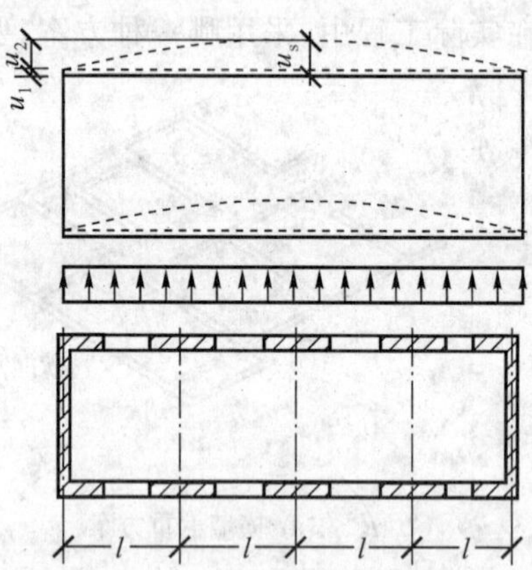

图 10.22 两端有山墙单层房屋

第二种情况：如图 10.22 所示两端有山墙的单层房屋。由于两端山墙的约束，其传力途径发生了变化。在均匀的水平荷载作用下，整个房屋墙顶的水平位移不再相同。距山墙距离愈远的墙顶水平位移愈大，距山墙距离愈近的墙顶水平位移愈小。其原因就是水平风荷载不仅仅是在纵墙和屋盖组成的平面排架内传递，而且还通过屋盖平面和山墙平面进行传递，即组成了空间受力体系，其风荷载传递路线为：

$$\text{风荷载}\rightarrow\text{丛墙}\rightarrow\left\{\begin{array}{c}\text{纵墙基础}\\ \text{屋盖结构}\rightarrow\text{山墙}\rightarrow\text{山墙基础}\end{array}\right\}\rightarrow\text{地基}$$

这时，纵墙顶部的水平位移（u_s）不仅与纵墙本身刚度有关，而且与屋盖结构水平刚度和山墙的刚度有很大的关系。因此墙顶水平侧移 u_s，可表示为

$$u_s = u_1 + u_2 \leqslant u_p$$

式中：u_1——山墙顶面水平位移，取决于山墙的刚度，山墙刚度越大，u_1 越小；

u_2——屋盖平面内产生的弯曲变形，取决于屋盖刚度及横（山）墙间距，屋盖刚度愈大，横（山）墙间距愈小，u_2 愈小。

以上分析表明，由于山墙或横墙的存在，改变了水平荷载的传递路线，使房屋有了空间作用。而且，两端山墙的距离越近，或增加越多的横墙，屋盖的水平刚度越大，房屋的空间作用越大，即空间性能越好，则水平侧移 u_s 越小。房屋空间作用的大小可以用空间性能影响系

数 η 表示。假定屋盖为在水平面内支承于横墙上的剪切型弹性地基梁,纵墙(柱)为弹性地基,由理论分析可以得到空间性能影响系数为

$$\eta=\frac{u_s}{u_p}\leqslant 1$$

式中:u_s——考虑空间工作时,外荷载作用下房屋排架水平位移的最大植;

u_p——在外荷载作用下,平面排架的水平位移。

η 值愈大,表示整体房屋的水平侧移与平面排架的侧移愈接近,即房屋空间作用愈小;反之,η 愈小,房屋的水平侧移愈小,房屋的空间作用愈大。因此,η 又称为考虑空间工作后的侧移折减系数。可以通过试验,在不同的加载条件下,测出的 u_p、u_s 的值。

2. 房屋静力计算方案的分类

从前述可以看出,空间性能对房屋的影响很大,但影响房屋空间性能的因素也很多,除上述的屋盖刚度和横墙间距外,还有屋架的跨度、排架的刚度、荷载类型及多层房屋层与层之间的相互作用等。《砌体结构设计规范》中为方便计算,仅考虑屋盖刚度和横墙间距两个主要因素的影响,按房屋空间刚度(作用)大小,将混合结构房屋静力计算方案分为三种,见表 10-10。

表 10-10　混合结构房屋静力计算方案分类

	屋盖或楼盖类别	刚性方案	刚弹性方案	弹性方案
1	整体式、装配整体和装配式无檩体系钢筋混凝土屋盖或钢筋混凝土楼盖	$s>72$	$32\leqslant s\leqslant 72$	$s>72$
2	装配式有檩体系钢筋混凝土屋盖、轻钢屋盖和有密铺望板的木屋盖或木楼盖	$s<20$	$20\leqslant s\leqslant 48$	
3	瓦材屋面的木屋盖和轻钢屋盖	$s<16$	$16\leqslant s\leqslant 36$	$s>36$

注:①表中 s 为房屋横墙间距,其长度单位为 m;

②当多层房屋屋盖、楼盖类别不同或横墙间距不同时,可按本表的规定分别确定各层(底层或顶部各层)房屋的静力计算方案;

③对无山墙或伸缩缝处无横墙的房屋,应按弹性方案考虑。

(1) 刚性方案:房屋的空间刚度很好。在荷载作用下,墙、柱顶端的相对位移 u_s/H 很小(H 为纵墙高度),可视墙、柱顶端水平位移等于零。这类房屋称为刚性方案房屋,其静力计算简图将承重墙视为一根竖向构件,屋盖或楼盖作为墙体的不动铰支座。通过分析,当房屋的空间性能影响系数 $\eta<0.33$ 时,均可按刚性方案计算。

(2)弹性方案:房屋的空间刚度较差,虽然荷载传递仍是空间结构体系,但在荷载作用下,墙顶的最大水平位移接近于平面结构体系,其墙柱内力计算应按不考虑空间作用的平面排架或框架计算,这类房屋称为弹性方案房屋。当空间性能影响系数布 $\eta>0.77$ 时,均按弹性方案计算。

设计多层混合结构房屋时,不宜采用弹性方案。因为弹性方案房屋水平位移较大,当房屋高度增加时,会因过大水平位移导致房屋的倒塌,或需要过度增加纵墙截面面积。

(3)刚弹性方案:房屋的空间刚度介于上述两种方案之间,在荷载作用下,纵墙顶端水平位移比弹性方案要小,但又不可忽略不计,这类房屋称为刚弹性方案。静力计算时,可根据房屋空间刚度的大小,通常按 $\eta=0.33\sim0.77$,将其水平荷载作用下的反力进行折减,然后按平面排架或框架进行计算,即计算简图相当于在屋(楼)盖处加一弹性支座。

3. 计算方案对横墙要求

由以上分析可知，房屋的静力计算方案是根据房屋空间刚度的大小确定的，而房屋的空间刚度由两个因素决定。一是房屋中楼(屋)盖的类别，二是房屋中横墙间距和刚度的大小，为保证房屋的刚度，规范规定，刚性方案和刚弹性方案房屋的横墙应符合下列要求：

(1)横墙中开有洞口时，洞口的水平截面面积不应超过横墙截面面积的 50%；(2)横墙厚度不宜小于 180mm；(3)单层房屋的横墙长度不宜小于其高度，多层房屋的横墙长度，不宜小于横墙总高度的一半。

此外，横墙应与纵墙同时砌筑，如不能同时砌筑时，应采取其他措施以保证房屋的整体刚度。

当横墙不能同时符合上述要求时，如单边外廊式多层民用房屋，其跨度较小，横墙长度往往小于 $H/2$，应对横墙刚度进行验算，如其最大水平位移 $u_{max} \leqslant H/4000$（H 为横墙总高度）时，仍可视为刚性或刚弹性方案房屋的横墙。符合此刚度要求的一段横墙或其他结构构(如框架等)，也可视作刚性或刚弹性方案房屋的横墙。

10.3.3　墙、柱的高厚比验算

砌体结构设计的一个重要内容是对墙、柱的高厚比进行验算，并应满足有关构造要求，其目的是保证砌体在施工阶段和使用阶段的整体性、耐久性和使用性能。

高厚比是指墙、柱的计算高度 H_0 与墙厚或矩形柱截面的边长 h（应取与 H_0 相应方向的边长）的比值，用 β 表示。

$$\beta=\frac{H_0}{h}$$

高厚比验算包括两方面：一是允许高厚比的限值；二是墙、柱实际高厚比的确定。

1. 墙、柱的允许高厚比

为了保证墙、柱的稳定性，其计算高度与墙体厚度的比值不应超过某一限值，该限值记为[β]，称为允许高厚比，见表 10-11。

表 10-11　墙、柱的允许高厚比[β]值

砂浆强度等级	墙	柱
M0.47	16	12
M1	20	14
M2.5	22	15
M5	24	16
≥M7.5	26	17

注：1. 下列材料的[β]值应按表中数值予以降低：空斗墙和中型砌块墙、柱降低 10%，毛石墙、柱降低 20%；

2. 验算施工阶段砂浆尚未硬化的新砌砌体高厚比时，[β]值可按表中 M0.4 项降低 10%。

墙柱的允许高厚比[β]的确定与承载力计算无关，它取决于砂浆强度等级、墙上是否开洞及洞口尺寸、是否承重、支承条件以及施工质量等方面因素。

2. 墙、柱的计算高度 H_0

受压构件的计算高度 H_0 与房屋类别和构件支承条件有关，在进行墙、柱承载力和高厚比验算时，墙、柱的计算高度 H_0 应按表 10-12 采用。

表 10-12　受压构件的计算高度 H_0

房屋类别			柱		带壁柱墙或周边拉结的墙		
			排架方向	垂直排架方向	$s>2H$	$2H\geqslant s>H$	$s<H$
有吊车的单层房屋	变截面柱上段	弹性方案	$2.5H_u$	$1.25H_u$	$2.5H_u$		
		刚性、刚弹性方案	$2.0H_u$	$1.25H_u$	$2.0H_u$		
	变截面柱下段		$1.0H_l$	$0.8H_l$	$1.0H_l$		
无吊车的单层房屋和多层房屋	单跨	弹性方案	$1.5H$	$1.0H$	$1.5H$		
		刚性、刚弹性方案	$1.2H$	$1.0H$	$1.2H$		
	多跨	弹性方案	$1.25H$	$1.0H$	$1.25H$		
		刚性、刚弹性方案	$1.10H$	$1.0H$	$1.10H$		
	刚性方案		$1.0H$	$1.0H$	$1.0H$	$0.4s+0.2H$	$0.6s$

注：①表中 H_u 为变截面柱的上段高度；H_l 为变截面柱的下段高度；

②对于上端为自由端的构件，$H_0=2H$；

③s 为房屋横墙间距；

④自承重墙的计算高度应根据周边支承或拉结条件确定。

⑤独立砖柱，当无柱间支撑时，柱在垂直排架方向的 H_0 应按表中数值乘以 1.25 后采用。

3. 高厚比验算

(1)一般墙、柱的高厚比验算

$$\beta=\frac{H_0}{h}\leqslant\mu_1\mu_2[\beta] \tag{10-19}$$

式中：H_0——墙、柱的计算高度，按表 10-12 采用；

h——墙厚或矩形柱与 H_0 对应的边长；

μ_1——自承重墙允许高厚比的修正系数，可按下列规定采用：

$h=240\text{mm}$，　　$\mu_1=1.2$

$h\leqslant 90\text{mm}$，　　$\mu_1=1.5$

$90\text{mm}<h<240\text{mm}$　　μ_1 可按插入法取用。

μ_2——有门窗洞口墙允许高厚比的修正系数，按下式计算

$$\mu_2=1-0.4\frac{b_s}{s} \tag{10-20}$$

式中：b_s——在宽度 s 范围内的门窗洞口总宽度(如图 10.23)；

s——相邻窗间墙、壁柱之间或构造柱之间的距离。

当 $\mu_2<0.7$ 时，应采用 0.7；当洞口高度等于或小于墙高的 1/5 时，取 $\mu_2=1.0$。

2. 带壁柱墙高厚比验算

(1)整片墙高厚比验算，示意图见图 10.23。

$$\beta=\frac{H_0}{h_T}\leqslant\mu_1\mu_2[\beta] \tag{10-21}$$

式中：h_T——带壁柱墙截面的折算厚度，$h_T=3.5i$；

i——带壁柱墙截面的回砖半径，$i=\sqrt{\frac{I}{A}}$；

I、A——分别为带壁柱墙截面的惯性矩和截面面积。

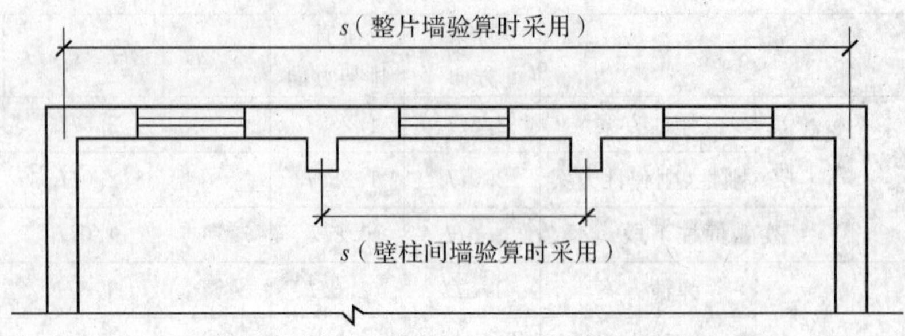

图 10.23　带壁柱墙的整片墙高厚比验算示意图

(2)壁柱间墙的高厚比验算

壁柱间墙的高厚比可按一般的计算公式进行验算。此时可将壁柱视为壁柱间墙的不动铰支座。因此计算 H_0 时，s 取壁柱间距离，而且不论带壁柱墙体的房屋的静力计算时属何种计算方案，H_0 都按刚性方案考虑。

3. 带构造柱墙高厚比验算

(1)整片墙高厚比验算

$$\beta=\frac{H_0}{h}\leqslant\mu_1\mu_2\mu_c[\beta] \tag{10-22}$$

μ_c——带构造柱墙允许高厚比的提高系数，可按下式计算

$$\mu_c=1+\gamma\frac{b_c}{l} \tag{10-23}$$

式中：γ——系数，对细料石、半细料石砌体，$\gamma=0$；对混凝土砌块、粗料石、毛料石及毛石砌体，$\gamma=1.0$；其他砌体，$\gamma=1.5$；

b_c——构造柱沿墙长方向的宽度；

l——构造柱间距，此时 s 取相邻构造柱间距。

当 $b_c/l>0.25$ 时，取 $b_c/l=0.25$；当 $b_c/l<0.05$，取 $b_c/l<0$

(2) 构造柱间墙高厚比验算

构造柱间墙的高厚比仍可按一般公式验算，此时可将构造柱视为构造柱间墙的不动铰支座，在计算 H_0 时，s 取构造柱间距离，而且不论带构造柱墙体的静力计算方案计算时属何种计算方案，H_0 一律按刚性方案考虑。

应当注意，考虑构造柱有利作用的高厚比验算不适用于施工阶段。由于在施工过程中大多是先砌墙后浇注构造柱；应注意采取措施保证带构造柱墙在施工阶段的稳定性。

4. 验算墙、柱高厚比的计算步骤

验算墙、柱高厚比是砌体结构的一项主要内容，其计算步骤可归纳如下：

1)确定房屋的静力计算方案，根据房屋的静力计算方案查表 10-12 确定计算高度 H_0；2) 确定是承重墙还是非承重墙，计算 μ_1 值；3) 根据有无无窗洞口，计算 μ_2 值；4) 验算墙柱的高厚比。对无壁柱、有壁柱及有构造柱墙体，应分别采用上述三个不同的公式进行验算。

10.3.4　刚性方案房屋的计算

在进行混合结构房屋设计时，首先应确定其静力计算方案。前述三个静力计算方案中，以刚性方案墙、柱受力最有利，应用最多，它既能使结构构件充分发挥作用，又能使房屋具有较好的空间刚度。下面分别讨论单层与多层刚性方案房屋墙和柱的内力计算问题。

1. 单层刚性方案房屋承重纵墙的计算

单层房屋为刚性方案时，由上几节分析可知，其纵墙顶端的水平位移在静力分析时可以认为为零。内力计算可采用下列假定：(1) 纵墙、柱下端在基础顶面处固接，上端与屋面大梁(或屋架)铰接；(2) 屋盖结构可作为纵墙上端的不动铰支座。

根据上述假定，其计算简图如图 10.24 所示，每片纵墙均可以按上端支承在不动铰支座和下端支承在固定支座上的竖向构件单独进行计算，使计算简化。

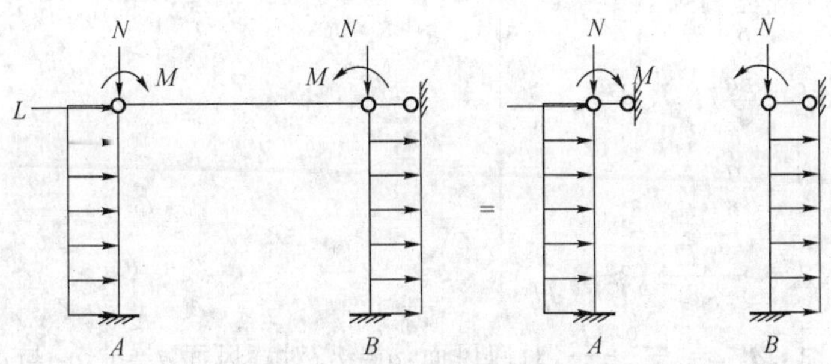

图 10.24　单层刚性方案房屋承重纵墙的计算简图

作用于结构上的荷载及内力计算如下：

(1)屋面荷载作用

包括屋盖恒载(屋面防水保温层、屋架、屋面板等自重)，屋面活荷载或雪荷载，这些荷载通过屋架或屋面梁以集中力形式作用于墙体顶端。通常情况下，屋架传至墙面的集中力 N_i 作用点对墙体中心线有一个偏心距 e_i，所以墙体顶端的屋盖荷载由轴心压力 N_i 和弯矩 $M=e_iN_i$ 组成，由此可计算出其内力如图 10.25。

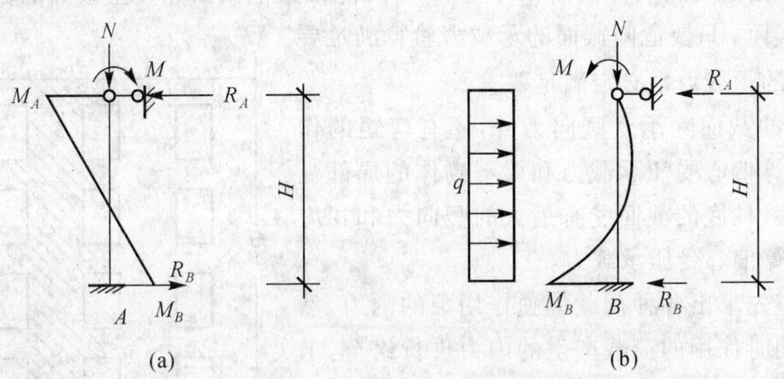

图 10.25　刚性方案房屋承重纵墙的内力计算

$$\left\{\begin{aligned}&R_s=-R_A=-\frac{3M}{2H}\\&M_u=M\\&M_A=-M/2\\&M_X=\frac{M}{2H}\left(2-3\frac{X}{H}\right)\end{aligned}\right. \tag{10-24}$$

(2)风荷载作用

风荷载由作用于屋面以上墙面和屋面以下墙面的两部分组成。屋面上(包括女儿墙上)的风荷载一般简化为作用于墙、柱顶端的集中荷载 W,对于刚性方案房屋,W 直接通过屋盖传至横墙,再由横墙传至基础后传给地基。墙面风荷载为均布荷载 q,按迎风面(压力)、背风面(吸力)分别考虑。在 q 作用下,墙体的内力为如图 10.25。

$$\left.\begin{aligned}&R_s'=\frac{3q}{8}H\\&R_A'=\frac{5q}{8}H\\&M_A'=\frac{q}{8}H^2\\&M_X'=-\frac{qH}{8}x\left(3-4\frac{x}{H}\right)\end{aligned}\right\} \tag{10-25}$$

当 $x=\frac{3}{8}H$ 时,$M_{\max}=-\frac{9qH^2}{128}$,对迎风面:$q=q_1$;对背风面 $q=q_2$,q_1 与 q_2 均按建筑设计荷载规范取用计算得到。

(3)墙体自重

墙体的自重作用于其截面的形心,对于等截面的墙、柱,自重不产生弯矩。但对于变截面墙、柱,上阶柱自重 G_1 对下阶柱各截面产生的弯矩为 $M=G_1e_1$(e_1 为上下阶柱截面轴线间的距离)。因自重是在屋架安装前已存在,故其内力应按照竖直的悬臂构件进行计算。

(4)控制截面与内力组合

控制截面是内力较大但截面相对较小,有可能较其他截面先发生破坏的截面,如柱(墙)顶面和底面截面。只要危险截面的承载力验算满足要求,整个构件的承载力也必定满足要求。

墙、柱顶的截面除承受竖向力外,还有弯矩的作用,因此要验算偏心受压承载力和梁下砌体的局部受压承载力。墙、柱底的截面受有最大的竖向力和相应的弯矩,要验算偏心受压承载力。

设计时应先求出各种荷载单独作用下的内力,然后按照可能同时作用的荷载产生的内力进行组合,求出上述控制截面最大内力,作为选择墙柱截面和承载力验算的依据。

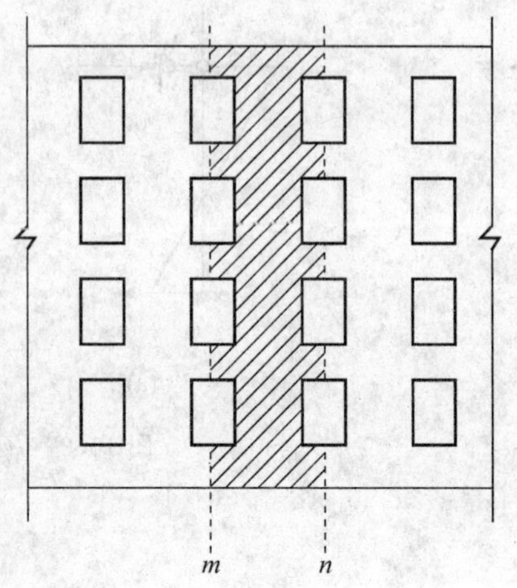

图 10.26 纵墙计算单元示意图

2. 多层刚性方案房屋承重纵墙的计算

对于多层混合结构房屋,如住宅、教学楼和办公楼等,由于横墙数量较多,间距较小,房屋的空间刚度较大,一般均属刚性方案房屋。设计多层房屋时,除验算其墙体高厚比外,还应验算承重墙、柱的承载力。

(1)确定计算单元

通常从纵墙中选取一段有代表性、宽度等于一个开间的竖条墙、柱为计算单元,如图 10.26 所示。对于有门窗洞口,可取窗间的墙体,无门窗洞口时,可取一个开间宽度内的墙截面面积。

(2)计算简图

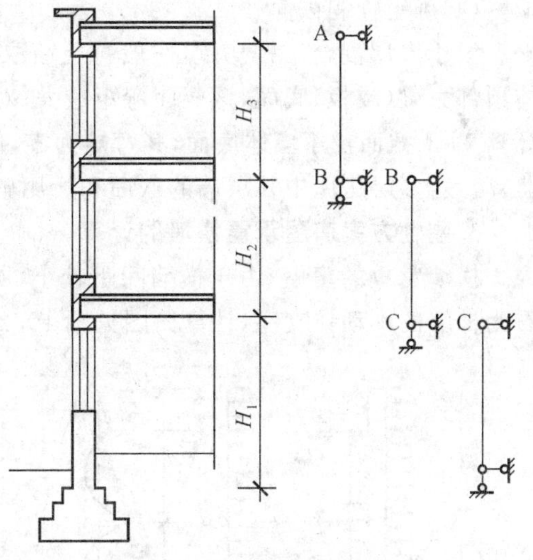

图 10.27　计算简图

在竖向荷载作用下,上述的计算单元可视作为一个竖立的梁,屋盖、楼盖及基础顶面则为连续梁的支点。计算时,将墙体在屋盖、楼盖处假定简化为不连续的铰支承。此外,在基础顶面,由于轴向力远比弯矩的作用效应大,亦可假定墙、柱铰支于基础顶面。这样,墙、柱在每层层高范围内被简化如图 10.27 所示两端铰支的竖向偏心受力构件。各层的计算高度取相应的层高,对于底层则取层高加上室内地坪至基础顶面的高度。

(3)在水平荷载作用下的纵墙计算简图和内力

在水平荷载作用下,计算简图可取为一竖向连续梁。这是因为墙体验算截面(也即受力最大截面)一般位于每层的顶部或底部,即在每层楼盖支承面上、下。如考虑楼盖对墙体连续性的削弱,也简化为铰,则将加大跨中截面弯矩,但却减小了支座截面弯矩。这时墙体设计显然是偏于不安全的。因此不宜忽略墙体的连续性。该连续梁在风荷载作用下的支座处弯矩可近似按下式计算(图 10.28):

$$M_i=\frac{qH_i^2}{12}$$

式中:H_i——第 i 层与 $i+1$ 层高的平均值;

q——计算单元竖直方向每单位长度的风荷载值。

计算时应考虑两种风向作用下产生的弯矩,并与竖向荷载作用时的弯矩进行最不利组合。《砌体结构设计规范》规定,当刚性方案多层房屋的外墙符合下列要求时,静力计算可不考虑风荷载的影响:1)洞口水平截面面积不超过全截面面积的 2/3;2)层高和总高不超过表 10-13 的规定;3)屋盖结构自重不小于 0.8kN/m^2。

表 10-13　外墙不考虑荷载影响的最大高度　(m)

基本风压值	层　高	总　高
0.4	4.0	28
0.5	4.0	24
0.6	4.0	18
0.7	3.5	18

(4)确定控制截面

对于多层混合结构房屋，一般每层墙取两个控制截面Ⅰ-Ⅰ和Ⅱ-Ⅱ。Ⅰ-Ⅰ截面位于墙体顶部大梁(或板)底面，该截面弯矩最大，对此截面进行偏心受压和梁下局部受压承载力验算。Ⅱ-Ⅱ截面位于墙体底面，其弯矩为零，但压力相对最大，对此截面进行轴心受压承载力验算。若多层房屋中几层墙的截面和所用砌体材料相同，只需验算其中最下一层墙体。

3. 刚性方案房屋承重横墙的计算

横墙承重的房屋，由于横墙间距较小，所以一般均属于刚性方案，房屋的楼盖及屋盖可看为横墙的不动铰支座，计算简图见图 10.29 所示。

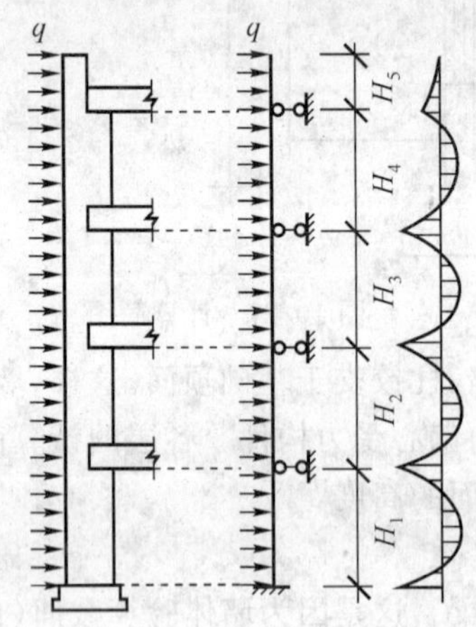

图 10.28 水平荷载作用计算简图

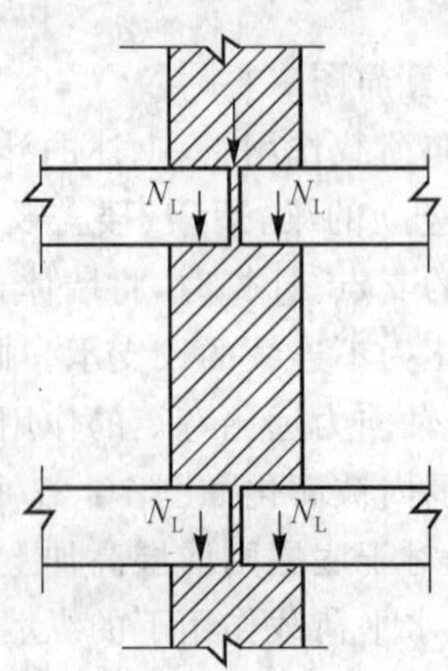

图 10.29 刚性方案房屋承重横墙的计算简图

承重横墙的计算方法与承重纵墙相仿，其要点如下：

(1)取 1m 宽横墙作为计算单元；(2)每层墙视为两端铰接的竖向构件；(3)顶层为坡屋顶时，顶层构件高度取层高加山尖高的平均值，其余各层取值同纵墙；(4)横墙两侧楼盖传来的荷载，相同时横墙为轴心受压，则验算底部截面；不同时横墙为偏心受压，则控制截面为每层墙体的顶部和底部截面。

10.4 砌体结构中的过梁、圈梁及挑梁

10.4.1 过梁

1. 过梁的类型及适用范围、构造要求

过梁是混合结构房屋墙体门窗洞口上常用的构件，其作用是承受洞口上部墙体自重及楼盖传来的荷载。常用的过梁有钢筋混凝土过梁和砖砌过梁，砖砌过梁又可分为砖砌平拱过梁和钢筋砖过梁等几种形式，见图 10.30 示。

(1)钢筋混凝土过梁

钢筋混凝土过梁一般采用预置，预制钢筋混凝土过梁具有施工方便、节省模板、抗震性好等优点，应用最为广泛。钢筋混凝土过梁端部在墙中的支承长度，不宜小于 240mm。当过梁所受荷载过大时，该支承长度应按局部受压承载力计算确定，此时可取 $\varphi=1,\eta=1.0$。其他配筋构造要求同一般梁。

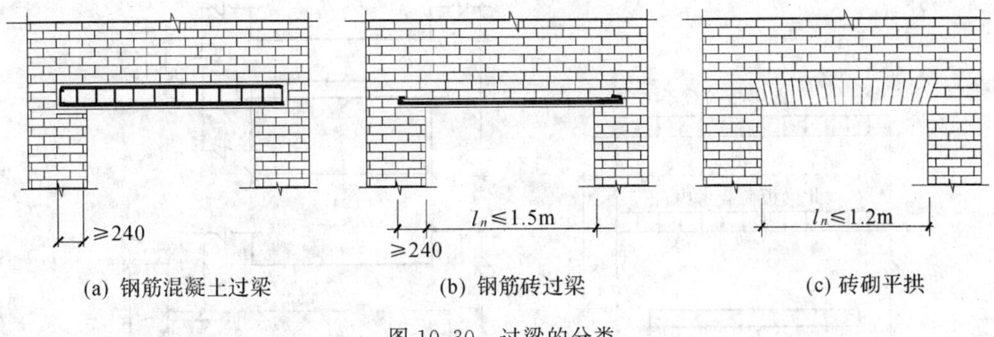

(a) 钢筋混凝土过梁　(b) 钢筋砖过梁　(c) 砖砌平拱

图 10.30 过梁的分类

(2)砖砌平拱过梁

砖砌过梁造价低廉，且节约钢筋和水泥，但整体性差，对振动荷载和地基不均匀沉降反映敏感，跨度也不易过大。因此，对有较大振动或可能产生不均匀沉降的房屋，或当门窗洞口宽度较大时不能采用砖砌过梁，应采用钢筋混凝土过梁。

用砖竖立砌筑的过梁称砖砌平拱过梁。竖砖砌筑部分高度不应小于 240mm，过梁计算高度内的砂浆不宜低于 M5，其净跨度不宜超过 1.2m。

(3)钢筋砖过梁

在过梁底部水平灰缝内配置钢筋的过梁称钢筋砖过梁。钢筋的直径不应小于 5mm，也不宜大于 8mm，间距不宜大于 120mm。钢筋伸人支座砌体内的长度不宜小于 240mm，砂浆的厚度不宜小于 30mm，强度不宜低于 M5，跨度不宜超过 1.5m。

2. 过梁上的荷载

一般过梁承受的荷载有两部分，一部分为墙体及过梁本身自重，另一部分为过梁上部的梁、板传来的荷载。试验表明，过梁上砌体的砌筑高度超过 1/3 净跨后，过梁的挠度增长很小。这由于过梁上墙体形成内拱而产生卸荷作用，将一部分墙体荷载直接传到过梁支座上，而不再加给过梁。试验还表明，梁、板下墙体高度较小时，梁板上荷载才会传给过梁。当梁板下墙体高度等于净跨的 0.8 倍处施加外荷载时，由于砌体的内拱作用，梁板荷载将直接传给支座，对过梁的影响极小。

根据《砌体结构设计规范》(GB50003—2001)规定，过梁上荷载按下述方法确定：

(1)梁、板荷载

对砖和小型砌块砌体，当梁、板下的墙体高度 $h_w<l_n$ 时(l_n 为过梁的净跨，如图示)，应计入梁、板传来的荷载；当梁、板下的墙体高度 $h_w<l_n$ 时，可不考虑梁、板荷载。

(2)墙体荷载

对砖砌体，当过梁上的墙体高度 $h_w<l_n/3$ 时，应按墙体的均布自重计算；当墙体高度 $h_w\geqslant l_n/3$ 时，应按高度为 $h_w=l_n/3$ 墙体的均布自重计算。

对混凝土砌块砌体，当过梁上的墙体高度 $h_w<l_n/2$ 时，应按墙体的均布自重计算。当墙体高度 $h_w\geqslant l_n/2$ 时，应按高度为 $h_w=l_n/2$ 墙体的均布自重计算。

3. 过梁的承载能力计算方法

(1)砖砌平拱过梁的计算

根据过梁的工作特性和破坏形态，对砖砌平拱过梁应进行跨中正截面的受弯承载力和支座斜截面的受剪承载力计算。

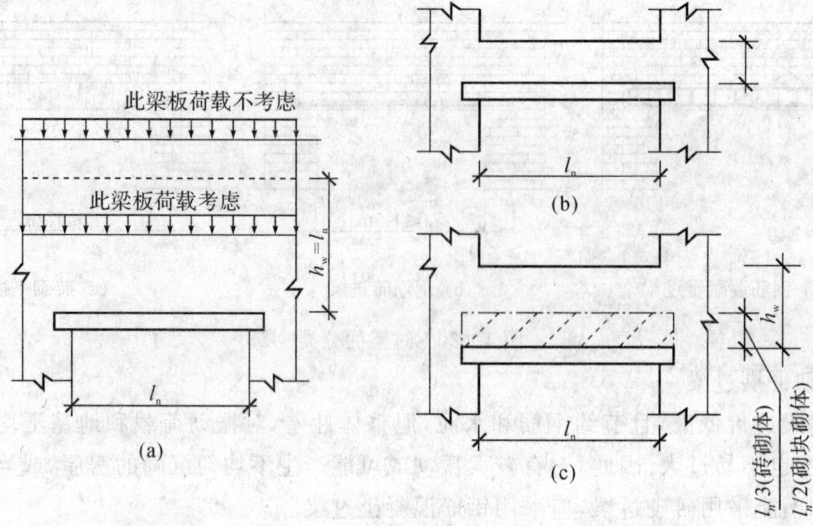

图 10.31 过梁上的梁、板及墙体荷载

若过梁的构造高 h_c 大于过梁净跨 l_n 的 1/3 时，则取 $h_c=l_n/3$ 过梁的跨中弯矩按 $M=\frac{1}{8}pl_n^2$ 计算，支座剪力按 $V=\frac{1}{2}pl_n$ 计算，其中 p 是过梁上的均布荷载。

跨中正截面受弯承载力按公式 $M\leqslant f_{tm}W$ 计算，砌体的弯曲抗拉强度设计值 f_{tm} 采用沿齿缝截面的弯曲抗拉强度值。支座截面的受剪承载力按式 $V\leqslant f_v bz$ 计算，砌体的抗剪强度设计值 f_v 采用沿灰缝截面破坏时的抗剪强度设计值。

根据受弯承载力条件算出的砖砌平拱过梁的允许均布荷载设计值见表 10-14

表 10-14 砖砌平拱容许均布荷载设计值

墙厚 h/mm	240			370			490		
砂浆强度等级	M5	M7.5	M10	M5	M7.5	M10	M5	M7.5	M10
允许均布荷载/(kN/m)	8.18	10.31	11.73	12.61	15.90	18.09	16.70	21.05	23.96

注：1. 本表为用混合砂浆砌筑的，当用水泥砂浆砌筑时，表中数值乘 0.75。

2. 过梁计算高度及 $h_0=l_0/3$ 范围内不允许开设门窗洞口。

(2)钢筋砖过梁的计算

钢筋砖过梁的受剪承载力计算与砖砌平拱过梁一样，仍按上式计算，不考虑钢筋的受剪承载力。但跨中正截面受弯承载力则不同，应考虑钢筋的受弯承载力，按下式计算：

$$M\leqslant 0.85h_0 f_y A_s \tag{10-26}$$

式中：M——按简支梁计算的跨中弯矩设计值；

f_y——受拉钢筋的强度设计值；

A_s——受拉钢筋的截面面积；

h_0——过梁截面的有效高度，$h_0=h-a$；

a——受拉钢筋重心至截面下边缘的距离，一般取 $a=15\sim20$mm；

h——过梁的截面计算高度，取过梁底面以上的墙体高度，但不大于$\frac{l_n}{3}$；当考虑梁板传来的荷载时，则按梁板下的高度采用。

(3)钢筋混凝土过梁的计算

钢筋混凝土过梁应按钢筋混凝土受弯构件进行正截面受弯和斜截面受剪承载力计算，此外还应进行梁端下砌体局部受压承载力验算，见 10.2 节。

10.4.2　圈梁

1. 圈梁作用

在混合结构房屋中，沿四周外墙及纵横内墙墙体中水平方向设置的连续封闭梁称为圈梁。位于房屋檐口处的圈梁称为檐口圈梁，位于±0.000 以下基础顶面处设置的圈梁，又称为地圈梁。圈梁可分为钢筋混凝土圈梁和钢筋砖圈梁两种，但后者目前在工程中应用很少。

钢筋混凝土圈梁的宽度一般与墙厚相同。当墙厚 $h>240$mm 时，圈梁的宽度可小于墙厚，但不宜小于 2/3h。其高度应等于每皮砖厚度（一般每皮砖按 60 厚考虑）的倍数，并不应小于 120mm。

钢筋砖圈梁应采用不低于 M5 的砂浆砌筑。圈梁高度一般为 4～6 皮砖；钢筋不宜少于 6Φ6，水平间距不宜大于 120mm，并分上、下两层设在圈梁顶部和底部的水平灰缝内。

设置圈梁可增强房屋的整体刚度，防止由于地基不均匀沉降或较大振动荷载作用对墙体产生的不利影响。设置在基础顶面和檐口部位的圈梁对抵抗房屋不均匀沉降的效果好。圈梁的存在可减小墙体的计算高度，提高其稳定性。跨越门、窗洞口的圈梁，配筋若不少于过梁或适当增配一些钢筋时，还可兼作过梁。因此，设置圈梁是砌体结构墙体设计的一项重要构造措施。

2. 圈梁布置

设置圈梁可以增强房屋的整体性和空间刚度，防止由于地基不均匀沉降等对房屋的不利影响。以设置在基础顶面部位和檐口部位的圈梁对抵抗不均匀沉降作最为有效。当房屋中部沉降较两端为大时，位于基础顶面部位的圈梁作用较大；当房屋两端沉降较中部为大时，则位于檐口圈梁作用较大。

从圈梁的作用可以看出，圈梁设置的位置和数量，应综合考虑房屋的地基情况、房屋类型及荷载特点等因素，在一般情况下，混合结构房屋可按下列原则设置现浇钢筋混凝土圈梁：

(1)单层的车间、仓库、食堂等空旷房屋圈梁设置

①砖砌体房屋，檐口标高为 5～8m 时，应在檐口设置圈梁一道，檐口标高大于 8m 时，应适当增设。

②砌块及料石砌体房屋，檐口标高为 4～5m 时，应在檐口标高处设置圈梁一道，檐口标高大于 5m 时，应适当增设。

③对有吊车或较大振动设备的单层工业房屋，除在檐口或窗顶标高处设置现浇钢筋混凝土圈梁外，应在吊车梁标高处或其他适当位置增设。

(2)多层的工业与民用建筑圈梁设置

①住宅、宿舍、办公楼等多层砌体民用房屋，层数为 3～4 层时，应在檐口标高处设置圈梁一道；当层数超过 4 层时，应在所有纵横墙上隔层设置。

②多层砌体工业房屋，宜每层设置现浇钢筋混凝土圈梁。

③设置墙梁的多层砌体房屋应在托梁、墙梁顶面和檐口标高处设置现浇钢筋混凝土圈梁，其他楼盖处宜在所有纵横墙上每层设置。

④采用现浇钢筋混凝土楼(屋)盖的多层砌体结构房屋，当层数超过5层时，除在檐口标高处设置一道圈梁外，可隔层设置圈梁，并与楼(屋)面板一起现浇。未设置圈梁的楼面板嵌入墙内的长度不应小于120mm，应沿墙长配置不小于2 Φ 10的通长钢筋。

建筑在软弱地基或不均匀地基上的砌体房屋，除按本节规定设置圈梁外，尚应符合国家现行标准《建筑地基基础设计规范》(GB50007)和《建筑抗震设计规范》(GB50011—2001)的有关规定。

3. 构造要求

为使圈梁能较好地发挥其作用，圈梁还应符合构造要求，具体分述如下。

(1)圈梁宜连续地设在同一水平面上，并形成封闭环状；当圈梁被门、窗洞口截断时，应在洞口上部增设相同截面的附加圈梁。附加圈梁与圈梁的搭接长度不应小于其垂直间距的二倍，且不小于1.0m，如图10.32。

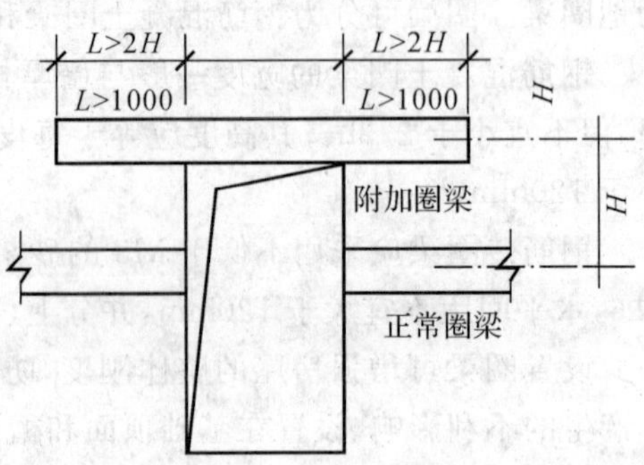

图10.32 附加圈梁及搭接长度

(2)在刚性方案房屋中，圈梁应与横墙加以连接。连接方式一般将圈梁伸人横墙1.5～2m，或在该横墙上设置贯通圈梁。在刚弹性和弹性方案房屋中，圈梁应与屋架、大梁等构造可靠连接。

(3)钢筋混凝土圈梁的纵向钢筋不宜少于4Φ10。搭接长度按受拉钢筋的要求确定，箍筋间距不宜大于300mm。

(4)圈梁兼作过梁时，过梁部分的配筋应按计算用量单独配置，实际配筋取过梁计算配筋和圈梁构造配筋的大值。

(5)圈梁在纵、横墙交接处，应设置附加钢筋予以加强，设置连接构造。

10.4.3 挑梁

1. 挑梁及其破坏形态

一端挑出另一端嵌固于墙体内的钢筋混凝土梁称为挑梁，挑梁与墙体共同工作。在悬挑力和墙体荷载作用下，挑梁可能发生如下三种形态的破坏，挑梁的计算就是针对上述三种破坏形态而进行的。

(1)挑梁倾覆破坏

挑梁上部砌体被斜向拉开，挑梁丧失平衡而倾覆的破坏方式，称为挑梁倾覆破坏。当挑梁埋入段长度l_1较短而砌体抗压强度足够时，则可能在埋入段尾部砌体中产生阶梯形裂缝。如果斜裂缝进一步发展，则表明斜裂缝范围内的砌体及其上部荷载已不再能有效地抵抗挑梁的倾覆，挑梁将产生倾覆破坏，如图10.33所示。

(2)挑梁下砌体局部受压破坏

当挑梁埋入段长度l_1较长而砌体强度较低时，则有可能发生埋入段梁下砌体被局部压碎的情况，即局部受压破坏，如图10.34所示。

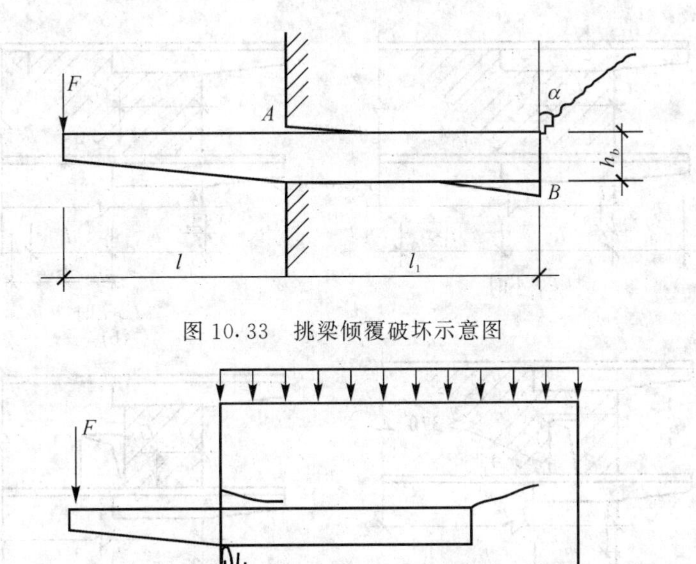

图 10.33　挑梁倾覆破坏示意图

图 10.34　挑梁下砌体局部受压破坏示意图

(3)挑梁钢筋混凝土结构破坏

挑梁的钢筋混凝土结构承载力不足而导致的破坏，一般发生在挑梁倾覆点附近，即外挑部分的根部。由于正截面受弯破坏或斜截面受剪抵抗力不够而破坏。这种破坏形态就是混凝土结构破坏形式，不属于砌体结构讨论的范围，按钢筋混凝土结构设计即可。

2. 挑梁计算方法

(1)挑梁的抗倾覆验算

砌体中钢筋混凝土挑梁的抗倾覆是一个特别重要的问题，设计师一般都会高度重视，其示意图见图 10.35。

抗倾覆验算按下式进行：

$$M_r \geqslant M_{ov}$$

$$M_r = 0.8G_r(l_2 - x_0) \tag{10-27}$$

式中：M_{ov}——挑梁的荷载设计值对计算倾覆点产生的倾覆力矩；

M_r——挑梁的抗倾覆力矩设计值；

G_r——挑梁的抗倾覆荷载，为挑梁尾端上部 45°扩散角范围(其水平长度为 l_3)内砌体与楼面两者恒荷载标准值之和(图 10.35)，它与墙体有无开洞、开洞位置、挑梁埋入墙体长度 l_1 与 l_3 有关；

l_2——G_r 作用点至墙外边缘的距离；

l_1——挑梁埋入砌体的长度(mm)；

x_0——计算倾覆点至墙外边缘距离(mm)，可按下列规定采用：a)当 $l_1 \geqslant 2.2h_b$ 时，$x_0 \geqslant \sqrt[4]{h_b^3}$，也可近似采取 $x_0 = 0.3h_0$，且不大于 $0.13l_1$；b)当 $l_1 < 2.2h_b$ 时，$x_0 = 0.13l_1$。式中 h_b——挑梁的截面高度(mm)。

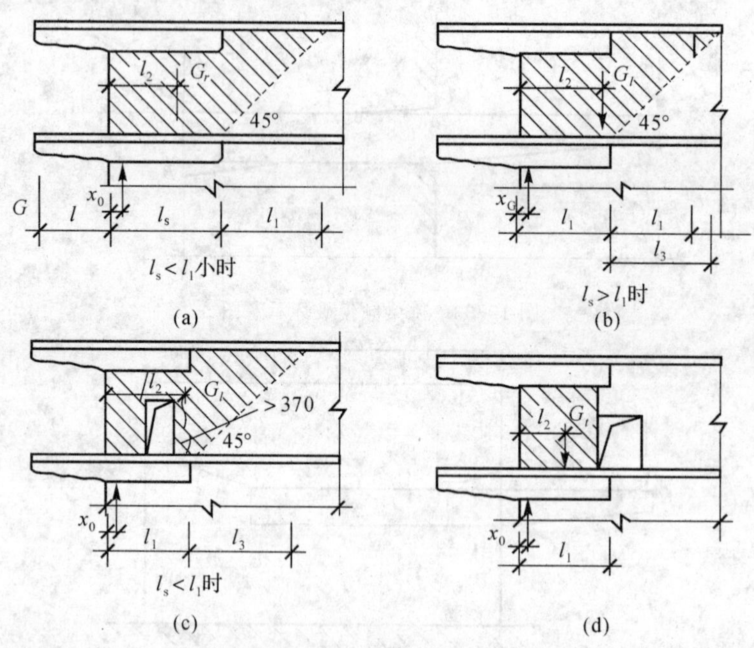

图 10.35 挑梁抗倾覆荷载

(2)挑梁下砌体的局部受压承载力验算

挑梁下的砌体，局部受压比较大，应进行其局部受压承载力验算，验算简图见图 10.36

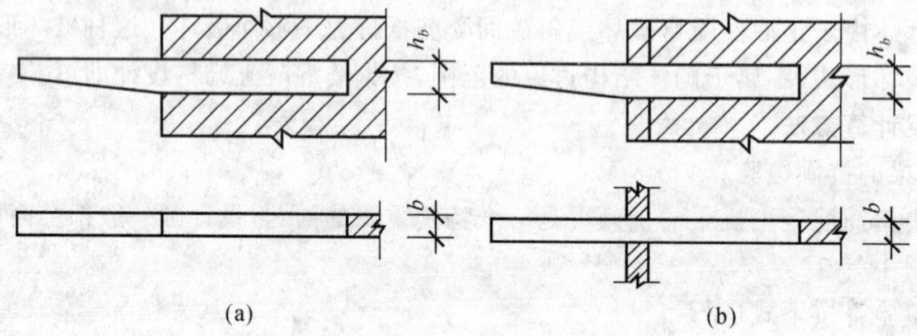

图 10.36 挑梁下砌体局部受压验算

可按下式进行验算：

$$N_l \leqslant \eta \gamma f A_l \tag{10-28}$$

式中：N_l——挑梁下的支承压力，可取 $N_l=2R$，R 为挑梁的倾覆荷载设计值，可近似取挑梁根部剪力；

η——梁端底面压应力图形的完整系数，可取 $\eta=0.7$；

γ——砌体局部抗压强度提高系数，对图 10.36a 可取 1.25，对图 10.36b(有横墙时)可取 1.5；

A_l——挑梁下砌体局部受压面积，可取 $A_l=1.2bh_b$，b 为挑梁的截面宽度，h_b 为挑梁的截面高度。

(3)挑梁本身承载力计算

由于挑梁倾覆点不在墙边而在墙内离墙边 x_0 处，挑梁最大弯矩设计值 M_{max} 在接近 x_0

处，最大剪力设计值 V_{max} 在墙边，其承载力可近似按下式计算，计算偏安全。

$$M_{max}=M_{ov}$$
$$V_{max}=V_0 \tag{10-29}$$

式中：V_0——挑梁的荷载设计值在挑梁墙外外边缘外截面产生的剪力。

3. 构造要求

挑梁设计除应符合国家现行《混凝土结构设计规范》外，还应满足下列要求：

(1)纵向受力钢筋至少应有 1/2 的钢筋面积伸入梁尾端，且不少于 2Φ12。其他钢筋深入支座长度不应小于$\frac{2l_1}{3}$。

(2)挑梁埋入砌体长度 l_1 与挑出长度 l 之比宜大于 1.2；当挑梁上无砌体时，l_1 与 l 之比宜大于 2。

10.5　砌体结构的构造措施

砌体结构设计包括计算设计和构造设计两部分。构造设计是指选择合理的材料和构件型式，墙板之间的有效连接，各类构件和结构在不同受力条件下采取的特殊要求等措施。其作用一是保证计算设计的工作性能得以实现，二是反映一些计算设计中无法确定，但在实践中总结出的经验和要求，以确保结构或构件具有可靠的工作性能。因此，在墙体设计中不仅要掌握砌体结构的有关计算内容，而且还应十分重视墙体有关构造措施的各项规定。

10.5.1　一般构造要求

对于砌体结构，为了保证房屋的整体性和空间刚度，墙、柱除进行承载力计算和高厚比验算外，还应满足下列构造要求。

1. 材料强度要求

(1)5 层及 5 层以上房屋的墙，以及受振动或层高大于 6m 的墙、柱所用材料的最低强度等级，应符合下列要求：1)砖采用 MU10；2)砌块采用 MU7.5；3)石材采用 MU30；4)砂浆采用 M5。

对安全等级为一级或设计使用年限大于 50 年的房屋，墙、柱所用材料的最低强度等级应至少提高一级。

(2)地面以下或防潮层以下的砌体，潮湿房间的墙，所用材料的最低强度等级应符合表 10-15 的要求。室内地面以下、室外散水坡顶面以上的砌体内，应铺设防潮层。勒脚部位应采用水泥砂浆粉刷。

表 10-15　地面以下或防潮层以下的砌体、潮湿房间的墙所用材料的最低强度等级

基土的潮湿程度	烧结普通砖、蒸压灰砂砖		混凝土砌块	石材	水泥砂浆
	严寒地区	一般地区			
稍潮湿的	MU10	MU10	MU7.5	MU30	M5
很潮湿的	MU15	MU10	MU7.5	MU30	M7.5
含水饱和的	MU20	MU15	MU10	MU40	M10

除了满足表格要求外，在冻胀地区，地面以下或防潮层以下的砌体，不宜采用多孔砖，如采用时，其孔洞应用水泥砂浆灌实。当采用混凝土砌块砌体时，其孔洞应采用强度等级不低于Cb20的混凝土灌实。

(3)混凝土砌块墙体的下列部位，如未设圈梁或混凝土垫块，应采用不低于Cb20灌孔混凝土将孔洞灌实：1)搁栅、檩条和钢筋混凝土楼板的支承面下，高度不应小于200mm的砌体；2)屋架、梁等构件的支承面下，高度不应小于600mm，长度不应小于600mm的砌体；3)挑梁支承面下，距离中心线每边不应小于300mm，高度不应小于600mm的砌体。

2. 截面尺寸

承重的独立砖柱不应小于240×370mm，毛石墙厚度不宜小于330mm；毛料石柱截面较小边长不宜小于400mm。当有振动荷载时，墙、柱不宜采用毛石砌体。

3. 垫块设置

跨度大于6m的屋架和跨度大于4.8m(对砖砌体)、3.9m(对毛石砌体)、4.2m(对砌块或料石砌体)的梁，支承面下的砌体应设混凝土或钢筋混凝土垫块。墙中设有圈梁时，垫块宜与圈梁浇成整体。

4. 壁柱设置

对厚度h≥240mm的墙，当大梁跨度≥6m(对砖墙)或4.8m(对砌块和料石墙)时，其支承处宜加设壁柱或采取其他加强措施。山墙处的壁柱宜砌至山墙顶部。

5. 预制构件的支承

为了加强房屋的整体性能，以承受水平荷载、竖向偏心荷载和可能产生的振动，墙、柱必须和楼板、梁、屋架有可靠的连接。规范规定：

(1)预制钢筋混凝土板的支承长度，在墙上不宜小于100mm：在钢筋混凝土圈梁或其他梁上不宜小于80mm，灌缝混凝土强度等级不宜低于C20。

(2)支承在墙和柱上的吊车梁、屋架，以及跨度≥9m(对砖墙)、7.2m(对砌块和料石墙)的预制梁的端部，应采用锚固件与墙、柱上的垫块锚固(图10.37)。预制钢筋混凝土梁在砖墙上的支承长度，当梁高不大于500mm时，不小于180mm；当梁高大于500mm时，不小于240mm。为减小屋架或梁端部支承压力对砌体的偏心距，可以在屋架或梁端底面和砌体间设置带中心垫板的垫块或缺角垫块。

6. 墙体连接及尺寸要求

(1)填充墙、隔墙应分别采取措施与周边构件可靠连接。

(2)山墙处的壁柱宜砌至山墙顶部，屋面构件应与山墙可靠拉接。

(3)砌块砌体应分皮错缝搭接，上下皮搭接长度不得小于90mm。当搭接长度不满足上述要求时，应在水平灰缝内设置不少于2少4的焊接钢筋网片(横向钢筋的间距不宜大于200mm)，网片每端均应超过该垂直缝，其长度不得小于300mm。

(4)砌块墙与后砌隔墙交接处，应沿墙高每400mm在水平灰缝内设置不少于2Φ4、横筋间距不大于200mm的焊接钢筋网片，如图(图10.38)所示。

(5)混凝土砌块房屋，宜将纵横墙交接处、距墙中心线每边不小于300mm范围内的孔洞，采用不低于Cb20灌孔混凝土灌实，灌实高度应为墙身全高。

7. 留槽洞和埋设管道

在砌体中留槽洞及埋设管道时，应遵守下列规定：(1)不应在截面长边小于500mm的

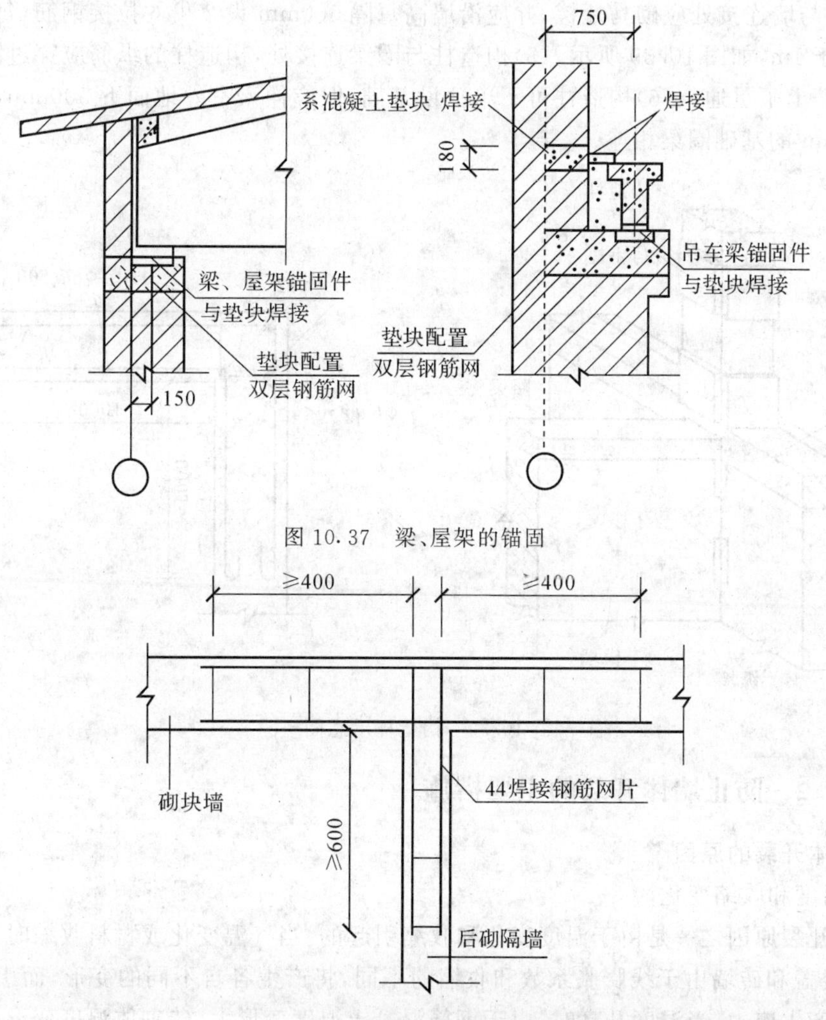

图 10.37　梁、屋架的锚固

图 10.38　后砌隔墙与砌块墙的连接

承重墙体、独立柱内埋设管线；(2)不宜在墙体中穿行暗线或预留、开凿沟槽，无法避免时应采取必要的措施或按削弱后的截面验算墙体的承载力。但对受力较小或未灌孔的砌块砌体，允许在墙体的竖向孔洞中设置管线。

8. 过梁及圈梁的构造要求（详见 10.4 节）

9. 构造柱

由于砌体结构房屋的整体性和抗震性较差，震害分析表明，在多层砌体房屋中适当部位设置的钢筋混凝土构造柱，能与圈梁共同工作，可以有效地增加房屋结构的延性，防止发生突然倒塌，减轻房屋的损坏程度。构造柱的设置和构造要求如下：

(1)构造柱设置位置。一般按表 12-5 要求设置。(2)对外廊式或单面走廊式的多层砖房、教学楼或医院等横墙较少的房屋，应根据房屋增加一层后的层数按表 10-16 设置构造柱且单面走廊两侧的纵墙均应按外墙处理。(3)构造柱最小截面尺寸可采用 240mm×180mm，纵向钢筋宜采用 4 Φ 12，箍筋间距不宜大于 250mm，且在柱上、下端宜适当加密。在 7 度区超过六层，8 度区超过五层和 9 度区，构造柱纵筋宜采用 4 Φ 14，箍筋间距不宜大于 200mm。

(4)构造柱与墙连接处应砌马牙槎，并应沿墙高每隔500mm设2 Φ 6拉接钢筋，每边深入墙内不宜小于1m，如图10.39所示。(5)构造柱与圈梁连接处，构造柱的纵筋应穿过圈梁，保证构造柱纵筋上下贯通。(6)构造柱可不单独设基础，但应伸入室外地面下500mm，或与埋深小于500mm的基础圈梁相连。

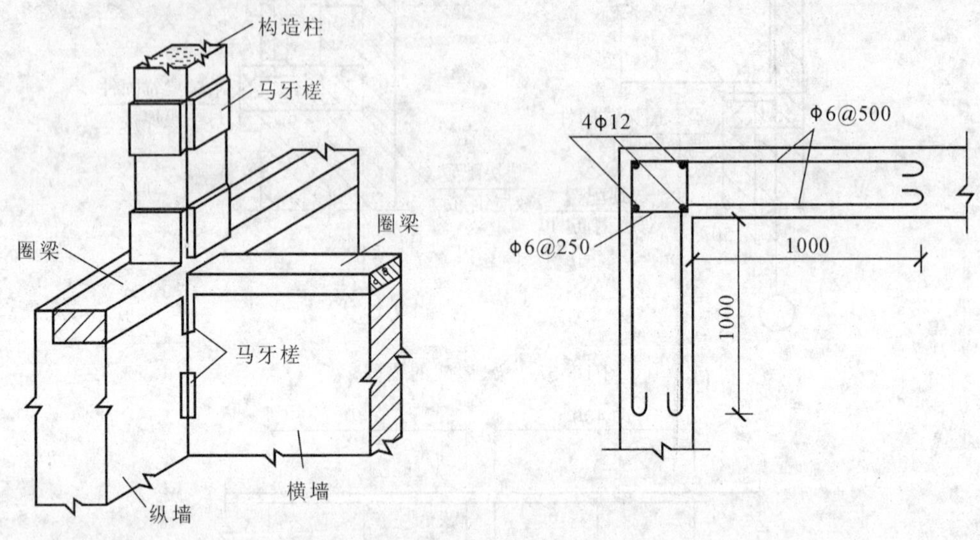

10.39 构造柱示意图

10.5.2 防止墙体开裂的主要措施

1. 墙体开裂的原因

(1)温度和收缩变化

墙体开裂原因之一是由于温度变化和收缩引起的。当气温变化或材料收缩时，钢筋混凝土屋盖、楼盖和砖墙由于线膨胀系数和收缩的不同，将产生各自不同的变形，而引起彼此的约束作用产生应力。当温度升高时，由于钢筋混凝土温度变形大，砖砌体温度变形小，砖墙阻碍了屋盖或楼盖的伸长，必然在屋盖和楼盖中引起压应力和剪应力，在墙体中引起拉应力和剪应力，当墙体中的主拉应力超过砌体的抗拉强度时，将产生斜裂缝。反之，当温度降低或钢筋混凝土收缩时，将在砖墙中引起压应力和剪应力，在屋盖或楼盖引起拉应力和剪应力，当主拉应力超过混凝土的抗拉强度时，在屋盖或楼盖中将出现裂缝。采用钢筋混凝土土屋盖或楼盖的砌体结构房屋的顶层墙体常出现裂缝，如内外纵墙和横墙八字裂缝，沿屋盖支承面的水平裂缝和包角裂缝以及女儿墙水平裂缝等就是由上述原因产生的。

(2)地基不均匀沉降：

造成墙体开裂的另一种原因是地基产生过大的不均匀沉降。当地基为均匀分布的软土，而房屋长高比较大时，或地基土层分布不均匀、土质差别很大时，或房屋体型复杂或高差较大时，都有可能产生过大的不均匀沉降，从而使墙体产生附加应力。当不均匀沉降在墙体内引起的拉应力和剪应力一旦超过砌体的强度时，就会产生裂缝。

2. 防止墙体开裂的主要措施

(1)设置伸缩缝

为了防止或减轻房屋在正常使用条件下，由温差和砌体干缩引起的墙体竖向裂缝，应在墙体中设置伸缩缝。伸缩缝应设在因温度和收缩变形可能引起应力集中、砌体产生裂缝可能性最大的地方。伸缩缝的间距可按表 10-16 采用。

表 10-16　砌体房屋伸缩缝的最大间距(m)

<table>
<tr><th colspan="2">屋盖或楼盖类别</th><th>间　距</th></tr>
<tr><td rowspan="2">整体式或装配整体式钢筋混凝土结构</td><td>有保温层或隔热层的屋盖、楼盖</td><td>50</td></tr>
<tr><td>无保温层或隔热层的屋盖</td><td>40</td></tr>
<tr><td rowspan="2">装配式无檩体系钢筋混凝土结构</td><td>有保温层或隔热层的屋盖、楼盖</td><td>60</td></tr>
<tr><td>无保温层或隔热层的屋盖</td><td>50</td></tr>
<tr><td rowspan="2">装配式有檩体系钢筋混凝土结构</td><td>有保温层或隔热层的屋盖</td><td>75</td></tr>
<tr><td>无保温层或隔热层的屋盖</td><td>60</td></tr>
<tr><td colspan="2">瓦材屋盖、木屋盖或楼盖、轻钢屋盖</td><td>100</td></tr>
</table>

对烧结普通砖、多孔砖、配筋砌块砌体房屋取表中数值；对石砌体、蒸压灰砂砖、蒸压粉煤灰砖和混凝土砌块房屋取表数值乘以 0.8 的系数。当有实践经验并采取有效措施时，可不遵守本表规定；在钢筋混凝土屋面上挂瓦的屋盖应按钢筋混凝土屋盖采用；按本表设置的墙体伸缩缝，一般不能同时防止由于钢筋混凝土屋盖的温度变形和砌体干缩变形引起的墙局部裂缝；层高大于 5m 的烧结普通砖、多孔砖、配筋砌块砌体结构单层房屋，其伸缩缝间距可按表中数值乘以 1.3；温差较大且变化频繁地区和严寒地区不采暖的房屋及构筑物墙体的伸缩缝的最大间距，应按表中数值予以适当减小；墙体的伸缩缝应与结构的其他变形缝相重合，在进行立面处理时，必须保证缝隙的伸缩作用。

2. 防止或减轻房屋顶层墙体裂缝的措施

为了防止或减轻房屋顶层墙体的裂缝，可根据情况采取下列措施：

1)屋面应设置保温、隔热层。

2)屋面保温(隔热)层或屋面刚性面层及砂浆找平层应设置分隔缝，分隔缝间距不宜大于 6m，并与女儿墙隔开，其缝宽不小于 30mm。

3)采用装配式有檩体系钢筋混凝土屋盖和瓦材屋盖。

4)在钢筋混凝土屋面板与墙体圈梁的接触面设置水平滑动层，滑动层可采用两层油毡夹滑石粉或橡胶片等：对于长纵墙，可只在其两端的 2～3 个开间内设置，对于横墙可只在其两端各 1/4 范围内设置(l 为横墙长度)。

5)顶层屋面板下设置现浇钢筋混凝土圈梁，并沿内外墙拉通，房屋两端圈梁下的墙体内宜适当设置水平钢筋。

6)顶层挑梁末端下墙体灰缝内设置 3 道焊接钢筋网片(纵向钢筋不宜少于 2 Φ 4，横筋间距不宜大于 200mm)或 2 Φ 6 钢筋，钢筋网片或钢筋应自挑梁末端伸入两边墙体不小于 lm，如图图 10.40 所示。

7)顶层墙体有门窗等洞口时，在过梁上的水平灰缝内设置 2～3 道焊接钢筋网片或 2 Φ 6 钢筋，并应伸入过梁两端墙内不小于 600mm。

8)顶层及女儿墙砂浆强度等级不低于 M5。

9)女儿墙应设置构造柱，构造柱间距不宜大于 4m，构造柱应伸至女儿墙顶并与现浇钢筋混凝土压顶整浇在一起。

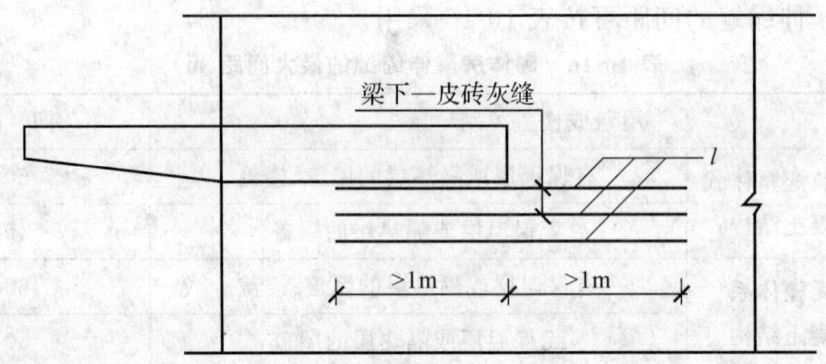

图 10.40 顶层挑梁末端钢筋网片或钢筋

1 为 2 Φ 4 钢筋网片或 2 Φ 6 钢筋

10)房屋顶层端部墙体内适当增设构造柱。

3. 防止或减轻房屋底层墙体裂缝的措施

为防止或减轻房屋底层墙体的裂缝，可根据具体情况采取下列措施：

1)增大基础圈梁的刚度；

2)在底层的窗台下墙体灰缝内设置 3 道焊接钢 筋网片或 2 * 6 钢筋，并伸入两边窗间墙内不小于 600mm；

3)采用钢筋混凝土窗台板，窗台板嵌入窗间墙内不小于 600mm；

4)在房屋建筑平面的转折部位，高度差异或荷载差异处，地基土的压缩性有显著差异处，建筑结构(或基础)类型不同处，分期建造房屋的交界处宜设置沉降缝；

5)设置钢筋混凝土圈梁是增强房屋整体刚度的有效措施，特别是基础圈梁和屋顶檐口部位的圈梁对抵抗不均匀沉降作用最为有效。必要时应增大基础圈梁的刚度。

4. 不均匀沉降引起墙体开裂的主要措施

不均匀沉降引起墙体开裂的重要措施之一是在房屋中设置沉降缝。沉降缝把墙和基础全部断开，分成若干个整体刚度较好的独立结构单元，使各单元能独立沉降，避免墙体开裂。一般宜在建筑物下列部位设置沉降缝：1)建筑平面的转折部位；2)建筑物高度或荷载有较大差异处；3)过长的砌体承重结构的适当部位；4)地基土的压缩性有显著差异处；5)建筑物上部结构或类型不同处；6)分期建造房屋的交界处。

沉降缝两侧因沉降不同可能造成上部结构沉降缝靠拢的倾向。为避免其碰撞而产生挤压破坏，沉降缝应保持足够的宽度。根据经验，对于一般软土地基上的房屋沉降缝宽度可按表 10-17 选用。当沉降缝两侧单元层数不同时，缝宽应按层数低的数值取用。

表 10-17 房屋沉降缝宽度(mm)

房屋层数	沉降缝宽度
2～3 层	50～80
4～5 层	80～120
5 层以上	≥120

5. 其他预防措施

(1)在墙体转角处和纵横墙交接处宜沿竖向每隔 400～500mm 设拉结钢筋,其数量为 120mm 墙厚不少于 1Φ6 或焊接网片. 埋入长度从墙的转角或交接处算起,每边不小于 600mm。

(2)非烧结砖砌体　对灰砂砖、粉煤灰砖、混凝土砌块或其他非烧结砖,宜在各层门、窗过梁上方的水平灰缝内及窗台下第一和第二道水平灰缝内设置焊接钢筋网片或 2 Φ 6 钢筋,焊接钢筋网片或钢筋应伸入两边窗间墙内不小于 600mm。

(3)当灰砂砖、粉煤灰砖、混凝土砌块或其他非烧结砖实体墙长大于 5m 时,宜在每层墙高度中部设置 2～3 道焊接钢筋网片或 3 Φ 6 的通长水平钢筋,竖向间距宜为 500mm。

(4)为防止或减轻混凝土砌块房屋顶层两端和底层第一、第二开间门窗洞处的裂缝,可采取下列措施:1)在门窗洞口两侧不少于一个孔洞中设置不小于 1 Φ 12 钢筋,钢筋应在楼层圈梁或基础锚固,并采用不低于 Cb20 灌孔混凝土灌实;2)在门窗洞口两边的墙体的水平灰缝中,设置长度不小于 900mm、竖向间距为 400mm 的 2 Φ 4 焊接钢筋网片;3)在顶层和底层设置通长钢筋混凝土窗台梁,窗台梁的高度宜为砌块高的模数,纵筋不少于 4I10、箍筋 Φ 6@200,Cb20 混凝土。

(5)当房屋刚度较大时,可在窗台下或窗台角处墙体内设置竖向控制缝。在墙体高度或厚度突然变化处也宜设置竖向控制缝,或采取其他可靠的防裂措施。竖向控制缝的构造和嵌缝材料应能满足墙体平面外传力和防护的要求。

(6)砂砖、粉煤灰砖砌体宜采用黏结性好的砂浆砌筑,混凝土砌块砌体应采用砌块专用砂浆砌筑。墙体可根据情况采取专门措施。

思考题和习题

10.1　提高砌体的抗压强度,哪些措施有效?

10.2　砌体结构中钢筋混凝土挑梁,当挑梁上无砌体时,埋入砌体内的长度与其挑出长度之比多少为适宜?

10.3　砌体结构中,处于较干燥的房间以及防潮层和地面以上的砌体,其砂浆种类采用哪种最合适?

10.4　非地震区砖砌体结构之门、窗洞口采用钢筋砖过梁时,其洞口宽度不宜超过何值?

10.5　非地震区车间、仓库、食堂等空旷的单层砖砌体房屋檐口标高大于多少时,应增加圈梁设置数量。

10.6　普通砖、黏土空心砖砌筑前应浇水湿润,其主要目的是什么?

10.7　对 240mm 厚的砖墙当梁跨度大于或等于多少时,其支承处宜加设壁柱,或采取其他加强措施。

10.8　对于有保温层屋盖的砌体房屋,混凝土采用装配整体式钢筋混凝土结构,为了防止或减轻房屋在正常使用条件下,由温差和砌体干缩引起的墙体竖向裂缝,伸缩缝的最大间距取何值?

10.9　为防止或减轻混凝土砌块房屋顶层两端和底层第一、第二开间门窗洞处的裂缝,哪些措施有效?

10.10　混凝土砌块夹心墙的强度等级不应低于何值？

10.11　对于刚性方案房屋的横墙的厚度不宜小于多少？

10.12　对于采用砂浆强度等级M7.5的组合砖砌体构件的允许高厚比应取以下何值？

10.13　挑梁设计除应符合现行国家标准《混凝土结构设计规范》(GB 50010—2002)的有关规定外，其纵向受力钢筋的钢筋面积伸入梁尾端尚不应少于多少？

10.14　组合砖墙砌体结构房屋应在何处设置现浇钢筋混凝土圈梁？

10.15　影响允许高厚比$[\beta]$的主要因素有哪些？

10.16　对于刚弹性方案房屋的横墙中开有洞口时，洞口的水平截面面积与横墙截面面积的比值不应超过多少？

第 11 章　钢结构

11.1　概述

用 H 型钢、工字钢、槽钢、角钢等热轧型钢和钢板组成的以及用冷弯薄壁型钢制成的承重构件或承重结构统称为钢结构，如钢梁、钢屋架、钢框架、钢网架、钢塔架等都是最常见的钢结构。钢结构材料及成品如图 11.1～ 11.3 所示。

图 11.1　H 型钢

图 11.2　角钢

与应用最为广泛的混凝土结构相比，钢结构具有如下一些主要特点：

1. 强度高，重量轻。由于钢材的强密比(强度与质量密度之比值)较钢筋混凝土大 7 倍左右，因此在相同承载力条件下，以钢构件的截面为小，重量为轻。例如，在跨度和荷载相同的条件下，钢屋架的重量约为钢筋混凝土屋架的 1/3～1/4。由此带来的优点是：便于构件的运输和吊装，基础和地基处理的费用与工程量可大大减少。

2. 质地均匀，各向同性。钢材的这个性质符合结构计算时通常所作的假定，因而钢结构的计算结果与其实际情况最为相符，计算可靠；钢材的弹性模量较大，结构在荷载作用下的变形就较小；钢材有良好的塑性性能，可调节构件中可能出现的局部应力高峰，且结构在破坏前一般都会产生显著的变形，事故有预告，可及时防患；钢材还具有良好的韧性，对承受动力荷载适应性强，故抗震性能好。

3. 施工质量好，且工期短。钢结构一般都在专业工厂由机械化生产制造，而后运至工地

图 11.3 成品钢梁局部

现场安装，工业化生产程度高，质量容易监控和保证。工地占地面积少，环境污染也少，适用于都市市区建造。构建制造好后安装速度快，工期短，效益好。

4.用螺栓连接的钢结构，可装拆，适用于移动性结构。

5.钢材的可重复使用性。钢结构加工制造过程中产生的余料、碎屑，以及废弃和败坏了的钢结构构件，均可回炉重新冶炼成钢材重复使用。

6.密闭性能好。做成容器不透气、不渗漏，可用于储油罐、有毒气体密闭罐等。

由于以上特点，钢结构的应用范围极广，有些情况下无法用其他建筑材料的结构代替。

目前我国在工业与民用建筑中钢结构的应用，大致有如下几个范围：

(1)重型厂房结构：设有起重量较大的吊车或吊车运转繁重的车间，如冶金工厂的炼钢车间、轧钢车间，重型机械厂的铸钢车间、水压机车间，造船厂的船体车间等。

(2)受动力荷载作用的厂房结构：设有较大锻锤或其它动力设备的厂房，以及对抗震性能要求较高的结构。

(3)大跨结构：飞机制造厂的装配车间、飞机库、体育馆、大会堂、剧场、展览馆等，宜采用网架、拱架、悬索以及框架等结构体系，其主要承重构件可以采用钢结构。

(4)多层、高层和超高层建筑：工业建筑中的多层框架和旅馆、饭店等高层或超高层建筑，宜采用框架结构体系、框架支撑体系、框架剪力墙体系，其主要承重构件也可以采用钢结构。

(5)塔桅结构：电视塔、环境气象监测塔、无线电天线桅杆、卫星发射塔、输电线塔、钻井塔等，宜采用塔架和桅杆结构，其承重构件常常采用钢结构。

(6)可拆卸、装配式房屋：商业、旅游业和建筑工地用活动房屋，多采用轻型钢结构。

在选用钢结构后，要注意做好以下几个方面的工作。

(1)防腐。钢材的耐腐蚀性较差，因而需采取防腐措施，我国《钢结构设计规范》(GB 50017—2003)对钢结构的防护作了如下规定："钢结构除必须采取防锈措施(除锈后涂以油漆或金属镀层等)外，尚应在构造上尽量避免出现难于检查、清刷和油漆之处以及能积留湿气和大量灰尘的死角或凹槽。闭口截面构件应沿全长和端部焊接封闭"。"钢结构防锈和防腐蚀采用的涂料、钢材表面的除锈等级以及防腐蚀对钢结构的构造要求等应符合现行国家标准《工业建筑防腐蚀设计规范》(GB 50046)和《涂装前钢材表面锈蚀和除锈等级》(GB 8923)的规定。在设计文件中应注明所要求的钢材除锈等级和涂料(或镀层)及涂(镀)层厚度。"

(2)防火。当钢结构温度到达450℃以上时,强度下降极快,可以看成不能承重,只有在20℃以下时钢材的性质变化不大。因此钢结构当表面长期受辐射热≥150℃或在短期内可能受到火焰作用时,应采取有效的防护措施。我国《钢结构设计规范》(GB 50017—2003)中对钢结构的防火作了如下规定:"钢结构的防火应符合现行国家标准《建筑设计防火规范》(GBJ 16)和《高层民用建筑设计防火规范》(GB 50045)的要求,结构构件的防火保护层应根据建筑物的防火等级对各不同的构件所要求的耐火极限进行设计。防火涂料的性能、涂层厚度及质量要求应符合现行国家标准《钢结构防火涂料》(GB 14907)和国家现行标准《钢结构防火涂料应用技术规范》(CECS 24)的规定。钢结构由于大火而倒塌的典型事例是2001年美国世界贸易大厦在"9.11"袭击中倒塌。

(3)防失稳。由于钢材强度大、构件截面小、厚度薄,因而在压力和弯矩等作用下带来了构件甚至整个结构的稳定问题,在强度没有充分发挥,材料没有断裂的情况下,结构出现翘曲等现象,不能继续承受荷载。在设计中考虑如何防止结构或构件失稳,是钢结构设计的一个重要特点。

(4)防脆断。钢材一方面具有良好的塑性性能,但在特殊情况下表现为脆性,没有塑性。当钢材处于复杂受力状态且为承受三向或二向同号应力(都为拉应力或压应力)时、当钢材处于低温工作条件下以及受有较大应力集中时,钢材均会由塑性转变为脆性,产生突然的脆性破坏,这是很危险的。因此设计钢结构时如何防止钢材的脆性破坏又是一个必须重视的问题。

11.2 钢结构材料和选用原则

11.2.1 钢材的主要性能

1. 塑性破坏与脆性破坏

超过屈服点即有明显塑性变形产生,达到抗拉强度后构件将在很大变形的情况下断裂,这是材料的塑性破坏,也称为延性破坏。塑性破坏的断口常为环形,并因晶体在剪切之下相互滑移的结果而呈纤维状。塑性破坏前,结构有很明显的变形,将有较长的变形持续时间,可便于发现和补救。因此,在钢结构中未经发现与补救而真正发生塑性破坏的情形很少。

与此相反,在没有塑性变形或只有很小塑性变形即发生的破坏,是材料的脆性破坏。其断口平直并因各晶粒往往在一个面断裂而呈光泽的晶粒状。脆性破坏变形极小并突然发生,无预兆,危险性大。因此,钢结构除选用塑性好的材料外,在设计、制造和使用时,还应采取措施防止钢材发生脆性破坏。

2. 钢材的机械性能

钢材的机械性能是反映钢材在各种受力作用下的特性,它包括强度、塑性和韧性等,在静载、常温条件下,对钢材标准试件作单向拉伸试验可得到反映钢材强度和塑性的几项主要机械性能指标。。

(1) 强度：主要是屈服强度和抗拉强度两项指标。低碳钢单向拉伸时的应力—应变曲线，如图 11.4 所示。

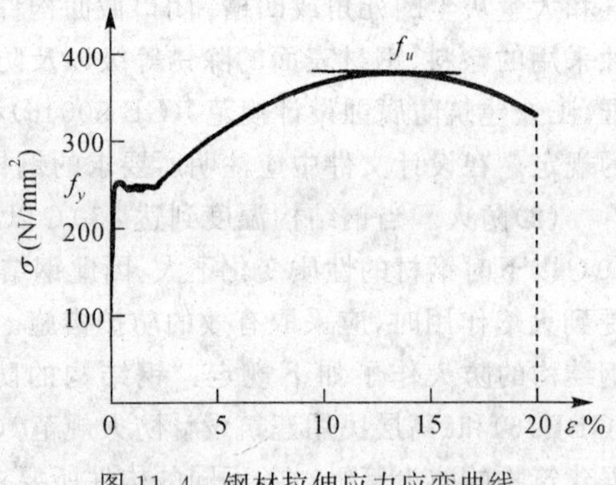

图 11.4 钢材拉伸应力应变曲线

屈服强度 f_y：是衡量钢结构的承载能力和确定强度设计值的指标。钢材拉伸过程中，变形超过弹性变形时的点，称为屈服点，此时的强度值，称为屈服强度。虽然钢材在应力达到抗拉强度时才发生断裂，但结构强度设计却以屈服点作为确定钢材强度设计值的依据。这是因为钢材的应力在达到屈服点后应变急剧增长，从而使结构的变形迅速增加，以至不能继续使用。

抗拉强度 f_u：是钢材破坏前能够承受的最大应力。虽然在这个应力时，钢材已由于产生很大的塑性变形而失去使用性能，但是抗拉强度高则可增加结构的安全保障，可作为钢材的强度贮备。

(2)塑性：是指钢材破坏前产生塑性变形的能力。用伸长率来衡量。伸长率是试件拉断后的标距间的塑性变形(即伸长值)和原标距的比值的百分率，用 δ 表示：

$$\delta=\frac{l-l_0}{l_0}\times 100\% \tag{11-1}$$

式中：l_0、l——是指试件标距原长和拉断时的长度。

伸长率 δ 是衡量钢材塑性性能的一个指标。δ值越大，塑性性能越好。

(2) 冷弯性能：冷弯性能可衡量钢材在常温下冷加工弯曲产生塑性变形时对裂缝的抵抗能力。根据试样厚度，按规定的弯心直径将试样弯曲 180°，其表面及侧面无裂纹、裂缝或裂断则为“冷弯试验合格”。如图 11.5 所示。

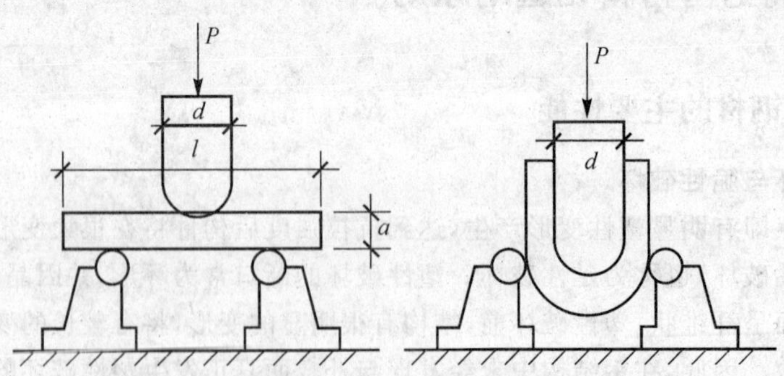

图 11.5 冷弯实验示意图

冷弯试验合格一方面同伸长率符合规定一样，表示材料塑性变形能力符合要求，另一方面表示钢材的冶金质量(颗粒结晶及非金属夹杂分布，甚至在一定程度上包括可焊性)符合要求。因此，是判别钢材塑性变形能力及冶金质量的综合指标。用于焊接承重结构的钢材和重要的非焊接承重结构的钢材都要保证冷弯试验合格。

(4)钢材的冲击韧性：是钢材在塑性变形和断裂过程中吸收能量的能力，与钢材的塑性有关，但有不同于塑性，是强度和塑性的综合表现。其值随金属组织和结晶状态的改变而急剧地变化。钢中的非金属夹杂物、带状组织、脱氧不良等都影响钢材的冲击韧性。韧性随温度而不同,低温时冲击韧性将明显降低。

实际结构在动力荷载时,发生脆性断裂的断口总是在钢材内部缺陷处或有缺口处,因此,可用钢材的缺口冲击韧性衡量钢材在冲击荷载下抗脆断的性能。国家标准规定试验所用的试件带 V 型缺口(梅氏),通过摆锤冲击后的能量损失来表示其冲击韧性,梅氏试样试验如图 11.6 所示。

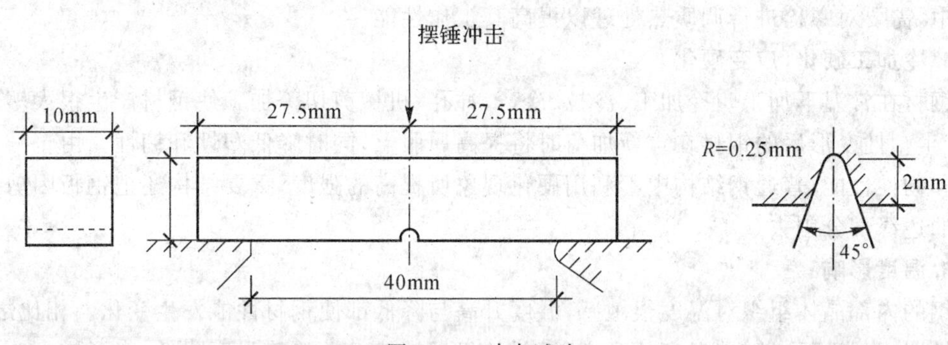

图 11.6　冲击试验

钢材中掺入合金元素会使钢材强度提高,但同时会使缺口韧性降低,所以合金钢的冲击韧性比低碳钢的略低。

11.2.2　影响钢材性能的因素

1. 化学成分

钢材的主要成分是铁是(Fe),此外还有碳(C)、硅(Si)、锰(Mn)、硫(S)、磷(P)、氧(O)、氮(N)等元素。在碳素结构钢中,纯铁(Fe)约占 99%;在低合金钢中,冶炼时还根据需要特意加入了锰(Mn)、钒等少量合金元素,以改善钢材的性能。

碳是形成钢材强度的主要成分。增加含碳量可以提高钢材屈服强度和抗拉强度,但却降低钢材的塑性和韧性,特别是降低负温下的冲击韧性。同时冷弯性能、耐腐蚀性能及可焊性都显著下降。

有益元素:钢中有益元素有锰、硅、钒、钛与硼等。如锰能显著提高钢材强度但不过多降低塑性和冲击韧性。碳素钢中锰是有益的杂质,有脱氧以及消除硫的热脆作用,也是合金元素,但使钢材的可焊性降低,故含量有限制。有益元素的总含量都不能过高。

有害元素:钢中硫、磷、氧和氮都是有害元素,属于杂质,应尽量减少含量。如硫能生成易于熔化的硫化铁,当热加工及焊接使温度达 800～1000℃时,可能出现裂纹,称为热脆。硫还能降低钢的冲击韧性,同时影响疲劳性能与抗锈蚀性能。

2. 熔炼、浇注及轧制

熔炼与浇注过程形成钢的化学成分与含量、钢的金相组织结构,以及不可避免的冶金缺陷,从而确定不同的钢材力学性能。钢结构所用钢材一般由平炉或氧气顶吹转炉来冶炼。在浇注过程中,因脱氧程度不同,最终成为镇静钢、半镇静钢与沸腾钢。镇静钢因浇注时加入强脱氧剂,脱氧充分。镇静钢的塑性、冲击韧性和可焊性均比沸腾钢好,但工艺复杂,价格较高。常见的冶金缺陷有偏析、非金属夹杂、气孔及裂纹等等。偏析是指金属结晶后化学成分分布不均匀;非金属夹杂是指钢中含有如硫化物等杂质;气泡是指浇注时由 FeO 与 C 作用所生成的 CO 气不能充分逸出而留在钢锭内形成的。

钢材的轧制能使金属的晶粒变细，也能使气泡、裂纹等弥合，因而改善了钢材的力学性能。薄板因辊轧次数多，其强度比厚板略高。

3. 热处理

某些特殊用途的钢材则在轧制后还需经过热处理进行调质。钢材经过适当的热处理程序，例如淬火后再高温回火等，可以显著提高强度并有良好的塑性与韧性。如在高强度螺栓制作中，需要对螺栓进行调质热处理以提高其工作性能。

4. 冷加工硬化(应变硬化)

钢材在常温下加工叫冷加工。冷拉、冷弯、冲孔、机械剪切等加工使钢材产生很大塑性变形，产生塑性变形后的钢材在重新加荷时将提高屈服点，同时降低塑性和韧性。由于减小了塑性和韧性性能，普通钢结构中不利用硬化现象所提高的强度。重要结构还把钢板因剪切而硬化的边缘部分刨去。

5. 温度影响

钢的内部晶体组织对温度很敏感，温度升高与降低都使钢材性能发生变化。相比之下，低温性能更加重要。随着温度的升高，钢材的机械性能总的趋势强度降低，变形增大。约在200℃以内钢材性能没有很大变化；430～540℃之间则强度急剧下降；600℃时强度几乎为零。此外，250℃附近有蓝脆现象，约 260～320℃时有徐变现象。

当温度从常温下降时，钢材的 f_u 与 f_y 都略有增高但塑性变形能力减小，因而材料转脆。当温度下降至特定值时，冲击韧性急剧下降，材料由塑性破坏转为脆性破坏。这种现象称作低温冷脆现象。在结构设计中要求避免脆性破坏，所以结构在整个使用期间所处最低温度应高于钢材的冷脆转变温度。设计处于低温环境的重要结构，尤其受动载作用的结构时，不但要求保证常温(20±5℃)冲击韧性，还要保证负温(－40～－20℃)冲击韧性。

6. 应力集中

当截面完整性遭到破坏，如有裂纹(内部的或表面的)、孔洞、刻槽、凹角以及截面的厚度或宽度突然改变处，构件中的应力分布将变得很不均匀。在缺陷或截面变化处附近，应力线曲折、密集、出现高峰应力的现象称为应力集中(图 11.7)。

应力集中与截面外形特征有关，截面的改变愈突然，局部的应力集中愈大，因此在设计中应当避免截面的突然变化，要采用圆滑的形状和逐渐改变截面的方法，使应力集中现象趋于平缓。

11.2.3 结构钢材的种类及选用原则

1. 钢材的种类和牌号

在钢结构中采用的钢材主要有两个种类，即碳素结构钢和低合金结构钢。

(1)碳素结构钢

现行的国家标准《碳素结构钢》(GB700—88)的规定，碳素结构钢的牌号由代表屈服点的字母 Q、屈服点的数值(N/mm^2)、质量等级符号和脱氧方法符号等四个部分按顺序组成。

常用碳素结构钢分为 Q195、Q215、Q235、Q255 和 Q275 等五种，屈服强度越大，其含碳量、强度和硬度越大，塑性越低。其中 Q235 在使用、加工和焊接方面的性能都比较好，是钢结构常用钢材之一。

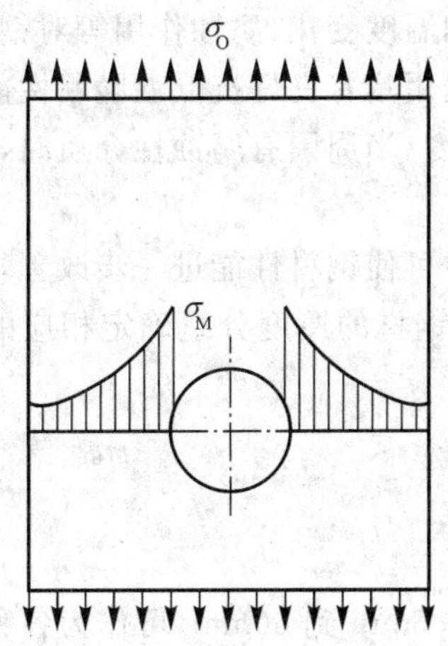

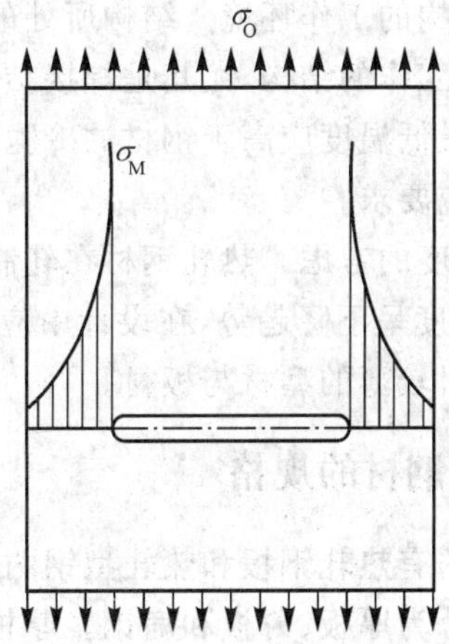

图 11-7 孔洞处的应力集中

碳素结构钢质量等级分为 A、B、C、D 四级，由 A 到 D 表示质量由低到高。所有钢材交货时供方应提供屈服点、极限强度和伸长率等力学性能的保证。分别用汉字拼音字首 F、Z、b 和 TZ 表示沸腾钢、镇静钢、半镇静钢和特殊镇静钢，其中 Z 和 TZ 可以省略不写。如：Q235-AF 表示屈服强度为 235N/mm² 的 A 级沸腾钢；Q235－Bb 表示屈服强度为 235N/mm² 的 B 级半镇静钢；Q235-C 表示屈服强度为 235N/mm² 的 C 级镇静钢。

(2)低合金结构钢

低合金高强度结构钢是在冶炼过程中添加了一种或几种少量合金元素，低合金钢因含有合金元素而具有较高的强度。常用的低合金钢有 Q345、Q390、Q420 等，其质量等级分为 A、B、C、D、E 级，低合金钢的脱氧方法为镇静钢或特殊镇静钢。其牌号与碳素结构钢牌号的表示方法相同。如：Q345-B 表示屈服强度为 345N/mm² 的 B 级镇静钢；Q390-D 表示屈服强度为 390N/mm² 的 D 级特殊镇静钢。

低合金钢交货时供方应提供屈服强度、极限强度、伸长率和冷弯试验等力学性能保证；还要提供碳、锰、硅、硫、磷、钒、铝和铁等化学成分含量的保证。

2. 钢材的选用原则

钢材选用的原则是既要使结构安全可靠和满足使用要求，又要最大可能节约钢材和降低造价。为保证承重结构的承载力和防止在一定条件下可能出现的脆性破坏，应综合考虑下列因素，选用合适的钢材牌号和材性。

(1)按结构和构件的重要性进行选择。将结构和构件按其用途、部位和破坏后果的严重性可以分为重要、一般和次要三类，不同类别的结构或构件应选用不同的钢材。例如大跨度结构、重级工作制吊车梁等属重要的结构，应选用质量好的钢材；一般屋架、梁和柱等属于一般的结构；楼梯、栏杆、平台等则是次要的结构，可采用质量等级较低的钢材。

(2)按结构和构件承受荷载的性质进行选择。结构承受的荷载可分为静力荷载和动力荷载两种。对承受动力荷载的结构应选用塑性、冲击韧性好的质量高的钢材，如 Q345-C 或 Q235-C；对承受静力荷载的结构可选用一般质量的钢材如 Q235-BF。

(3)按钢结构的连接方法进行选择。钢结构的连接有焊接和非焊接之分，焊接结构由于在焊接过程中不可避免地会产生焊接应力、焊接变形和焊接缺陷，因此，应选择碳、硫、磷含量相对较低，塑性、韧性和可焊性都较好的钢材。

(4)考虑结构的工作环境。结构所处的环境如温度变化、腐蚀作用等对钢材性能的影响很大。在低温下工作的结构，尤其是焊接结构，应选用具有良好抗低温脆断性能的镇静钢，结构可能出现的最低温度应高于钢材的冷脆转变温度。当周围有腐蚀性介质时，应对钢材的抗锈蚀性提出相应要求。

(5)钢材厚度的考虑。热轧钢材在轧制过程中可使钢材性能进一步改善，随着钢材厚度由薄到厚，其强度呈下降趋势，在设计中应注意按钢材的厚度分组确定相应的强度设计值，并优先采用相对较薄的型材与板材。

11.2.4　钢材的规格

钢厂出厂的有热轧钢板和热轧型钢两种。

热轧钢板分为厚板、薄板和扁钢。厚板厚度 4.5mm 到 60mm，可作为各种板结构面材，如焊接箱型截面板材等；薄板厚度 0.35mm 到 4mm，主要用来制作冷弯薄壁型钢（图图 11.9 和图 11.10）；扁钢宽度不大于 200mm，用的比较少。钢板用"－宽×厚×长"或"－宽×厚"表示，单位为毫米，如－450×8×3100，－450×8。

热轧型钢有角钢、槽钢、工字钢等。角钢符号为"∠边长×厚度"，槽钢符号为"[型号"、工字钢符号为"I 型号"，其中型号一般用高度表示。如图 11.8 。

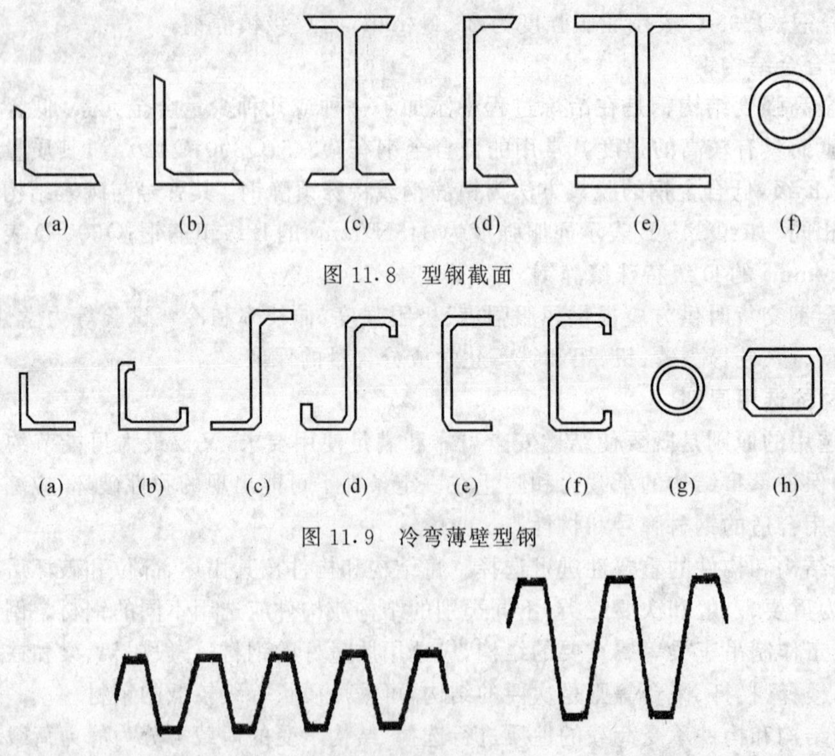

图 11.8　型钢截面

图 11.9　冷弯薄壁型钢

图 11.10　压型钢板

11.3　钢结构基本构件计算

11.3.1　轴心受力构件

轴心受力构件分为轴心受拉构件和轴心受压构件，前者简称拉杆，后者简称压杆。当压杆为竖向构件并用以支承屋盖或楼盖时则常称为柱。轴心受力构件广泛应用于屋架、托架、网架和网壳等平面或空间格构式体系及支撑系统中。

1. 截面形式

轴心受力构件的常用截面形式可分为实腹式(11.11a)和格构式(11.11b)两大类。一般受力较小时采用实腹式截面，当构件受力较大时，采用格构式截面。

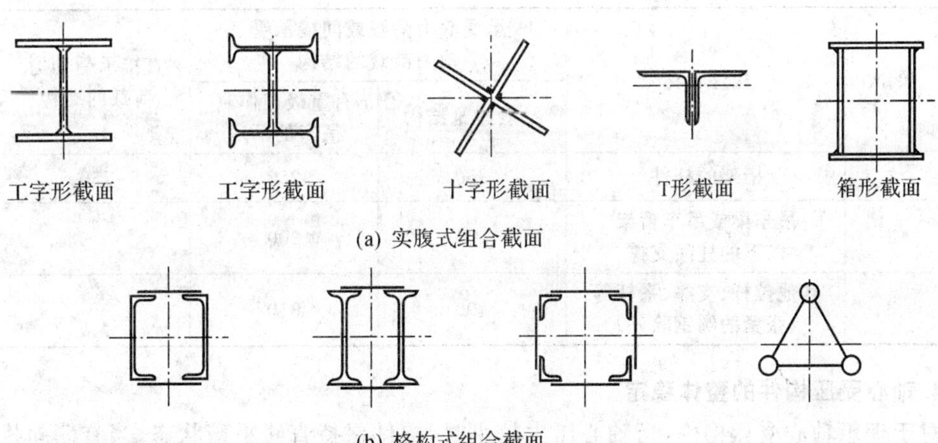

图 11.11　轴心受力构件的截面形式

2. 强度计算

受力构件的强度按下式计算：

$$\sigma=\frac{N}{A_n}\leqslant f \tag{11-2}$$

式中：N——构件的轴心拉力或压力设计值；

f——钢材的抗拉或抗压强度设计值，见附表13；

A_n——构件的净截面面积，按毛截面扣除孔洞面积计算。

3. 轴心受力构件的刚度条件

按正常使用极限状态要求，轴心受拉构件和轴心受压构件均应具有一定刚度，以避免产生过大的变形和振动。因为构件刚度不足时，在自身重力作用下，会产生过大的挠度，且在运输和安装过程容易造成弯曲，在承受动力荷载的结构中，还会引起较大晃动。根据实践经验，对受拉构件和受压构件的刚度均按容许长细比进行控制，即应符合下式要求：

$$\lambda=\frac{l_0}{i}\leqslant[\lambda] \tag{11-3}$$

式中：λ——构件最不利方向的长细比，一般为两主轴方向长细比的较大值；

l_0——相应方向的构件计算长度，根据各构件类别，按《钢结构设计规范》(GB 50017—

2003)的规定取值；

i——相应方向的截面回转半径；

$[\lambda]$——受拉构件或受压构件的容许长细比，按下表 11-1,11-2 选用。

表 11-1 受受压构件的容许长细比

项次	构 件 名 称	容许长细比
1	柱、桁架和天窗架中的杆件	150
	柱的缀条、吊车梁或吊车桁架以下的柱见支撑	
2	支撑(吊车梁或吊车桁架以下的柱间支撑除外)	200
	用以减小受压构件长细比的杆件	

表 11-2 受拉构件的容许长细比

项 次	构件名称	承受静力荷载或间接承受动力荷载的结构		直接承受动力荷载的结构
		一般建筑结构	有重级工作制吊车的厂房	
1	桁架的杆件	350	250	250
2	吊车梁或吊车桁架以下的柱间支撑	300	200	—
3	其他拉杆、支撑、系杆等(张紧的圆钢除外)	400	350	—

4. 轴心受压构件的整体稳定

对于理想轴心受压构件，当轴心压力较小时，构件保持直线平衡状态，当有侧向扰动使其产生微弯，但干扰除去后，构件能恢复其原来的直线状态。这种直线的平衡状态是稳定的。当压力增大到一定程度，再给直线平衡状态的构件一侧向干扰使其微弯，则构件将保持微弯状态，并能达到平衡。当压力再增时，则弯曲变形迅速增大，而使构件最终丧失承载能力。这种现象称为构件的弯曲失稳或弯曲屈曲。

轴心受压构件截面的抗扭刚度较差时，当压力达到某一界限值，构件将由原来的直线稳定状态变为绕构件纵轴微微扭转的平衡状态，当压力再稍增加，则扭转变形迅速增大，而使构件丧失承载能力。这种现象称为构件的扭转失稳或扭转屈曲。

而对于单轴对称截面的轴心受压构件，绕非对称轴屈曲时为弯曲屈曲，但绕对称轴屈曲时，其弯曲变形总伴随着扭转变形，这种屈曲式为弯扭屈曲或弯扭失稳。

规范规定，轴心受压构件的整体稳定按下式计算：

$$\frac{N}{\varphi A}\leqslant f \tag{11-4}$$

式中：φ——轴心受压构件的整体稳定系数，根据截面的分类(由附表 16 查得)、长细比和钢材屈服强度查附表 17 确定；

f——钢材的抗压强度设计值；

A——构件的毛截面面积。

5. 实腹式轴心受压构件的局部稳定

轴心受压构件一般由若干矩形平面板件组成，如果板件平面尺寸很大，而厚度又相对很薄(宽厚比过大),在轴心压力作用下,构件中的个别板件可能在达到强度承载力之前先失去稳定,这类问题称局部稳定。

虽然构件丧失局部稳定后还可以继续维持整体稳定,但由于该板件屈曲后退出工作,使构件有效承载截面减少,从而减少了整个构件的承载能力、改变的构件的受力状态,可能会使构件提前产生整体失稳。

为了保证局部稳定,通常采用限制其板件的宽(高)厚比的办法来实现。轧制型钢一般都能满足局部稳定要求,不需验算。对于常用的工字形或H形截面构件:

翼缘板自由外伸宽度 b 与其宽度 t 之比应符合:

$$\frac{b}{t}\leqslant(10+0.1\lambda)\sqrt{\frac{235}{f_y}} \tag{11-5}$$

式中,λ 为构件两方向长细比的较大值;当 $\lambda<30$ 时,取 $\lambda=30$;当 $\lambda>100$ 时,取 $\lambda=100$。

腹板计算高度 h_0 与其厚度 t_w 之比,应符合:

$$\frac{h_0}{t_w}\leqslant(25+0.5\lambda)\sqrt{\frac{235}{f_y}} \tag{11-6}$$

其他截面构件的板件宽厚比限值见规范具体规定。当腹板高厚比不满足要求时,可加厚腹板或在腹板中部设置纵向加劲肋加强。

$$D/\mathrm{t}\leqslant 100\times 235/f_y \tag{11-7}$$

【例题 11-1】 某焊接工字形截面柱,截面几何尺寸如图 11.12 所示。柱的上、下端均为铰接,柱高 4.2m,承受的轴心压力设计值为 1000kN,钢材为 Q235,翼缘为火焰切割边,焊条为 E43 系列,手工焊。试验算该柱是否安全。

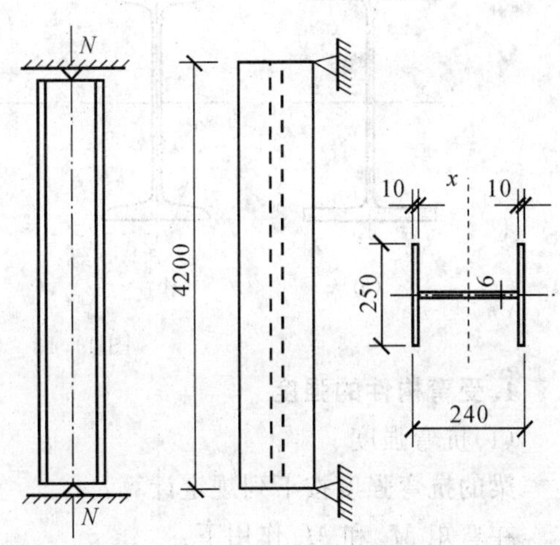

图 11.12 例题 11-1 图

[解] 已知 $l_x=l_y=4.2\mathrm{m}$,$f=215\mathrm{N/mm^2}$。

计算截面特性:

$$A=2\times25\times1+22\times0.6=63.2\mathrm{cm^2}$$

$$I_x=2\times25\times1\times11.5^2+0.6\times22^3/12=7144.9\mathrm{cm^4}$$

$$I_y=2\times1\times25^3/12=2604.2\mathrm{cm^4}$$

$$i_x=\sqrt{\frac{I_x}{A}}=10.63\mathrm{cm},\ i_y=\sqrt{\frac{I_y}{A}}=6.42\mathrm{cm}$$

验算整体稳定、刚度和局部稳定性

$$\lambda_x=l_x/i_x=420/10.63=39.5<[\lambda]=150$$

$$\lambda_y=l_y/i_y=420/6.42=65.4<[\lambda]=150$$

由附表 16 可知,截面对 x 轴和 y 轴为 b 类,查附表 17 有,$\varphi_x=0.901$,$\varphi_y=0.778$,则 $\varphi=\varphi_y=0.778$,则

$$\sigma=\frac{N}{\varphi A}=\frac{1000}{0.778\times63.2}\times10=203.4\mathrm{N/mm^2}<f=215\mathrm{N/mm^2}$$

翼缘宽度比为 $b_1/t=(12.5-0.3)/1=12.2<10+0.1\times65.4=16.5$

腹板高度比为 $h_0/t_w=(24-2)/0.6=36.7<25+0.5\times65.4=57.7$

构件的整体稳定、刚度和局部稳定都满足要求。

11.3.2 受弯构件

受弯构件主要承受横向荷载，在钢结构中多做成实腹式构件，即通称的钢梁。钢梁在工业与民用建筑结构中有广泛应用，常见的有工作平台梁、楼盖梁、墙梁、檩条和吊车梁等。

钢梁按截面型式可分为型钢梁和组合梁，如图 11.13 所示。型钢梁构造简单、制造省工，成本较低，因而广泛用作小型钢梁。但在荷载较大或跨度较大时，由于轧制条件限制，型钢的尺寸、规格不能满足梁承载力和刚度的要求，就必须采用组合梁，用连接的方式把钢板、型钢等组合成需要的梁。

钢梁按支承情况可分为简支梁、连续梁和伸臂梁等。简支梁制造和安装均较方便，而且不受支座沉陷和温度变化的影响，故应用最广。

钢梁按荷载作用情况，可分为只在一个主平面内受弯的单向弯曲梁（如墙梁、吊车梁等）和在两个主平面内变弯的双向弯曲梁（如檩条等）。

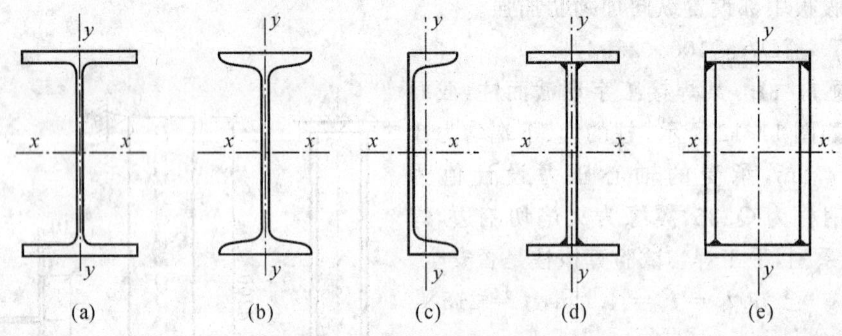

图 11.13 钢梁的截面形式

1. 受弯构件的强度

(1)抗弯强度

梁的抗弯强度按下列规定计算：

在弯矩 M_x 和 M_y 作用下：

$$\frac{M_x}{\gamma_x W_{nx}}+\frac{M_y}{\gamma_y W_{ny}}\leqslant f \tag{11-8}$$

式中：M_x、M_y——绕 x 轴和 y 轴的弯矩（对工字形截面，x 轴为强轴，y 轴为弱轴）；

W_{nx}、W_{ny}，——对 x 轴和 y 轴的净截面模量；

γ_x、γ_y——截面塑性发展系数，按表 11-3 采用；

f——钢材的抗弯强度设计值。

表 11-3　截面塑性发展系数 γ_x 和 γ_y 值

项次	截　面　形　式	γ_x	γ_y
1	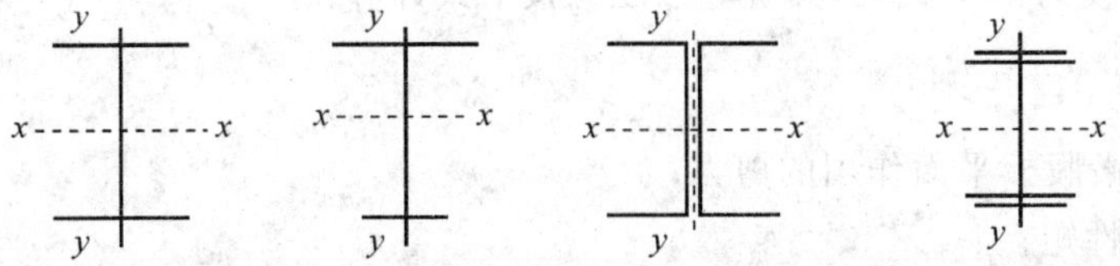	1.05	1.2
2	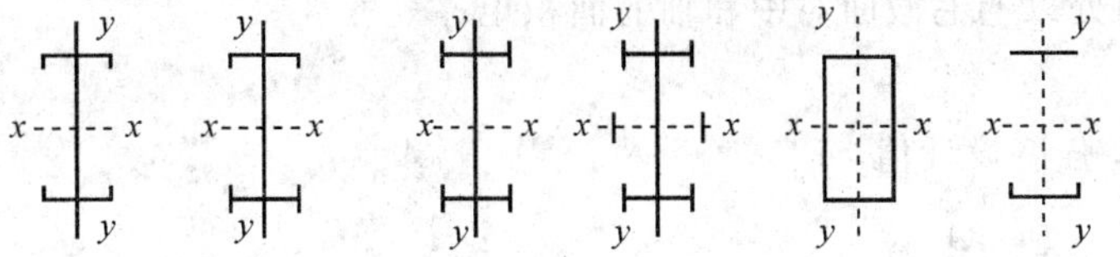		1.05
3	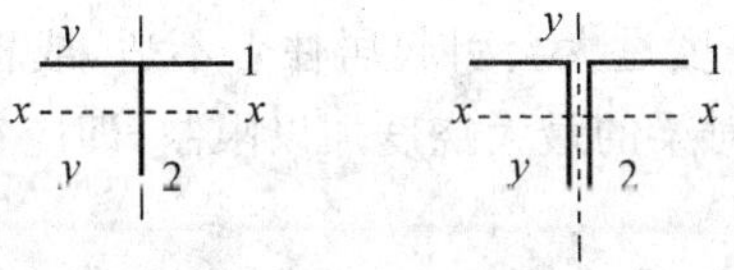	$\gamma_{x1}=1.05$ $\gamma_{x2}=1.2$	1.2
4	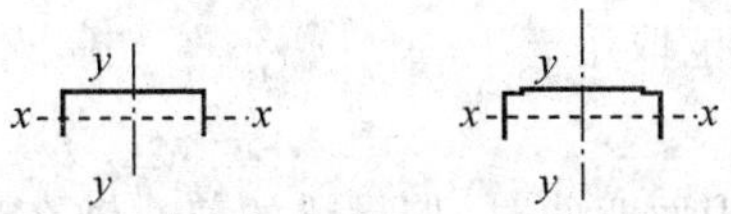		1.05
5	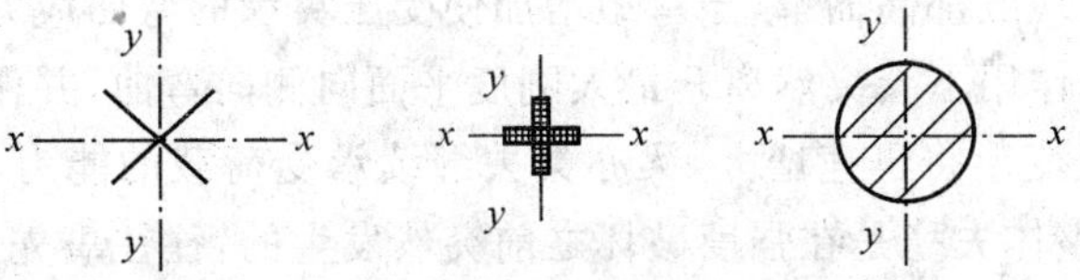	1.2	1.2
6	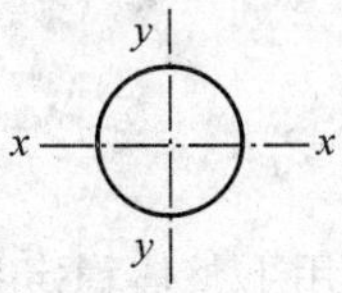	1.15	1.15
7	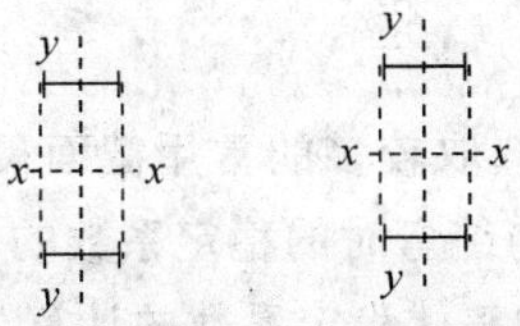	1.0	1.05
8	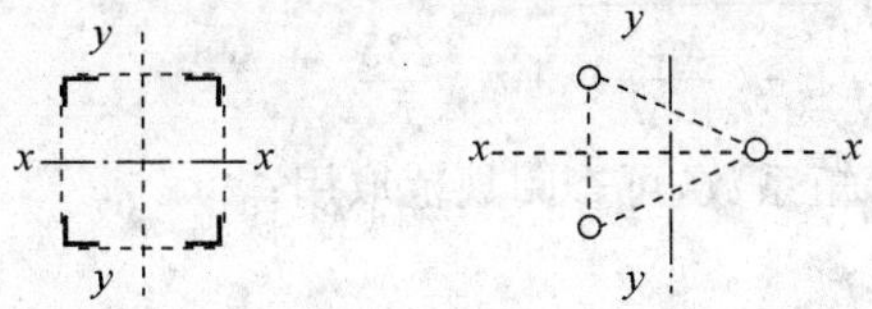		1.0

(2)抗剪强度

按弹性设计,可以截面的最大剪应力达钢材的抗剪屈服点作为抗剪承载能力的极限状态。因此,在主平面内受弯的实腹梁,其抗剪强度应按下式计算:

$$\tau=\frac{VS}{I_x t_w}\leqslant f_v \tag{11-9}$$

式中:V——计算截面沿腹板平面作用的剪力;

I_x——毛截面惯性矩;

S——计算剪应力处以上毛截面对中和轴的面积矩;

t_w——腹板厚度;

f_v——钢材的抗剪强度设计值。

2. 受弯构件的刚度

梁的刚度按正常使用极限状态下,荷载标准值引起的最大挠度计算。梁的刚度不足,就不能保证正常使用。例如,楼盖梁挠度过大会引起居住者不适,或板面开裂;吊车梁扰度过大,会影响吊车正常运行。因此,应对梁的最大挠度加以限制,即应符合下式要求:

$$\nu\leqslant[\nu] \tag{11-10}$$

式中:ν——由荷载标准值产生的最大挠度,根据材料力学公式计算;

$[\nu]$——梁的容许挠度值,按规范取用。

3. 梁的整体稳定

梁在最大刚度平面内受荷载作用而弯曲时,如果梁的剪心轴在最大刚度平面内,则梁处于平面弯曲状态。然而钢梁一般都高而窄,当弯矩增加使受压翼缘的弯曲应力达到某一数值时,梁在偶然的横向干扰力作用下会突然离开最大刚度平面向侧向弯曲,并伴随扭转。如此时弯矩还略增加,侧向弯扭变形将迅速增大,梁亦失去继续承受荷载的能力,这种现象称为梁丧失整体稳定。由于梁整体失稳是在强度破坏之前突然发生的,往往事先无明显征兆,故必须特别予以注意。

梁的整体稳定计算公式为:

$$\frac{M_x}{\varphi_b W_x}\leqslant f \tag{11-11}$$

双轴对称工字钢截面简支梁在纯弯曲作用下整体稳定系数的近似值按下式计算:

$$\varphi_b=\frac{4320}{\lambda_y^2}\cdot\frac{Ah}{W_x}\sqrt{1+(\frac{\lambda_y t_1}{4.4h})^2}\cdot\frac{235}{f_y} \tag{11-12}$$

当梁上承受其他形式荷载时,通过选取较多的常用截面尺寸,进行电算和数理统计分析,得出了不同荷载作用下的稳定系数与纯弯时的稳定系数的比值为 β_b。同时为了适用于单轴对称工字形截面简支架的情况,梁的整体稳定系数的计算公式为:

$$\varphi_b=\beta_b\frac{4320}{\lambda_y^2}\cdot\frac{Ah}{W_x}[\sqrt{1+(\frac{\lambda_y t_1}{4.4h})^2}+\eta_b]\frac{235}{f_y} \tag{11-13}$$

式中:β_b——梁整体稳定的等效弯矩系数,可查阅规范取用;

η_b——截面不对称影响系数;

双轴对称截面,$\eta_b=0$;

加强受压翼缘工字形截面,$\eta_b=0.8(2\alpha_b-1)$;

加强受拉翼缘工字形截面，$\eta_b=2\alpha_b-1$。

$\alpha_b=\dfrac{I_1}{I_1+I_2}$，其中，$I_1$ 和 I_2 分别受压翼缘和受拉翼缘对 y 轴的惯性矩。

由上述关系可知，对于加强受压翼缘的工字形截面，η_b 为正值，由式(11-13)算得的整体稳定系数 φ_b 增大，反之，对加强受拉翼缘的工字形截面，η_b 为负值，使梁的整体稳定系数降低。因此，加强受压翼缘的工字形截面更有利于提高梁的整体稳定性。

上述的稳定系数计算公式是按弹性分析导出的。对于钢梁，当考虑残余应力影响时，可取比例极限 $f_p=0.6f_y$。因此，当 $\sigma_{cr}>0.6f_y$ 时，即当算得的稳定系数 $\varphi_b>0.6$ 时，梁已进入弹塑性工作阶段，其临界弯矩有明显的降低。需按下式进行修正，以 φ_b' 代替 φ_b：

$$\varphi_b'=1.07-0.282/\varphi_b\leqslant 1.0 \tag{11-14}$$

有刚性铺板密铺在梁的受压翼缘上并与其牢固连接，能阻止梁受压翼缘的侧向位移时，梁的整体稳定可以得到保证，不必计算。

除了整体稳定性外，还应考虑梁受压翼缘及腹板的局部稳定性问题。对于型钢截面梁，腹板和翼缘的局部稳定已经得到保证，不必验算。

11.3.3　拉弯构件和压弯构件(*)

1. 类型

同时承受弯矩和轴心拉力(压力)的构件称为拉弯构件(压弯构件)。简支桁架下弦杆，当两节点间有竖向荷载作用时，是典型的拉弯构件例子。压弯构件的应用更为广泛，例如承受节间荷载的简支桁架上弦杆、单层厂房的框架柱、多层和高层房屋框架的柱子等都是常见的压弯构件。

压弯构件截面常采用单轴对称或双轴对称，当弯矩只作用在构件的最大刚度平面内时称为单向压弯构件，在两个主平面内都有弯矩作用的构件称为双向压弯构件。

图 11.14 示为常见的四种单向压弯构件简图。(a)图所示为偏心受压构件；(b)图所示为同时作用有轴心压力和端弯矩的构件，端弯矩来自相邻构件给予的转动约束，若端弯矩和轴心压力为按比例增加，则它也可看作是偏心受压构件，此时偏心距 $e=M/N$ 是一个常量；(c)图所示为同时承受横向荷载和轴心压力的构件。上述(a)、(b)和(c)图所示三种构件的端部都有支承，因而两端无垂直于杆轴的相对位移，杆端的剪力仅由弯矩所引起。无侧移框架

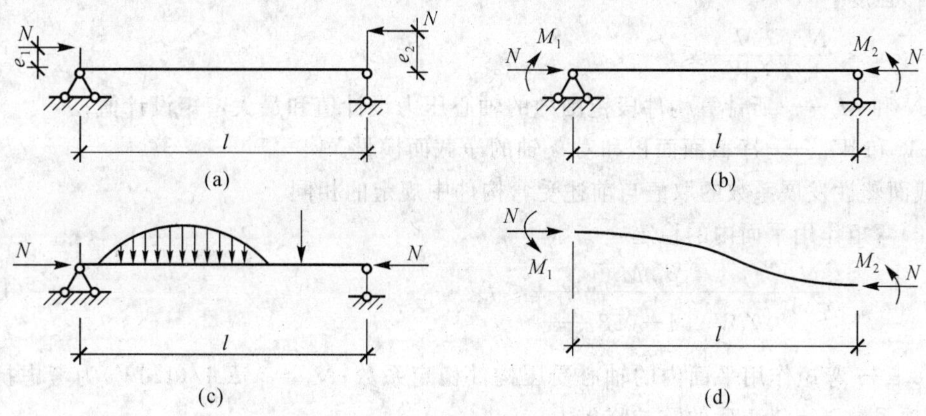

图 11.14　单向压弯构件

的柱子属于这一类。(d)图所示的构件两端有垂直与杆轴的相对位移,杆端剪力由弯矩和轴心压力两者共同产生,有侧移框架的柱子就属于这一类。

图 11.15 所示为单向压弯构件截面的常用形式(a 图示焊接和热轧 H 型钢),当其所受弯矩有正、负两种可能且其大小又较接近时,宜采用双轴对称截面,否则宜用单轴对称截面,两者均应使弯矩作用于截面的最大刚度平面内。在实腹式构件中,弯矩作用平面内宜有较大的截面高度,使有较大的刚度而能抵抗更大的弯矩。在格构式构件中,应使截面的实轴与弯矩作用平面一致,调整其两分肢的间距可使具有抵抗更大的弯矩的能力。

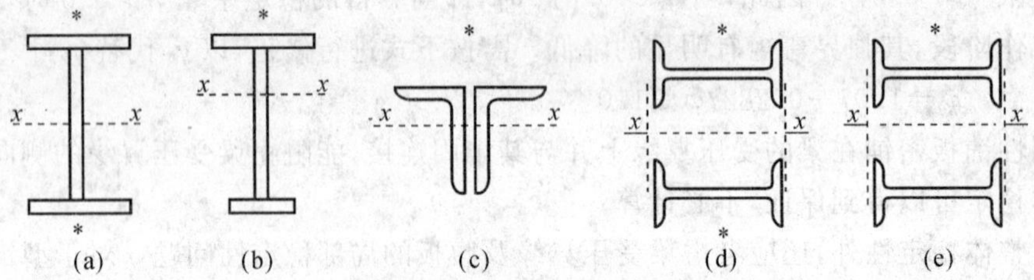

图 11.15 单向压弯构件常见截面形式(* 为压力作用方位示意)

2. 计算内容

对单向压弯构件,根据其破坏形式,应计算强度、弯矩作用平面内的稳定、弯矩作用平面外的稳定和组成板件的局部稳定。当为格构式构件时还应计算分肢的稳定。为了保证其正常使用,则应验算构件的长细比。对两端支承的压弯构件,当跨中有横向荷载时,还应验算其挠度。对拉弯构件,一般只需计算其强度和长细比,不需计算其稳定。但在拉弯构件所受弯矩较大而拉力较小时,由于作用已接近受弯构件,就需要验算其整体稳定;在拉力和弯矩作用下出现翼缘板受压时,也需验算翼缘板的局部稳定。这些当由设计人员根据具体情况加以判定。

3. 计算方法

以下简要介绍实际工程应用中最为常见的焊接 T 字形和 H 型钢截面单向压弯构件的计算方法,其他压弯构件的计算类似,可详见规范 5.2 节。

设弯矩作用在腹板平面内,抗弯能力较大的轴是 $x-x$ 轴时,则绕 $x-x$ 轴的计算有以下几个方面。

(1)强度

$$\frac{N}{A_n}+\frac{M_x}{\gamma_x W_{nx}}\leqslant f \tag{11-15}$$

式中:N 和 M_x——所计算构件段范围内的轴心压力设计值和最大弯矩设计值;

A_n 和 W_{nx}——净截面面积和对 x 轴的净截面模量。

截面塑性发展系数的取值与前述受弯构件中规定的相同。

(2)弯矩作用平面内的稳定

$$\frac{N}{\varphi_x A}+\frac{\beta_{mx}M_x}{\gamma_x W_{1x}\left(1-0.8\frac{N}{N'_{Ex}}\right)}\leqslant f \tag{11-16}$$

式中:φ_x——弯矩作用平面内的轴心受压构件稳定系数;$N'_{Ex}=\pi^2EA/(1.1\lambda_x^2)$为考虑抗力分项系数 $\gamma_R=1.1$ 后的欧拉临界力;

W_{1x}——弯矩作用平面内对受压较大翼缘的弹性毛截面模量;

β_{mx}——等效弯矩系数，常取 0.65～1.0，详细规定见规范 5.2.2 条。

(3)弯矩作用平面外的稳定

$$\frac{N}{\varphi_y A}+\eta\frac{\beta_{tx}M_x}{\varphi_b W_{1x}}\leqslant f \tag{11-17}$$

式中：φ_y——弯矩作用平面外的轴心受压构件稳定系数；要注意当为单轴对称截面时，φ_y 值应按计及扭转效应的换算长细比 λ_{yz} 代替 λ_y 查取；

φ_b——均匀弯曲时的受弯构件整体稳定系数；对工字形截面和 T 形截面可采用求 φ_b 的近似公式，见规范附录 B 第 $B.5$ 节的规定；对闭口截面 $\varphi_b=1.0$；

η——截面影响系数，闭口截面 $\eta=0.7$，其他截面 $\eta=1.0$；

β_{tx}——等效弯矩系数，取值类同 β_{mx}。

(4)局部稳定

通过限制截面各板件的宽(高)厚比来保证构件不会发生局部失稳，即对焊接工字形和 H 型钢截面单向压弯构件必须满足受压翼缘板外伸宽度 b_1 与其厚度 t 之比

$$\frac{b_1}{t}\leqslant 13\sqrt{\frac{235}{f_y}} \tag{11-18}$$

(5)刚度

与轴心受压构件相同，应验算构件的长细比。对两端支撑的压弯构件，当跨中的横向荷载作用时，还应验算其饶度。

11.4　钢结构的连接

钢结构构件由钢板、型钢等通过连接而成，如梁、柱、桁架等，运到工地后通过安装连接成整体结构，如厂房、桥梁等。在传力过程中，连接部位应有足够的强度、刚度和延性。被连接件间应保持正确的位置，以满足传力和使用要求。因此在钢结构中，连接占有很重要的地位。

11.4.1　钢结构连接种类

钢结构的连接方法，历史上曾用过销钉、铆钉、焊缝和螺栓等连接(图 11.16)，其中销钉和铆钉连接在新建钢结构上很少采用，因此以下不再涉及此两种连接，重点介绍焊缝连接和螺栓连接的材料。

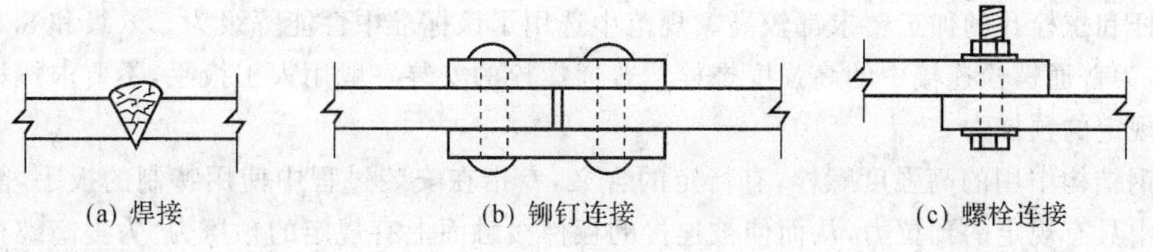

(a) 焊接　(b) 铆钉连接　(c) 螺栓连接

图 11.16　钢结构的连接

1. 焊缝连接

焊缝连接是当前钢结构的主要连接方式之一。与螺栓连接相比，焊接结构具有以下的优点：

(1)对比钢板的螺栓连接，焊缝连接不需钻孔，截面无削弱；不需额外的连接件，构造简单；从而焊缝连接可省工省料，得到经济的效果，这是焊缝连接的最大的优点。

(2)焊接结构的密闭性好、刚度和整体性都较大。此外,有些结点如钢管与钢管的Y形和T形连接等,除焊缝外是较难采用螺栓连接或其他连接的。

焊缝连接也存在以下一些不足之处:

(1)受焊接时的高温影响,焊缝附近的主体金属易导致材质变脆。

(2)焊缝易存在各种缺陷,因而导致构件内产生应力集中而使裂纹扩大。

(3)由于焊接结构的刚度大,个别存在的局部裂纹易扩展到整体,特别是焊接结构容易发生低温冷脆现象。

(4)焊接后,由于冷却时的不均匀收缩,构件内将存在焊接残余应力,可使构件受荷时部分截面提前进人塑性,降低构件承载的临界应力。

(5)焊接后,由于不均匀胀缩而使构件产生焊接残余变形,如使原为平面的钢板发生凹凸变形等。

由于焊缝连接存在以上不足,因此设计、制造和安装时应尽量采取措施,避免或减少其不利影响。若对材料选用、焊缝设计、焊接工艺、焊工技术和加强焊缝检验等五方面的工作予以注意,焊缝质量事故是可以避免的。

焊接材料主要是指焊条或焊丝等,应该与主材(钢材)相匹配、与工艺相适应。钢材与焊接填充材料的选用应该符合设计图要求,焊条、焊丝、焊剂和保护焊的气体均应符合相关国家标准,相关标准有:《碳钢焊条》(GB/T5117)、《低合金钢焊条》(GB/T5118)、《熔化焊用钢丝》(GB/T14957)、《气体保护电弧焊用碳钢、低合金钢焊丝》(GB/T8110)、《埋弧焊用碳钢焊丝和焊剂》(GB/T5293)、《焊接用二氧化碳》(HG/T2537)等。焊条工地最常见,焊丝与焊剂相对较少见。

2. 螺栓连接

螺栓连接的优点是安装方便,特别适用于工地安装连接;便于拆卸,适用于需要装拆结构的连接和临时性连接。缺点是需要在板件上开孔和拼装时对孔,增加制造工作量;螺栓孔还使构件截面削弱,连接板件要互相交搭或另加连接件,多费钢材。

钢结构连接用的螺栓有普通螺栓和高强度螺栓两种。普通螺栓一般为六角头螺栓,产品等级分为A、B、C三级。对C级螺栓,规范选用了其中性能等级为4.6级和4.8级两种。4.6级表示螺栓材料的抗拉强度不小于400N/mm^2,其屈服点与抗拉强度之比为0.6,即屈服点不小于240N/mm^2,余类推。C级螺栓一般由热轧圆钢制成,为粗制螺栓,对螺栓孔的制作要求也较低,在普通螺栓连接中应用最多。产品等级为A级和B级的普通螺栓为精制螺栓,对螺栓杆和螺栓孔的加工要求都较高。规范中选用了该标准中性能等级为5.6级和8.8级的两种,为普通螺栓连接中的高强度螺栓。普通螺栓的安装一般用人工扳手,不要求螺杆中必需有规定的预拉力。

钢结构中用的高强度螺栓,有特定的含义,专指在安装过程中使用特制的扳手,能保证螺杆中具有规定的预拉力,从而使被连接的板件接触面上有规定的预压力。为提高螺杆中应有的预拉力值,此种螺栓必须用高强度钢制造。高强度螺栓的性能等级有8.8级和10.9级两种。高强度螺栓由中碳钢或合金钢等经热处理后制成,强度较高。8.8级高强度螺栓的抗拉强度不小于800N/mm^2,屈强比为0.8;10.9级高强度螺栓的抗拉强度不小于1000N/mm^2,屈强比为0.9。

钢结构连接中常用螺栓直径d为16、18、20、22、24mm等。螺栓连接的强度设计值见附

表 15 所示。

11.4.2　焊缝连接的计算

焊缝连接是当前钢结构最主要的连接方法，它是通过将连接处相邻的钢材加热熔化融合后连接在一起的。

1. 焊缝连接的方法

钢结构的焊接方法，可以采用电弧焊、电阻焊和气焊等。电弧焊分手工电弧焊(见图 11.17)、埋弧焊(见图 11.18)和气体保护焊。电弧焊的焊缝质量比较可靠，是一种最常用的焊接方法。

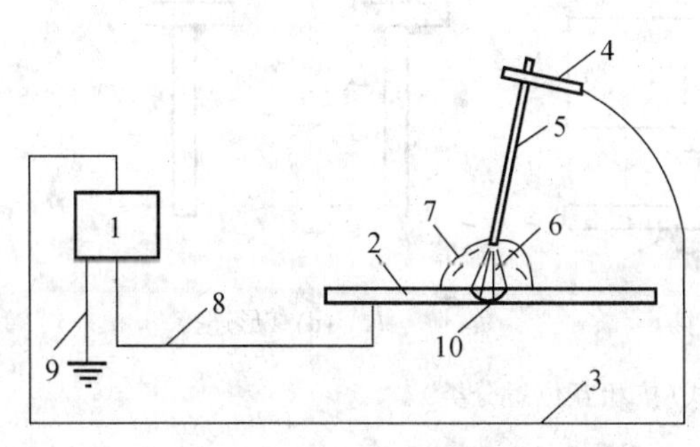

图 11.17　手工电弧焊示意图

1—电焊机；2—焊件；3(8)—接焊条导线；4—焊把；5—焊条；6—电弧；7—气体；9—接地线；10—焊缝

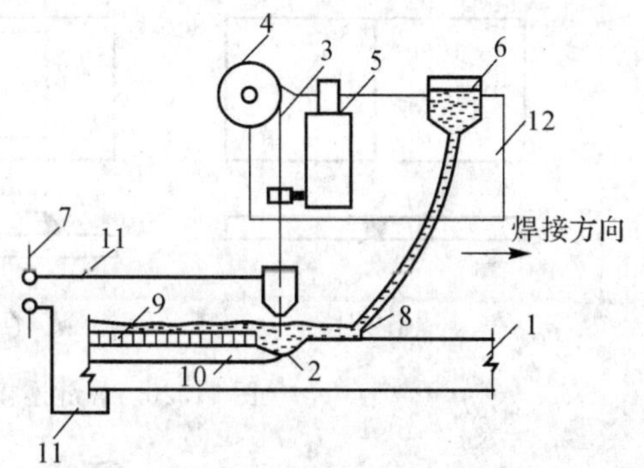

图 11.18　自动埋弧焊示意图

1—焊件；2—电弧；3—裸焊丝；4—焊丝转盘；5—送丝机；6—焊机漏斗；7—电源；8—焊剂；9—焊扎；10—焊缝金属；11—导线；12—自动电焊机

手工电弧焊通电后在涂有焊药的焊条和焊件间产生高温电弧，由电弧提供热源使焊条熔化，滴落在焊件上被电弧吹成的小凹槽溶池中，焊药则随焊条熔化而形成熔渣覆盖在溶池上，防止空气与熔化的液体金属接触，保护焊缝不受空气中有害元素影响。最后熔化的液体金属冷却后凝结成焊缝，把构件连接成一体。手工电弧焊具有设备简单适应性强的优点，适用于短焊缝或曲折焊缝的焊接，或施工现场的焊接。

埋弧焊是将焊丝埋于焊剂之下，通电后，电弧将焊丝、焊剂及焊缝金属熔化，焊剂保护着熔化的金属，不与空气接触。埋弧焊焊缝质量均匀，塑性及冲击韧度较高。

2. 焊缝连接形式

焊缝连接形式可按构件相对位置、构造和施焊位置来划分。

(1) 按构造分为对接焊缝和角焊缝两种形式，对接焊缝可分为正对接焊缝和斜对接焊缝；角焊缝可分为正面角焊缝、侧面角焊缝和斜面角焊缝，如图 11.19 所示。

(2) 按被连接的相互位置分为对接、搭接、T 形连接和角部连接，如图 11.20 所示。

(3)按施焊位置分为平焊、横焊、立焊及仰焊，如图 11.21 所示。平焊(又称俯焊)，施焊方便。立焊和横焊要求焊工的操作水平比平焊高一些。仰焊操作条件最差，焊缝质量不易保证，尽量避免用。

3. 焊缝质量检验

《钢结构工程施工质量验收规范》(GB 50205—2001)规定，焊缝依其质量检查标准分为

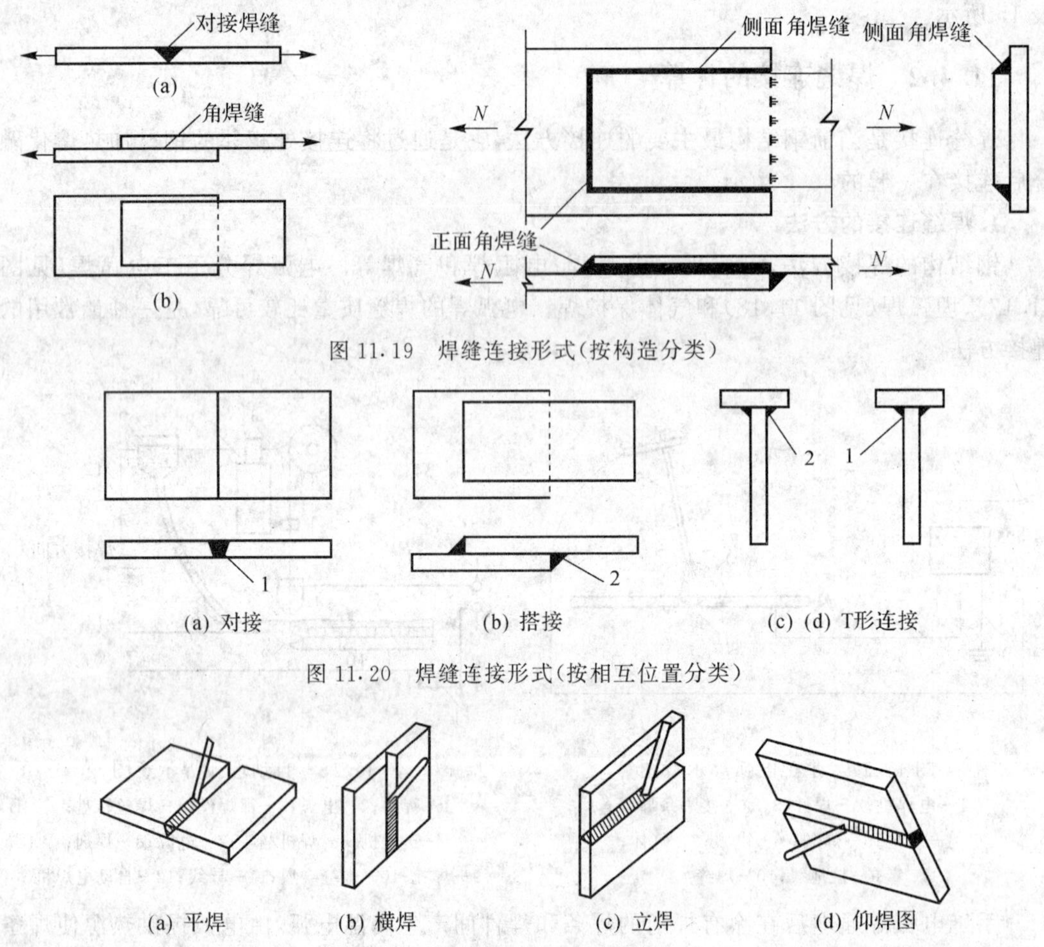

图 11.19 焊缝连接形式(按构造分类)

图 11.20 焊缝连接形式(按相互位置分类)

图 11.21 焊缝形式(按施焊位置分类)

三级。三级焊缝只要求通过外观检查,即检查焊缝实际尺寸是否符合设计要求和有无看得见的裂纹、咬边等缺陷。对有较大拉应力的对接焊缝以及直接受动力荷载的较重要的对接焊缝,宜采用二级焊缝;对抵抗动力和疲劳性能有较高要求的部位可采用一级焊缝。对一级或二级焊缝,在外观检查的基础上应在做无损检验。钢结构一般采用三级焊缝,可满足要求。

4. 对接焊缝的构造

对接焊缝构造简单,传力直接,用料经济,当保证焊缝质量时,其强度与主体金属强度相当,而且传力平顺均匀,没有明显的应力集中,对于承受动力荷载作用的结构最为有利。但是,这种连接在施焊前,焊件边缘需根据不同厚度加工,做成各种坡口形状,以保证焊透,故又叫坡口焊缝。坡口形式与焊件厚度有关。当焊件厚度很小时,可用直边缝。对于一般厚度的焊件可采用具有斜坡口的单边 V 形或双边 V 形焊缝。对于较厚的焊件($t>20$mm),可采用 U 形、K 形和 X 形坡口,如图 11.22 所示。

在对接焊缝的拼接处,当焊件的宽度不同或厚度相差 4mm 以上时,应分别在宽度方向或厚度方向从一侧或两侧做成坡度不大于 1:2.5 的斜坡,以使截面过渡和缓,减小应力集中,如图 11.23 所示。

在焊缝的起灭弧处,要设置引弧板和引出板,焊接结束后将其割除,如图 11.24 所示。对

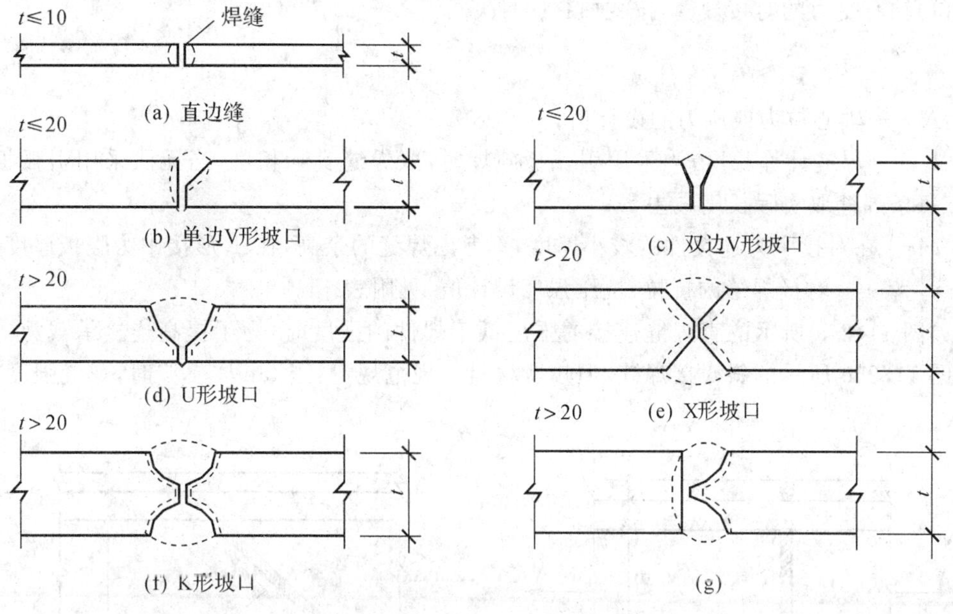

图 11.22　对接焊缝坡口形式

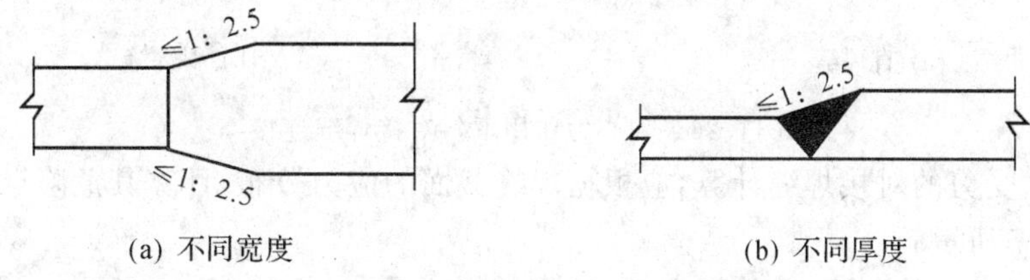

图 11.23　尺寸不同板材焊接焊接

受静力荷载的结构设置引弧(出)板有困难时,允许不设引弧(出)板,但焊缝计算长度等于实际长度减 $2t$(t 为较薄焊件厚度)。

当采用对接焊缝拼接钢板时,纵横两方向的对接焊缝,可采用十字形交叉或 T 形交叉,如图 11.25 所示。当采用 T 形交叉时,交叉点应分散,其间距不得小于 200mm。

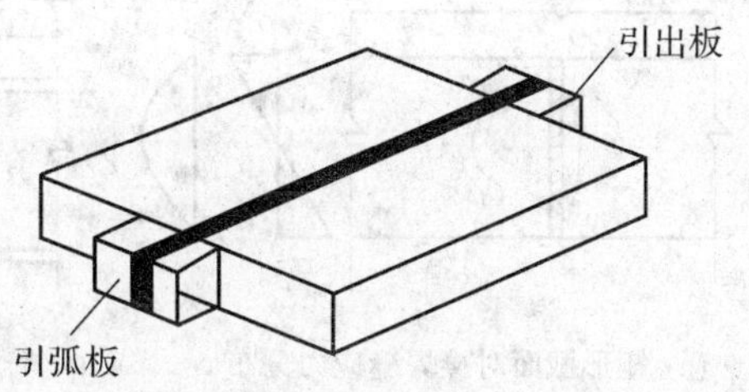

图 11.24　拼接时的引弧板、引出板示意

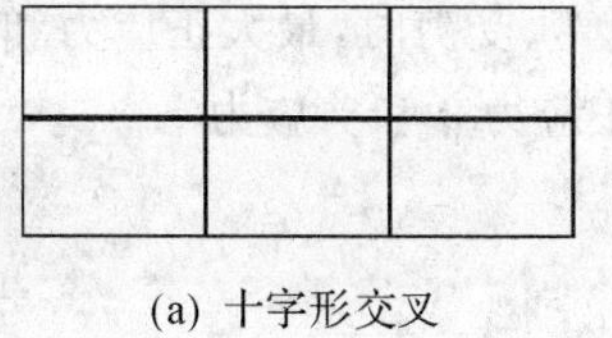

图 11.25　钢板的对接拼接焊缝

5. 对接焊缝的计算

对接焊缝的应力分布情况基本上与焊件相同,可用计算焊件的方法计算对接焊缝。对于重要的构件,按一、二级标准验收焊缝质量,焊缝和构件强度相等,不必另行计算,只有对三级焊缝,才要按下列要求计算。

(1)轴心受力的对接焊缝,按式(11-19)计算

$$\sigma=\frac{N}{l_w t}\leqslant f_t^w \text{ 或 } f_c^w \tag{11-19}$$

式中:N——轴心拉力或压力的设计值;

l_w——焊缝计算长度,当采用引弧板施焊时,取焊缝实际长度,当无法采用引弧板时,每条焊缝取实际长度减去 $2t$;

t——在对接中为连接件的较小厚度,不考虑焊缝的余高,在T形接中为腹板厚度;

$f_t^w f_c^w$——对接焊缝的抗拉、抗压强度设计值,见附表14。

如图11.26a所示的直焊缝连接的强度低于焊件的强度时,为了提高连接承载力,可改用如图11.26b所示的斜对接焊缝,但较费材料。规范规定:当 $\tan\theta\leqslant1.5$ 时,焊缝强度不必计算。

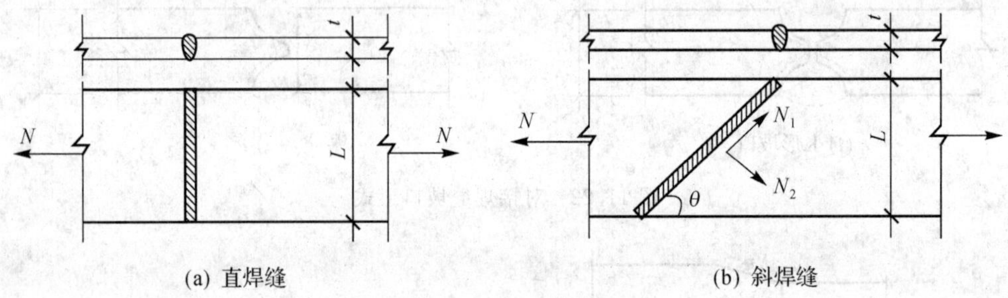

图11.26 轴心力作用下斜对接焊缝连接

(2)受弯、受剪的对接焊缝计算,应根据焊缝截面的应力分布,计算其危险点处的应力状态,如图11.27所示。

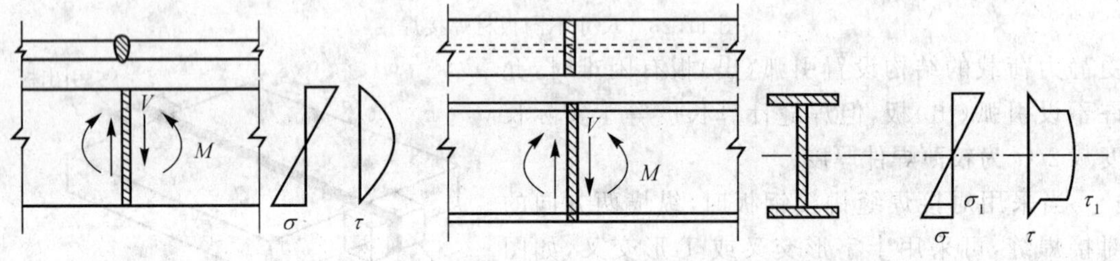

图11.27 受弯、受剪的对接焊缝应力分布

矩形截面和工字形截面的对接焊缝同时受弯、受剪时,最大正应力和最大剪力应力不在同一点,应分别按式(11-20)和式(11-21)验算正应力 σ 和剪应力 τ。

$$\sigma=M/W_w\leqslant f_t^w \tag{11-20}$$

$$\tau=\frac{VS_w}{I_w t}\leqslant f_v^w \tag{11-21}$$

式中,M、V 分别为计算截面上的弯矩和剪力。

对工字形截面的对接焊缝在翼缘与腹板交界处同时受有较大的正应力 σ_1 和剪应力 τ_1,应按式(11-23)验算折算应力 σ_{eq}。

$$\sigma_{eq}=\sqrt{\sigma_1^2+3\tau_1^2}\leqslant1.1f_t^w \tag{11-23}$$

式中：W_w——焊缝截面的截面抗弯抵抗矩，按材料力学知识计算，下同；

I_w——焊缝截面对其中和轴的截面惯性矩；

S_w———焊缝截面在计算剪应力处以上部分对中和轴的截面面积矩；

f_v^w——对接焊缝的抗剪强度设计值，按附表 14 采用；

σ_1——翼缘与腹板交界处焊缝正应力；

τ_1——翼缘与腹板交界处焊缝剪应力；

1.1——考虑最大折算应力只是在焊缝的局部而将焊缝强度提高的系数。

6. 角焊缝的构造

角焊缝焊接时将焊件互相交搭，不需加工坡口，施焊比较方便，为钢结构焊缝基本形式之一，应用广泛。缺点是传力线曲折，受力情况较复杂，有应力集中现象，也较费材料。前述按受力方向划分的正面角焊缝也称端焊缝，侧面角焊缝也称侧焊缝，这两种联合使用的周围角焊缝也称围焊缝，斜面角焊缝也称斜焊缝。

角焊缝的尺寸包括焊脚尺寸和焊缝计算长度等。在设计角焊缝连接时，除满足强度要求外，还必须符合对其尺寸的限制和构造上的要求。

(1)焊脚尺寸 h_f 是角焊缝形成三角形焊体的直角边边长，不是斜边长度。角焊缝的焊脚尺寸相对于焊件的厚度不能过小，规范规定：手工焊时，$h_f \geqslant 1.5\sqrt{t}$；自动焊时，$h_f \geqslant 1.5\sqrt{t}-1$；当焊件厚度 $t \leqslant 4$mm 时，则取 $h_f = t$；其中 t 为较厚焊件的厚度(mm)。焊脚尺寸相对于焊件厚度也不能过大，规范规定：$h_f \leqslant 1.2t$，t 为较薄焊件的厚度。板件(厚度为 t)边缘的角焊缝最大焊脚尺寸尚应符合下列要求以避免焊件边缘棱角被烧熔：当 $r \leqslant 6$mm 时，$h_f \leqslant t$；当 $t > 6$mm 时，$h_f \leqslant t-(1\sim2)$。对圆孔和槽孔中的角焊缝焊脚尺寸还宜符合 $h_f \leqslant (1/3)d$，d 为圆孔直径或槽孔的短径。

(2)焊缝的计算长度不宜过小，规范规定正面角焊缝和侧面角焊缝的计算长度都应满足 $l_w \geqslant 8h_f$，和 $l_w \geqslant 40$mm。轴心荷载作用下的侧面角焊缝剪应力沿焊缝长度是不均匀分布，而且焊缝长度愈大，不均匀分布程度愈甚。为了防止应力分布过分不均匀，规定侧面角焊缝的计算长度不宜大于 $60h_f$，当大于这数值时，其超过部分在计算中不予考虑。

7. 角焊缝的计算

(1)角焊缝的有效截面

如图 11.28 所示，45°的斜面称为角焊缝的有效截面，破坏往往从这个截面发生。有效截面的高度(不考虑焊缝余高)称为角焊缝的有效厚度 h_e，计算时取 $h_e = 0.7h_f$。

(2)角焊缝计算基本公式

角焊缝计算基本公式是按照在外力作用下，破坏沿角焊缝的有效截面发生时确定的。为了便于计算，认为有效截面上的应力都是均匀分布的，规范给定的直角角焊缝的强度计算公式。

$$\sqrt{\left(\frac{\sigma_f}{\beta_f}\right)^2+\tau_f^2} \leqslant f_f^w \tag{11-24}$$

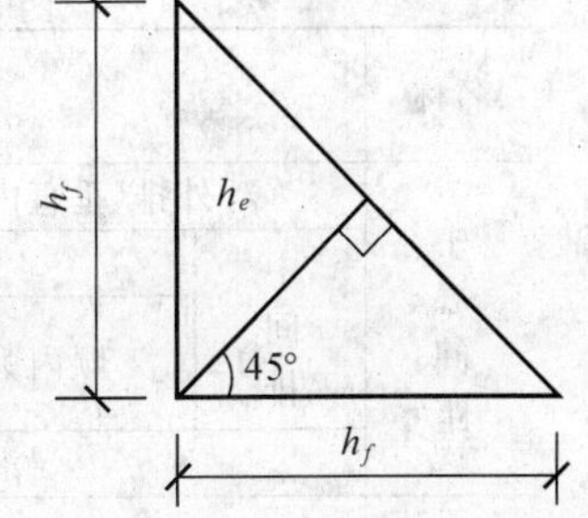

图 11.28　角焊缝的有效截面

式中：σ_f——按焊缝的有效截面计算，垂直于焊缝长度方向的正应力；

τ_f——按焊缝的有效截面计算，沿焊缝长度方向的剪应力；

f_f^w——角焊缝的强度设计值，见附表 14；

β_f——正面角焊缝的强度设计值增大系数，$\beta_f=1.22$，但对直接承受动力荷载结构中的角焊缝，取 $\beta_f=1.0$。

在轴心力作用或弯矩、剪力和轴心力共同作用以及扭矩、剪力和轴心力共同作用时，角焊缝的强度计算公式中参数的确定方法各不相同。

11.4.3 普通螺栓连接计算

1. 螺栓的构造要求

螺栓在构件上的排列通常分为并列和错列两种形式（图 11.29）并列形式比较简单，整齐，应尽可能采用；错列形式可以减少钢板截面面积的削弱，在型钢的肢上布置螺栓时，常受到肢宽限制而必须采用错列。

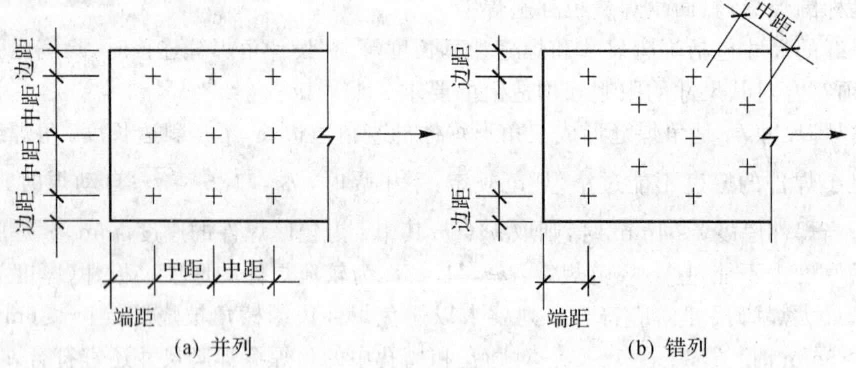

(a) 并列　　(b) 错列

图 11.29 螺栓的排列

螺栓排列有一定的要求。按受力要求，螺栓的间距不宜过大或过小。螺栓间距过小，会使螺栓周围应力相互影响，受力后两螺栓孔间的钢材也易剪坏，也会使构件截面削弱过多，降低承载力；间距过大，则会使连接件间不能紧密贴合，在受压时容易发生鼓曲现象，且一旦潮气侵入缝隙，还会使钢材生锈。螺栓端距过小时，构件端部钢材易剪坏，因此要规定一个最小端距。规范综合考虑上述要求，根据理论和实践经验，规定了排列螺栓时的最大和最小容许距离要求，见表 11-4。

表 11-4 螺栓最大、最小容许距离

<table>
<tr><th>名称</th><th colspan="3">位置和方向</th><th>最大容许距离
（取两者的较小值）</th><th>最小容许距离</th></tr>
<tr><td rowspan="5">中心间距</td><td colspan="3">外排（垂直内力方向或顺内力方向）</td><td>$8d_0$ 或 $24t$</td><td rowspan="5">$3d_0$</td></tr>
<tr><td rowspan="3">中间排</td><td colspan="2">垂直内力方向</td><td>$16d_0$ 或 $24t$</td></tr>
<tr><td rowspan="2">顺内力方向</td><td>构件受压力</td><td>$12d_0$ 或 $18t$</td></tr>
<tr><td>构件受拉力</td><td>$16d_0$ 或 $24t$</td></tr>
<tr><td colspan="3">沿对角线方向</td><td>—</td></tr>
<tr><td rowspan="4">中心至构件边缘距离</td><td colspan="3">顺内力方向</td><td rowspan="4">$4d_0$ 或 $24t$</td><td>$2d_0$</td></tr>
<tr><td rowspan="3">垂直内力方向</td><td colspan="2">剪切边或手工气割边</td><td rowspan="2">$1.5d_0$</td></tr>
<tr><td rowspan="2">扎制边、自动气割或锯割边</td><td>高强度螺栓</td></tr>
<tr><td>其他螺栓或柳钉</td><td>$1.2d_0$</td></tr>
</table>

2. 螺栓连接的计算

普通螺栓连接按螺栓的受力可分为抗剪螺栓、抗拉螺栓和同时抗剪及抗拉螺栓连接。抗剪螺栓是依靠栓杆的抗剪以及螺栓对孔壁的承压传递垂直于螺杆方向的剪力(图 11.30a)；抗拉螺栓则是螺栓承受沿杆长方向的拉力(图 11.30b)。

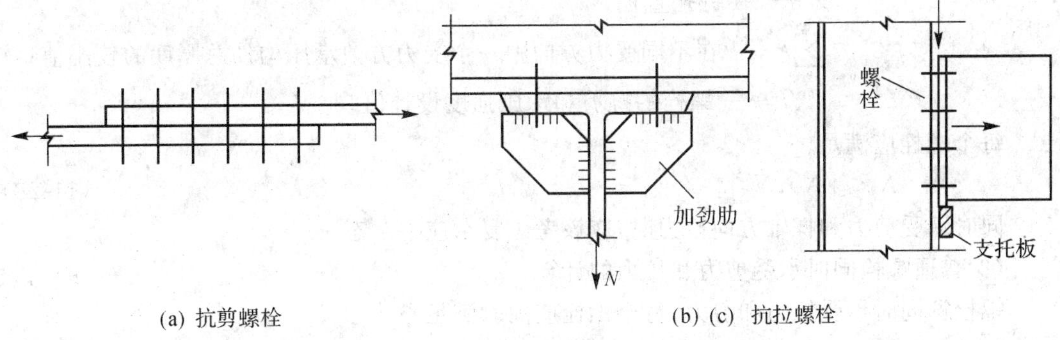

图 11.30　普通螺栓按传力方式分类

(1)抗拉螺栓连接的计算

螺栓连接中，受拉螺栓连接的破坏形式就是螺栓杆拉断，其单个抗拉螺栓的承载力设计值为(沿杆轴方向受拉)：

$$N_t^b=\frac{\pi d_e^2}{4}f_t^b \tag{11-25}$$

式中：d_e——螺栓或锚栓在螺纹处的有效直径；

f_t^b——普通螺栓、锚栓和铆钉的的抗拉强度设计值。

每个螺栓应满足

$$N_t\leqslant N_t^b$$

(2)抗剪普通螺栓连接的计算

抗剪螺栓连接可能的破坏形式有五种，如图 11.31 所示。其中螺栓杆剪断、孔壁压坏和钢板被拉断需要通过计算来保证连接的安全，后两种破坏形式则通过构造要求来保证，即通过限制端距 $e\geqslant 2d_0$。避免板端被剪断，通过限制板叠厚度小于等于 $5d$ 避免螺栓杆弯曲。

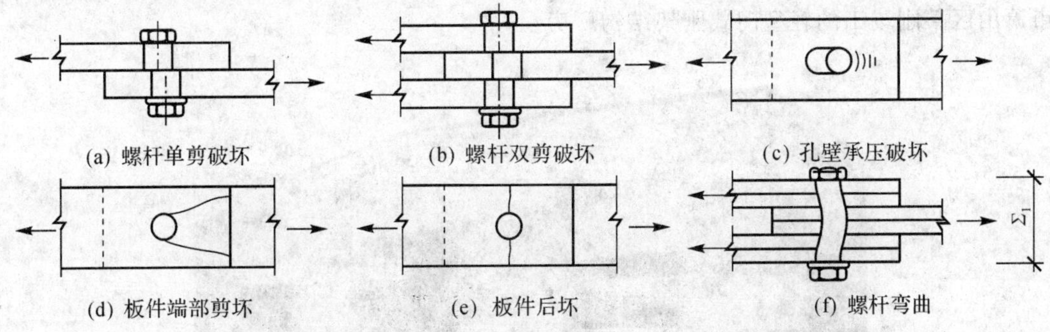

图 11.31　抗剪螺栓连接的五种破坏形式

一个抗剪螺栓的抗剪承载力设计值为：

$$N_v^b=n_v\frac{\pi d^2}{4}f_v^b \tag{11-26}$$

一个抗剪螺栓的承压承载力设计值为：

$$N_c^b = d\sum t f_c^b \tag{11-27}$$

以上两公式中：n_v——受剪面数目；

d——螺栓杆直径；

d_0——铆钉孔直径；

$\sum t$——在不同受力方向中一个受力方向承压构件总厚度的较小值；

f_v^b、f_c^b——螺栓的抗剪和承压强度设计值。

每个螺栓应满足

$$N_v \leqslant [N_V^b; N_c^b]_{\min} \tag{11-28}$$

同时承受剪力和杆轴方向拉力时，应该考虑复杂应力状态。

(3)普通螺栓同时承受剪力和拉力的计算

螺栓群同时承受拉力和剪力，每个螺栓应同时满足：

$$\sqrt{\left(\frac{N_V}{N_v^b}\right)^2 + \left(\frac{N_t}{N_t^b}\right)^2} \leqslant 1 \tag{11-29}$$

且 $$N_v \leqslant N_c^b \tag{11-30}$$

11.5 主体结构简介

11.5.1 轻型门式刚架结构

1. 概述

轻钢结构是国内外目前应用和发展速度最快的新型结构形式之一，广泛应用于工业、居住和公共建筑，具有施工速度快、建筑造型美观、钢材用量少、造价低廉等优势，而轻型门式刚架结构体系作为轻钢结构的一种结构形式，在我国更是大量涌现。近几年来，随着我国彩色钢板产量的增加和焊接“H”型钢的出现，门式刚架更是发展迅猛，我国建成此类结构工程已达 800 多万平方米，而且每年以约 100 多万平方米的速度增加。如图 11.32 所示即为杭州市萧山区某刚竣工的轻型门式刚架结构厂房。

图 11.32　刚竣工的轻型门式刚架结构厂房

轻型门式刚架结构体系，是采用实腹式焊接“H”型钢门式刚架为横向承重结构；薄壁型钢檩条或墙梁与彩色金属压型钢板组成的组合屋面及墙面围护结构；支撑系统则主要由用于纵向传力和空间协同作用的纵向水平系杆、刚性或柔性水平支撑，以及用于控制焊接“H”型钢截面受压翼缘局部屈曲和出平面稳定性的支撑等所构成。

轻型门式刚架结构建筑，按刚架型式分为无内柱净跨结构和有内柱多跨连续结构两类，前者跨距可达到48m，而后者的内柱连续跨距可达到30m。一般采用单屋脊双坡屋面的结构形式，应用时还可根据具体工程，采用单坡和多坡以及不等跨、不等高等多种型式。根据跨度、高度及荷载的不同，轻型门式刚架的梁、柱可采用等截面或变截面实腹焊接“H”型钢或热轧“H”型钢。

我国于 1999 年颁布实施了《门式刚架轻型房屋钢结构技术规程》，这为轻型门式刚架结构建筑在我国的推广普及奠定了坚实的技术基础，使其成为近几年发展最快的一种新型轻钢结构。轻型门式刚架结构建筑外形美观、线条醒目、色彩明快、节省钢材，是一种非常具有竞争力的结构形式，适宜于建造单层工业厂房、机库、体育场馆、仓库、购物中心、农贸市场、饮食娱乐等工业与民用建筑，以及各种临时性建筑。

2. 轻型门式刚架结构建筑的优点

1)跨度大

轻型门式刚架结构的梁高及跨度比，有较好的优势。一般钢筋砼的梁高及跨度比约为 1：12，而钢结构为 1：24，轻型门式刚架结构为 1：45。

2)自重轻

轻型门式刚架结构建筑的自重约为普通钢结构建筑构配件自重的 1/3～1/5，仅是钢筋混凝土结构建筑构配件自重的 1/5～1/10，特别是在地震区的建筑物，当其自重减轻时，可较大幅度的降低地震作用的影响(地震力＝质量×地震加速度，重量愈轻，地震力愈小)，可使刚架梁、柱，尤其是抗侧力结构的截面尺寸减小，从而降低造价，经济效益十分可观。由于上部结构重量大大减轻，使基础减小，同时也降低了基础的造价和地基处理费用，这在软土地基地区显得尤为重要。

3)预制加工

轻型门式刚架结构的构配件一般都在工厂自动化生产、加工，准确度、精密度均较高，并可为施工提供较大的施工空间和较为宽敞的施工作业面。同时，由于门式刚架本身可承担结构荷载和施工荷载，施工时不必支模、拆模，减少人工，施工迅速，缩短工期。

例如：克拉玛依石化分公司成品场地改造工程的成品仓库(4 000m^2)仅用半个月就安装完成，比同规模钢筋砼结构的厂房缩短工期近一半；还有北京“非典”医院建设，面积大，速度快。

4)韧性大

钢结构的材质加适当的成份调配及热处理后，可增加钢结构材质的强度及韧性，结构的安全性提高。

5)计算结果准确

钢结构由于材质均匀，各向同性，门式刚架的实际受力情况与工程力学计算的假定较为吻合，计算结果比较可靠。

6)符合可持续发展政策

钢材是一种高强、高效能的材料，具有很高的再循环价值，边角料也可回收利用。对同样规模的建筑物，钢结构建造过程中有害气体排放量只相当于混凝土结构的65%。

7)带动其它"节能环保"材料的推广应用

轻型门式刚架结构建筑由于连接的灵活性，各种轻质、高强、高效的墙体材料都可以采用，并将节能、防水、隔热、门窗等先进的成品集合在一起彼此搭配，塑造出美观、大方的建筑。

8)平面布局灵活

由于钢材轻质高强的特点，便于扩大柱距和开间，轻型门式刚架结构建筑可占用较小的结构面积(或称为结构平面密度)和空间，便于灵活的布置内部平面，更好的满足建筑的使用功能。

11.5.2 重型厂房结构

1.重型工业厂房简介

重型工业厂房内一般均布置大型吊车，因此厂房的柱子、吊车梁等主要承力构件的重量一般都比较大，钢结构安装时一般都采用大型履带吊机。重型钢结构厂房的柱子一般采用双肢H型钢格构柱、钢管砼格构柱等。吊车梁一般采用实腹式"I"形梁。屋架采用组合式桁架或大板梁形式。屋面及墙面板一般采用彩钢板，如图11.33所示。

图11.33 重型厂房结构

2.重型工业钢结构厂房结构的组成

厂房结构一般是由屋盖结构、柱、吊车梁、制动梁(或桁架)、各种支撑以及墙架等构件组成的空间体系。这些构件按其作用可分为下面几类：

(1)横向框架：由柱和它支撑的屋架组成，是厂房的主要承重体系，承受结构的自重、风、雪荷载和吊车的竖向与横向荷载，并把这些荷载传递到地基。

(2)屋盖结构：承担屋盖荷载的结构体系，包括横向框架的横梁、托架、中间屋架、天窗架、檩条等。

(3)支撑体系：包括屋盖部分的支撑和柱间支撑等，它一方面与柱、吊车梁等组成厂房的纵向框架，承担纵向水平荷载；另一方面又把主要承重体系由个别的平面结构连成空间的整体结构，从而保证了厂房结构所必需的刚度和稳定。

(4)吊车梁和制动梁(或制动桁架)主要承受吊车竖向及水平荷载,并将这些荷载传到横向框架和纵向框架上。

(5)墙架:承受墙体的自重和风荷载。

此外,还有一些次要的构件如梯子、走道、门窗等。在某些厂房中,由于工艺操作上的要求,还设有工作平台。

3. 厂房结构的框架形式

厂房的主要承重结构通常采用框架体系,因为框架体系的横向刚度较大,且能形成矩形的内部空间,便于桥式吊车运行,能满足使用上的要求。

厂房横向框架的柱脚一般与基础刚接,而柱顶可分为铰接和刚接两类。柱顶铰接的框架对基础不均匀沉陷及温度影响敏感性小,框架节点构造容易处理,且因屋架端部不产生弯矩,下弦杆始终受拉,可免去一些下弦支撑的设置。但柱顶铰接时下柱的弯矩较大,厂房横向刚度差,因此一般用于多跨厂房或厂房高度不大而刚度容易满足的情况。当采用钢屋架、钢筋混凝土柱的结构时,也采用铰接框架形式。

反之,在厂房较高,吊车的起重量大,对厂房刚度要求较高时,钢结构的单跨厂房框架常采用柱顶刚接方案。在选择框架类型时必须根据具体条件进行分析比较。

4. 厂房的安装方法

重型工业厂房的钢结构安装一般分为以下几个系统进行安装:

柱子系统钢结构安装→吊车梁系统钢结构安装→屋面系统钢结构安装→墙皮系统钢结构安装。

厂房安装时按照施工段分两个阶段进行钢结构安装,第一阶段采用"分件流水法"安装柱子、柱间支撑、吊车梁等,第二阶段采用"节间综合法"安装屋面系统。

11.5.3　多层与高层建筑

由于钢结构具有一些混凝土结构所没有的优点,他的应用也极为广泛,以下要讲的是多层、高层房屋钢结构。房屋高度越大,所受侧向水平荷载如风荷载及地震作用的影响也越大,所需柱截面也大大加大。采用钢结构可减小柱截面而增大建筑物的使用面积和提高房屋抗震性能。多层钢结构建筑比较常见,不做详细介绍。

我国高层建筑钢结构起步较晚,1983 年开始策划与设计的北京长富宫中心工程是我国最早起步的 26 层纯钢框架结构,为以后高层建筑钢结构提供了经验。

1986 年建成的高 82m 的北京香格里拉饭店是型钢混凝土框架—钢筋混凝土核心筒混合结构。它的结构形式为钢筋混凝土核心筒,钢骨混凝土框架,由地下 2 层,地上 24 层组成。建筑面积有 $5.6\times10^4m^2$,总用钢量有 5300T。

在 20 世纪 80 年代,北京、上海、深圳共建了 11 幢高层建筑钢结构,当时最高的是 208 m 高的京广中心(框架—剪力墙),形成了高层建筑钢结构的小高潮。它的结构形式为钢框架,带边框钢筋混凝土剪力墙,有地下 3 层,地上 57 层组成。建筑面积有 $13.7\times10^4m^2$,总用钢量有 19000T。

1996 年建成的深圳地王大厦,主楼高 325m ,连同天线杆总高 384m ,地上 81 层,地下 3 层,中间为型钢混凝土核心墙,外钢框架,建筑面积有 $13.8\times10^4m^2$,总用钢量有 12000T,是我国第一幢高度超过 300m 的高层钢结构建筑。

1999 年建成的上海金茂大厦高 420m，地下 3 层，地上 88 层，属钢框架—混凝土核心筒混合结构体系，建筑面积有 $17.7\times10^4\mathrm{m}^2$，总用钢量有 14000T，是当时国内建成的最高建筑，见图 11.34 所示。

图 11.34 上海金茂大厦

图 11.35 香港中银大厦

1988 年于香港建成的中银大厦，高 368 m，78 层，属钢与混凝土混合结构体系，在建筑上和结构上均有其特色。整个不对称的塔楼从地基拔地而起，从四个角落画出对角线分成四个分别面向东西南北的三角柱，其中南面的三角柱高度最高，可见图 11.35 所示。

1993 年由东帝士集团兴建于台湾高雄市的国际广场，85 层高 331m，是台湾地区代表性的钢结构高层建筑。大楼采用三幢式结构，由两幢建筑结构来承担中间的主楼，其城墙般的

图 11.36 台湾高雄国际广场

基座和多个飞檐的角位设计，喻人有中国传统建筑的风格。大楼是台湾首次引进抗风阻尼器的建设物，系统针对超高层大楼因楼高风力过强而发展出的新科技，可让大楼在强烈的风力下，摆幅由 95cm 减少到 25cm 左右。此外，大楼结构可耐 9 级地震。可见图 11.36 所示。

另外，台湾地区建设或设计的 103 层的高雄亚洲企业中心和 101 层的台北市国际金融中心，把台湾地区的高层钢结构设计和施工水平推向一个新的高度。

思考题和习题

1. 钢材的(　)，因而钢结构的计算结果与实际情况最为符合，计算可靠。

2. 钢结构有一定的耐热性，但不防火，因此当钢结构表面长期受辐射热(　)或在短期内可能受到火焰作用时，应采取有效的防护措施。

3. 通常所说的衡量钢结构钢材质量的五项力学性能(机械性能)指标是指(　)。

4. 所有焊接承重钢结构的钢材，均应具有(　)的合格保证以及硫、磷、碳含量的合格保证。

5. 焊接结构的钢材为使其具有良好的可焊性，除应具有必要的力学性能和、磷、碳含量的合格保证外，尚应具有含(　)量的合格保证。

6. 当构件截面由(　)控制时，选用低合金钢可比选用强度较低的碳素钢节省钢材。

7. 在高强度螺栓摩擦型抗剪连接中，螺栓的承载力极限状态是(　)。

8. 轴心受压构件的承载能力除取决于所用钢材和构件截面积的大小外，还与(　)等密切相关。

9. 在设计计算钢柱(包括轴压和压弯构件)和钢梁的截面时，一般应考虑强度、稳定性和刚度三方面的要求，其中(　)通常是控制因素。

10. 钢构件或其组成板件失去稳定性的主要原因是(　)。

11. 提高钢梁整体稳定性的有效措施是(　)。

12. 截面组成板件的宽厚比和高厚比加大，构件的整体稳定性(　)，板件的局部稳定性(　)。

第 12 章　抗震设计基本知识

12.1　概述

12.1.1　基本概念

地震,就是由于地面运动而引起的振动。振动的原因是由于地壳板块的构造运动,造成局部岩层变形不断增加、局部应力过大,当应力超过岩石强度时,岩层突然断裂错动,释放出巨大的变形能。这种能量除一小部分转化为热能外,大部分以地震波的形式传到地面而引起地面振动。这种地震称为构造地震,简称为地震。此外,火山爆发、水库蓄水、溶洞塌陷也可能引起局部地面振动,但释放能量都小.不属于抗震设计研究的范围。

地球上有两大地震带:环太平洋地震带和地中海南亚地震带。环太平洋地震带从南美洲西部海岸起,经北美洲西海岸、阿拉斯加南岸、阿留申群岛,转向西南至日本列岛,然后分为两支:一支向南经马里亚纳群岛至伊里安岛,另一支向西南经琉球群岛,我国台湾至菲律宾、印度尼西亚至伊里安岛会合,再经所罗门、汤加至新西兰。这条地震带上所发生的地震占世界地震的 80%～90%,活动性最强。地中海—南亚地震带西起大西洋的亚速岛,经地中海、希腊、土耳其、伊朗、印度北部、我国西部和西南地区,再经缅甸、印度尼西亚的苏门答腊和爪哇,与环太平洋地震带相遇。

由于我国地处上述两大地震带之间(台湾和西藏南部尚在上述地震带上),因此是个多地震国家。据统计,我国从 1900—1971 年间就发生过四百多次破坏性地震。而 1976 年 7 月 28 日凌晨 3 时 42 分在唐山发生的 7.8 级地震、同日 18 时 45 分在唐山滦县发生的 7.1 级地震、同年 11 月 15 日 2l 时 53 分在天津市宁河发生的 6.9 级地震所造成的地震灾害则为世界地震史上所罕见,仅死亡人数就高达二十余万人。

为了减轻建筑的地震破坏,避免人员伤亡,减少经济损失,我国《建筑抗震设计规范》(GB 50011－2001)规定:抗震设防烈度为 6 度及以上地区的建筑,必须进行抗震设防。而我国 6 度及以上地区约占全国总面积的 60%,因此掌握抗震设计的基本知识和设计方法,不仅对于土木建筑工程专业人员十分重要,对于建筑学专业及相关专业的人员也是必要的。

名词术语含义

(1)震级。是衡量一次地震大小的等级。用符号 M 表示,一般称为里氏震级。

M＝2～4 的地震为有感地震。

M＞5 的地震，对建筑物有不同程度的破坏。

M＞7 的地震，称为强烈地震或大地震。

(2)地震烈度。指地震时某一地区地面和各类建筑物遭受一次地震影响的强弱程度。

(3)多遇地震烈度。设计基准期 50 年内，超越概率为 63.2%的地震烈度。

(4)基本烈度。指中国地震烈度区划图标明的地震烈度。1990 年颁布的地震烈度区划图标明的基本烈度为 50 年限期内，一般场地条件下，可能遭遇超越概率为 10%的地震烈度。

(5)罕遇地震烈度。设计基准期内，超越概率为 2%～3%的地震烈度。

(6)抗震设防烈度。按国家规定的权限批准，作为一个地区抗震设防依据的地震烈度，一般情况可采用中国地震烈度区划图标明的基本烈度。

(7)地震作用。地震作用是地震动影响结构后，结构产生的动态反应(如速度，加速度，变形)。地震作用不是直接的外力作用，而是结构在地震时的动力反应，是一种间接作用，过去曾称为地震荷载，它与重力荷载的性质是不同的；地震作用的大小是与地震动的性质和工程结构的动力特性有关；地震作用分为水平地震作用、竖向地震作用和扭转地震作用。

(8)设计地震动参数：抗震设计用的地震加速度(速度、位移)时程曲线，加速度反应谱和峰值加速度。

(9)设计基本地震加速度：50 年设计基准期超越概率 10%的地震加速度的设计值。

12.1.2　抗震设防分类及设防标准

1. 建筑物抗震设防类别

从抗震防灾的角度，根据建筑物使用功能的重要性，按其受地震破坏时产生的后果程度，将建筑物分为四类，以便区别对待。

甲类建筑——应属于重大建筑工程和地震时可能发生严重次生灾害的建筑。对于甲类建筑必须经国家规定的批准权限批准。

乙类建筑——国家重点抗震城市的生命线工程的建筑或其他重要建筑。这类建筑属于地震时使用功能不能中断或需要尽快恢复。包括：医疗、广播、通讯、交通、供水、供电、供气、消防、粮食等等。

丙类建筑——甲、乙、丁类以外的建筑，为大量的一般工业与民用建筑。

丁类建筑——次要建筑，一般指地震破坏或倒塌不易造成人员伤亡和较大经济损失的建筑。如储存价值低的物品或人员活动少的单层仓库建筑。

2. 建筑抗震设防目标

抗震设计要达到的目标是在不同频数和强度的地震时，要求建筑具有不同的抵抗能力，对一般较小的地震，发生的可能性大，故又称多遇地震，这时要求结构不受损坏，在技术上和经济上都可以做到；而对于罕遇的强烈地震，由于发生的可能性小，但地震作用大，在此强震作用下要保证结构完全不损坏，技术难度，经济投入也大，是不合算的，这时若允许有所损坏，但不倒塌，则将是经济合理的。我国抗震规范根据这些原则提出了“三个水准”的抗震设防目标。

第一水准：当遭受低于本地区设防烈度的多遇地震影响时，一般不受损坏或不需修理仍可继续使用；

第二水准：当遭受本地区设防烈度的地震影响时，可能损坏，经一般修理或不需修理仍可继续使用；

第三水准：当遭受到高于本地区设防烈度的罕竭遇地震(大震)时，建筑不致倒塌或危及生命财产的严重破坏。

通常将其概括为："小震不坏，中震可修、大震不倒"。

在抗震设计时，为满足上述三水准的目标采用两个阶段设计法。

第一阶段设计：按小震作用效应和其他荷载效应的基本组合验算结构构件的承载能力，以及在小震作用下验算结构的弹性变形。满足第一水准设防目标。又满足第二水准的设防要求(损坏可修)。对大多数的结构，可只进行第一阶段设计，而通过概念设计和抗震构造措施来满足第三水准的设计要求。

第二阶段设计是弹塑性变形验算，对特殊要求的建筑和地震时易倒塌的结构，除进行第一阶段设计外，还要按大震作用时进行薄弱部位的弹塑性层间变形验算和采取相应的构造措施。实现第三水准的设防要求。

上面提到的小震、基本烈度、大震之间的大致关系为：

小震比基本烈度低 1.55 度；

大震比基本烈度高 1 度左右。

3. 抗震设防标准

抗震设防标准是通过建筑物抗震设计时地震作用的计算和抗震措施来实现的。抗震设防标准的依据是设防烈度，它是根据建筑的重要性和其所在地区基本烈度确定的。

各抗震设防类别建筑的抗震设防标准，应符合下列要求：

(1)甲类建筑，地震作用应高于本地区抗震设防烈度的要求，其值应按批准的地震安全性评价结果确定；抗震措施，当抗震设防烈度为 6～8 度时，应符合本地区抗震设防烈度提高一度的要求，当为 9 度时，应符合比 9 度抗震设防更高的要求。

(2)乙类建筑，地震作用应符合本地区抗震设防烈度的要求；抗震措施，一般情况下，当抗震设防烈度为 6～8 度时.应符合本地区抗震设防烈度提高一度的要求，当为 9 度时，应符合比 9 度抗震设防更高的要求；地基基础的抗震措施，应符合有关规定。

对较小的乙类建筑，当其结构改用抗震性能较好的结构类型时，应允许仍按本地区抗震设防烈度的要求采取抗震措施。

(3)丙类建筑，地震作用和抗震措施均应符合本地区抗震设防烈度的要求。

(4)丁类建筑，一般情况下，地震作用仍应符合本地区抗震设防烈度的要求；抗震措施应允许比本地区抗震设防烈度的要求适当降低，但抗震设防烈度为 6 度时不应降低。

(5)抗震设防烈度为 6 度时，除本规范有具体规定外，对乙、丙、丁类建筑可不进行地震作用计算。

12.1.3 建筑抗震概念设计

由于地震作用的不确定性以及结构计算模式与实际情况存在差异，除进行地震作用的设计计算外，还应从抗震设计的基本原则出发，从结构的整体布置到关键部位的细节，把握主要的抗震概念进行设计，使计算分析结果更能反映实际情况。主要有以下几个方面。

1. 场地、地基和基础选择

抗震设计的场地，是指工程群体所在地，具有相似的地震反应特征。其范围相当于厂区、居民小区和自然村或不小于一平方公里的平面面积。

(1)应根据工程需要掌握地震活动情况、工程地质和地震地质的有美资料，对抗震有利、不利和危险地段作出综合评价。应选择有利地段；避开不利地段。当无法避开时应采取有效措施。

有利地段是指：坚硬土或开阔平坦密实均匀的中硬土地段。

不利地段是指：软弱土、液化土、条状突出的山嘴、高耸孤立的山丘、非岩质的陡坡、河岸和边坡边缘、故河道、断层破碎带等。

危险地段是指：地震时可能发生滑坡、崩塌、地陷、地裂、泥石流等及发震断裂带上可能发生地表错位的部位等地段。对甲、乙、丙类建筑不应建在危险地段。

(2)同一结构单元不宜设置在性质截然不同的地基土上；也不宜部分采用天然地基、部分采用桩基。当地基有软弱黏性土、液化土、新近填土或严重不均匀土层时应估计地震时地基不均匀沉降或其他不利影响，并采取相应措施。

不同的场地对地震波有不同的放大作用。场地的自振周期也称为场地的特征周期。在抗震设计时，建筑物的自振周期应尽量避开场地的特征周期以避免共振现象。

2. 建筑设计和建筑结构的规则性

(1)建筑设计应符合抗震概念设计的要求，不应采用严重不规则的设计方案。

(2)建筑及其抗侧力结构的平面布置宜规则、对称，并应具有良好的整体性；建筑的立面和竖向剖面宜规则，结构的侧向刚度宜均匀变化，竖向抗侧力构件的截面尺寸和材料强度宜自下而上逐渐减小，避免抗侧力结构的侧向刚度和承载力突变。

(3)体型复杂、平立面特别不规则的建筑结构，可按实际需要在适当部位设置防震缝，形成多个较规则的抗侧力结构单元。防震缝应根据抗震设防烈度、结构材料种类、结构类型、结构单元的高度和高差情况，留有足够的宽度，其两侧的上部结构应完全分开。

当设置伸缩缝和沉降缝时，其宽度应符合防震缝的要求。

3. 结构体系

(1)结构体系应根据建筑的抗震设防类别、抗震设防烈度、建筑高度、场地条件、地基、结构材料和施工等因素，经技术、经济和使用条件综合比较确定。

(2)结构体系应符合下列各项要求：

应具有明确的计算简图和合理的地震作用传递途径；应避免因部分结构或构件破坏而导致整个结构丧失抗震能力或对重力荷载的承载能力；应具备必要的抗震承载力，良好的变形能力和消耗地震能量的能力；对可能出现的薄弱部位，应采取措施提高抗震能力。

结构体系尚宜符合下列各项要求：

1)宜有多道抗震防线。

2)宜具有合理的刚度和承载力分布，避免因局部削弱或突变形成薄弱部位，产生过大的应力集中或塑性变形集中。

3)结构在两个主轴方向的动力特性宜相近。

4. 非结构构件

(1)非结构构件，包括建筑非结构构件和建筑附属机电设备，自身及其与结构主体的连接，应进行抗震设计。

(2)非结构构件的抗震设计，应由相关专业人员分别负责进行。

(3)附着于楼、屋面结构上的非结构构件,应与主体结构有可靠的连接或锚固,避免地震时倒塌伤人或砸坏重要设备。

(4)围护墙和隔墙应考虑对结构抗震的不利影响,避免不合理设置而导致主体结构的破坏。

(5)幕墙、装饰贴面与主体结构应有可靠连接,避免地震时脱落伤人。

(6)安装在建筑上的附属机械、电气设备系统的支座和连接,应符合地震时使用功能的要求,且不应导致相关部件的损坏。

5. 隔震和消能减震设计

(1)隔震和消能减震设计,应主要应用于使用功能有特殊要求的建筑及抗震设防烈度为8、9度的建筑。

(2)采用隔震或消能碱震设计的建筑,当遭遇到本地区的多遇地震影响、抗震设防烈度地震影响和罕遇地震影响时,其抗震设防目标应高于第1.0.1条的规定。

6. 结构材料与施工

(1)抗震结构对材料和施工质量的特别要求,应在设计文件上注明。

(2)结构材料性能指标,应符合下列最低要求:

(a)烧结普通黏土砖和烧结多孔黏土砖的强度等级不应低于MU10,其砌筑砂浆强度等级不应低于M5;

(b)混凝土小型空心砌块的强度等级不应低于MU7.5,其砌筑砂浆强度等级不应低于M7.5;

(c)普通钢筋宜优先采用延性、韧性和可焊性较好的钢筋;普通钢筋的强度等级,纵向受力钢筋宜选用HRB400级和HRB335级热轧钢筋,箍筋宜选用HRB335、HRB400和HPB235级热轧筋。

(d)混凝土结构的混凝土强度等级,9度时不宜超过C60,8度时不宜超过C70。

(e)钢结构的钢材宜采用Q235等级B、C、D的碳素结构钢及Q345等级B、C、D、E的低合金高强度结构钢。当有可靠依据时,尚可采用其他钢种和钢号。

(3)钢筋混凝土构造柱、芯柱和底部框架—抗震墙砖房中砖抗震墙的施工,应先砌墙后浇构造柱、芯柱和框架梁柱。

12.2 多层砌体结构抗震设计简介

12.2.1 砌体结构震害特点

砌体结构是由砖或砌块砌筑而成的,材料呈脆性性质,其抗剪、抗拉和抗弯强度较低,所以抗震性能较差,在强烈地震作用下,破坏率较高,破坏的主要部位是墙身和构件间连接处,主要破坏特点如下:

(1)在水平地震作用下,与水平地震作用方向平行的墙体是主要承担地震作用的构件,这时墙体将因主拉应力强度不足面发生剪切破坏,出现45°对角线裂缝,在地震反复作用下造成X形交叉裂缝,这种裂缝表现在砌体房屋上是下部重,上部轻,房屋的层数越多,破坏越重。横墙越少,破坏越重。墙体砂浆强度等级越低,破坏越重。层高越高,破坏越重。墙段长短不均匀布置时,破坏也多。

(2)墙体转角处及内外墙连接处的破坏

墙体转角或连接处，刚度大，应力集中，易破坏. 尤其是四大阳角处，还受到扭转的影响，更容易发生破坏。内外墙连接处，有时由于内外墙分开砌筑或留直槎等原因，地震时造成外纵墙外闪、倒塌。

(3)楼盖的破坏

砌体结构中有相当多的楼板采用预制板，当楼板的搁置长度较小或无可靠拉结时，在强烈地震作用下很容易造成楼板塌落，并造成墙体倒塌。

(4)突出房面的屋顶间等附属结构破坏

在砌体房屋中，突出屋顶的水箱间，楼电梯间及烟囱、女儿墙等附属结构，由于地震作用的鞭端效应，一般破坏较重，尤其女儿墙极易倒塌、产生次生灾害。

12.2.2　结构布置原则

1. 房屋高度限制

震害调查表明，砌体房屋，层数愈多，高度越高，它的震害程度和破坏率也越大。所以限制砌体房屋的层数和总高度是一项既经济又有效的抗震措施。

多层房屋的层数和高度应符合下列要求：

(1)一般情况下，房屋的层数和总高度不应超过表 12-1 的规定。

(2)对医院、教学楼等及横墙较少的多层砌体房屋，考虑到它们比较空旷而易遭破坏，因此房屋的总高度应降低 3m，层数相应减少一层；各层横墙很少的多层砌体房屋，还应根据具体情况再适当降低总高度和减少层数(横墙较少指同一楼层内开间大于 4.2m 的房间占该层总面积的 40%以上)。

为了保证墙体的稳定，普通砖、多孔砖和小砌块砌体承重房屋的层高，不应超过 3 .6m；底部框架—抗震墙房屋的层高，不应超过 4.5m。

2. 房屋最大高宽比的限制

震害调查表明，多层砌体房屋的高宽比越大(即高而窄的房屋)，在横向地震作用下，容易发生整体弯曲破坏，房屋易失稳倒塌。根据经验，多层砌体房屋的高宽比小于表 12-2 所列的高宽比限值，可防止多层砌体房屋的整体弯曲破坏。

表 12-1　房屋总高度和层数限值

房屋类别		最小墙厚(m)	烈度							
			6		7		8		9	
			高度	层数	高度	层数	高度	层数	高度	层数
多层砌体	普通砖	240	24	8	21	7	18	6	12	4
	多孔砖	240	21	7	21	7	18	6	12	4
	多孔砖	190	21	7	18	6	15	5	—	—
	小砌块	190	21	7	21	7	18	6	—	—
底部框架—抗震墙		240	22	7	22	7	19	6	—	—
多排柱内框架		240	16	5	16	5	13	4	—	—

注：1. 房屋的总高度是指室外地面到主要屋面板板顶或檐口的高度。半地下室从地下室室内地面算起，全地下室和嵌固条件好的半地下室应允许从室外地面算起；对带阁楼的坡屋面应算到山尖墙的 1/2 高度处；

2. 室内外高差大于 0.6m 时，房屋总高度应允许比表中数据适当增加，但不应多于 1m；

3. 本表小砌块砌体房屋不包括配筋混凝土小型空心砌块砌体房屋。

表 12-2 房屋最大高宽比

烈度	6	7	8	9
最大高宽比	2.5	2.5	2.0	1.5

注：1. 单面走廊房屋的总宽度不包括走廊宽度；

2. 建筑平面接近正方形时，其高宽比应适当减小。

3. 房屋抗震横墙间距的限制

多层砌体房屋的横向水平地震作用主要由横墙来承受。对于横墙，除了满足抗震承载力外，还要使横墙间距能保证楼盖对传递水平地震作用所需的刚度要求。前者可通过抗震承载力验算来解决，而横墙间距则必须根据楼盖的水平刚度要求给予一定的限制。

《抗震规范》规定，房屋抗震横墙的间距，不应超过表 12-3 的要求。

4. 房屋局部尺寸的限制

在强烈地震作用下，砌体房屋首先在薄弱部位破坏。这些薄弱部位一般是：窗间墙、尽端墙段、突出屋顶的女儿墙等。房屋的局部破坏必然影响房屋的整体抗震能力，而且，某些重要部位的局部破坏却会带来连锁反应，形成墙体各个击破甚至倒塌，因此，《抗震规范》规定，房屋中砌体墙段的局部尺寸限制应符合表 12-4 的要求。

表 12-3 房屋抗震横墙最大间距 (m)

房屋类别		烈度 6	烈度 7	烈度 8	烈度 9
多层砌体	现浇或装配整体式钢筋混凝土楼、屋盖	18	18	15	11
多层砌体	装配式钢筋混凝土楼、屋盖	15	15	11	7
多层砌体	木楼、屋盖	11	11	7	4
底部框架—抗震墙	上部各层	同多层砌体房屋			—
底部框架—抗震墙	底层或底部两层	21	18	15	—
多排柱内框架		25	21	18	—

注：1. 多层砌体房屋的顶层，最大横墙间距应允许适当放宽；

2. 表中木楼、屋盖的规定，不适用于小砌块砌体房屋。

表 12-4 房屋局部尺寸限值 (m)

部位	烈度 6度	7度	8度	9度
承重窗间墙最小宽度	1.0	1.0	1.2	1.5
承重外墙尽端至门窗洞边的最小距离	1.0	1.0	1.2	1.5
非承重外墙尽端至门窗洞边的最小距离	1.0	1.0	1.0	1.0
内墙阳角至门窗洞边的最小距离	1.0	1.0	1.5	2.0
无锚固女儿墙(非出入口处)的最大高度	0.5	0.5	0.5	0.0

注：1. 局部尺寸不足时应采取局部加强措施弥补；

2. 出入口处的女儿墙应有锚固；

3. 多层多排柱内框架房屋的纵向窗间墙宽度，不应小于 1.5m。

5. 多层砌体房屋的结构体系

多层砌体房屋的结构体系，应符合下列要求。

(1)应优先采用横墙承重或纵横墙共用承重的结构体系；

(2)纵横墙的布置宜均匀对称，沿平面内宜对齐，沿竖向应上下连续，同一轴线上的窗间墙宽度宜均匀；

(3)房屋有下列情况之一时宜设置防震缝，缝两侧均应设置墙体，缝宽应根据烈度和房屋高度确定.可采用 50～100mm。

1)房屋立面高差在 6m 以上；

2)房屋有错层，且楼板高差较大；

3)各部分结构刚度、质量截然不同。

(4)楼梯间不宜设置在房屋的尽端和转角处；

(5)烟道、风道、垃圾道等不应削弱墙体，当墙体被削弱时，应对墙体采取加强措施，不宜采用无竖向配筋的附墙烟囱及出屋面的烟囱；

(6)不宜采用无锚固的钢筋混凝土预制挑檐。

6. 底部框架一抗震墙房屋的布置，应符合下列要求；

(1)上部的砌体抗震墙与底部的框架梁或抗震墙应对齐或基本对齐；

(2)房屋的底部，应沿纵横两方面设置一定数量的抗震墙，并应均匀对称布置或基本均匀对称布置。6、7 度且总层数不超过五层的底层框架抗震墙房屋，应允许采用嵌砌于框架之间的砌体抗震墙，但应计入砌体墙对框架的附加轴力和附加剪力，其余情况应采用钢筋混凝土抗震墙；

(3)底层框架一抗震墙房屋的纵横两个方向，第二层与底层侧向刚度的比值，6、7 度时不应大于 2.5，8 度时不应大于 2.0，且均不应小于 1.0；

(4)底部两层框架一抗震墙房屋的纵横两个方向，底层与底部第二层侧向刚度应接近，第三层与底部第二层侧向刚度的比值，6、7 度时不应大于 2.0，8 度时不应大于 1.5，且均不应小于 1.0；

(5)底部框架一抗震墙房屋的抗震墙应设置条形基础、筏式基础或桩基。

12.2.3　抗震构造措施

采取正确的抗震构造措施，将明显提高多层砌体房屋的抗震性能。

1. 设置现浇钢筋混凝土构造柱(以下简称构造柱)：

震害调查分析和实验表明，在多层砌体房屋中，在适当部位设置钢筋混凝土构造柱，并和圈梁连接，使之共同工作，可以达到增加砌体的延性和变形能力，且可提高砌体的抗侧能力和整体性，从而保证砌体房屋在大震下裂而不倒。

(1)构造柱设置部位，一般情况下应符合表 12—5 的要求。

(2)外廊式和单面走廊式的多层房屋。应根据房屋增加一层后的层数，按表 12—5 的要求设置构造柱，且单面走廊两侧的纵墙均应按外墙处理。

(3)教学楼、医院等横墙较少的房屋。应根据房屋增加一层后的层数，按表 12—5 的要求设置构造柱；当教学楼、医院等横墙较少的房屋为外廊式或单面走廊式时，应按 2 款要求设置构造柱，但 6 度不超过四层、7 度不超过三层和 8 度不超过二层时，应按增加二层后的层数对待。

表 12-5 多层砖房构造柱设置

<table>
<tr><th colspan="4">房屋层数</th><th colspan="2" rowspan="2">设 置 的 部 位</th></tr>
<tr><th>6度</th><th>7度</th><th>8度</th><th>9度</th></tr>
<tr><td>四、五</td><td>三、四</td><td>二、三</td><td></td><td rowspan="3">外墙四角，错层部位横墙与外纵墙交接处，大房间内外墙交接处。较大洞口两侧</td><td>7、8度时，楼、电梯间的四角；隔15m或单元横墙与外纵墙交界处</td></tr>
<tr><td>六、七</td><td>五</td><td>四</td><td>二</td><td>隔一开间(轴线)横墙与外墙交接处，山墙与内纵墙交接处7、8度时，楼、电梯间的四角</td></tr>
<tr><td>八</td><td>六、七</td><td>五、六</td><td>三、四</td><td>内墙(轴线)与外墙交接处，内墙局部较小墙垛处。
7、8度时，楼、电梯间四角8度时无洞口内横墙与内纵墙交接处，9度时，内纵墙与横墙(轴线)交接处</td></tr>
</table>

(4)抗震缝两侧应设置抗震墙，并应视为房屋的外墙，按表12-5设置构造柱。

(5)单面走廊房屋除满足以上要求外，尚应在单面走廊房屋的山墙设置不少于3根的构造柱。

构造柱的截面尺寸及配筋：

构造柱最小截面可采用240mm×180mm纵向钢筋宜采用4ϕ12，箍筋间距不宜大于250mm，且在柱上下端适当加密；7度时超过六层、8度时超过五层和9度时，构造柱纵向钢筋宜采用4ϕ14，箍筋间距不应大于200mm；房屋四角的构造柱可适当加大截面及配筋。此外，每层构造柱上、下端450mm，并不小于$l/6$层高范围内应适当加密箍筋，其间距不应大于100mm。

构造柱的连接：

1)构造性与墙连接处宜砌成马牙槎，并应沿墙高每隔500mm设2ϕ6拉结钢筋，每边伸入墙内不宜小于1m；

2)构造柱与圈梁连接处，构造柱的纵筋应穿过圈梁，保证构造柱纵筋上下贯通。

3)构造柱可不单独设置基础，但应伸人室外地面下500mm，或锚入浅于500mm的基础圈梁内。

4)构造柱应沿整个建筑物高度对正贯通，不应使层与层之间的构造柱相互错位。

为了保证钢筋混凝土构造柱与墙体之间的整体性，施工时必须先砌墙，后浇柱。

2. 墙体之间的连接

对多层砖房纵横墙之间的连接，除了在施工中注意纵横墙的咬槎砌筑外，在构造设计时应符合下列要求：

1)7度时层高超过3.6m或长度大于7.2m的大房间，以及8度和9度时，外墙转角及内外墙交接处，当未设构造柱时，应沿墙高每隔500mm配置2ϕ6拉结钢筋，并每边伸人墙内不宜小于1m。

2)后砌的非承重砌体隔墙应沿墙高每隔500mm配置2ϕ6钢筋与承重墙或柱拉结，并每边伸人墙内不应小于500mm，8度和9度时长度大于5.1m的后砌非承重砌体隔墙的墙顶，尚应于楼板或梁拉结。

3. 钢筋混凝土圈梁

设置钢筋混凝土圈梁是提高砌体房屋抗震能力的有效措施之一。其作用为：增强房屋的整体性；作为楼屋盖的边缘构件，提高楼(屋)盖的水平刚度；加强纵横墙体的连接，限制墙体斜裂缝的延伸和开展；抵抗由于地震和其他原因引起的地基不均匀沉陷。特别是屋盖处和基础处的圈梁，能提高房屋的竖向刚度和抵抗不均匀沉降。

(1)多层普通砖、多孔砖房屋的现浇钢筋混凝土圈梁的设置要求

1)装配式钢筋混凝土楼盖、屋盖或木楼盖、屋盖的砖房，横墙承重时应按表 12-6 的要求设置圈梁，纵墙承重时每层均应设量圈梁，且抗震横墙上的圈梁间距应比表内要求适当加密。

表 12-6　砖房现浇钢筋混凝土圈梁设置要求

墙类	烈　度		
	6、7 度	8	9
外墙及内纵墙	屋盖处及每层楼盖处	屋盖处及每层楼盖处	屋盖处及每层楼盖处
内横墙	同上，屋盖处间距不应大于 7m，楼盖处间距不应大于 15m，构造柱对应部位	同上，屋盖处沿所有横墙，且间距不应大于 7m，楼盖处间距不应大于 7m，构造柱对应部位	同上，各层所有横墙

2)现浇或装配整体式钢筋混凝土楼、屋盖与墙体可靠连接的房屋可不设圈梁，但楼板沿墙体周边应加强配筋并应与相应构造柱钢筋可靠连接。

3)圈梁应闭合，遇有洞口圈梁应上下搭接。圈梁宜与预制板设在同一标高处或紧靠板底。

4)圈梁在表 12-6 要求的间距内无横墙时。应利用梁或板缝中配筋替代圈梁。

(2)圈梁截面尺寸及配筋

圈梁截面高度不应小于 120mm，配筋应符合表 12-7 的要求，但在软弱黏性土层、液化土、新近填土或严重不均匀土层上砌体房屋的基础圈梁，截面高度不应小于 180mm，配筋不应少于 4ϕ12，砖拱楼盖、屋盖房屋的圈梁应按计算确定，但配筋不应少于 4ϕ10。

表 12-7　砖房圈梁配筋要求

配筋烈度	6、7	8	9
最小纵筋	4ϕ10	4ϕ12	4ϕ14
最大箍筋间距(mm)	250	200	150

4. 楼(屋)盖与墙体的连接

(1)现浇钢筋混凝土楼板或屋面板伸进纵、横墙内的长度，均不应小于 120mm。

(2)装配式钢筋混凝土楼板或屋面板，当圈梁未设在板的同一标高时，板端伸进外墙的长度不应小于 120mm，伸进内墙的长度不应小于 100mm，在梁上不应小于 80mm。

(3)板的跨度大于 4.8m 并与外墙平行时，靠外墙的预制板侧边应与墙或圈梁拉结。

(4)房屋端部大房间的楼盖,8 度时房屋屋盖和 9 度时房屋的楼、屋盖,当圈梁设在板底时,钢筋混凝土预制板应相互拉结,并应与梁、墙或圈梁拉结。

(5)楼、屋盖的钢筋混凝土梁或屋架应与墙、柱(包括构造柱)或圈梁可靠连接,梁与砖柱的连接不应削弱柱截面,各层独立砖柱顶部应在两个方向均有可靠连接。

(6)7 度时长度大于 7.2m 的大房间,及 8 度和 9 度时,外墙转角及内外墙交接处,应沿墙高每隔 500mm 配置 2ϕ6 拉结钢筋,并每边伸人墙内不宜小于 1m。

(7)坡屋顶房屋的屋架应与顶层圈梁可靠连接,檩条或屋面板与墙及屋架可靠连接,房屋出入口的檐口瓦应与屋面构件锚固,8 度和 9 度时,顶层内纵墙顶宜增砌支承端山墙的踏步式墙垛。

(8)预制阳台应与圈梁和楼板的现浇带可靠连接。

(9)门窗洞口处不应采用无筋砖过梁,过梁支承长度,6~8 度时不应小于 240mm,9 度不应小于 360mm。

5. 楼梯间的抗震构造要求

(1)8 度和 9 度时,顶层楼梯间横墙和外墙宜沿墙每隔 500mm 高设 2ϕ6 通长钢筋,9 度时其他各层楼梯间墙体应在休息平台或楼层半高处设置 60mm 厚的钢筋混凝土带,其砂浆强度等级不宜低于 M7.5,纵向钢筋不应少于 2ϕ10。

(2)8 度和 9 度时,楼梯间及门厅内墙阳角处的大梁支承长度不应小于 500mm,并应与圈梁连接。

(3)装配式楼梯段应与平台板的梁可靠连接,不应采用墙中悬挑式踏步或踏步竖肋插入墙体的楼梯,不应采用无筋砖砌栏板。

(4)突出屋顶的楼、电梯间,构造柱应伸到顶部,并与顶部圈梁连接,内外墙交接处应沿墙高每隔 500mm 设 2ϕ6 拉结钢筋,且每边伸人墙内不少于 1m。

6. 基础

同一结构单元的基础(或桩承台),宜采用同一类型的基础,底面宜埋置在同一标高上,否则应增设基础圈梁并应按 1∶2 的台阶逐步放坡。

7. 多层砌块房屋的抗震构造要求

(1)小砌块房屋,应按表 12-8 的要求设置钢筋混凝土芯柱,对医院、教学楼等横墙较少的房屋,应根据房屋增加一层后的层数,按表 12-8 的要求设置芯柱。

表 12-8 小砌块房屋芯柱设置要求

房屋层数			设置部位	设置数量
6 度	7 度	8 度		
四、五	三、四	二、三	外墙转角,楼梯间四角;大房间内外墙交接处;隔 15m 或单元横墙与外纵墙交接处	外墙转角,灌实 3 个孔;内外墙交接处,灌实 4 个孔
六	五	四	外墙转角,楼梯间四角;大房间内外墙交接处,山墙与内纵墙交接处,隔开间横墙(轴线)与外纵墙交接处	

续表

房屋层数			设置部位	设置数量
6 度	7 度	8 度		
七	六	五	外墙转角,楼梯间四角;各内墙(轴线)与外纵墙交接处;8、9 度时,内纵墙与横墙(轴线)交接处和洞口两侧	外墙转角,灌实 5 个孔;内外墙交接处,灌实 4 个孔,内墙交接处,灌实 4～5 个孔,洞口两侧各灌实 1 个孔
	七	六	同上;横墙内芯柱间距不宜大于 2m	外墙转角,灌实 7 个孔;内外墙交接处,灌实 5 个孔,内墙交接处,灌实 4～5 个孔,洞口两侧各灌实 1 个孔

注:外墙转角、内外墙交接处、楼电梯间四角部位,应允许采用钢筋混凝土构造柱替代部分芯柱。

(2)小砌块房屋的芯柱,应符合下列构造要求:

1)小砌块房屋芯柱截面,不宜小于 120mm×120mm;

2)芯柱混凝土强度等级,不应低于 C2();

3)芯柱的竖向插筋应贯通墙身且与圈梁连接,插筋不应少于 1ϕ12,7 度时超过 5 层、8 度时超过四层和 9 度时,插筋不应少于 1ϕ14;

4)芯柱应伸人室外地面下 500mm 或锚入浅于 500mm 的基础圈梁内;

5)为提高墙体抗震受剪承载力而设置的芯柱,宜在墙体内均匀布置,最大净距不宜大于 2.0m。

(3)砌块房屋的钢筋混凝土构造柱,应符合下列构造要求:

1)构造柱最小截面可采用 190mm×l90mm,纵向钢筋宜采用 4ϕ12,箍筋间距不应大于 250mm。且在柱上下端宜适当加密,7 度时超过五层、8 度时超过四层和 9 度时,构造柱纵向钢筋宜采用 4ϕ14,箍筋间距不应大于 200mm,外墙转角的构造柱可适当加大截面及配筋;

2)构造柱与砌块墙连接处应砌成马牙槎,与构造柱相邻的砌块孔洞,6 度时宜填实,7 度时应填实,8 度时应填实并插筋,沿墙高每隔 600mm 应设拉结钢筋网片,每边伸人墙内不宜小于 1m;

3)构造柱与圈梁连接处,构造柱的纵筋应穿过圈梁,保证构造柱纵筋上下贯通;

4)构造柱可不单独设置基础,但应伸入室外地面下 500mm,或锚入浅于 500mm 的基础圈梁内。

(4)小砌块房屋的圈梁构造要求

小砌块房屋的现浇钢筋混凝土圈梁,应按表 12-9 的要求设置,圈梁宽度不应小于 190mm,配筋不应少于 4ϕ12,箍筋间距不应大于 200mm。

表 12-9　小砌块房屋的现浇钢筋混凝土圈梁设置要求

墙类	烈　度	
	6、7 度	8 度
外墙与内纵墙	屋盖处和每层楼盖处	屋盖处和每层楼盖处
内横墙	同上,屋盖处沿所有横墙;楼盖处间距不应大于 7m,构造柱对应部位	同上,各层所有横墙

砌块房屋的其他构造措施,如后砌非承重墙与承重墙或柱的拉结,圈梁的截面积和配筋以及基础圈梁的设置等与多层砖砌房屋相应要求相同。

12.3 钢筋混凝土多层框架结构的抗震设计简介

12.3.1 框架结构地震破坏特点

钢筋混凝土框架房屋是我国工业与民用建筑较常用的结构形式,层数一般在10层以下,多数为5~6层。震害调查表明,框架结构震害的严重部位多发生在框架梁柱节点和填充墙处。

1. 框架梁、柱节点的震害

未经抗震设计的框架的震害主要反映在梁柱节点区。一般是柱的震害重于梁;柱顶的震害重于柱底;角柱的震害重于内柱,短柱的震害重于一般柱。具体情况如下:

1)柱顶地震作用后,柱顶周围出现水平裂缝、斜裂缝或交叉裂缝,重者混凝土压碎崩落,柱内箍筋拉脱,纵筋压屈呈灯笼状,上部梁、板倾斜。主要原因是节点处柱端的弯矩、剪力、轴力都比较大,柱头箍筋配置不足或锚固不好,在弯、剪、压共同作用下先使柱头保护层剥落,箍筋失效.而后纵筋压屈。这种现象在高烈度区较为普遍,很难修复。

2)柱底　柱底常见的震害是在离地面100~400　处有周圈水平裂缝,虽受力情况与柱顶相同,但由于纵筋一般在此搭接,《混凝土结构设计规范》要求钢筋搭接区箍筋要加密,在客观上起到了抗震措施的作用,故震害轻于柱顶。

3)施工缝处　地震发生后,柱的施工缝处常有一圈水平缝,其主要原因是混凝土的结合面处理不好所致。

4)短柱　当框架中有错层、夹层或有半高的填充墙时,或不适当的设置了某些连系梁时,容易形成短柱(柱子的净高不大于柱截面长边的4倍)。短柱的刚度大,能吸收较多的地震能量,但短柱在剪力作用下常发生剪切破坏,形成交叉裂缝甚至脆断。

5)角柱　在地震作用下房屋不可避免的要发生扭转,而角柱所受扭转剪力最大,同时角柱又受双向弯矩作用,而此处横梁的约束作用又小,所以震害重于内柱。

6)梁端　地震发生后,往往在梁的两端,即节点附近产生周圈的竖向裂缝或斜裂缝。这是因为在地震的往复作用下,梁端产生较大的变号弯矩。当地震作用效应超过混凝土的抗拉强度时,便产生周圈裂缝。

7)梁柱节点　在地震的往复作用和重力荷载作用下,节点核心区混凝土处于剪压复合应力状态。当节点区箍筋不足时,在剪压作用下,节点核心区混凝土将出现交叉斜向贯通裂缝甚至挤压破碎。

2. 填充墙的震害

在框架结构中为了分隔房间常于柱间嵌砌填充墙,在水平地震力作用下,填充墙与框架共同工作。由于填充墙的刚度大,因此吸引了较大的地震作用,在水平地震作用下,框架的层间变形较大,而砌体填充墙的极限变形则很小,填充墙企图阻止框架的侧向变形,但填充墙的抗剪强度较低,因而在地震往复作用下即产生斜裂缝或交叉裂缝。震害表明,7度时填充墙即出现裂缝。在8度和8度以上地震作用下,填充墙的裂缝明显加重,且端墙、窗间墙、门窗洞口边角部分裂缝最多，9 度以上填充墙大部分倒塌。

由于框架的变形为剪切型，下部层间变形大于上部，所以填充墙在房屋中下部破坏严重。且空心砌体墙重于实心砌体墙，砌块墙重于砖墙。

3. 其他震害

建造在较弱地基上或液化土层上的框架结构，在地震时，常因地基的不均匀沉陷使上部结构倾斜甚至倒塌。

对体型复杂不规则的钢筋混凝土结构房屋，以往设计者多以防震缝将其分成较规则的单元，由于防震缝的宽度受到建筑装修等要求限制，往往难以满足强烈地震时实际侧移量，从而造成相邻单元间碰撞而产生震害。

12.3.2 结构选型

1. 房屋最大适用高度

《抗震规范》在考虑地震烈度、场地土、抗震性能、使用要求及经济效果等因素和总结地震经验的基础上，对地震区多高层房屋的最大适用高度给出了规定，见表 12-10。平面和竖向均不规则的结构，适用的最大高度应适当降低。

表 12-10 现浇钢筋混凝土房屋最大适用高度 (m)

结构类型	烈度			
	6	7	8	9
框架	60	55	45	25
框架—剪力墙	130	120	100	50

注：1. 房屋高度指室外地面到主要屋面板板顶的高度（不包括局部突出屋顶部分）；

2. 乙类建筑可按本地区抗震设防烈度确定适用的最大高度。

2. 结构的抗震等级

综合考虑建筑物重要性、设防烈度、结构类型和房屋高度等主要因素，《抗震规范》将钢筋混凝土结构房屋划分为四个抗震等级，表 12-11 中仅摘录框架、框架—剪力墙结构的抗震等级。

3. 防震缝布置

震害调查表明，设有防震缝的建筑，地震时由于缝宽不够，仍难免使相邻建筑发生局部碰撞，建筑装饰也易遭破坏。但缝宽过大。又给立面处理和抗震构造带来困难，故多高层钢筋混凝土房屋，宜避免采用不规则的建筑结构方案。当建筑平面突出部分较长，结构刚度及荷载相差悬殊或房屋有较大错层时，可设置防震缝。

设置防震缝时，对于框架、框架—剪力墙房屋，缝的最小宽度应符合下列规定：

(1)防震缝最小宽度应符合下列要求：

1)框架结构房屋的抗震缝宽度，当高度不超过 15m 时可采用 70mm；超过 15m 时，6、7、8 度和 9 度相应每增加高度 5m、4m、3m 和 2m，宜加宽 20mm；

2)框架—剪力墙结构房屋的抗震缝宽度可采用 1)项规定数值的 70%，剪力墙结构房屋的防震缝宽度可采用 1)项规定数值的 50%；且均不宜小于 70mm；

3)防震缝两侧结构类型不同时，宜按需要较宽防震缝的结构类型和较低房屋高缝宽。

(2)8、9 度框架结构房屋防震缝两侧结构高度、刚度或层高相差较大时，可在缝两侧房屋的尽端沿全高设置垂直于防震缝的抗震墙，每一侧抗震墙的数量不应少于两道，且宜分别对称布置。防震缝两侧抗震墙的端柱和框架的边柱，箍筋应沿房屋全高加密。

抗震缝应沿房屋全高设置，基础可不分开。一般情况下，伸缩缝、沉降缝和抗震缝尽可能合并布置。抗震缝两侧应布置承重框架。

表 12-11　现浇钢筋混凝土房屋的抗震等级

结构类型		烈　度						
		6		7		8	9	
框架结构	高度(m)	≤30	>30	≤30	>30	≤30	>30	≤25
	框架	四	三	三	二	二	一	一
	剧场、体育馆等大跨度公共建筑	三		二		一		一
框架—剪力墙结构	高度(m)	≤60	>60	≤60	>60	≤60	>60	≤50
	框架							
	剪力墙							

12. 3. 3　结构布置原则

在结构布局上，框架结构和框架—剪墙结构中，框架和抗震墙均应双向设置，以抵抗两个方向的水平地震作用。柱中线与抗震墙中线、梁中线与柱中线之间偏心矩不宜大于柱宽的1/4。

为了减小地震作用，应尽量减轻建筑物自重并降低其重心位置，尤其是工业房屋的大型设备，宜布置在首层或下部几层。平面上尽量使房屋的刚度中心和质量中心接近，以减轻扭转作用的影响。

1. 框架结构应符合下列要求：

1)同一结构单元宜将每层框架设置在同一标高处，尽可能不采用复式框架，力求避免出现错层和夹层，造成短柱破坏；

2)为了保证框架结构的可靠抗震，应设计延性框架，遵守“强柱弱梁”、“强剪弱弯”“强节点、强锚固”等设计原则；

3)框架刚度沿高度不宜突变，以免造成薄弱层。出屋面小房间不要做成砖混结构，可将柱子延伸上去或作钢木轻型结构，以防鞭端效应造成破坏；

4)楼电梯间不宜设在结构单元的两端及拐角处，前者由于没有楼板和山墙拉结，既影响传递水平力，又造成山墙稳定性差。后者因角部扭转效应大，受力复杂容易发生震害。

2. 框架—剪力墙结构中剪力墙设置宜符合下列要求

1)剪力墙宜贯通房屋全高，且横向与纵向的剪力墙宜相连；

2)剪力墙宜设置在墙面不需要开大洞口的位置；

3)房屋较长时，刚度较大的纵向剪力墙不宜设置在房屋的端开间；

4)剪力墙洞口宜上下对齐，洞边距端柱不宜小于 300mm。

12.3.4 构造措施

1. 梁截面尺寸

为防止梁生剪切破坏而降低其延性，框架梁截面尺寸应符合下列要求：梁截面的宽度不宜小于 200mm，且不宜小于柱宽的 1/2；截面高度与宽度的比值不宜大于 4；梁净跨与截面高度之比不宜小于 4。

2. 梁的配筋率

在梁端截面，为保证塑性铰有足够的转动能力，其纵向受拉钢筋的配筋率不应大于 2.5%，且计入受压钢筋的梁端混凝土受压区高度和有效高度之比应满足以下要求：

一级框架 $x \leqslant 0.25h$；

二、三级框架 $x \leqslant 0.35h$

纵向受拉钢筋配筋率不应小于表 12-12 规定的数值。

表 12-12 框架梁纵向受拉钢筋的最小配筋百分率(%)

抗震等级	梁中位置	
	支座	跨中
一级	0.4 和 $80f_t/f_y$ 中的较大者	0.3 和 $65f_t/f_y$ 中的较大者
二级	0.3 和 $65f_t/f_y$ 中的较大者	0.25 和 $55f_t/f_y$ 中的较大者
三级	0.25 和 $55f_t/f_y$ 中的较大者	0.2 和 $45f_t/f_y$ 中的较大者

考虑到受压钢筋的存在，对梁延性有利，同时在地震作用下，梁端可能产生反向弯矩，因此，要求梁端截面下部与上部钢筋配筋量的比值除按计算确定外，一级框架不应小于 0.5，二、三级框架不应小于 0.3，同时也不宜过大，以防止节点承受过大的剪力和避免梁端配筋过多而出现塑性铰向柱端转移的现象。

考虑到在荷载作用下反弯点位置可能有变化，框架梁上部和下部至少应各配置两根贯通全长的纵向钢筋，对一、二级框架不应小于 $2\phi14$，且不应少于梁上部和下部纵向钢筋中较大截面面积的 1/4，三、四级框架不应少于 $2\phi12$。

3. 梁的箍筋

为提高框架梁的抗剪性能和梁端塑性铰区内混凝土的极限压应变值，且为增加梁的延性，梁端的箍筋应加密。加密区的长度、箍筋最大间距和最小直径按表 12-13 采用，加密区的箍筋肢距，一级框架不宜大于 200mm 和 20 倍箍筋直径较大值，二、三级框架不宜大于 250mm 和 20 倍箍筋直径较大值；四级不宜大于 300mm。纵向钢筋每排多于四根时，每隔一根宜用箍筋或拉筋固定。箍筋末端应做成不小于 135 度的弯钩，弯钩端头平直段长度不应小于 $10d$（d 为箍筋直径）。

表 12-13 梁端箍筋加密区的构造要求 (mm)

抗震等级	加密区长度（采用较大值）	箍筋最大间距（采用最小值）	箍筋最小直径
一	$2h_b$,500	$h_b/4$,$6d$,100	10
二	$1.5h_b$,500	$h_b/4$,$8d$,100	8
三	$1.5h_b$,500	$h_b/4$,$8d$,150	8
四	$1.5h_b$,500	$h_b/4$,$8d$,150	6

注：d 为纵向钢筋直径；h_b 为梁高。

4. 梁内纵筋锚固

在反复荷载作用下，在纵向钢筋埋入梁柱节点的相当长度范围内，混凝土与钢筋之间的黏结力将发生严重破坏，因此在地震作用下，框架梁中纵向钢筋的锚固长度 l_{aE}应符合下列要求：

一二级抗震等级 $l_{aE}=1.15\ l_a$

三级抗震等级 $l_{aE}=1.05\ l_a$

四级抗震等级 $l_{aE}=\ l_a$

式中 l_a 为纵向受拉钢筋的锚固长度。

框架中间层的中间节点处，框架梁的上部纵向钢筋应贯通中间节点；对一、二级抗震等级，梁的下部纵向钢筋伸入中间节点的锚固长度不应小于 l_{aE}且伸过中心线不应小于 $5d$。

框架中间层的端节点处，当框架梁上部纵向钢筋用直线锚固方式锚入端节点时，其锚固长度除不应小于 l_{aE}外，尚应伸过柱中心线不小于 $5d$，此处，d 为梁上部纵向钢筋的直径。当水平直线段锚固长度不足时，梁上部纵向钢筋应伸至柱外边并向下弯折。弯折前的水平投影长度不应小于 $0.4l_{aE}$，弯折后的竖直投影长度取 $15d$。梁下部纵向钢筋在中间层端节点中的锚固措施与梁上部纵向钢筋相同。但竖直段应向上弯入节点。

框架顶层中间节点处，柱纵向钢筋应伸至柱顶。当采用直线锚固方式时，其自梁底边算起的锚固长度不应小于 l_{aE}，当直线段锚固长度不足时，该纵向钢筋伸到柱顶后可向内弯折，弯折前的锚同段竖向投影长度不应小于 $0.5l_{aE}$，弯折后的水平投影长度取 $12d$；当楼盖为现浇混凝土，且板的混凝土强度不低于 C20、板厚不小于 80mm 时，也可向外弯折，弯折后的水平投影长度取 $12d$。

框架顶层的端节点处，柱外侧纵向钢筋可沿节点外边和梁上边与梁上部纵向钢筋搭接连接，搭接长度不应小于 $1.5l_{aE}$，且伸入梁内的柱外侧纵向钢筋截面面积不宜少于柱外侧全部柱纵向钢筋截面面积的 65%，其中不能伸入梁内的外侧柱纵向钢筋，宜沿柱顶伸至柱内边；当楼盖为现浇混凝土，且板的混凝土强度不低于 C20、板厚不小于 80mm 时，梁宽范围外的柱纵向钢筋可伸入板内，其伸入长度与伸入梁内的柱纵向钢筋相同。梁上部纵向钢筋应伸至柱外边并向下弯折到梁底标高。

此外，纵筋的接头应避开梁端箍筋加密区，且宜采用焊接接头。

5. 框架柱的构造措施

(1)柱截面尺寸

柱的平均剪应力太大，会使柱产生脆性的剪切破坏，平均压应力或轴压比太大，会使柱产生混凝土压碎破坏。为了使柱有足够的延性，框架柱截面尺寸应符合下列要求：

1）柱截面宽度和高度不宜小于 300mm，圆柱直径不宜小于 350mm；

2）为避免柱引起的脆性破坏，柱净高与截面高度（圆柱直径）之比不宜小于 4

3）剪跨比宜大于 2；

4）截面长边与短边的边长比不宜大于 3。

（2）轴压比限值

根据延性要求，柱的轴压比应不超过表 12-14 规定的限值。建造于四类场地且较高的高层建筑，柱轴压比限值应适当减小。

表 12-14　柱轴压比限值

类别 \ 抗震等级	一	二	三
框架结构	0.7	0.8	0.9
框架—剪力墙、板柱抗震墙及筒体	0.75	0.85	0.95
部分框支剪力墙	0.6	0.7	—

柱：1. 表内限值适用于剪跨比大于 2、混凝土强度等级不高于 C60 的柱；剪跨比不大于 2 的柱轴压比限值应降低 0.05；剪跨比小于 1.5 的柱，轴压比限值应专门研究；

2. 柱轴压比不应大于 1.05。

（3）柱纵向钢筋的配置

1）柱中纵向钢筋宜对称配置；

2）对截面尺寸大于 400mm 的柱，纵向钢筋间距不宜大于 200mm；

3）柱中全部纵向钢筋的总配筋率不应小于表 12-15 的规定，且不应大于 5%。对 IV 类场地上较高的高层建筑，表中数值应增加 0.1。另外，柱中纵筋的锚固长度不应小于 l_{aE}；

4）边柱、角柱及抗震墙端柱在地震作用组合产生小偏心受拉时，柱内纵筋总截面面积应比计算值增加 25%；

5）柱纵向钢筋的绑扎接头应避开柱端的箍筋加密区。

（4）柱的箍筋要求

在地震力的反复作用下，柱端钢筋保护层往往首先碎落，这时，如无足够的箍筋约束，纵筋就会向外弯曲，造成柱端破坏。箍筋对柱的核心混凝土起着有效的约束作用，提高配箍率可显著提高受压混凝土的极限压应变，从而有效增加柱的延性。因此《抗震设计规范》对框架柱箍筋构造提出以下要求；

1）柱两端的箍筋应加密，加密区的范围应不小于 1/6 柱净高，不小于柱截面长边，且不小于 500mm，对于底层柱，柱根加密区不小于柱净高的 1/3；在刚性地坪上下各 500mm 高度范围内应加密。框支柱、一级及二级框架的角柱沿全高加密；

2）柱加密区的箍筋间距和直径按表 12-15 采用；

表 12-15 柱加密区箍筋最大间距和最小直径

抗震等级	箍筋最大间距(采用较小值,mm)	箍筋最小直径(mm)
一	$6d$,100	10
二	$8d$,100	8
三	$8d$,150(柱根 100)	8
四	$8d$,150(柱根 100)	6(柱根 8)

3) 加密区内箍筋肢距,一级不宜大于 200mm,二级、三级不宜大于 250mm 和 20 倍箍筋直径的较大值,四级不宜大于 300mm。且每隔一根纵向钢筋宜在两个方向有箍筋约束。采用拉筋复合箍时,拉筋宜紧靠纵向钢筋并钩住箍筋。

4) 二级框架柱的箍筋直径不小于 10mm 且箍筋肢距不大于 200mm 时,除柱根外最大间距应允许采用 150mm;三级框架柱的截面寸不大于 400mm 时,箍筋最小直径允许采用 6mm;四级框架柱剪跨比不太于 2 时,箍筋直径不应小于 8mm;

5) 框支柱和剪跨比不大于 2 的柱,应在柱全高范围内加密箍筋,且箍筋间距不应大于 100mm。

柱非加密区的箍筋量不宜小于加密区的 50%,且箍筋间距,对一、二级抗震不应大 $10d$,对三级抗震不应大于 $15d$,d 为纵向钢筋直径。

6. 框架节点

框架节点核心区箍筋的最大间距和最小直径与柱加密区相同。

7. 砌体填充墙

当考虑实心砖填充墙的抗侧力作用时,填充墙的厚度不得小于 240mm,砂浆强度等级不得低于 M5,墙应嵌砌于框架平面内并与梁柱紧密结合,宜采用先砌墙后浇框架的施工方法。当不考虑填充墙抗震作用时,宜与框架柱柔性连接,但顶部应与框架梁底紧密结合。

砌体填充墙框架应沿框架柱每高 500mm 配置 2ϕ6 拉结钢筋,拉筋伸人填充墙内的长度:一、二级框架宜沿墙全长设置;三、四级框架不应小于墙长的 1/5 且不小于 700mm;当墙长大于 6m 时,墙顶部与梁宜有拉结措施;当墙高超过 4m 时,宜在墙高中部设置与柱相连的通长钢筋混凝土水平墙梁。

附　表

附表 1　混凝土强度设计值、标准值和弹性模量(N/mm^2)

强度种类			C15	C20	C25	C30	C35	C40	C45	C50	C55	C60	C65	C70	C75	C80
			混凝土强度等级													
强度设计值	轴心抗压	f_c	7.2	9.6	11.9	14.3	16.7	19.1	21.2	231	25.3	27.5	29.7	31.8	33.8	35.9
	轴心抗拉	f_t	0.91	1.10	1.27	1.43	1.57	1.71	1.80	1.89	1.96	2.04	2.09	2.14	2.18	2.22
强度标准值	轴心抗压	f_{ck}	10.0	13.4	16.7	20.1	23.4	26.8	29.6	32.4	35.5	38.5	41.5	44.5	47.4	50.2
	轴心抗拉	f_{tk}	1.27	1.54	1.78	2.01	2.20	2.39	2.51	2.64	2.74	2.85	2.93	2.99	3.05	3.11
弹性模量($\times 10^4$)		E_c	2.20	2.55	2.80	3.00	315	3.25	3.35	3.45	3.55	3.60	3.65	3.70	3.75	3.80

注:1.计算现浇钢筋混凝土轴心受压及偏心受压构件时,如截面的长边或直径小于300mm,则表中混凝土的强度设计值应乘系数0.8;当构件质量(如混凝土成型、截面和轴线尺寸等)确有保证时,可不受此限制;

2.离心混凝土的强度设计值应按有关的专门规定取用。

附表 2　普通钢筋强度设计值、强度标准值及弹性模量(N/mm^2)

种类		符号	d mm	抗拉强度设计值 f_y	抗压强度设计值 f_y'	强度标准值 f_{yk}	弹性模量 E_s
热轧钢筋	HPB235(Q235)	Φ	6～20	210	210	235	2.1×10^5
	HRB335(20MnSi)	Φ	6～50	300	300	335	2.0×10^5
	HRB 400(20MnSiV、20MnSiNK20MnTi)	Φ	6～50	360	360	400	2.0×10^5
	RRB400(20MnSi)	Φ^R	8～40	360	360	400	2.0×10^5

注:1.在钢筋混凝土结构中,轴心受拉和小偏心受拉的钢筋抗拉强度设计值大于300N/ mm^2时,仍应按300N/mm^2取用;

2.构件中配有不同种类的钢筋时,每种钢筋根据其受力情况应采用各自的强度设计值;

3.当采用直径大于40mm的钢筋时,应有可靠的工作经验。

附表 3 预应力钢筋强度标准值 (N/mm²)

种类		符号	d(mm)	f_{ptk}
钢绞线	1×3	ϕ^{S}	8.6、10.8	1860、1720、1570
			12.9	1728、1570
	1×7		9.5、11.1、12.7	1860
			15.2	1860、1720
消除应力钢丝	光面螺旋肋	ϕ^{P}	4、5	1770、1670、1570
		ϕ^{H}	6	1570
			7、8、9	1570
	刻痕	ϕ^{I}	5、7	1470
热处理钢筋	$40Si_2Mn$	ϕ^{HT}	6	
	$48Si_2Mn$		8.2	
	$45Si_2Cr$		10	

注：1. 钢绞线直径 d 系指钢绞线外接圆直径，即现行国家标准《预应力混凝土用钢绞线》GB/T5224 中的公称直径，钢丝和热处理钢筋的直径 d 均指公称直径；

2. 消除应力光面钢丝直径 d 为 4～9mm，消除应力螺旋肋钢丝直径 d 为 4～8mm。

附表 4 预应力钢筋强度设计值(N/mm²)

种类		符号	f_{ptk}	f_{py}	f_{py}	弹性模量
钢绞线	1×3	ϕ^{S}	1860	1320	390	1.95×10^{5}
			1720	1220		
			1570	1110		
	1×7		1860	1320	390	
			1720	1220		
消除应力钢丝	光面螺旋肋	ϕ^{P}	1770	1250	410	2.05×10^{5}
		ϕ^{H}	1670	1180		
			1570	1110		
	刻痕	ϕ^{I}	1570	1110	410	
热处理钢筋	$40Si_2Mn$	ϕ^{HT}	1470	1040	400	2.0×10^{5}
	$48Si_2Mn$					
	$45Si_2Cr$					

注：当预应力钢绞线、钢丝的强度标准值不符合附表 3 的规定时，其强度设计值应进行换算。

附表5　常用材料与构件自重

类别	名　称	自　重	备　注
隔墙及墙面 (kN/m²)	双面抹灰板条隔墙	0.9	灰厚16～24mm,龙骨在内
	单面抹灰板条隔墙	0.5	灰厚16～24mm,龙骨在内
	水泥粉刷墙面	0.36	20mm厚,水泥粗砂
	水磨石墙面	0.55	25mm厚,包括打底
	水刷石墙面	0.5	25mm厚,包括打底
	石灰粗砂粉刷	0.34	20mm厚
	外墙拉毛墙面	0.7	包括25mm厚水泥砂浆打底
	剁假石墙面	0.5	25mm厚,包括打底
	贴磁砖墙面	0.5	包括水泥砂浆打底,共厚25mm
屋面 (kN/m²)	小青瓦屋面	0.90～1.10	
	冷摊瓦屋面	0.50	
	粘土平瓦屋面	0.55	
	水泥平瓦屋面	0.50～0.55	
	波形石棉瓦	0.20	1820×725×8mm
	瓦楞铁	0.05	26号
	镀锌薄钢板(白铁皮)	0.05	24号
	油毡防水层	0.05	一毡两油
	油毡防水层	0.25～0.30	一毡两油,上铺小石子
	油毡防水层	0.30～0.35	二毡三油,上铺小石子
	油毡防水层	0.35～0.40	三毡四油,上铺小石子
屋架 (kN/m²)	木屋架	0.07＋0.007×跨度	按屋面水平投影面积计算,跨度以米计
	钢屋架	0.12＋0.011×跨度	无天窗,包括支撑,按屋面水平投影面积计算,跨度以米计
门窗 (kN/m²)	木框玻璃窗	0.20～0.30	
	钢框玻璃窗	0.40～045	
	铝合金窗	0.1～0.24	
	玻璃幕墙	0.36～0.70	
	木门	0.10～0.20	
	钢铁门	0.40～0.45	
	铝合金门	0.27～0 30	
预制板 (kN/m²)	预应力空心板	1.73	板厚120mm,包括填缝
	预应力空心板	2.58	板厚180mm,包括填缝
	槽形板	1.2,1.45	肋高120、180mm,板宽600mm
	大型屋面板	1.3,1.47,1.75	板厚180、240、300mm,包括填缝
	加气混凝土板	1.3	板厚200mm,包括填缝
地面 (kN/m²)	硬木地板	0.2	厚25mm,剪刀撑、钉子等自重在内,不包括格栅自重
	地板搁栅	0.2	仅搁栅自重
	水磨石地面	0.65	面层厚10mm,20mm厚水泥砂浆打
	菱苦土地面	0.28	底厚20mm

续表

类别	名　　称	自重	备　　注
顶棚(kN/m²)	V形轻钢龙骨吊顶	0.12	一层9mm纸面石膏板、无保温层
	V型轻钢龙骨及铝合金龙骨吊顶	0.17	一层9mm纸面石膏板、有厚50mm的岩棉保温层
		0.20	二层9mm面石膏板、无保温层
		0.25	二层9mm纸面石膏板、有厚50mm的岩棉板保温层
		010～0.12	一层矿棉吸音板厚15mm，无保温层
	丝网抹灰吊顶	0.45	
	麻刀灰板条棚顶	0.45	吊木在内，平均灰厚20mm
	砂子灰板条棚顶	0.55	吊木在内，平均灰厚25mm
	三夹板顶棚	0.18	吊木在内
	术丝板吊顶棚	0.26	厚25mm，吊木及盖缝条在内
	顶棚上铺焦渣锯末绝缘层	0.2	厚50mm，焦渣：锯末按15混合
基本材料(kN/m²)	素混凝土	22～24	振捣或不振捣
	钢筋混凝土	24～25	
	加气混凝土	550～750	单块
	焦渣混凝土	16～17	承重用
	焦渣混凝土	10～14	填充用
	泡沫混凝土	4～6	
	石灰砂浆、混合砂浆	17	
	水泥砂浆	20	
	水泥蛭石砂浆	5～8	
	膨胀珍珠岩砂浆	7～15	
	水泥石灰焦渣砂浆	14	
	岩棉	0.50～2.50	
	矿渣棉	120～1.50	
	沥青矿渣棉	120～1.60	
	水泥膨胀珍珠岩	3.50～4	
	水泥蛙石	4～6	
砌体(kN/m²)	浆砌普通砖	18	
	浆砌机砖	19	
	浆砌矿渣砖	21	
	浆砌焦渣砖	12.5～14	
	土坯砖砌体	16	
	三合土	17	灰：砂：土＝1：1：9～1：1：4
	浆砌细方石	26.4，256，22.4	花岗石、石灰石、砂岩
	浆砌毛方石	24.8，24，20.8	花岗石、石灰石、砂岩
	干砌毛石	208，20，176	花岗石、石灰石、砂岩

附表 6 混凝土保护层最小厚度(mm)

环境类别		板、墙、壳			梁			柱		
		≤C20	C25—C45	≥C50	≤C20	C25—C45	≥C50	≤C20	C25—C45	≥C50
一		20	15	15	30	25	25	30	30	30
二	a	—	20	20	—	30	30	—	30	30
	b	—	25	20	—	35	30	—	35	30
三		—	30	25	—	40	35	—	40	35

注:基础中纵向受力钢筋的混凝土保护层厚度不应小于 40mm;当无垫层时不应小于 70mm。

附表 7 钢筋混凝土结构构件中纵向受力钢筋的最小配筋率

受力类型		最小配筋百分率
受压构件	全部纵向钢筋	0.6
	一侧纵向钢筋	0.2
受弯构件、偏心受拉、轴心受拉构件一侧的受拉钢筋		0.2 和 $45f_t/f_y$ 中的较大值

注:1.受压构件全部纵向钢筋最小配筋百分率,当采用 HRB400 级、RRB400 级钢筋时,应按表中规定减小 0.1;当混凝土强度等级为 C60 及以上时,应按表中规定增大 0.1;

2.偏心受拉构件中的受压钢筋,应按受压构件一侧纵向钢筋考虑;

3.受压构件全部纵向钢筋和一侧纵向钢筋的配筋率以及轴心受拉构件和小偏心受拉构件一侧受拉钢筋的配筋率应按构件的全截面面积计算;受弯构件、大偏心受拉构件一侧受拉钢筋的配筋率应按全截面面积扣除受压翼缘面积 $(b'_f-b)h'_f$ 后的截面面积计算;

4.当钢筋沿构件截面周边布置时,一侧纵向钢筋系指沿受力方向两个对边中的一边布置的纵向钢筋。

附表8 钢筋的计算截面面积及理论重量表

直径(mm)	钢筋截面面积 A_s(mm²)及钢筋排列成一行时梁的最小宽度 b(mm)												公称质量(kg/m)
	一根	二根	三根		四根		五根		六根	七根	八根	九根	
	A_s	A_s	A_s	b	A_s	b	A_s	b	A_s	A_s	A_s	A_s	
2.5	49	9.8	14.7		19.6		24.5		295	343	392	44.1	0.039
3	71	14.1	21.2		28.3		35.3		42.4	49.5	565	63.6	0.055
4	12.6	25.1	37.7		50.2		62.8		754	87.9	100.5	113	0.099
5	196	39	59		79		98		118	138	157	177	0.154
6	283	57	85		113		142		170	198	226	255	0.222
6.5	332	66	100		133		166		199	232	265	299	0.260
8	503	101	151		201		252		302	352	402	453	0.395
8.2	528	106	158		211		264		317	370	423	475	0.432
10	785	157	236		314		393		471	550	628	707	0.617
12	1131	226	339	150	452	$\frac{200}{180}$	565	$\frac{250}{220}$	678	791	904	1017	0.888
14	153.9	308	461	150	615	$\frac{200}{180}$	769	$\frac{250}{220}$	923	1077	1230	1387	1.208
16	2011	402	603	$\frac{180}{150}$	804	200	1005	250	1206	1407	1608	1809	1.578
18	254.5	509	763	$\frac{180}{150}$	1017	$\frac{220}{200}$	1272	$\frac{300}{250}$	1526	1780	2036	2290	1.998
20	3142	628	942	180	1256	220	1570	$\frac{300}{250}$	1884	2200	2513	2827	2.466
22	3801	760	1140	180	1520	$\frac{250}{220}$	1900	300	2281	2661	3041	3421	2.984
25	4909	982	1473	$\frac{200}{180}$	1964	250	2454	300	2945	3436	3927	4418	3.85
28	615.3	1232	1847	200	2463	250	3079	$\frac{300}{250}$	3695	4310	4926	5542	4.83
32	8043	1609	2413	220	3217	300	4021	350	4826	5630	6434	7238	6.31
36	1017.9	2036	3054		4072		5089		6107	7125	8143	9161	7.99
40	1256.1	2513	3770		5027		6283		7540	8796	10053	11310	9.865

注：1. 表中梁最小宽度 b 为分数时，横线以上数字表示钢筋在梁顶部时所需的宽度，横线以下数字表示钢筋在梁底部时所需宽度；

2. 表中钢筋直径 d=5～9mm 有热轧圆盘供应。

附表 9 钢筋混凝土板每米宽的钢筋面积表（mm^2）

钢筋间距（mm）	钢筋直径（mm）											
	3	4	5	6	6/8	8	8/10	10	10/12	12	12/14	14
70	101	179	281	404	561	719	920	1121	1369	1616	1907	2199
75	94.3	167	262	377	524	671	859	1047	1277	1508	1780	2052
80	88.4	157	245	354	491	629	805	981	1198	1414	1669	1924
85	83.2	148	231	333	462	592	758	924	1127	1331	1571	1811
90	785	140	218	314	437	559	716	872	1064	1257	1483	1710
95	745	132	207	298	414	529	678	826	1008	1190	1405	1620
100	70.6	126	196	283	393	503	644	785	958	1131	1335	1539
110	64.2	114	178	257	357	457	585	714	871	1028	1214	1399
120	58.9	105	163	236	327	419	537	654	798	942	1113	1283
125	565	100	157	226	314	402	515	628	766	905	1068	1231
130	54.4	966	151	218	302	387	495	604	737	870	1027	1184
140	505	897	140	202	281	359	460	561	684	808	954	1099
150	471	838	131	189	262	335	429	523	639	754	890	1026
160	441	78.5	123	177	246	314	403	491	599	707	834	962
170	41.5	739	115	166	231	296	379	462	564	665	785	905
180	392	698	109	157	218	279	358	436	532	628	742	855
190	372	661	103	149	207	265	339	413	504	595	703	810
200	35.3	62.8	98.2	141	196	251	322	393	479	565	668	770
220	32.1	57.1	89.3	129	179	229	293	357	435	514	607	700
240	294	52.4	81.9	118	164	210	268	327	399	471	556	641
250	28.3	50.2	785	113	157	201	258	314	383	451	534	616
260	27.2	48.3	755	109	151	193	248	302	369	435	513	592
280	252	44.9	701	101	140	180	230	280	342	404	477	555
300	236	419	655	94	131	168	215	262	319	377	445	513
320	22.1	39.2	614	88	123	157	201	245	299	353	417	481

附表 10　钢筋混凝土现浇板的最小厚度(mm)

项次	板的种类		板的最小厚度
1	梁式板(一)	屋面板	60
		民用建筑的层间楼板	60
		行车道下的楼板	80
4	双向板		80
5	密肋板（单向与双向）	肋的间距≤700	40
6		肋的间距＞700	50
5	悬壁板	悬臂长度≤500	板的根部 60
8		悬臂长度＞500	板的根部 80 及不小于悬臂长度的 1/10
9	无梁楼盖	有柱帽	150
10		无柱帽	150
11	阳　台	悬挑阳台板	100
12		悬挑阳台的现浇栏板	80
13	楼梯	板式楼梯板	80
14		梁式楼梯板	40
15		普通休息板	80
16		悬挑楼梯板	根部 100
17		螺旋楼梯板	180
18	底部框架上部多层砌体砖房	首层顶板	120
19	梁式板（二） 高层建筑	普通地下室顶板	150
20		人防顶板	250
21		标准层楼板	80(板内有预埋管者 100)
22		顶层楼板	120
23		结构转换层	180
24		上部结构嵌固部位的地下室顶板	180
25		现浇预应力混凝土楼板	150

注：1. 液体作用下的侧壁和底板厚度不得小于 100mm。

2. 现浇钢筋混凝土板的厚度一般为 10mm 的倍数。

3. 悬臂板设置挑梁时，其厚度按项次 1 和项次 4 规定采用。

附表 11 等截面等跨连续梁在常用荷载作用下的内力系数表

均布荷载

$$M=K_1gl^2+K_2ql^2 \qquad V=K_3gl+K_4ql$$

集中荷载

$$M=K_1Gl+K_2Ql \qquad V=K_3G+K_4Q$$

式中：g、q——单位长度上的均布恒荷载、活荷载，(g、q 在表中均用 q 表示)；

G、Q——集中恒荷载、活荷载，(G、Q 在表中均用 P 表示)；

K_1、K_2、K_3、K_4——内力系数，由表中相应栏内查得。

(1) 两 跨 梁

序号	荷 载 简 图	跨内最大弯矩		支座弯矩	横向剪力			
		M_1	M_2	M_B	V_A	$V_{B左}$	$V_{B右}$	V_C
1	q; A B C; l l	0.070	0.070	−0.125	0.375	−0.625	0.625	−0.375
2	q; M_1 M_2	0.096	−0.025	−0.063	0.437	−0.563	0.063	0.063
3	P P	0.156	0.156	−0.188	0.312	−0.688	0.688	−0.312
4	P	0.203	−0.047	−0.094	0.406	−0.594	0.094	0.094
5	P P	0.222	0.222	−0.333	0.667	1.334	1.334	−0.667
6	P	0.278	−0.056	−0.167	0.833	−1.167	0.167	0.167

(2)三 跨 梁

序号	荷载简图	跨内最大弯矩		支座弯矩		横向剪力					
		M_1	M_2	M_B	M_C	V_A	$V_{B左}$	$V_{B右}$	$V_{C左}$	$V_{C右}$	V_D
1	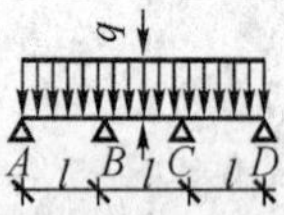	0.080	0.025	−0.100	−0.100	0.400	−0.600	0.500	−0.500	−0.600	−0.400
2	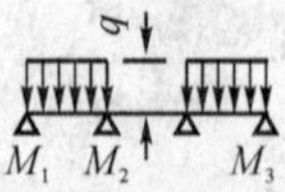	0.101	−0.050	−0.050	−0.050	0.450	−0.550	0.000	0.000	0.550	−0.450
3	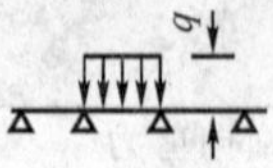	−0.025	0.075	−0.050	−0.050	−0.050	−0.050	0.050	0.050	0.050	0.050
4	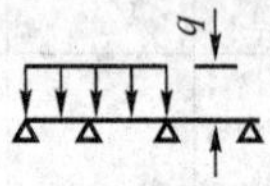	0.073	0.054	−0.117	−0.033	0.383	−0.617	0.583	−0.417	0.033	0.033
5	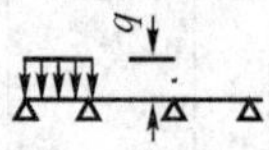	0.094	—	0.067	−0.017	0.433	−0.567	0.083	0.083	−0.017	−0.017
6	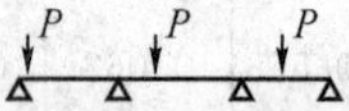	0.175	0.100	−0.150	−0.150	0.350	−0.650	0.500	−0.500	0.650	−0.350
7	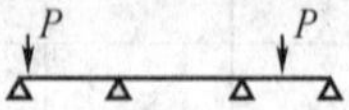	0.213	−0.075	−0.075	−0.075	0.425	−0.575	0.000	0.000	0.575	−0.425
8	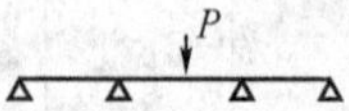	−0.038	0.175	−0.075	−0.075	−0.075	−0.075	0.500	−0.500	0.075	0.075
9	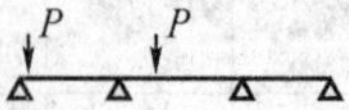	0.162	0.137	−0.175	0.050	0.325	−0.675	0.625	−0.375	0.050	0.050
10	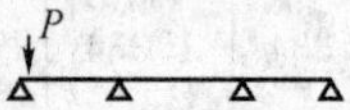	0.200	—	−0.100	0.025	0.400	−0.600	0.125	0.125	−0.025	−0.025
11	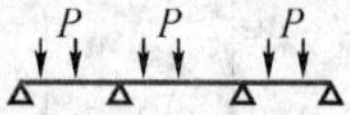	0.244	0.067	−0.267	0.267	0.733	−1.267	1.000	−1.000	1.267	−0.733
12	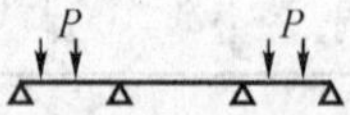	0.289	−0.133	−0.133	−0.133	0.866	1.134	0.000	0.000	1.134	−0.856
13	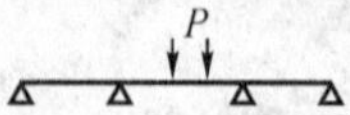	−0.044	0.200	−0.133	−0.133	−0.133	−0.133	1.000	−1.000	0.133	0.133
14	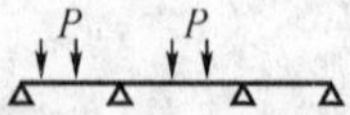	0.229	0.170	−0.311	0.089	0.689	−1.311	1.222	−0.778	0.089	0.089
15	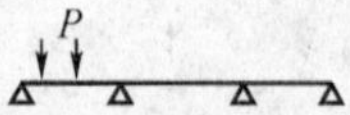	0.274	—	−0.178	0.044	0.822	−1.178	0.222	0.222	−0.044	−0.044

（3）四 跨 表

序号	荷载简图	跨内最大弯矩				支座弯矩			横向剪力								
		M_1	M_2	M_3	M_4	M_B	M_C	M_D	V_A	$V_{B左}$	$V_{B右}$	$V_{C左}$	$V_{C右}$	$V_{D左}$	$V_{D右}$	V_E
1		0.077	-0.036	0.036	0.077	-0.107	-0.071	-0.107	0.393	-0.607	0.536	-0.464	0.464	-0.536	0.607	-0.393
2	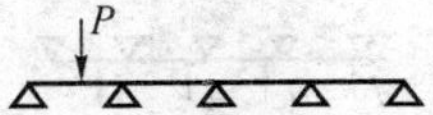	0.100	0.045	0.081	-0.023	-0.054	-0.036	-0.054	0.446	-0.554	0.018	0.018	0.482	-0.518	0.054	0.054
3	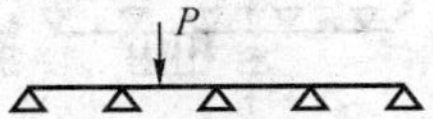	0.072	0.061	—	0.098	-0.121	-0.018	-0.058	0.380	-0.020	0.603	-0.397	-0.040	-0.040	0.558	0.442
4	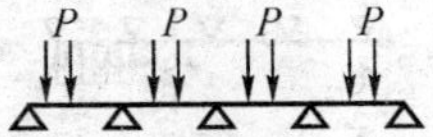	—	0.056	0.056	—	-0.036	-0.107	-0.035	-0.036	-0.036	0.429	-0.571	0.571	-0.429	0.036	0.036
5	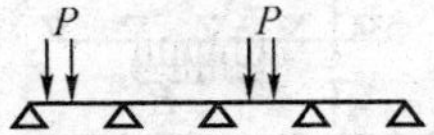	0.094	—	—	—	-0.067	0.018	-0.004	0.433	-0.567	0.085	0.085	-0.022	-0.022	0.004	0.004
6	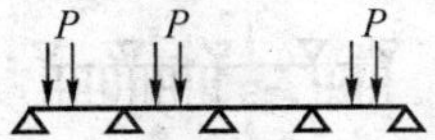	—	0.071	—	—	-0.049	-0.054	0.013	-0.049	-0.049	0.496	-0.504	0.067	0.067	-0.013	-0.013
7	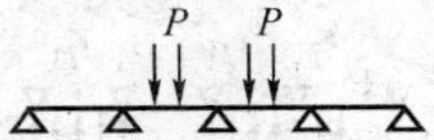	0.169	0.116	0.116	-0.169	-0.161	-0.107	-0.161	0.339	-0.661	0.553	-0.446	0.446	-0.554	0.661	0.339
8	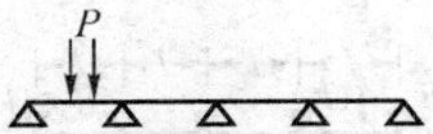	0.210	0.067	0.183	-0.040	-0.080	-0.054	-0.080	0.420	-0.580	0.027	0.027	0.473	0.527	0.080	0.080
9	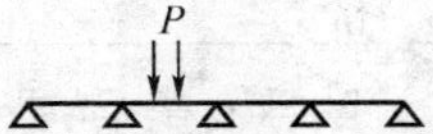	0.159	0.146	—	0.206	-0.181	-0.027	-0.087	0.319	-0.681	0.654	-0.346	-0.060	-0.060	0.587	-0.413

续表(3)

序号	荷载简图	跨内最大弯矩				支座弯矩			横向剪力								
		M_1	M_2	M_3	M_4	M_B	M_C	M_D	V_A	$V_{B左}$	$V_{B右}$	$V_{C左}$	$V_{C右}$	$V_{D左}$	$V_{D右}$	V_E
10	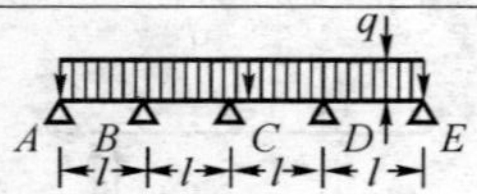	—	0.142	0.142	—	-0.054	-0.161	-0.054	-0.054	-0.054	0.393	-0.607	0.607	-0.393	0.054	0.054
11	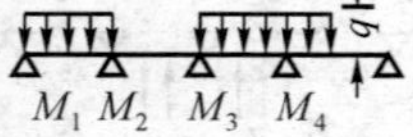	0.202	—	—	—	-0.100	0.027	-0.007	0.400	-0.600	0.127	0.127	-0.033	-0.033	0.007	0.007
12	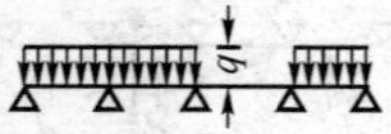	—	0.173	—	—	-0.074	-0.080	0.020	-0.074	-0.074	0.493	0.507	0.100	0.100	0.020	-0.020
13	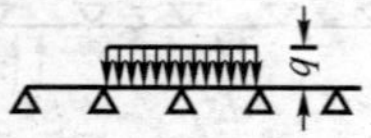	0.238	0.111	0.111	0.238	-0.286	-0.191	-0.286	0.714	-1.286	1.095	-0.905	0.906	-0.096	1.286	-0.714
14	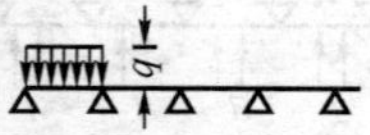	0.286	-0.111	0.222	-0.048	-0.143	-0.095	0.143	0.875	-1.143	0.048	0.048	0.952	1.048	0.143	0.143
15	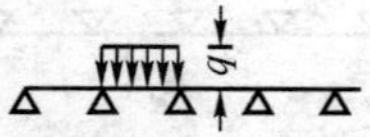	0.226	0.194	—	0.282	-0.321	-0.048	0.155	0.679	-1.321	1.274	-0.726	-0.107	-0.107	1.155	-0.845
16	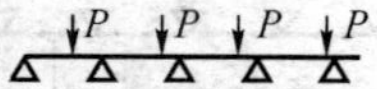	—	0.175	0.175	—	-0.095	-0.286	-0.095	-0.095	-0.095	0.810	-1.190	0.190	-0.810	0.095	0.095
17		0.274	—	—	—	-0.178	0.048	-0.012	0.822	-1.178	0.226	0.226	-0.060	-0.060	0.012	0.012
18	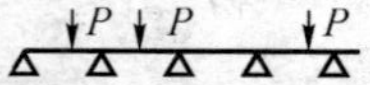	—	0.198	—	—	-0.131	-0.143	-0.036	-0.131	-0.131	0.988	-1.012	0.178	0.178	-0.036	-0.036

（4）五　跨　表

序号	荷载简图	跨内最大弯矩			支座弯矩				横向剪力										
		M_1	M_2	M_3	M_B	M_C	M_D	M_E	V_A	$V_{B左}$	$V_{B右}$	$V_{C左}$	$V_{C右}$	$V_{D左}$	$V_{D右}$	$V_{E左}$	$V_{E右}$	V_F
1		0.0781	0.0331	0.0462	-0.105	-0.079	-0.079	-0.105	0.394	-0.606	0.526	-0.474	0.500	-0.500	0.474	-0.526	0.606	-0.394
2	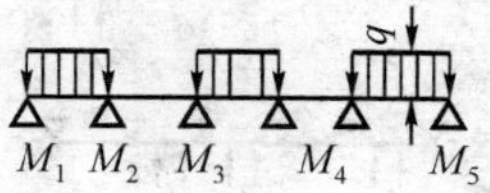	0.1000	-0.0461	0.0855	-0.053	-0.040	-0.040	-0.053	0.447	-0.553	0.013	0.013	0.500	-0.500	-0.013	-0.013	0.553	-0.447
3	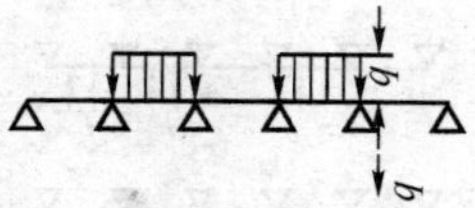	-0.0263	0.0787	-0.0395	-0.053	-0.040	-0.040	-0.053	-0.053	-0.053	0.513	-0.487	0.000	0.000	0.487	-0.513	0.053	0.053
4	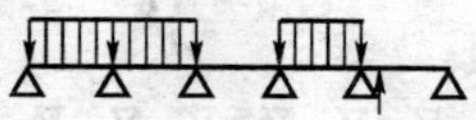	0.073	0.059	—	-0.119	-0.022	-0.044	-0.051	0.380	-0.620	0.598	-0.402	-0.023	-0.023	0.493	-0.507	0.052	0.052
5	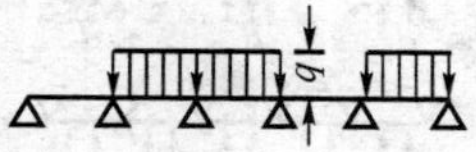	—	0.055	0.064	-0.035	-0.111	-0.020	-0.057	-0.035	-0.035	0.424	-0.576	-0.591	-0.049	-0.037	-0.037	0.557	-0.443
6	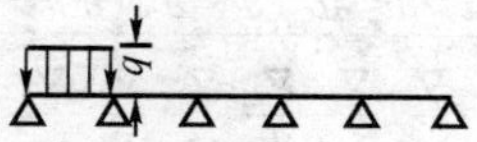	0.094	—	—	-0.067	0.018	-0.005	0.001	0.433	-0.567	0.085	0.085	-0.023	-0.023	0.006	0.006	-0.001	-0.001
7	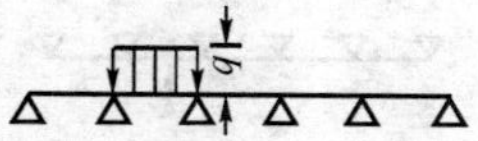	—	0.074	—	-0.049	-0.054	-0.014	-0.004	-0.049	-0.049	0.495	-0.505	0.068	-0.068	-0.018	0.018	0.004	0.004
8	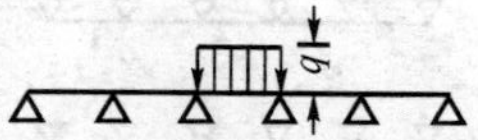	—	—	0.072	0.013	-0.053	-0.053	0.013	0.013	0.013	-0.066	-0.066	0.500	-0.500	0.066	0.066	-0.013	-0.013
9		0.171	0.112	0.132	-0.158	-0.118	-0.118	-0.158	0.342	-0.658	0.540	-0.460	0.500	-0.500	0.460	-0.540	0.658	-0.342
10	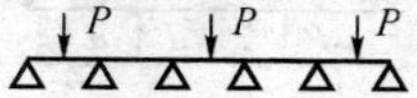	0.211	-0.069	0.191	-0.079	-0.059	-0.059	-0.079	0.421	-0.579	0.020	0.020	0.500	-0.500	-0.020	-0.020	0.579	-0.421
11	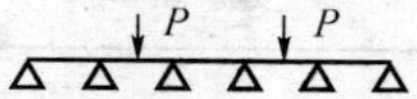	0.039	0.181	-0.059	-0.079	-0.059	-0.059	-0.079	-0.079	-0.079	0.520	-0.480	0.000	0.000	0.480	-0.520	0.079	0.079

续表(4)

序号	荷载简图	跨内最大弯矩			支座弯矩				横向剪力										
		M_1	M_2	M_3	M_B	M_C	M_D	M_E	V_A	$V_{B左}$	$V_{B右}$	$V_{C左}$	$V_{C右}$	$V_{D左}$	$V_{D右}$	$V_{E左}$	$V_{E右}$	V_F
12		0.160	0.144	—	-0.179	-0.032	-0.066	-0.077	0.321	-0.679	0.647	-0.353	-0.034	-0.034	0.489	-0.511	0.077	0.077
13		—	0.140	0.151	-0.052	-0.167	-0.031	-0.086	-0.052	-0.052	0.385	-0.615	0.637	-0.363	-0.056	-0.056	0.586	-0.414
14		0.200	—	—	-0.100	0.027	-0.007	0.002	0.400	-0.600	0.127	0.127	-0.034	-0.034	0.009	0.009	-0.002	-0.002
15		—	0.173	—	-0.073	-0.081	0.022	-0.005	-0.073	-0.073	0.493	-0.507	0.102	0.102	-0.027	-0.027	0.005	0.005
16		—	—	0.171	0.020	0.079	-0.079	0.020	0.020	0.020	-0.099	-0.099	0.500	-0.500	0.099	0.099	-0.020	-0.020
17		0.240	0.100	0.122	-0.281	-0.211	-0.211	-0.281	0.719	-1.281	1.070	-0.930	1.000	-1.000	0.930	-1.070	1.281	-0.719
18		0.287	-0.117	0.228	-0.140	-0.105	-0.105	-0.140	0.860	-1.140	0.035	0.035	1.000	-1.000	-0.035	-0.035	1.140	-0.860
19		-0.047	-0.216	-0.105	-0.140	-0.105	-0.105	-0.140	-0.140	-0.140	1.035	-0.965	0.000	0.000	0.965	-1.035	0.140	0.140
20		0.227	0.189	—	-0.319	-0.057	-0.118	-0.137	0.681	-1.319	1.262	-0.738	-0.061	-0.061	0.981	-1.019	0.137	0.137
21		—	0.172	0.198	-0.093	-0.297	-0.054	-0.153	-0.093	-0.093	0.796	-1.204	1.243	-0.757	-0.099	-0.099	1.153	-0.847
22		0.274	—	—	-0.179	0.048	-0.013	0.003	0.821	1.179	0.227	0.227	-0.061	-0.061	0.016	0.016	-0.003	-0.003
23		—	0.198	—	0.131	-0.144	-0.038	-0.010	-0.131	-0.131	0.987	-1.013	0.182	0.182	-0.048	-0.048	0.010	0.010
24		—	—	0.193	0.035	-0.140	-0.140	0.035	0.035	0.035	-0.175	-0.175	1.000	-1.000	0.175	0.175	-0.035	-0.035

附表 12 双向板在均布荷载作用下的弯矩系数表

说明(1)板单位宽度的截面抗弯刚度按下列公式计算(按弹性理论计算方法)：

$$B_c=\frac{Eh^3}{12(1-\mu^2)}$$

式中：B_c——板宽 1m 的截面抗弯刚度；

E——弹性模量；

h——板厚；

μ——泊松比。

(2)表中符号如下：

f、f_{max}——分别为板中心点的挠度和最大挠度；

M_x、M_{xmax}——分别为平行于 l_x 方向板中心点单位板宽的弯矩和板跨内最大弯矩；

M_y、M_{ymax}——分别为平行于 l_y 方向板中心点单位板宽内的弯矩和板跨内最大弯矩；

M_x^0——固定边中点沿 l_x 方向单位板宽内的弯矩；

M_y^0——固定边中点沿 l_y 方向单位板宽内的弯矩。

(3)板支承边的符号为：

固定边 ⊥⊥⊥⊥⊥⊥⊥⊥⊥ 简支边 - - - - - - - - -

(4)弯矩和挠度正负号的规定如下：

弯矩——使板的受荷面受压者为正；

挠度——变位方向与荷载作用方向相同者为正。

(5)附表 23 中各表的弯矩系数对 $\mu=0$ 算得的，对于钢筋混凝土，μ 一般可取为 1/6，此时，对于挠度、支座中点弯矩，仍可按表中系数计算，对于跨中弯矩，一般也可按表中系数计算(即近似地认为 $\mu=0$)，必要时，可按下式计算：

$$M_x^{\mu}=M_x+\mu M_y$$

$$M_y^{\mu}=M_y+\mu M_x$$

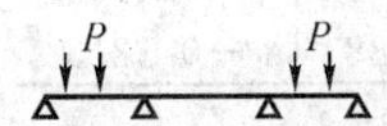

$$挠度=表中系数\times\frac{ql_0^4}{B_c}$$

$$弯矩=表中系数\times ql_0^2$$

式中 l_0 取用 l_x 和 l_y 中之较小者。

四边简支双向板

l_x/l_y	f	M_x	M_y	l_x/l_y	f	M_x	M_y
0.50	0.01013	0.0965	0.0174	0.80	0.00603	0.0561	0.0334
0.55	0.00940	0.0892	0.0210	0.85	0.00547	0.0506	0.0349
0.60	0.00867	0.0820	0.0242	0.90	0.00496	0.0456	0.0358
0.65	0.00796	0.0750	0.0271	0.95	0.00449	0.0010	0.0364
0.75	0.00663	0.0620	0.0317				

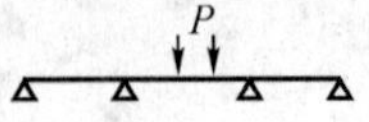

挠度＝表中系数×$\frac{ql_0^2}{B_c}$

弯矩＝表中系数×ql_0^2

式中 l_0 取用 l_x 和 l_y 中之较小者。

三边简支、边固定双向板

l_x/l_y	l_y/l_x	f	f_{max}	M_x	M_{xmax}	M_y	M_{ymax}	M_x^0
0.50		0.00488	0.00504	0.0583	0.0646	0.0060	0.0063	−0.1212
0.55		0.00471	0.00492	0.0563	0.0618	0.0081	0.0087	−0.1187
0.60		0.00453	0.00472	0.0539	0.0589	0.0104	0.0111	−0.1158
0.65		0.00432	0.00448	0.0513	0.0559	0.0126	0.0133	−0.1124
0.70		0.00410	0.00422	0.0485	0.0529	0.0148	0.0154	−0.1087
0.75		0.00388	0.00399	0.0457	0.0496	0.0168	0.0174	−0.1048
0.80		0.00365	0.00376	0.0428	0.0463	0.0187	0.0193	−0.1007
0.85		0.00343	0.00352	0.0400	0.0431	0.0204	0.0211	−0.0965
0.90		0.00321	0.00329	0.0372	0.0400	0.0219	0.0226	−0.0922
0.95		0.00299	0.00306	0.0345	0.0369	0.0232	0.0239	−0.0880
1.00	1.00	0.00279	0.00285	0.0319	0.0340	0.0243	0.0249	−0.0839
	0.95	0.00316	0.00324	0.0324	0.0345	0.0280	0.0287	−0.0882
	0.90	0.00360	0.00368	0.0328	0.0347	0.0322	0.0330	−0.0926
	0.85	0.00409	0.00417	0.0329	0.0347	0.0370	0.0378	−0.0970
	0.80	0.00464	0.00473	0.0326	0.0343	0.0424	0.0433	−0.1014
	0.75	0.00526	0.00536	0.0319	0.0335	0.0485	0.0494	−0.1056
	0.70	0.00595	0.00605	0.0308	0.0323	0.0553	0.0562	−0.1096
	0.65	0.00670	0.00680	0.0291	0.0306	0.0627	0.0637	−0.1133
	0.60	0.00752	0.00762	0.0268	0.0289	0.0707	0.0717	−0.1166
	0.55	0.00838	0.00848	0.0239	0.0271	0.0792	0.0801	−0.1193
	0.50	0.00927	0.00935	0.0205	0.0249	0.0880	0.0888	−0.1215

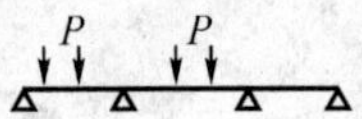

挠度＝表中系数×$\frac{ql_0^2}{B_c}$

弯矩＝表中系数×ql_0^2

式中 l_0 取用 l_x 和 l_y 中之较小者。

两对边简支、两对边固定双向板

l_x/l_y	l_y/l_x	f	M_x	M_y	M_x^0	l_x/l_y	l_y/l_x	f	M_x	M_y	M_x^0
0.50		0.00261	0.0416	0.0017	−0.0843		0.95	0.00223	0.0296	0.0189	−0.0746
0.55		0.00259	0.0410	0.0028	−0.0840		0.90	0.00260	0.0306	0.0224	−0.0797
0.60		0.00255	0.0402	0.0042	−0.0834		0.85	0.00303	0.0314	0.0266	−0.0850
0.65		0.00250	0.0392	0.0057	−0.0826		0.80	0.00354	0.0319	0.0316	−0.0904
0.70		0.00243	0.0379	0.0072	−0.0814		0.75	0.00413	0.0321	0.0374	−0.0959
0.75		0.00236	0.0366	0.0088	−0.0799		0.70	0.00482	0.0318	0.0441	−0.1013
0.80		0.00228	0.0351	0.0103	−0.0782		0.65	0.00560	0.0308	0.0518	−0.1066
0.85		0.00220	0.0335	0.0118	−0.0763		0.60	0.00647	0.0292	0.0604	−0.1114
0.90		0.00211	0.0319	0.0133	−0.0743		0.55	0.00743	0.0267	0.0698	−0.1156
0.95		0.00201	0.0302	0.0146	−0.0721		0.50	0.00844	0.0234	0.0798	−0.1191
1.00	1.00	0.00192	0.0285	0.0158	−0.0698						

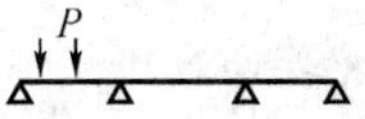

挠度＝表中系数×$\frac{ql_0^4}{B_c}$

弯矩＝表中系数×ql_0^2

式中 l_0 取用 l_x 和 l_y 中之较小者。

两邻边简支、两邻边固定双向板

l_x/l_y	f	f_{max}	M_x	M_{xmax}	M_y	M_{ymax}	M_x^0	M_y^0
0.50	0.00468	0.00471	0.0559	0.0562	0.0079	0.0135	－0.1179	－0.0786
0.55	0.00445	0.00454	0.0529	0.0530	0.0104	0.0153	－0.1140	－0.0785
0.60	0.00419	0.00429	0.0496	0.0498	0.0129	0.0169	－0.1095	－0.0782
0.65	0.00391	0.00399	0.0461	0.0465	0.0151	0.0183	－0.1045	－0.0777
0.70	0.00363	0.00368	0.0426	0.0432	0.0172	0.0195	－0.0992	－0.0770
0.75	0.00335	0.00340	0.0390	0.0396	0.0189	0.0206	－0.0938	－0.0760
0.80	0.00308	0.00313	0.0356	0.0361	0.0204	0.0218	－0.0883	－0.0748
0.85	0.00281	0.00286	0.0322	0.0328	0.0215	0.0229	－0.0829	－0.0733
0.90	0.00256	0.00261	0.0291	0.0297	0.0224	0.0238	－0.0776	－0.0716
0.95	0.00232	0.00237	0.0261	0.0267	0.0230	0.0244	－0.0726	－0.0698
1.00	0.00210	0.00215	0.0234	0.0240	0.0234	0.0249	－0.0677	－0.0677

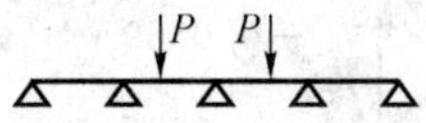

挠度＝表中系数×$\frac{ql_0^4}{B_c}$

弯矩＝表中系数×ql_0^2

式中 l_0 取用 l_x 和 l_y 中之较小者。

一边简支、三边固定双向板

l_x/l_y	l_y/l_x	f	f_{max}	M_x	M_{xmax}	M_y	M_{ymax}	M_x^0	M_y^0
0.50		0.00257	0.00258	0.0408	0.0409	0.0028	0.0089	－0.0836	－0.0569
0.55		0.00252	0.00255	0.0398	0.0399	0.0042	0.0093	－0.0827	－0.0570
0.60		0.00245	0.00249	0.0384	0.0386	0.0059	0.0105	－0.0814	－0.0571
0.65		0.00237	0.00240	0.0368	0.0371	0.0076	0.0116	－0.0796	－0.0572
0.70		0.00227	0.00229	0.0350	0.0354	0.0093	0.0127	－0.0774	－0.0572
0.75		0.00216	0.00219	0.0331	0.0335	0.0109	0.0137	－0.0750	－0.0572
0.80		0.00205	0.00208	0.0310	0.0314	0.0124	0.0147	－0.0722	－0.0570
0.85		0.00193	0.00196	0.0289	0.0293	0.0138	0.0155	－0.0693	－0.0567
0.90		0.00181	0.00184	0.0268	0.0273	0.0159	0.0163	－0.0663	－0.0563
0.95		0.00169	0.00172	0.0247	0.0252	0.0160	0.0172	－0.0631	－0.0558
1.00	1.00	0.00157	0.00160	0.0227	0.0231	0.0168	0.0180	－0.0600	－0.0550
	0.95	0.00178	0.00182	0.0229	0.0234	0.0194	0.0207	－0.0629	－0.0599
	0.90	0.00201	0.00206	0.0228	0.0234	0.0223	0.0238	－0.0656	－0.0653
	0.85	0.00227	0.00233	0.0225	0.0231	0.0255	0.0273	－0.0683	－0.0711
	0.80	0.00256	0.00262	0.0219	0.0224	0.0290	0.0311	－0.0707	－0.0772
	0.75	0.00286	0.00294	0.0208	0.0214	0.0329	0.0354	－0.0729	－0.0837
	0.70	0.00319	0.00327	0.0194	0.0200	0.0370	0.0400	－0.0748	－0.0903
	0.65	0.00352	0.00365	0.0175	0.0182	0.0412	0.0446	－0.0762	－0.0970
	0.60	0.00386	0.00403	0.0153	0.0160	0.0454	0.0493	－0.0773	－0.1033
	0.55	0.00419	0.00437	0.0127	0.0133	0.0496	0.0541	－0.0780	－0.1093
	0.50	0.00449	0.00463	0.0099	0.0103	0.0534	0.0588	－0.0784	－0.1146

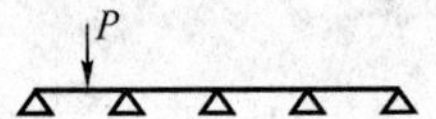

挠度＝表中系数×$\frac{ql_0^4}{B_c}$

弯矩＝表中系数×ql_0^2

式中 l_0 取用 l_x 和 l_y 中之较小者。

四边固定双向板

l_x/l_y	f	M_x	M_y	M_x^0	M_y^0
0.50	0.00253	0.0400	0.0038	−0.0829	−0.0570
0.55	0.00246	0.0385	0.0056	−0.0814	−0.0571
0.60	0.00236	0.0367	0.0076	−0.0793	−0.0571
0.65	0.00224	0.0345	0.0095	−0.0766	−0.0571
0.70	0.00211	0.0321	0.0113	−0.0735	−0.0569
0.75	0.00197	0.0296	0.0130	−0.0701	−0.0565
0.80	0.00182	0.0271	0.0144	−0.0664	−0.0559
0.85	0.00168	0.0246	0.0156	−0.0626	−0.0551
0.90	0.00153	0.0221	0.0165	−0.0588	−0.0541
0.95	0.00140	0.0198	0.0172	−0.0550	−0.0528
1.00	0.00127	0.0176	0.0176	−0.0513	−0.0513

附表 13　钢材的强度设计值（N/mm²）

钢材		抗拉、抗压和抗弯 f	抗剪 f_v	端面承压（刨平顶紧） f_{ce}
牌　号	厚度或直径(mm)			
Q235 钢	≤16	215	125	325
	>16～40	205	120	
	>40～60	200	115	
	>60～100	190	110	
Q345 钢	≤16	310	180	400
	>16～35	295	170	
	>35～50	265	155	
	>50～100	250	145	
Q390 钢	≤16	350	205	415
	>16～35	335	190	
	>35～50	315	180	
	50～100	295	170	
Q420 钢	≤16	380	220	440
	>16～35	360	210	
	>35～50	340	195	
	>50～100	325	185	

注：表中厚度系指计算点的厚度。

附表 14 焊缝强度设计值(N/mm²)

焊接方法和焊条型号	构件钢材牌号：牌号	构件钢材牌号：厚度或直径(mm)	对接焊缝：抗压 f_c^w	对接焊缝：焊缝质量为下列等级时，抗拉 f_c^w：一级、二级	对接焊缝：焊缝质量为下列等级时，抗拉 f_c^w：三级	对接焊缝：抗剪 f_v^w	角焊缝：抗拉、抗压和抗剪 f_f^w
自动焊、半自动焊和E43型焊条的手工焊	Q235钢	≤16	215(205)	215(175)	185	125(120)	160(140)
		>16～40	205	205	175	120	
		>40～60	200	200	170	115	
		>60～100	190	190	160	110	
自动焊、半自动焊和E50型焊条的手工焊	Q345钢(16Mn)	≤16	310(300)	310(255)	265	180(175)	200(195)
		>16～35	295	295	250	170	
		>35～50	265	265	225	155	
		>50～100	250	250	210	145	
自动焊、半自动焊和E55型焊条的手工焊	Q390焊	≤16	350	350	300	205	220
		>16～35	335	335	285	190	
		>35～50	315	315	270	180	
		>50～100	295	295	250	170	
自动焊、半自动焊和E55型焊条的手工焊	Q420钢	≤16	380	380	320	220	220
		>16～35	360	360	305	210	
		>35～50	340	340	290	195	
		>50～100	325	325	275	185	

注：1. 自动焊和半自动焊所采用焊丝和焊剂，应保证其熔敷金属抗拉强度不低于相应手工焊焊条的数值；

2. 厚缝质量等级应符合现行国家标准《钢结构工程施工及验收规范》的规定；

3. 对接焊缝抗弯受压区强度设计值取 f_c^w，抗弯受拉区强度设计值取 f_t^w

4. 括号内数值适用于薄型钢。

附表 15 螺栓连接的强度设计值(N/mm^2)

螺栓的钢材牌号(或性能等级)和构件的钢材牌号		普通螺栓							承压型连接高强度螺栓		
		C 级螺栓			A 级、B 级螺栓			锚栓			
		抗拉 f_t^b	抗剪 f_v^b	承压 f_c^b	抗拉 f_t^b	抗剪 f_v^b	承压 f_c^d	抗拉 f_t^a	抗拉 f_t^b	抗剪 f_v^b	承压 f_c^b
普通螺栓	4.6 级、4.8 级	170	140								
	5.6 级				210	190					
	8.8 级				400	320					
锚 栓	Q235 钢							140			
	Q345 钢							180			
承压型连接高强度螺栓	8.8 级								400	250	
	10.9 级								500	310	
构 件	Q235 钢			305			405				470
	Q345 钢			385			510				590
	Q390 钢			400			530				615
	Q420 钢			425			560				655

注：1. A 级螺栓用于 $d \leqslant 24$mm 和 $l \leqslant 10$d 或 $l \leqslant 150$mm(按较小值)的螺栓;B 级螺栓用于 $d > 24$mm 或 $l >$ 10d 或 $l > 150$mm(按较小值)的螺栓。d 为公称直径,l 为螺杆公称长度。

2. A、B 级螺栓孔的精度和孔壁表面粗糙度、C 级螺栓孔的允许偏差和孔壁表面粗糙度,均应符合现行国家标准《钢结构工程质量及验收规范》的要求。

附表 16a 轴心受压构件的截面分类(板厚<40mm)

<table>
<tr><th colspan="3">截面形式和对应轴</th><th>类 别</th></tr>
<tr><td>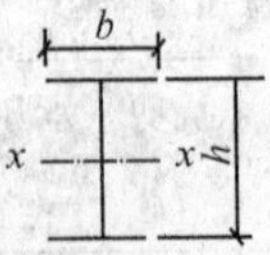
轧制，$\frac{b}{h}\leqslant 0.8$，对 x 轴</td><td colspan="2">
轧制，对任意轴</td><td>a 类</td></tr>
<tr><td>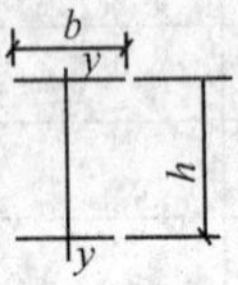
轧制，$\frac{b}{h}\leqslant 0.8$，对 y 轴</td><td colspan="2">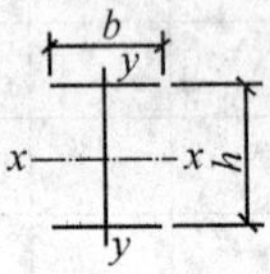
轧制，$\frac{b}{h}>0.8$，对 x、y 轴</td><td rowspan="7">b 类</td></tr>
<tr><td>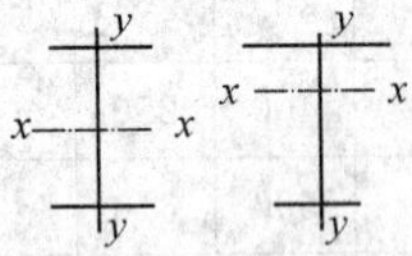
焊接，翼缘为焰切边，对 x、y 轴</td><td colspan="2">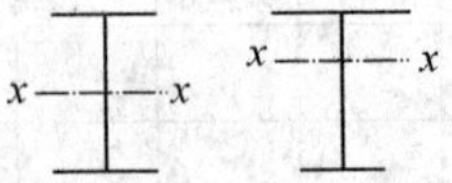
焊接，翼缘为轧制或剪切边，对 x 轴</td></tr>
<tr><td>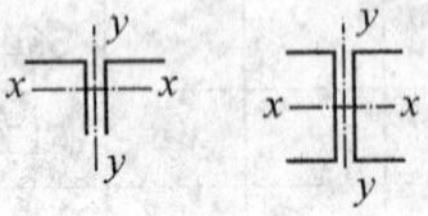
轧制，对 x、y 轴</td><td colspan="2">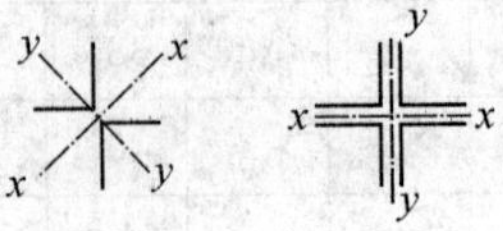
轧制，对 x、y 轴</td></tr>
<tr><td>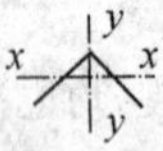
轧制(等边角钢)，对 x、y 轴</td><td colspan="2">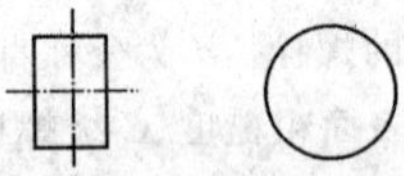
焊接圆管对任意轴，焊接箱形，板件宽厚比大于 20，对 x、y 轴</td></tr>
<tr><td>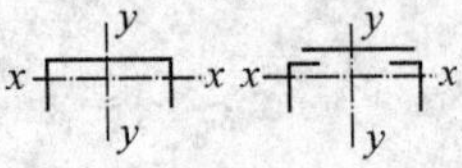
轧制或焊接，对 x、y 轴</td><td>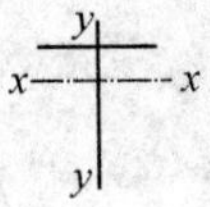
轧制截面和翼缘为焰切边的焊接截面，对 x、y 轴</td><td>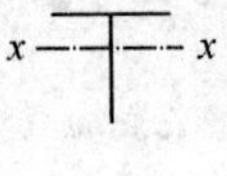
焊接，翼缘为轧制或剪切边，对 x 轴</td></tr>
<tr><td colspan="2">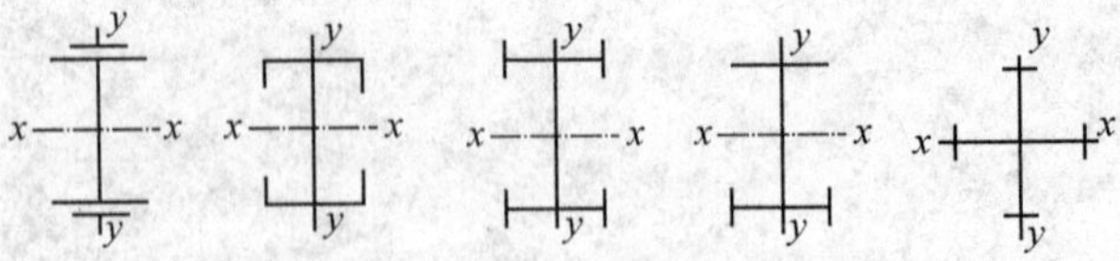
焊接，对 x、y 轴</td><td>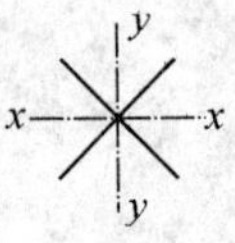
焊接板件边缘焰割，对 x、y 轴</td></tr>
<tr><td colspan="3">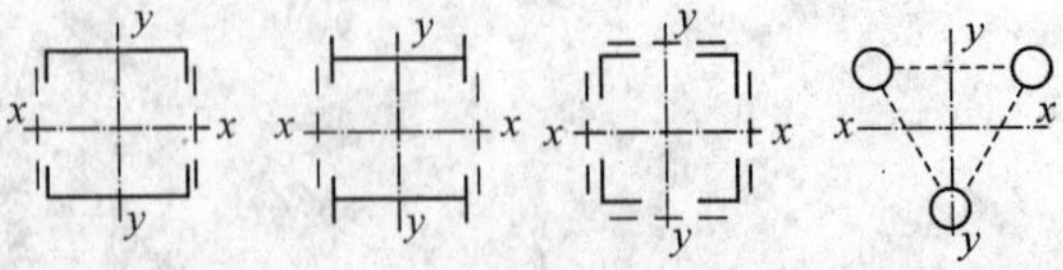
格构式，对 x、y 轴</td></tr>
</table>

附表 16b 轴心受压构件的截面分类(板厚≥40mm)

<table>
<tr><th colspan="3">截 面 情 况</th><th>对 x 轴</th><th>对 y 轴</th></tr>
<tr><td rowspan="3">轧制工字形或H形截面</td><td colspan="2">$b/h \leqslant 0.8$</td><td>b</td><td>b</td></tr>
<tr><td rowspan="2">$b/h > 0.8$</td><td>$t < 80$mm</td><td>b</td><td>c</td></tr>
<tr><td>$t \geqslant 80$mm</td><td>c</td><td>d</td></tr>
<tr><td rowspan="2">焊接工字形截面</td><td colspan="2">翼缘为焰切边</td><td>b</td><td>b</td></tr>
<tr><td colspan="2">翼缘为轧制或剪切边</td><td>c</td><td>d</td></tr>
<tr><td rowspan="2">焊接箱形截面</td><td colspan="2">板件宽厚比>20</td><td>b</td><td>b</td></tr>
<tr><td colspan="2">板件宽厚比≤20</td><td>c</td><td>c</td></tr>
</table>

附表 17 轴心受压构件的稳定系数 φ

a 类截面

$\lambda\sqrt{\frac{f_y}{235}}$	0	1	2	3	4	5	6	7	8	9
0	1.000	1.000	1.000	1.000	0.999	0.999	0.998	0.998	0.997	0.996
10	0.995	0.994	0.993	0.992	0.991	0.989	0.988	0.986	0.985	0.983
20	0.981	0.979	0.977	0.976	0.974	0.972	0.970	0.968	0.966	0.964
30	0.963	0.961	0.959	0.957	0.955	0.952	0.950	0.948	0.946	0.944
40	0.941	0.939	0..937	0.934	0.932	0.929	0.927	0.924	0.921	0.919
50	0.916	0.913	0.910	0.907	0.904	0.900	0.897	0.894	0.890	0.886
60	0.883	0.879	0.875	0.871	0.867	0.863	0.858	0.854	0.849	0.844
70	0.839	0.834	0.829	0.824	0.818	0.813	0.807	0.801	0.795	0.789
80	0.783	0.776	0.770	0.763	0.757	0.750	0.743	0.736	0.728	0.721
90	0.714	0.706	0.699	0.691	0.684	0.676	0.668	0.661	0.653	0.645
100	0.638	0.630	0.622	0.615	0.607	0.600	0.592	0.585	0.577	0.570
110	0.563	0.555	0.548	0.541	0.534	0.527	0.520	0.514	0.507	0.500
120	0.494	0.488	0.481	0.475	0.469	0.463	0.457	0.451	0.445	0.440
130	0.434	0.429	0.423	0.418	0.412	0.407	0.402	0..397	0.392	0.387
140	0.383	0.378	0.373	0.369	0.364	0.360	0.356	0..351	0.347	0.343
150	0.339	0.335	0.331	0.327	0..323	0.320	0.316	0.312	0.309	0.305
160	0.302	0.298	0.295	0.292	0.289	0.285	0.282	0.279	0.276	0.273
170	0.270	0.267	0.264	0.262	0.259	0.256	0.253	0.251	0.248	0.246
180	0.243	0.241	0.238	0.236	0.233	0.231	0.229	0.226	0.224	0.222
190	0.220	0.218	0.215	0.213	0.211	0.209	0.207	0.205	0.203	0.201
200	0.199	0.198	0.196	0.194	0.192	0.190	0.189	0.187	0.185	0.183
210	0.182	0.180	0.179	0.177	0.175	0.174	0.172	0.171	0.169	0.168
220	0.166	0.165	0.164	0.162	0.161	0.159	0.158	0.157	0.155	0.154
230	0.153	0.152	0.150	0.149	0.148	0.147	0.146	0.144	0.143	0.142
240	0.141	0.140	0.139	0.138	0.136	0.135	0.134	0.133	0.132	0.131
250	0.130									

b类截面

$\lambda\sqrt{\frac{f_y}{235}}$	0	1	2	3	4	5	6	7	8	9
0	1.000	1.000	1.000	0.999	0.999	0.998	0.997	0.996	0.995	0.994
10	0.992	0.991	0.989	0.987	0.985	0.983	0.981	0.978	0.976	0.973
20	0.970	0.967	0.963	0.960	0.957	0.953	0.950	0.946	0.943	0.939
30	0.936	0.932	0.929	0.925	0.922	0.918	0.914	0.910	0.906	0.903
40	0.899	0.895	0.891	0.887	0.882	0.878	0.874	0.870	0.865	0.861
50	0.856	0.852	0.847	0.842	0.838	0.833	0.828	0.823	0.818	0.813
60	0.807	0.802	0.797	0.791	0.786	0.780	0.774	0.769	0.763	0.757
70	0.751	0.745	0.739	0.732	0.726	0.720	0.714	0.707	0.701	0.694
80	0.688	0.681	0.675	0.668	0.661	0.655	0.648	0.641	0.635	0.628
90	0.621	0.614	0.608	0.601	0.594	0.588	0.581	0.575	0.568	0.561
100	0.555	0.549	0.542	0.536	0.529	0.523	0.517	0.511	0.505	0.499
110	0.493	0.487	0.481	0.475	0.470	0.464	0.458	0.453	0.447	0.442
120	0.437	0.432	0.426	0.421	0.416	0.411	0.406	0.402	0.397	0.392
130	0.387	0.383	0.378	0.374	0.370	0.365	0.361	0.357	0.353	0.349
140	0.345	0.341	0.337	0.333	0.329	0.326	0.322	0.318	0.315	0.311
150	0.308	0.304	0.301	0.298	0.295	0.291	0.288	0.285	0.282	0.279
160	0.276	0.273	0.270	0.267	0.265	0.262	0.259	0.256	0.254	0.251
170	0.249	0.246	0.244	0.241	0.239	0.236	0.234	0.232	0.229	0.227
180	0.225	0.223	0.220	0.218	0.216	0.214	0.212	0.210	0.208	0.206
190	0.204	0.202	0.200	0.198	0.197	0.195	0.193	0.191	0.190	0.188
200	0.186	0.184	0.183	0.181	0.180	0.178	0.176	0.175	0.173	0.172
210	0.170	0.169	0.167	0.166	0.165	0.163	0.162	0.160	0.159	0.158
220	0.156	0.155	0.154	0.153	0.151	0.150	0.149	0.148	0.146	0.145
230	0.144	0.143	0.142	0.141	0.140	0.138	0.137	0.136	0.135	0.134
240	0.133	0.132	0.131	0.130	0.129	0.128	0.127	0.126	0.125	0.124
250	0.123									

c类截面

$\lambda\sqrt{\frac{f_y}{235}}$	0	1	2	3	4	5	6	7	8	9
0	1.000	1.000	1.000	0.999	0.999	0.998	0.997	0.996	0.995	0.993
10	0.992	0.990	0.988	0.986	0.983	0.981	0.978	0.976	0.973	0.970
20	0.966	0.959	0.953	0.947	0.940	0.934	0.928	0.921	0.915	0.909
30	0.902	0.896	0.890	0.884	0.877	0.871	0.865	0.858	0.852	0.846
40	0.839	0.833	0.826	0.820	0.814	0.807	0.801	0.794	0.788	0.781
50	0.775	0.768	0.762	0.755	0.748	0.742	0.735	0.729	0.722	0.715
60	0.709	0.702	0.695	0.689	0.682	0.676	0.669	0.662	0.656	0.649
70	0.643	0.636	0.629	0.623	0.616	0.610	0.604	0.597	0.591	0.584
80	0.578	0.572	0.566	0.559	0.553	0.547	0.541	0.535	0.529	0.523
90	0.517	0.511	0.505	0.500	0.494	0.488	0.483	0.477	0.472	0.467
100	0.463	0.458	0.454	0.449	0.445	0.441	0.436	0.432	0.428	0.423
110	0.419	0.415	0.411	0.407	0.403	0.399	0.395	0.391	0.387	0.383
120	0.379	0.375	0.371	0.367	0.364	0.360	0.356	0.353	0.349	0.346
130	0.342	0.339	0.335	0.332	0.328	0.325	0.322	0.319	0.315	0.312
140	0.309	0.306	0.303	0.300	0.297	0.294	0.291	0.288	0.285	0.282
150	0.280	0.277	0.274	0.271	0.269	0.266	0.264	0.261	0.258	0.256
160	0.254	0.251	0.249	0.246	0.244	0.242	0.239	0.237	0.235	0.233
170	0.230	0.228	0.226	0.224	0.222	0.220	0.218	0.216	0.214	0.212
180	0.210	0.208	0.206	0.205	0.203	0.201	0.199	0.197	0.196	0.194
190	0.192	0.190	0.189	0.187	0.186	0.184	0.182	0.181	0.179	0.178
200	0.176	0.175	0.173	0.172	0.170	0.169	0.168	0.166	0.165	0.163
210	0.162	0.161	0.159	0.158	0.157	0.156	0.154	0.153	0.152	0.151
220	0.150	0.148	0.147	0.146	0.145	0.144	0.143	0.142	0.140	0.139
230	0.138	0.137	0.136	0.135	0.134	0.133	0.132	0.131	0.130	0.129
240	0.128	0.127	0.126	0.125	0.124	0.124	0.123	0.122	0.121	0.120
250	0.119									

d类截面

$\lambda\sqrt{\frac{f_y}{235}}$	0	1	2	3	4	5	6	7	8	9
0	1.000	1.000	0.999	0.999	0.998	0.996	0.994	0.992	0.990	0.987
10	0.984	0.981	0.978	0.974	0.969	0.965	0.960	0.955	0.949	0.944
20	0.937	0.927	0.918	0.909	0.900	0.891	0.883	0.874	0.865	0.857
30	0.848	0.840	0.831	0.823	0.815	0.807	0.799	0.790	0.782	0.774
40	0.766	0.759	0.751	0.743	0.735	0.728	0.720	0.712	0.705	0.697
50	0.690	0.683	0.675	0.668	0.661	0.654	0.646	0.639	0.632	0.625
60	0.618	0.612	0.605	0.598	0.591	0.585	0.578	0.572	0.565	0.559
70	0.552	0.546	0.540	0.534	0.528	0.522	0.516	0.510	0.504	0.498
80	0.493	0.487	0.481	0.476	0.470	0.465	0.460	0.454	0.449	0.444
90	0.439	0.434	0.429	0.424	0.419	0.414	0.410	0.405	0.401	0.397
100	0.394	0.390	0.387	0.383	0.380	0.376	0.373	0.370	0.366	0.363
110	0.359	0.356	0.353	0.350	0.346	0.343	0.340	0.337	0.334	0.331
120	0.328	0.325	0.322	0.319	0.316	0.313	0.310	0.307	0.304	0.301
130	0.299	0.296	0.293	0.290	0.288	0.285	0.282	0.280	0.277	0.275
140	0.272	0.270	0.267	0.265	0.262	0.260	0.258	0.255	0.253	0.251
150	0.248	0.246	0.244	0.242	0.240	0.237	0.235	0.233	0.231	0.229
160	0.227	0.225	0.223	0.221	0.219	0.217	0.215	0.213	0.212	0.210
170	0.208	0.206	0.204	0.203	0.201	0.199	0.197	0.196	0.194	0.192
180	0.191	0.189	0.188	0.186	0.184	0.183	0.181	0.180	0.178	0.177
190	0.176	0.174	0.173	0.171	0.170	0.168	0.167	0.166	0.164	0.163
200	0.162									

参考文献

[1] 中华人民共和国国家标准．建筑结构可靠度设计统一标准(GB 50068—2001)．北京:中国建筑工业出版社,2001

[2] 中华人民共和国国家标准．建筑结构荷载规范(GB5009—2001)．北京:中国建筑工业出版社,2001

[3] 中华人民共和国国家标准．混凝土结构设计规范(GB50010—2002)．北京:中国建筑工业出版社,2002

[4] 中华人民共和国国家标准．砌体结构设计规范(GB50003—2001)．北京:中国建筑工业出版社,2001

[5] 中华人民共和国国家标准．建筑抗震设计规范(GB50011—2001)．北京:中国建筑工业出版社,2001

[6] 中华人民共和国国家标准．建筑地基基础设计规范(GB50007—2002)．北京:中国建筑工业出版社,2002

[7] 中华人民共和国国家标准．钢结构设计规范(GB50017—2003)．北京:中国建筑工业出版社,2003

[8] 东南大学,天津大学,同济大学,清华大学合编．混凝土结构:上、下册．北京:中国建筑工业出版社,2001

[9] 吴培明,彭少民主编．混凝土结构:上、下册．武汉：武汉工业出版社,2002

[10] 蓝宗建等编著．混凝土结构与砌体结构．南京：东南大学出版社,2003

[11] 王成祥,郭靳时,庄新玲主编．混凝土结构基本原理．北京:中国建筑工业出版社,2002

[12] 徐有邻,周氏编著．混凝土结构设计规范理解与应用．北京:中国建筑工业出版社,2002

[13] 国振喜编．简明钢筋混凝土结构构造手册．北京:机械工业出版社,2002

[14] 哈尔滨工业大学等合编．混凝土及砌体结构:上册．北京:中国建筑工业出版社,2002

[15] 宗兰,宋群主编．建筑结构:上册．北京:机械工业出版社,2003

[16] 吕志涛,孟少平编著. 现代预应力设计. 北京:中国建筑工业出版社,1998

[17] 建筑施工手册. 第三版. 北京:中国建筑工业出版社,1997

[18] 程文瀼,康谷贻,颜德姮主编. 混凝土结构:上册. 北京:中国建筑工业出版社,2001

[19] 同济大学混凝土结构研究室集体编著. 混凝土结构基本原理. 北京:中国建筑工业出版社,2000

[20] 舒士霖主编. 钢筋混凝土结构. 第2版. 浙江: 浙江大学出版社,2002

[21] 张立新主编. 砌体结构. 武汉:武汉工业大学出版社,2002

[22] 唐岱新主编. 砌体结构设计规范理解与应用. 北京:中国建筑工业出版社,2002

[23] 侯治国主编. 混凝土结构. 第二版. 武汉:武汉工业大学出版社,2002

[24] 魏明钟主编. 钢结构. 武汉:武汉工业大学出版社,2000

[25] 湖南大学,天津大学,同济大学,东南大学合编. 土木工程材料. 第1版. 北京:中国建筑工业出版社,2002

[26] 同济大学,东南大学,西安建筑科技大学,重庆建筑大学合编. 房屋建筑学. 第3版. 北京:中国建筑工业出版社,1997

[27] 夏志斌、姚谏编著 钢结构—原理与设计 中国建筑工业出版社,2005

[28] 一级注册建筑师考试辅导教材 建筑结构 中国建筑工业出版社,2002

[29] 杨鼎久主编 建筑结构 机械工业出版社 2006

[30] 张学宏主编 普通高等教育“十五”国家级规划教材《建筑结构》(第二版)(建筑工程类专业适用). 中国建筑工业出版社。2004

[31] 熊丹安主编 21世纪建筑学及相关专业教材《建筑结构》(第三版)业适用). 华南理工大学出版社。2006

[32] 宋占海、贾建东、宋东编著《建筑结构基本原理》(第二版). 中国建筑工业出版社.